개정판

미분적분학의 이해와 응용

- 기초에서 응용까지 -

이병무 지음

敎友社

머리말

미분적분학은 수학의 초등적인 학습대상이며, 응용과학 분야에서 여러 현상이나 법칙을 표현하거나 논리적으로 설명하는데 필수적인 도구이다.

이 책에서는 미분적분학에서 다루어야 할 기본개념을 체계적으로 설명하고 다양한 응용문제를 수록하여 문제해결 능력을 폭넓게 기르도록 함으로써, 학생들로 하여금 미분적분학의 효용성을 느끼고 기술적인 문제 해결에 대한 적응력을 향상시키도록 하는데 주안점을 두었다. 이 점은 모든 학문에서 수학적 문제해결 능력을 기르고자 하는 사람들에게 도움이 될 것으로 믿는다.

이 책은 오랜 강의 경험을 바탕으로, 한 학기에 이수해야 할 부분을 체계적으로 담아내는데 초점을 두었다. 특히 이 책에서 강조하는 것은 내용의 이해에 따른 수학적 관심과 흥미이다. 따라서 강의 수준에 따라 내용이나 증명을 취사 선택하여, 강의 내용의 직관성이나 엄밀성을 조절할 수 있을 것이다.

이 책에서는 기본개념과 정리에 대한 이해를 돕고 미분적분학을 광범위한 영역에 걸쳐 활용하기 위하여 반드시 갖추어야 할 기본기능을 익히도록 하였다. 증명의 일부분은 독자에게 맡겨 스스로 해결점을 찾도록 하고, 많은 예제를 이용하여 본문의 내용을 충분히 이해하고 활용할 수 있는 능력을 배양할 수 있도록 하였다. 다만 간단한 보기를 '예'로 증명이나 풀이가 뒤따른 것은 '예제'로 구분하였다. 또한 장마다 연습문제를 두었고, 해답을 제시함으로써 학습 의욕을 고취하고, 학생들에게 친근감을 주려고 노력했다. 여기에 실린 많은 문제는 학생들로 하여금 충분히 생각하고 정리와 증명의 필요성을 인식할 수 있는 통찰력을 기르는데 도움이 되도록 만들었다.

이 책이 출간되어 미분적분학을 공부하고자 하는 여러분에게 도움이 된다면 저자로서는 영광으로 생각하며, 내용상 미비한 부분이나 시정을 요하는 점이 있을 때는 독자 여러분의 따뜻한 조언이 있기를 바라 마지 않는다.

끝으로 개정판의 출판을 위해 수고해 주신 모든 분들께 감사를 드리며, 행운이 깃들기를 기원한다.

2007년 8월

지은이

차 례

1

기본개념

1.1 실수

1. 실수의 성질

미분적분학은 실수계에 기초를 두고 있다. 유리수는 정수의 비로 정의되므로 유리수 r은 $r=\frac{m}{n}$ (m, n은 정수이고 $n\neq 0$)으로 표시된다. 정수의 비로 나타낼 수 없는 수를 무리수라 하며, 유리수와 무리수를 합하여 실수라 하고, 실수 전체의 집합을 R로 나타낸다.

실수는 한 직선 위의 점에 대응시켜 표시할 수 있는데, 실수 0과 대응되는 점 O를 원점이라고 할 때, 직선 위의 점 P에 대응시킨 수를 P의 좌표라 하고, 이렇게 주어신 식선을 수직선이라고 한다.

실수 a, b $(a < b)$ 사이의 수집합을 구분하면, 유계구간으로 열린구간(open interval) $(a,\ b)$, 닫힌구간(closed interval) $[a,\ b]$, 반닫힌(열린)구간 $(a,\ b]$, $[a,\ b)$가 있고, 무한구간(infinite interval)으로 $(a,\ \infty)$, $[a,\ \infty)$, $(-\infty,\ a)$, $(-\infty,\ a]$, (∞, ∞) 등이 있다.

[정리 1] (부등식의 성질)

a, b, c와 d가 실수일 때, 다음이 성립한다.

(1) $a < b \Rightarrow a+c < b+c$ (2) $a < b, c < d \Rightarrow a+c < b+d$

(3) $a < b, c > 0 \Rightarrow ac < bc$ (4) $a < b, c < 0 \Rightarrow ac > bc$

(5) $0 < a < b \Rightarrow \dfrac{1}{a} > \dfrac{1}{b}$

$a \in R$일 때, $|a|$를 a의 절대값(absolute value) 또는 원점 O에서 a까지의 거리라고 한다.

[정리 2] a, b가 실수이고 n이 정수일 때

(1) $|ab| = |a||b|$ (2) $\left|\dfrac{a}{b}\right| = \dfrac{|a|}{|b|}$ $(b \neq 0)$ (3) $|a^n| = |a|^n$

또한 a가 양의 실수일 때 다음이 성립한다.

[정리 3] a가 양의 실수일 때

(1) $|x| = a \Leftrightarrow x = \pm a$ (2) $|x| \leqq a \Leftrightarrow -a \leqq x \leqq a$

(3) $|a| \geqq a \Leftrightarrow x \geqq a$ 또는 $x \leqq -a$

다음 삼각부등식은 수학의 전 분야에서 자주 이용되는 성질이다.

[정리 4] (삼각부등식)

a, b가 실수일 때, $|a+b| \leqq |a|+|b|$이 성립한다.

증명 $-|a| \leqq a \leqq |a|$과 $-|b| \leqq b \leqq |b|$이므로

$$-(|a|+|b|) \leqq a+b \leqq |a|+|b|$$

을 얻는다. 따라서 $|a+b| \leqq |a|+|b|$이 성립한다. □

2. 좌표기하

평면 위의 임의의 점 P에서 x축, y축에 수직으로 내려 만나는 점을 각각 a와 b라 할 때 P를 (a, b), 즉 $P(a, b)$로 표시한다. 이와 같이 점 P를 표시하는 것을 직교좌표계 또는 데카르트 좌표계(cartesian coordinate system)라고 한다. 이 좌표계를 가진 평면을 좌표평면 또는 데카르트 평면이라고 하며 R^2으로 표시하고, x축과 y축을 좌표축이라고 한다. R^2에서 두 점 $P_1(x_1, y_1)$, $P_2(x_2, y_2)$ 사이의 거리는

$$\overline{P_1P_2} = \sqrt{(x_2 - x_1)^2 + (y_2 - y_1)^2}$$

으로 주어진다.

(1) 직선의 방정식

일반적으로 평면에서 직선의 방정식은 $Ax + By + C = 0$로 주어진다. 또한 기울기가 m_1, m_2인 두 직선이 수직일 필요충분조건은 $m_1m_2 = -1$이며, 기울기가 m_1, m_2인 두 직선의 교각을 θ라 할 때 $\tan\theta = \dfrac{m_2 - m_1}{1 + m_1m_2}$이 된다.

(2) 이차방정식의 그래프

이차방정식은 원, 포물선, 타원과 쌍곡선을 나타낸다. 이 곡선들은 원추체와 한 평면이 교차하여 얻어지므로 원추의 단면 또는 원추곡선이라 부른다.

① 포물선

포물선은 고정점 F(초점)와 고정선(준선)으로부터 같은 거리에 있는 평면 위의 점들의 집합이다. 초점과 준선의 중간점을 꼭지점이라 하고, 초점을 지나고 준선에 수직이 되는 직선을 포물선의 축이라 한다.

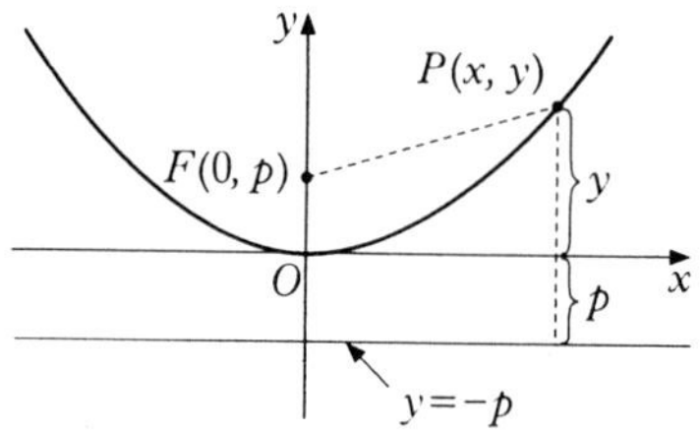

[그림 1.1]

꼭지점을 원점 O에 놓고, 준선을 x축에 평행하게 놓으면 포물선의 표준형을 얻는다. 초점이 점 $(0,\ p)$이면, 준선의 방정식은 $y=-p$이다. $P(x, y)$가 포물선 위의 한 점이면, P에서 초점까지의 거리는 $\overline{PF}=\sqrt{x^2+(y-p)^2}$이고 P에서 준선까지의 거리는 $|y+p|$이다. 따라서 포물선의 정의로부터

$$\sqrt{x^2+(y-p)^2}=|y+p|$$

이므로, 양변을 제곱하여 간단히 하면 $x^2=4py$가 된다.

초점 $(0,\ p)$와 준선 $y=-p$를 갖는 포물선의 방정식은 $x^2=4py$ 이다.

$a=\dfrac{1}{4p}$로 놓으면 포물선의 표준방정식은 $y=ax^2$이 된다. $x^2=4py$에서 x와 y를 바꾸어 놓으면 $y^2=4px$를 얻는데, 이 방정식은 초점 $(p,\ 0)$과 준선 $x=-p$를 갖는 포물선의 방정식이다.

예제 1 포물선 $y^2=-4x$의 초점과 준선의 방정식을 구하시오.

(**풀이**) $4p=-4$으로부터 $p=-1$이므로 초점은 $(-1,\ 0)$이고, 준선의 방정식은 $x=1$이다. □

② 타원

타원은 평면에서 두 고정점(초점) F_1과 F_2로부터의 거리의 합이 일정한 점들의 집합이다. 타원의 표준형을 구하기 위해 초점을 점 $(-c,\ 0)$과 점 $(c,\ 0)$으로 놓으면 원점은 초점 사이의 중간이 된다. 타원 위의 한 점으로부터 초점까지의 거리의 합을 $2a>0$라 놓으면 $\overline{PF_1}+\overline{PF_2}=2a$일 때 $P(x,\ y)$는 타원

위의 한 점이 된다. 즉

$$\sqrt{(x+c)^2+y^2}+\sqrt{(x-c)^2+y^2}=2a \text{ 또는 } \sqrt{(x-c)^2+y^2}=2a-\sqrt{(x+c)^2+y^2}$$

이 된다. 양변을 제곱하여 간단히 하면 $a\sqrt{(x+c)^2+y^2}=a^2+cx$가 되고, 다시 양변을 제곱하여 정리하면 $(a^2-c^2)x^2+a^2y^2=a^2(a^2-c^2)$을 얻는다. 그런데 삼각형 $\triangle F_1F_2P$로부터 $c<a$이므로 $a^2-c^2>0$이 된다. 따라서 $b^2=a^2-c^2$이라 놓으면 $\frac{x^2}{a^2}+\frac{y^2}{b^2}=1$이 성립한다. 이것을 타원의 표준형이라 한다. 한편 $b^2=a^2-c^2<a^2$이므로 $b<a$를 얻는다. 이때 점 $(a, 0)$과 $(-a, 0)$을 타원의 꼭지점이라 하고, 꼭지점을 잇는 선분을 장축이라 한다. 두 초점이 일치할 때 타원은 반지름 $r=a=b$를 갖는 원이 된다.

> 타원 $\frac{x^2}{a^2}+\frac{y^2}{b^2}=1$ $(0<b<a)$는 초점 $(\pm c, 0)$ $(c^2=a^2-b^2)$와 꼭지점 $(\pm a, 0)$를 갖는다.

타원의 초점이 y축 위의 점 $(0, \pm c)$이면 x와 y를 바꾸어서 타원의 표준방정식을 구할 수 있다. 타원 $\frac{x^2}{b^2}+\frac{y^2}{a^2}=1$ $(0<b<a)$는 초점 $(0, \pm c)$ $(c^2=a^2-b^2)$와 꼭지점 $(0, \pm a)$를 갖는다.

예제 2 초점 $(0, \pm 1)$과 꼭지점 $(0, \pm 2)$를 갖는 타원의 방정식을 구하시오.

(풀이) $c=1$과 $a=2$로부터 $b^2=a^2-c^2=3$이 되어 타원의 방정식은 $\frac{x^2}{3}+\frac{y^2}{4}=1$이 된다. ▨

참고 타원은 흥미있는 반사성을 갖는다. 빛이나 소리의 근원처가 타원형 단면을 갖는 곡면의 한 초점에 있다면, 이 곡선은 빛이나 소리를 모두 다른 초점으로 반사시킨다.

③ 쌍곡선

쌍곡선은 평면에서 두 고정점(초점) F_1과 F_2로부터 거리의 차가 일정한 점들의 집합이다. 초점이 $(\pm c, 0)$이고 거리의 차가 $\overline{PF_1}-\overline{PF_2}=\pm 2a$일 때 쌍곡선의 표준형은 $\frac{x^2}{a^2}-\frac{y^2}{b^2}=1\ (c^2=a^2+b^2)$이 된다. 이때 점 $(a, 0)$과 $(-a, 0)$은 꼭지점이다. 한편 $\frac{x^2}{a^2}=1+\frac{y^2}{b^2}\geqq 1$로부터 $x\geqq a$ 또는 $x\leqq -a$가 성립한다. 이것은 쌍곡선이 분기라고 불리는 두 개의 부분으로 되어 있음을 의미한다. 이 두 부분은 각각 $y=\frac{b}{a}x$와 $y=-\frac{b}{a}x$에 근접하는데 이 직선을 **점근선**(asymtotes)이라 한다. 특히 $a=b$일 때 **등곡쌍곡선**(equilateral hyperbola)이라 하고, 점근선은 $y=\pm x$이다. 이 등곡쌍곡선을 45° 회전시키면 쌍곡선의 새로운 방정식 $xy=c$(c는 상수)가 된다.

> 쌍곡선 $\frac{x^2}{a^2}-\frac{y^2}{b^2}=1$은 초점 $(\pm c, 0)$ $(c^2=a^2+b^2)$,
> 꼭지점 $(\pm a, 0)$, 점근선 $y=\pm\frac{b}{a}x$를 갖는다.

쌍곡선의 초점이 y축 위에 있으면 x와 y를 바꾸어서 쌍곡선의 표준방정식을 구할 수 있다. 쌍곡선 $\frac{y^2}{a^2}-\frac{x^2}{b^2}=1$은 초점 $(0, \pm c)$ $(c^2=a^2+b^2)$, 꼭지점 $(0, \pm a)$, 점근선 $y=\pm\frac{a}{b}x$를 갖는다.

예 1 꼭지점 $(0, \pm 1)$과 점근선 $y=2x$를 갖는 쌍곡선의 방정식은,
$a=1$과 $b=\frac{1}{2}$로부터 $y^2-4x^2=1$이다.

참고 포물선, 타원, 쌍곡선의 표준방정식에서 x, y를 $x-h, y-k$로 변환하여 곡선을 이동시킬 수 있다.

1.2 집합과 함수

이 절에서는 앞으로 이 책에서 사용될 집합과 함수에 관련된 기본개념과 내용을 간단히 소개한다.

1. 집합

집합의 개념은 수학의 모든 분야에서 기초가 된다. 모든 수학적 대상과 구성은 집합론에 기반을 두고 있다. 집합을 엄밀하게 정의하려면 공리론적 방법을 따라야 하지만, 칸토어가 1895년 그의 저서에서 제시한 직관적 정의로써 만족하기로 한다.

"집합(set)이란 우리들의 직관 또는 사고의 대상으로써 확정되어 있고 서로 명확히 구별되는 것들의 모임이다."

집합을 구성하는 대상을 집합의 원소(element)라 한다. x가 집합 A의 원소일 때 $x \in A$로 나타내고, x가 A의 원소가 아닐 때 $x \notin A$로 표시한다.

두 집합 A, B에서 A의 각 원소가 B에 속할 때, A를 B의 **부분집합**(subset) 또는 B를 A의 **포함집합** (또는 **초집합**(superset))이라 하고 $A \subset B$로 표시한다. 만약 $A \subset B$이면서 A에 있지 않는 B의 원소가 존재하면, A는 B의 **진부분집합**(proper subset)이라 한다. 또한 $A \subset B$이고 $B \subset A$일 때, A와 B는 **같다**(equal)고 하고 $A = B$로 표기한다.

집합 A의 원소로서 $p(x)$가 참이 되는 모든 x의 집합을 $\{x \in A \mid p(x)\}$로 표시하고 "$p(x)$가 참이 되는 모든 $x \in A$의 집합" 이라고 읽는다. 원소가 하나도 없는 집합을 **공집합**(empty set)이라 하고, $\varnothing$ 또는 $\{\ \}$로 표시한다.

이 책에서 다루게 되는 대부분의 집합은 실수의 부분집합이다. 이 책을 기술함에 있어 다음 기호를 미리 정의해 둔다.

$$R = \{x \mid x\text{는 실수}\} \qquad Z = \{x \mid x\text{는 정수}\} \qquad Q = \{x \mid x\text{는 유리수}\}$$
$$N = \{n \mid n\text{은 자연수}\} \qquad N_k = \{1, 2, \cdots, k\}$$

두 집합 A, B에 대하여 A, B 양쪽에 속하는 모든 원소들의 집합을 A와 B의 **교집합**(intersection)이라 하고 $A \cap B$로 나타내며, A 또는 B에 속하는 모든 원소들의 집합을 A와 B의 **합집합**(union)이라 하고 $A \cup B$로 표시한다. 특히 $A \cap B = \varnothing$일 때, A와 B를 **서로소**(disjoint)라고 한다.

[정리 5] A, B, C를 X의 부분집합이라 할 때, 다음이 성립한다.

(1) 항등법칙(identity) : $A \cup \varnothing = A$, $A \cap X = A$

(2) 멱등법칙(idempotent law) : $A \cup A = A$, $A \cap A = A$

(3) 교환법칙(commutative law) : $A \cup B = B \cup A$, $A \cap B = B \cap A$

(4) 결합법칙(associative law) : $A \cup (B \cup C) = (A \cup B) \cup C$

$A \cap (B \cap C) = (A \cap B) \cap C$

(5) 분배법칙(distributive law) : $A \cap (B \cup C) = (A \cap B) \cup (A \cap C)$

$A \cup (B \cap C) = (A \cup B) \cap (A \cup C)$

"집합들의 집합" 예컨대, "주어진 집합 X에 대하여 X의 부분집합들로 이루어진 집합"을 집합족(family of sets)이라 한다. 어떤 집합 I의 각 원소 α에 대하여 X의 부분집합 A_α가 하나씩 대응되었을 때, 이들 A_α로 이루어진 집합족을 I에 의하여 첨자가 주어진 집합족(indexed family of sets)이라 하고 $\{A_\alpha\}_{\alpha \in I}$ 또는 $\{A_\alpha \mid \alpha \in I\}$로 나타낸다. 이때 α를 첨자(index), I를 첨자집합(indexed set)이라 한다.

집합 X의 부분집합으로 이루어진 집합족 $\{A_\alpha\}_{\alpha \in I}$에 대하여,

$$\bigcup_{\alpha \in I} A_\alpha = \{x \in X \mid \exists \alpha \in I, x \in A_\alpha\}$$

$$\bigcap_{\alpha \in I} A_\alpha = \{x \in X \mid \forall \alpha \in I, x \in A_\alpha\}$$

로 정의한다. 특히 $\{A_1, A_2, A_3, \cdots, A_n\}$이 집합족일 때,

$$\bigcup_{i=1}^{n} A_i = \cup\{A_i \mid i = 1, 2, \cdots, n\}$$

$$\bigcap_{i=1}^{n} A_i = \cap\{A_i \mid i = 1, 2, \cdots, n\}$$

으로 표기한다.

참고 집합 X의 부분집합 전체를 원소로 하는 집합을 X의 멱집합(power set)이라 하고, $\wp(X)$ 또는 2^X, 즉

$$\wp(X) = 2^X = \{A \mid A \subset X\}$$

로 표현한다.

예 2 (1) $\cup\wp(\varnothing)=\cup\{\varnothing\}=\varnothing$

(2) $\cup\wp(\wp(\varnothing))=\cup\{\varnothing,\{\varnothing\}\}=\varnothing\cup\{\varnothing\}=\{\varnothing\}$

'러셀의 역리'를 극복하기 위하여 수학에서 이론을 전개하는 경우, 사고의 범위에 해당되는 집합을 고정시켜 그 부분집합의 범위에서 집합을 생각하게 되는데, 이 집합을 전체집합(universal set)이라 한다.

집합 A, B에 대하여, $A-B=\{x\in A \mid x\notin B\}$를 A에 대한 B의 차집합(difference)으로 정의한다. 또 U가 전체집합이고 $B\subset U$일 경우, 차집합 $U-B$를 B의 여집합(complement)이라 하고, B^c로 표기한다.

참고 두 명제 P와 Q에 대하여 기호 $P\Rightarrow Q$는 " P가 참이면 Q도 참이다.", 즉 " P는 Q를 함의(imply)한다."고 한다. 또 기호 $P\Leftrightarrow Q$는 " P가 참일 필요충분조건은 Q가 참인 것이다."를 의미하고, 두 명제 " P와 Q는 서로 동치(equivalent)"라고 한다.

[정리 6] (드모르간 법칙)
두 집합 A와 B에 대해서

(1) $(A\cup B)^c=A^c\cap B^c$ (2) $(A\cap B)^c=A^c\cup B^c$

증명 (1) $x\in(A\cup B)^c\Leftrightarrow\sim[x\in A\cup B)]\Leftrightarrow\sim[(x\in A)\vee(x\in B)]$

$\Leftrightarrow\sim(x\in A)\wedge\sim(x\in B)$

$\Leftrightarrow x\in A^c\wedge x\in B^c\Leftrightarrow x\in(A^c\cap B^c)$

이므로 $(A\cup B)^c=A^c\cap B^c$이다.

(2) $(A^c\cup B^c)^c=A\cap B$이므로 $(A\cap B)^c=A^c\cup B^c$이다. □

두 집합 A, B에 대하여 $A\cap B\neq\varnothing$일 때 $A\cup B$에는 속하지만 $A\cap B$에는 속하지 않는 원소로 구성된 집합을 A와 B의 대칭차(symmetric difference)라 하고 $A\oplus B$ 또는 $A\triangle B$로 표기한다. 또한 두 집합 A, B에 대하여 $a\in A$, $b\in B$를 만족하는 모든 순서쌍 (a, b)의 집합을 A와 B의 카테시안곱(cartesian product)이라 하고 $A\times B$로 나타낸다. 즉

$$A \times B = \{(a, b) \mid a \in A \wedge b \in B\}$$

로 정의된다.

2. 함수

(1) 함수와 그래프

함수(function)란 수학에서 가장 기본적인 개념 중의 하나로, 관계의 특별한 경우로 정의한다.

임의의 두 집합 X, Y에 대하여

(1) $D(f) = X$

(2) $(x, y) \in f$이고 $(x, z) \in f$이면 $y = z$이다.

를 만족하는 $f \subset X \times Y$를 X에서 Y로의 함수라 하고, $f: X \to Y$로 나타낸다. 이때 X를 f의 정의역(domain)이라 하고 $D(f)$로 표시하며, Y를 f의 공역(codomain)이라 한다. $(a, b) \in f$를 $b = f(a)$로 표기하고, 이때 b를 함수 f에 대한 a의 상(image) 또는 a에서 f의 함수값(function value)이라고 부른다. $f: X \to Y$가 함수일 때, $f(X) = \{f(x) \mid x \in X\}$를 f의 치역(range)이라고 하고 $R(f)$로 표시한다. 또한 $B \subset Y$에 대하여 f에 의한 B의 역상(inverse image)은 $f^{-1}(B) = \{x \in X \mid f(x) \in B\}$로 정의되고, 한 함수의 정의역에 있는 원소를 독립변수, 치역에 있는 원소를 종속변수라고 한다.

정의역이 X인 함수 f의 그래프(graph)는 $\{(x, f(x)) \mid x \in X\}$인 순서쌍들의 집합이다.

함수가 $f(-x) = f(x)$ 또는 $f(-x) = -f(x)$를 만족할 때, 전자를 우함수(even function), 후자를 기함수(odd function)라고 한다. 또한 $y = f(x)$ 형태로 주어질 때 양함수(explicit function)라 하고, $f(x, y) = 0$ 형태일 경우 음함수(implicit function)라고 한다.

두 함수 $f: X \to Y$, $g: X \to Y$에서, 임의의 $x \in X$에 대하여 $f(x) = g(x)$일 때, f와 g는 같다고 하고 $f = g$로 나타낸다.

참고 특히 x의 각 값에 두 개 이상의 y값이 대응될 경우 y를 x의 다가함수(multiple-valued function)라고 정의할 수 있다. 이에 대하여 앞에서 정의한 함수를 일가함수(single-valued function)라 한다. 이후에 특별한 언급이 없는 한, 일가함수를 함수로 정의한다.

$A, B \subset R$일 때, 두 함수 $f: A \to R$과 $g: B \to R$로부터 새로운 함수 $f+g$, $f-g$, fg와 $\dfrac{f}{g}$를 정의할 수 있다. 이때 $f+g$, $f-g$, fg의 정의역은 $A \cap B$이고, $\dfrac{f}{g}$의 정의역은 $\{x \in A \cap B \mid g(x) \neq 0\}$이다.

또한 두 함수의 합성(composition)으로부터 새로운 함수를 얻을 수 있다.

> [정의 7] (합성함수)
> 두 함수 f와 g의 합성함수(composite function) $g \circ f$는 $(g \circ f)(x) = g(f(x))$로 정의된다. 여기서 $g \circ f$의 정의역은 f의 정의역에 있는 점 x의 집합으로써 $f(x)$가 g의 정의역에 속하는 점들이다.

두 함수 f와 g의 합성함수 $g \circ f$가 정의되려면 f의 공역과 g의 정의역이 같아야 하며, 이때 f와 g는 합성가능이라고 한다.

일반적으로 f와 g의 합성함수 $g \circ f$의 정의역은 f의 정의역과 달라지는 데 유의하여야 한다.

예제 3 $f(x) = x-2$, $g(x) = \sqrt{x}$일 때, $g \circ f$의 정의역을 구하시오.

(**풀이**) f와 g의 합성함수 $g \circ f$는 $(g \circ f)(x) = g(f(x)) = \sqrt{x-2}$를 만족한다. f의 정의역은 R이고, g의 정의역은 $[0, \infty)$이므로 $g \circ f$의 정의역은 $[2, \infty)$가 된다. ▨

참고 합성함수에 대하여 결합법칙은 성립하나 교환법칙은 성립하지 않는다. 즉 $g \circ f$와 $f \circ g$는 같지 않다. 그러나 특별한 경우 모든 x에 대하여 $(f \circ g)(x) = (g \circ f)(x)$가 될 수 있다.

[정의 8] (단사, 전사, 전단사)

$f: X \to Y$가 함수일 때

(1) $f(x_1)=f(x_2)$를 만족하는 모든 $x_1, x_2 \in X$에 대하여 $x_1=x_2$를 만족하면 f를 일대일(one-to-one, injective) 또는 **단사**(injection)라 한다.

(2) 임의의 $y \in Y$에 대하여 $y=f(x)$를 만족하는 적어도 하나의 $x \in X$가 존재하면 f를 위로(onto) 또는 **전사**(surjection)라 한다. 즉 $R(f) = Y$일 때, 그때에 한해서 f는 전사이다.

(3) 함수 f가 단사이고 전사이면 f를 **전단사**(bijection) 또는 일대일 대응(one-to-one correspondence)이라고 한다.

예 3 함수 $f(x)=x^3$은 R에서 전단사가 된다. 그러나 함수 $g(x)=x^2$은 R에서 전사이지만 단사는 아니다.

함수 $f: X \to Y$가 전단사일 때 $f^{-1}: Y \to X$를 f의 **역함수**(inverse function)라 하고,

$$f^{-1}(y) = x \iff f(x) = y$$

로 정의한다. 특히 역상의 기호는 모든 함수에 대해서 사용할 수 있지만, 역함수의 기호는 전단사함수일 경우에만 사용할 수 있음에 유의한다.

예 4 함수 $f(x)=x^3$의 역함수는 $f^{-1}(x)=x^{1/3}$이다. 왜냐하면 $y=x^3$에 대하여 $f^{-1}(y) = f^{-1}(x^3) = (x^3)^{1/3} = x$ 이기 때문이다.

참고 증가(또는 감소)인 연속함수의 역함수는 반드시 존재한다. $y=f(x)$의 역함수는 먼저 y의 식으로 x에 대하여 푼 후, x와 y를 서로 교환하여 구한다. 이 결과가 $y=f^{-1}(x)$이다. f^{-1}의 그래프는 $y=x$에 대하여 f의 그래프를 대칭시킴으로써 얻을 수 있다.

[정리 9] $f: X \to Y$와 $g: Y \to X$에 대하여 $g \circ f = I_X$이고 $f \circ g = I_Y$이면 f는 전단사이고 $g=f^{-1}$이다.

(2) 실함수

1변수 실함수 f란 두 실수의 순서쌍들의 집합으로써, 각 실수 a에 대하여 단 하나의 실수 b가 대응되어 $(a, b) \in f$이거나 $(a, b) \in f$인 b가 존재하지 않는 경우를 말한다. 또한 2변수 이상의 실함수도 비슷하게 정의되며 이들 함수에 대해서도 정의역과 치역을 생각할 수 있다. 이후에 특별한 언급이 없는 한, 함수라 함은 실함수를 의미하기로 한다.

예 5 가우스 기호 $[x]$는 임의의 실수 x에 대하여 x를 넘지 않는 최대의 정수로 정의한다. 이때 $y=[x]$는 x의 함수가 되고, 이것을 최대정수함수(또는 가우스 함수)라 한다.

예 6 $f(x)=\begin{cases} 1, & x\text{는 유리수} \\ 0, & x\text{는 무리수} \end{cases}$

로 정의된 $y=f(x)$는 x의 함수가 된다. 이것을 디리클레 함수(Dirichlet's function)라 한다.

상수 $a_0, a_1, \cdots, a_n$과 음이 아닌 정수 n에 대하여

$$P(x) = a_n x^n + a_{n-1}x^{n-1} + \cdots + a_2x^2 + a_1x + a_0$$

인 함수 P를 다항식(polynomial)이라 하고 a_i를 이 다항식의 계수라고 한다. 그리고 P와 Q가 다항식일 때

$$f(x) = \frac{P(x)}{Q(x)}$$

를 유리함수(rational function)라 하고, 정의역은 $\{x \mid Q(x) \neq 0\}$이 된다.

y의 대수방정식 $y^n + R_1(x)y^{n-1} + R_2(x)y^{n-2} + \cdots + R_n(x) = 0$(단, $R_i(x)$는 유리함수)의 해로 정해지는 함수 y를 대수적 함수(algebraic function)라 하고, 대수적 함수가 아닌 함수를 초월함수(transcendental function)라 한다. 예를 들면 다항식(유리정함수), 유리함수, 무리함수 등이 대수적 함수이고, 지수함수, 로그함수, 삼각함수, 역삼각함수, 쌍곡선함수, 역쌍곡선함수, 타원함수, 감마함수 등이 초월함수이다.

참고 미분적분학의 기원은 '구분구적법(Method of Exhaustion)'을 사용하여 면적을 구한 2500년 전으로 거슬러 올라간다. 그리스 시대 사람들은 '극한(limit)'이란 용어를 사용하지 않았으나 BC 5세기 경 에우독소스(Eudoxus)는 원의 면적 A가 $A=\pi r^2$로 주어짐을 증명하는데 구분구적법을 사용했다. 또한 BC 5세기경 그리스 철학자 제논(Zenon)은 공간과 시간에 관하여 네 가지 문제를 내놓았는데 이것을 오늘날 '제논의 역설'이라고 한다. 제논의 두 번째 역설은 그리스의 영웅 아킬레스와 거북이와의 경주문제이다. 이 문제에서 거북이는 항상 아킬레스보다 앞서가게 되는데 이것은 상식에 어긋난다. 극한 개념을 이용하면 아킬레스가 거북이를 정확하게 따라잡을 수 있다는 것을 알게 된다.

연습문제

1. a가 $a\cdot a=a$를 만족하는 실수일 때 $a=0$ 또는 $a=1$임을 보이시오.

2. $a\in R$이 무리수이고 $r\neq 0$이 유리수일 때, $a+r$과 ar이 무리수임을 증명하시오.

3. 다음을 증명하시오.

   (1) $a<b,\ c<d$일 때 $ad+bc<ac+bd$가 성립한다.

   (2) $0<a<b$이면 $0<\sqrt{ab}<b$이고 $0<\frac{1}{b}<\frac{1}{a}$이 성립한다.

4. $a<x<b$이고 $a<y<b$이면 $|x-y|<b-a$임을 보이시오.

5. 임의의 실수 a, b에 대하여

$$||a|-|b||\leqq|a-b|\leq|a|+|b|$$

이 성립함을 보이시오.

6. X를 m개의 원소를 가진 유한집합, Y를 n개의 원소를 가진 유한집합이라 할 때 다음을 증명하시오.

(1) $m > n$이면 $f: X \to Y$는 단사가 될 수 없다.

(2) $m \leq n$이면 $n!(n-m)!$개의 단사가 존재한다.

7. 두 함수 $f: X \to Y$, $g: Y \to Z$에 대하여 다음을 증명하시오.

(1) f와 g가 단사이면, $g \circ f: X \to Z$도 단사이다.

(2) f와 g가 전사이면, $g \circ f: X \to Z$도 전사이다.

8. 두 함수 $f: X \to Y$와 $g: Y \to Z$가 전단사이고 합성가능할 때, 다음을 증명하시오.

(1) $g \circ f: X \to Z$는 전단사이다. (2) $(g \circ f)^{-1} = f^{-1} \circ g^{-1}$

2

극한과 연속

극한 개념은 미분적분학의 기초가 된다. 따라서 극한과 극한의 성질을 조사하는 것이 미분적분학의 기본이 되는 것이다.

참고 접선과 속도 사이에는 밀접한 관계가 있다. 어떤 물체가 t초 후에 낙하한 거리를 $s(t)$라 하고, 단위를 미터로 한다면, 갈릴레오의 법칙은 $s(t)=4.9t^2$으로 나타난다. 함수 $s(t)$의 그래프 위의 점 $P(a, 4.9a^2)$과 $Q(a+h, 4.9(a+h)^2)$을 생각할 때 할선 PQ의 기울기

$$m_{PQ}=\frac{4.9(a+h)^2-4.9a^2}{(a+h)-a}$$

은 시간구간 $[a, a+h]$ 동안의 평균속도(mean velocity)를 나타낸다. 그러므로 시각 t에서 속도(velocity)는 P에서 접선의 기울기(할선들의 기울기의 극한)와 같게 된다. 따라서 접선과 속도 문제를 해결하기 위해서는 극한을 구할 수 있어야 한다.

2.1 함수의 극한

극한 개념을 직관적으로 이해하기는 쉽지만 이를 엄밀하게 알기는 그리 쉽지 않다.

1. 직관적 정의

이제 일반적인 극한과 그들을 계산하는 방법을 알아본다.

(1) 추측에 의한 극한값 계산

a에 한없이 가까운 $x\,(x \neq a)$를 택함으로써 함수 $f(x)$를 일정한 값 L에 한없이 가까운 값으로 만들 수 있다면 기호

$$\lim_{x \to a} f(x) = L$$

로 나타내고, "x가 a에 접근할 때, $f(x)$의 극한값(limit, 또는 극한)이 L이다." 또는 "x가 a에 한없이 가까워질 때(또는 수렴할 때), $f(x)$는 L에 한없이 가까워진다(또는 수렴한다)."고 읽는다. 이것은 x가 (a의 양쪽 방향으로부터) a에 점점 더 가까워지고 $x \neq a$일 때 $f(x)$의 값들이 L에 점점 더 가까워진다는 것을 의미한다. $\lim_{x \to a} f(x) = L$을 "$x \to a$일 때 $f(x) \to L$"로 표현하기도 한다.

예 1 $\lim_{x \to 0} \frac{\sin x}{x}$를 구해 보자. 함수 $f(x) = \frac{\sin x}{x}$는 $x = 0$에서 정의되지 않지만 근사값으로 소수점 아래 8자리까지 값을 구하면

$$f(\pm 1.0) = 0.84147098, \quad f(\pm 0.5) = 0.95885108,$$
$$f(\pm 0.1) = 0.99833417, \quad f(\pm 0.05) = 0.99958339,$$
$$f(\pm 0.01) = 0.99998333, \quad f(\pm 0.005) = 0.99999583,$$
$$f(\pm 0.001) = 0.99999983, \cdots$$

를 얻는다. 따라서 $\lim_{x \to 0} \frac{\sin x}{x} = 1$임을 추측할 수 있다. 기하학적 논법을 이용하여 이 추측이 정확한 추측임을 보일 수 있다.

[정의 1] (한쪽 방향에서의 극한)

$x < a$이며 x가 a에 한없이 가까운 값일 때 $f(x)$의 값을 L에 한없이 가깝게 만들 수 있다면 $\lim_{x \to a^-} f(x) = L$로 나타내고 " x가 a에 접근할 때 $f(x)$의 좌극한(left limit)" 또는 " x가 a의 왼쪽에서 a에 접근할 때 $f(x)$의 극한"이 L이라고 한다.

마찬가지로 $x > a$라면 " x가 a에 접근할 때 우극한(right limit)이 L이다."라 하고 $\lim_{x \to a^+} f(x) = L$로 나타낸다.

참고 극한이 존재한다는 것은 우극한과 좌극한이 존재해서 일치하는 것을 말한다. 즉 $\lim_{x \to a} f(x) = L$일 필요충분조건은 $\lim_{x \to a^+} f(x) = \lim_{x \to a^-} f(x) = L$이다.

예 2 최대정수함수 $f(x) = [x]$는, $\lim_{x \to 1^+}[x] = 1$, $\lim_{x \to 1^-}[x] = 0$이므로 $x = 1$에서 극한이 존재하지 않지만, $\lim_{x \to \sqrt{2}}[x] = 1$이 된다.

(2) 극한법칙을 이용한 극한값 계산

다음 정리는 직관적으로 이해할 수 있으나, 극한의 엄밀한 정의에 의하여 증명될 수 있다. 일반적으로 이 성질을 이용하여 극한을 구한다.

[정리 2] (극한법칙)

c가 상수이고 $\lim_{x \to a} f(x) = L$, $\lim_{x \to a} g(x) = M$일 때

(1) $\lim_{x \to a} [f(x) \pm g(x)] = L \pm M$ (2) $\lim_{x \to a} [cf(x)] = cL$

(3) $\lim_{x \to a} [f(x)g(x)] = LM$ (4) $\lim_{x \to a} \left[\frac{f(x)}{g}(x)\right] = \frac{L}{M}$ (단, $M \neq 0$)

극한법칙을 적용하는데 $\lim_{x \to a} c = c$와 $\lim_{x \to a} x = a$가 필요하다. (이 두 극한은 직관적으로 자명하지만, 극한의 엄밀한 정의에 의하여 증명할 수 있다). 따라서 $\lim_{x \to a} x^n = a^n$(n은 자연수)이 성립한다. n이 자연수일 때 비슷한 극한이 거듭제곱근에 대하여도 성립한다.

$$\lim_{x\to a} \sqrt[n]{x} = \sqrt[n]{a}, \quad \lim_{x\to a} \sqrt[n]{f(x)} = \sqrt[n]{\lim_{x\to a} f(x)}$$

여기서 n이 짝수이면 $a>0$이고 $\lim_{x\to a} f(x) > 0$이다.

예제 1 $\lim_{x\to 2} \frac{x^2-4}{x-2}$를 구하시오.

(풀이) $x \neq 2$이므로 분자를 인수분해하여 공통인수를 약분하면

$$\lim_{x\to 2} \frac{x^2-4}{x-2} = \lim_{x\to 2} \frac{(x+2)(x-2)}{x-2} = \lim_{x\to 2}(x+2) = 4$$ ▨

극한법칙들이 한쪽 방향의 극한에 대해서도 성립한다는 사실을 이용하여, 한쪽 방향에서의 극한을 구한다.

예 3 $\lim_{x\to 0} \frac{|x|}{x}$은 존재하지 않는다. 왜냐하면 x가 0에 수렴하는 방법에 따라 $\lim_{x\to 0^+} \frac{|x|}{x} = 1$이고, $\lim_{x\to 0^-} \frac{|x|}{x} = -1$이기 때문이다.

2. 극한의 엄밀한 정의

"x가 a에 접근할 때"와 "$f(x)$가 L에 한없이 가까워진다."와 같은 극한의 직관적 정의는 애매 모호하여 이론을 심도 있게 전개할 수 없으므로, 수학적으로 보다 엄밀한 극한의 정의가 필요하게 된다.

> [정의 3] ($\varepsilon-\delta$ 논법)
>
> f를 a를 포함하는 적당한 열린구간 (a는 제외 가능)에서 정의된 함수라 하자. 만약 임의의 $\varepsilon>0$에 대하여
>
> $$0<|x-a|<\delta\text{일 때} \quad |f(x)-L|<\varepsilon$$
>
> 을 만족하는 $\delta>0$이 존재하면, "x가 a에 접근할 때 $f(x)$의 극한이 L이다."라고 하고 $\lim_{x\to a} f(x) = L$로 나타낸다.

극한 $\lim_{x \to a} f(x) = L$은 x를 a에 한없이 가깝게 ($x \neq a$)택함으로써 $f(x)$와 L과의 거리를 한없이 작게 만들 수 있음을 의미한다.

예 4 $\lim_{x \to 4} (2x-1) = 7$임을 보이자. 임의의 $\varepsilon > 0$에 대하여 $\delta = \frac{\varepsilon}{2}$으로 놓으면, $0 < |x-4| < \delta$일 때

$$|(2x-1)-7| = |2x-8| = 2|x-4| < 2\delta = \varepsilon$$

이 성립하기 때문에, $\lim_{x \to 4} (2x-1) = 7$이 된다.

예제 2 $\lim_{x \to 3} x^2 = 9$임을 증명하시오.

증명 임의의 $\varepsilon > 0$에 대하여 $\delta = \min\{1, \frac{\varepsilon}{7}\}$이라 두자. $0 < |x-3| < \delta$이면, $|x-3| < 1 \Rightarrow |x+3| < 7$이고, 또한 $|x-3| < \frac{\varepsilon}{7}$이므로

$$|x^2-9| = |x+3||x-3| < 7 \cdot \frac{\varepsilon}{7} = \varepsilon$$

이 된다. 따라서 $\lim_{x \to 3} x^2 = 9$가 성립한다. □

예제 3 $\lim_{x \to 0} \frac{1}{x^2}$은 존재하지 않는다.

증명 극한이 존재하지 않음을 보이기 위하여 간접증명법을 이용한다. $\lim_{x \to 0} \frac{1}{x^2} = L$이라고 가정하자. 그러면 $\varepsilon = 1$을 택할 때 극한의 정의로부터 $-\delta < x < \delta\ (x \neq 0)$일 때

$$\left| \frac{1}{x^2} \quad L \right| < 1, \text{ 즉 } L \quad 1 < \frac{1}{x^2} < L+1$$

을 만족하는 $\delta > 0$이 존재하여야만 한다. 그러나 이것은 불가능하다. 왜냐하면 $0 < x < \frac{1}{\sqrt{L+1}}$일 때, $\frac{1}{x^2} > L+1$이 성립하기 때문이다. 따라서 $\lim_{x \to 0} \frac{1}{x^2}$은 존재하지 않는다. □

한쪽 방향에서의 극한의 직관적 정의는 다음과 같이 엄밀하게 정의한다.

[정의 4] (한쪽 방향에서의 극한)

(1) (좌극한) 임의의 $\varepsilon > 0$에 대하여

$$a-\delta < x < a \text{일 때 } |f(x)-L| < \varepsilon$$

을 만족하는 $\delta > 0$이 존재하면, $\lim_{x \to a^-} f(x) = L$로 나타낸다.

(2) (우극한) 임의의 $\varepsilon > 0$에 대하여

$$a < x < a+\delta \text{일 때 } |f(x)-L| < \varepsilon$$

을 만족하는 $\delta > 0$이 존재하면, $\lim_{x \to a^+} f(x) = L$로 나타낸다.

예제 4 $\lim_{x \to 0^+} \sqrt{x} = 0$임을 증명하시오.

증명 임의의 $\varepsilon > 0$에 대하여 $\delta = \varepsilon^2$이라 두자. $0 < x < \delta$이면,

$$\sqrt{x} < \sqrt{\delta} = \sqrt{\varepsilon^2} = \varepsilon$$

이므로 $|\sqrt{x}-0| < \varepsilon$이 성립한다. 따라서 $\lim_{x \to 0^+} \sqrt{x} = 0$ □

예제 5 $\lim_{x \to 0^+} \sin \frac{1}{x}$은 존재하지 않는다.

증명 $x = \frac{1}{n\pi}$일 때 $\sin \frac{1}{x} = 0$, $x = \frac{1}{\left(2n + \frac{1}{2}\pi\right)}$일 때 $\sin \frac{1}{x} = 1$, $x = \frac{1}{\left(2n - \frac{1}{2}\pi\right)}$일 때 $\sin \frac{1}{x} = -1$이므로 $x \to 0^+$일 때 $\sin \frac{1}{x}$은 1과 -1 사이를 진동한다. 따라서 $\lim_{x \to 0^+} \sin \frac{1}{x}$은 존재하지 않는다. □

극한에 대한 명제가 참임을 보일 때 극한의 정의 ($\varepsilon-\delta$ 논법)를 이용하는 것은 번거로울 뿐만 아니라, 함수에 따라서는 쉽지도 않다. 그러나 [정리 2]에서 언급한 법칙들이 [정리 5]를 이용하여 증명될 수 있으므로 일반적으로

극한값을 구할 때는 $\varepsilon - \delta$ 논법에 의존하지 않고 극한법칙을 이용한다. 다음 정리의 증명은 매우 기교적이다.

> [정리 5] (극한법칙)
>
> c가 상수이고 $\lim_{x\to a} f(x) = L$, $\lim_{x\to a} g(x) = M$이라 하면
>
> (1) $\lim_{x\to a} [f(x)+g(x)] = L+M$ (합의 법칙)
>
> (2) $\lim_{x\to a} [cf(x)] = cL$ (상수배의 법칙)
>
> (3) $\lim_{x\to a} [f(x)g(x)] = LM$ (곱의 법칙)
>
> (4) $\lim_{x\to a} \left[\dfrac{f(x)}{g}(x)\right] = \dfrac{L}{M}$ (단, $M \neq 0$) (몫의 법칙)

증명 여기서는 (1)과 (4)만 증명하고 나머지는 독자에게 남긴다.

(1) $\varepsilon > 0$을 임의로 놓자. $\lim_{x\to a} f(x) = L$이므로,

$$0 < |x-a| < \delta_1 \text{일 때} \quad |f(x)-L| < \frac{\varepsilon}{2}$$

을 만족하는 $\delta_1 > 0$이 존재한다. 마찬가지로 $\lim_{x\to a} g(x) = M$이므로,

$$0 < |x-a| < \delta_2 \text{일 때} \quad |g(x)-M| < \frac{\varepsilon}{2}$$

을 만족하는 $\delta_2 > 0$이 존재한다. $\delta = \min\{\delta_1, \delta_2\}$로 놓으면

$$0 < |x-a| < \delta \text{일 때} \ 0 < |x-a| < \delta_1 \text{이고} \ 0 < |x-a| < \delta_2$$

이므로 $|f(x)-L| < \dfrac{\varepsilon}{2}$이고 $|f(x)-L| < \dfrac{\varepsilon}{2}$이다. 따라서

$$|f(x)+g(x)-(L+M)| \leqq |f(x)-L| + |g(x)-M| \leq \frac{\varepsilon}{2} + \frac{\varepsilon}{2} = \varepsilon$$

이 된다. 그러므로 $\lim_{x\to a} [f(x)+g(x)] = L+M$이 성립한다.

(4) $\lim_{x\to a} \dfrac{1}{g(x)} = \dfrac{1}{M}$을 증명하면 충분하다. 우선 $\lim_{x\to a} g(x) = M$이므로, $0 < |x-a| < \delta_1$일 때 $|g(x)-M| < \dfrac{|M|}{2}$ $(M \neq 0)$을 만족하는 $\delta_1 > 0$이 존재한다. 따라서

$$|M| = |g(x) + (M - g(x))| \leqq |g(x)| + |M - g(x)| < |g(x)| + \frac{|M|}{2}$$

이므로 $\frac{|M|}{2} < |g(x)|$, 즉 $\frac{1}{|g(x)|} < \frac{2}{|M|}$ 가 된다. 다시 $\lim_{x \to a} g(x) = M$ 을 이용하면, $0 < |x - a| < \delta_2$일 때 $|g(x) - M| < \frac{|M|^2 \varepsilon}{2}$ 을 만족하는 $\delta_2 > 0$이 존재한다. 이제 $\delta = \min\{\delta_1, \delta_2\}$라 놓으면 $0 < |x - a| < \delta$일 때

$$\left|\frac{1}{g(x)} - \frac{1}{M}\right| = \left|\frac{M - g(x)}{Mg(x)}\right| = \frac{1}{|M||g(x)|}|g(x) - M|$$

$$< \frac{1}{|M|} \cdot \frac{2}{|M|} \cdot \frac{|M|^2 \varepsilon}{2} = \varepsilon$$

이 성립하므로, $\lim_{x \to a} \frac{1}{g(x)} = \frac{1}{M}$ 을 얻는다. ▨

일반적으로 $\lim_{x \to a} f(x)$와 $\lim_{x \to a} g(x)$가 존재할 때, $\lim_{x \to a} [f(x)]^n = [\lim_{x \to a} f(x)]^n$ 과 $\lim_{x \to a} [f(x) - g(x)] = \lim_{x \to a} f(x) - \lim_{x \to a} g(x)$가 성립함도 쉽게 알 수 있다.

[정리 6] a를 포함하는 적당한 열린구간에 속하는 모든 x(a는 제외 가능)에 대하여 $f(x) \leqq g(x)$이고, $\lim_{x \to a} f(x)$와 $\lim_{x \to a} g(x)$가 존재한다면

$$\lim_{x \to a} f(x) \leqq \lim_{x \to a} g(x)$$

가 성립한다.

다음 압축정리(squeeze theorem)는 조임정리 또는 샌드위치(sandwich) 정리라고도 부른다.

[정리 7] (압축정리)

a를 포함하는 적당한 열린구간에 속하는 모든 x(a는 제외 가능)에 대하여 $f(x) \leqq h(x) \leqq g(x)$이고, $\lim_{x \to a} f(x) = \lim_{x \to a} g(x) = L$이면

$$\lim_{x \to a} h(x) = L$$

이 성립한다.

증명 임의의 $\varepsilon > 0$에 대하여 $\delta_1 > 0$과 $\delta_2 > 0$이 존재하여

$$0 < |x-a| < \delta_1 \text{일 때} \quad |f(x)-L| < \varepsilon$$

을 만족하고

$$0 < |x-a| < \delta_2 \text{일 때} \quad |g(x)-L| < \varepsilon$$

을 만족한다. 이제 $\delta = \min\{\delta_1, \delta_2\}$라 놓으면 $0 < |x-a| < \delta$일 때

$$L-\varepsilon < f(x) \leqq h(x) \leqq g(x) < L-\varepsilon$$

즉 $0 < |x-a| < \delta$를 만족하는 모든 x에 대하여 $|h(x)-L| < \varepsilon$이 된다. 따라서 $\lim\limits_{x \to a} h(x) = L$을 얻는다. ▨

예제 6 $\lim\limits_{x \to 0} x \sin \dfrac{1}{x} = 0$임을 증명하시오.

증명 $-1 \leqq \sin \dfrac{1}{x} \leqq 1$이기 때문에 $-|x| \leqq x \sin \dfrac{1}{x} \leqq |x|$이다. 그런데 $\lim\limits_{x \to 0} |x| = 0$, $\lim\limits_{x \to 0}(-|x|) = 0$이므로 압축정리로부터 $\lim\limits_{x \to 0} x \sin \dfrac{1}{x} = 0$을 얻는다.

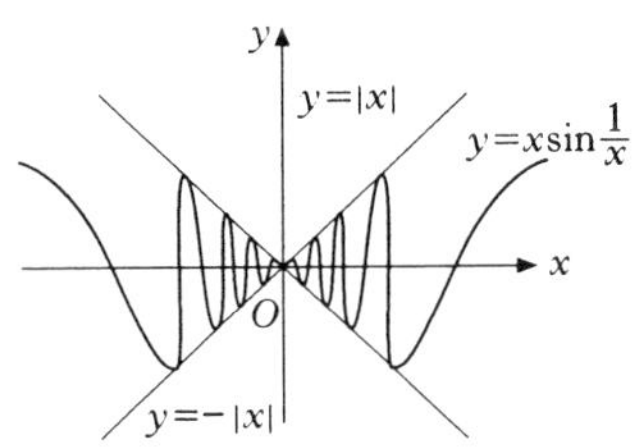

▨

[그림 2.1]

> [정리 8] $\lim\limits_{\theta \to 0} \sin \theta = 0$이 성립한다.

증명 먼저 $\lim\limits_{\theta \to 0^+} \sin \theta$를 구하기 위하여 중심을 O, 중심각을 $\theta \left(0 < \theta < \dfrac{\pi}{2}\right)$, 반지름이 1인 부채꼴 $\overset{\frown}{OAB}$를 생각하고 $\overline{BC}$를 $\overline{OA}$에 수직이라 하자. 라디안의 정의로부터 $\overset{\frown}{AB} = \theta$이고

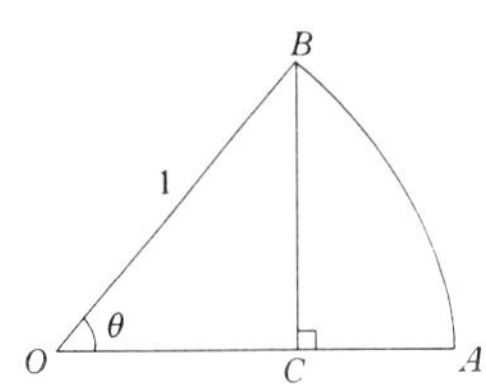

[그림 2.2]

$$\overline{BC} = \overline{OB}\sin\theta = \sin\theta, \quad \overline{BC} < \widehat{AB}$$

이므로 $0 < \sin\theta < \theta$가 성립한다. 따라서 압축정리에 의하여 $\lim_{\theta\to 0^+} \sin\theta = 0$ 이 된다. $-\frac{\pi}{2} < \theta < 0$인 경우는 $0 < -\theta < \frac{\pi}{2}$ 이므로 $0 < \sin(-\theta) < -\theta$, 즉 $\theta < \sin\theta < 0$이고, 압축정리에 의하여 $\lim_{\theta\to 0^-} \sin\theta = 0$을 얻는다. 따라서 $\lim_{\theta\to 0} \sin\theta = 0$이 성립한다. □

2.2 무한대에서의 극한

변수 x가 임의의 큰 양수보다 더 크다면 $x\to+\infty$ 또는 $x\to\infty$로 표시하고 x는 양의 무한대 또는 간단히 무한대(infinity)가 된다고 한다. 변수 x가 임의의 작은 음수보다 더 작게 된다면 $x\to-\infty$로 표시한다. 여기서 기호 ∞와 $-\infty$는 수를 나타내는 것은 아니다. 2.1절에 있는 극한법칙의 대부분은 '$x\to a$' 대신에 '$x\to\infty$' 또는 '$x\to-\infty$'로 바꾸어도 역시 성립함을 알 수 있다.

> [정의 9] (양의 무한대에서의 극한)
>
> f를 구간 (a,∞)에서 정의된 함수라고 하자. 임의의 $\varepsilon > 0$에 대하여
>
> $$x > K\text{이면 } |f(x) - L| < \varepsilon$$
>
> 을 만족하는 $K > 0$이 존재할 때, $\lim_{x\to\infty} f(x) = L$로 정의한다.

$\lim_{x\to\infty} f(x) = L$이라는 것은 충분히 큰 x를 취함으로써 임의로 $f(x)$를 L에 가깝게 할 수 있음을 의미한다. $\lim_{x\to\infty} f(x) = L$과 같은 뜻으로 "$x\to\infty$일 때 $f(x)\to L$"로 나타내기도 한다. 이때 $\lim_{x\to\infty} f(x) = L$이라는 표현을 "$x$가 무한대에 접근할 때(또는 무한대일 때), $f(x)$의 극한이 L이다." 또는 "x가 한없이 커질 때, $f(x)$의 극한이 L이다."라고 읽는다.

예제 7 $\lim_{x \to \infty} \frac{1}{x} = 0$임을 증명하시오.

증명 주어진 $\varepsilon > 0$에 대하여 $K = \frac{1}{\varepsilon}$로 택하자. 그러면 $x > K$일 때

$$\left| \frac{1}{x} - 0 \right| = \frac{1}{|x|} = \frac{1}{x} < \frac{1}{K} = \varepsilon$$

이 된다. 따라서 $x > K$이면 $\left| \frac{1}{x} - 0 \right| < \varepsilon$을 만족한다. 그러므로 $\lim_{x \to \infty} \frac{1}{x} = 0$이 성립한다. ▨

예 5 x가 증가할수록 $\sin x$는 1과 -1 사이를 무한히 진동하므로 $\lim_{x \to \infty} \sin x$는 존재하지 않는다. 또한 $t = \frac{1}{x}$로 놓으면

$$\lim_{x \to \infty} \sin \frac{1}{x} = \lim_{t \to 0^+} \sin t = 0$$

을 얻는다.

> [정의 10] (음의 무한대에서의 극한)
>
> f를 구간 $(-\infty, a)$에서 정의된 함수라고 하자. 임의의 $\varepsilon > 0$에 대하여
>
> $$x < -K \text{ 이면 } |f(x) - L| < \varepsilon$$
>
> 을 만족하는 $K > 0$이 존재할 때, $\lim_{x \to -\infty} f(x) = L$로 정의한다.

역시 기호 $-\infty$는 수를 나타내는 것은 아니지만 $\lim_{x \to -\infty} f(x) = L$이라는 표현을 "$x$가 음의 무한대로 접근할 때, $f(x)$의 극한이 L이다."라고 읽는다.

참고 $\lim_{x \to \infty} f(x) = L$ 또는 $\lim_{x \to -\infty} f(x) = L$일 때, 직선 $y = L$을 함수 f의 수평점근선(horizontal asymptote)이라고 한다. 예를 들면 $f(x) = \frac{1}{x}$로 정의된 함수에 대하여 $\lim_{x \to \infty} \frac{1}{x} = 0$, $\lim_{x \to -\infty} \frac{1}{x} = 0$이므로, $f(x) = \frac{1}{x}$은 직선 $y = 0$을 수평점근선으로 갖는다.

예제 8 $\lim_{x\to\infty}(\sqrt{x^2+1}-x)$를 구하시오.

(**풀이**) 분모와 분자에 $\sqrt{x^2+1}+x$를 곱하여 식을 변형하면

$$\begin{aligned}\lim_{x\to\infty}(\sqrt{x^2+1}-x) &= \lim_{x\to\infty}\frac{(x^2+1)-x^2}{\sqrt{x^2+1}+x}\\ &= \lim_{x\to\infty}\frac{1}{\sqrt{x^2+1}+x}\end{aligned}$$

이 된다. 압축정리를 이용하여 극한값이 0이라는 것을 보일 수도 있지만, 보다 쉬운 방법으로는 x로 분자와 분모를 나눈 후 극한법칙을 이용한다.

$$\lim_{x\to\infty}(\sqrt{x^2+1}-x) = \lim_{x\to\infty}\frac{\frac{1}{x}}{\sqrt{1+\frac{1}{x^2}}+1} = 0$$ ▢

2.3 무한극한

[정의 11] (양의 무한극한)

f가 a를 포함하는 적당한 열린구간(a는 제외 가능)에서 정의된 함수라고 하자. 임의의 양수 M에 대하여

$$0 < |x-a| < \delta \text{이면} \quad f(x) > M$$

을 만족하는 $\delta > 0$이 존재할 때, $\lim_{x\to a} f(x) = \infty$로 정의한다.

$\lim_{x\to a} f(x) = \infty$라는 것은 a에 충분히 가까운 $x\,(x\neq a)$를 취할 때 $f(x)$의 값을 임의로 크게 할 수 있음을 의미한다. $\lim_{x\to a} f(x) = \infty$와 같은 뜻으로 "$x\to a$일 때 $f(x)\to\infty$"로 나타내기도 한다. 역시 기호 ∞는 수가 아니지만 $\lim_{x\to a} f(x) = \infty$이라는 표현을 "$x$가 a에 접근할 때, $f(x)$는 한없이 커진다." 또는 "x가 a로 접근할 때, $f(x)$는 양의 무한대로 발산한다."라고 읽는다.

예제 9 $\lim_{x\to 0}\frac{1}{x^2}=\infty$임을 증명하시오.

증명 임의의 $M>0$에 대하여 $\delta=\frac{1}{\sqrt{M}}$을 택하자. 그러면 $0<|x-0|<\delta$, 즉 $x^2<\delta^2$일 때 $\frac{1}{x^2}>\frac{1}{\delta^2}=M$이 된다. 따라서 $\frac{1}{x^2}>M$을 만족한다. 그러므로 $\lim_{x\to 0}\frac{1}{x^2}=\infty$가 성립한다. ▩

> [정의 12] (음의 무한극한)
>
> f가 a를 포함하는 적당한 열린구간(a는 제외 가능)에서 정의된 함수라고 하자. 임의의 $M>0$에 대하여
>
> $$0<|x-a|<\delta\text{이면 } f(x)<-M$$
>
> 을 만족하는 $\delta>0$이 존재할 때, $\lim_{x\to a}f(x)=-\infty$로 정의한다.

기호 $-\infty$는 수를 나타내는 것은 아니지만 $\lim_{x\to a}f(x)=-\infty$라는 표현을 "$x$가 a에 접근할 때, $f(x)$는 한없이 작아진다." 또는 "x가 a로 접근할 때, $f(x)$는 음의 무한대로 발산한다."라고 읽는다.

한쪽 방향에서의 무한극한도 유사하게 정의된다.

$$\lim_{x\to a^+}f(x)=\infty \qquad \lim_{x\to a^-}f(x)=-\infty$$
$$\lim_{x\to a^+}f(x)=-\infty \qquad \lim_{x\to a^-}f(x)=-\infty$$

참고 다음 중 적어도 하나를 만족할 때 직선 $x=a$를 함수 $y=f(x)$의 수직점근선(vertical asymptote)이라고 한다.

$$\lim_{x\to a}f(x)=\infty \qquad \lim_{x\to a^+}f(x)=\infty \qquad \lim_{x\to a^-}f(x)=\infty$$
$$\lim_{x\to a}f(x)=-\infty \qquad \lim_{x\to a^+}f(x)=-\infty \qquad \lim_{x\to a^-}f(x)=-\infty$$

예를 들면 $f(x)=\frac{2}{x-3}$로 정의된 곡선에 대하여

$$\lim_{x\to 3^+}\frac{2}{x-3}=\infty,\quad \lim_{x\to 3^-}\frac{2}{x-3}=-\infty$$

이므로, $f(x)=\frac{2}{x-3}$은 직선 $x=3$을 수직점근선으로 갖는다.

끝으로 무한대에서의 무한극한을 다음과 같이 정의한다.

> [정의 13] (무한대에서의 무한극한)
>
> f를 구간 (a, ∞)에서 정의된 함수라고 하자. 임의의 $M > 0$에 대하여
>
> $$x > K\text{이면} \quad f(x) > M$$
>
> 을 만족하는 $K > 0$이 존재할 때, $\lim_{x \to \infty} f(x) = \infty$라 한다.

기호 $\lim_{x \to \infty} f(x) = \infty$는 x가 한없이 커질 때 $f(x)$의 값도 한없이 커짐을 나타낼 때 사용한다.

참고 무한극한에서 극한법칙은 일반적으로 적용되지 않는다. 예를 들면

$$\lim_{x \to \infty}(x^2 - x) = \lim_{x \to \infty} x^2 - \lim_{x \to \infty} x = \infty - \infty$$

는 정의되지 않지만

$$\lim_{x \to \infty}(x^2 - x) = \lim_{x \to \infty} x(x-1) = \infty$$

로 쓸 수 있기 때문이다.

참고 $\lim_{x \to \infty}[f(x) - (mx + b)] = 0$이면 함수 $y = f(x)$와 $y = mx + b$ 사이의 수직거리가 0으로 접근하기 때문에 직선 $y = mx + b$를 사선점근선이라고 한다($x \to -\infty$일 때도 유사한 경우이다). 유리함수에서는 분자의 차수가 분모의 차수보다 1 높을 때 사선점근선이 나타난다.

예 6 함수 $f(x) = \dfrac{x^3}{x^2 + 1}$에 대하여 생각해 보자. $x^2 + 1$은 결코 0이 될 수 없으므로 수직점근선은 존재하지 않는다. 또한 $x \to \infty$일 때 $f(x) \to \infty$이고 $x \to -\infty$일 때 $f(x) \to -\infty$이므로 수평점근선도 존재하지 않는다. 그러나

$$f(x) = \frac{x^3}{x^2 + 1} = x - \frac{x}{x^2 + 1}$$

이므로 $x \to \pm\infty$일 때

$$f(x) - x = \frac{x}{x^2 + 1} \to 0$$

이 된다. 따라서 직선 $y = x$가 사선점근선이다.

2.4 함수의 연속

> [정의 14] (함수의 연속)
>
> a를 포함하는 적당한 열린구간 I에서 정의된 함수 f가 $x=a$에서 연속(continuous)이란 임의의 $\varepsilon>0$에 대하여
>
> $$|x-a|<\delta\text{이면 } |f(x)-f(a)|<\varepsilon$$
>
> 을 만족하는 $\delta>0$이 존재할 때를 말한다. 즉 $\lim_{x\to a} f(a)=f(a)$일 때, 함수 f는 $x=a$에서 연속이라고 한다. 특히 f가 구간 I의 모든 점에서 연속일 때, f는 I에서 연속이라 한다.

함수 f가 $x=a$에서 연속이 아니면 f는 $x=a$에서 불연속(discontinuous)이라 한다. f가 $x=a$에서 연속이면 다음의 세 조건을 만족하여야 함에 유의한다.

(1) $f(a)$가 정의된다.

(2) $\lim_{x\to a} f(x)$가 존재한다.

(3) $\lim_{x\to a} f(x)=f(a)$가 성립한다.

예 7 함수 $f(x)=x^2+\dfrac{x^2}{x^2+1}+\dfrac{x^2}{(x^2+1)^2}+\dfrac{x^2}{(x^2+1)^3}+\cdots$는 $x=0$에서 불연속이다. 왜냐하면 $f(0)=0$이고, $\lim_{x\to 0} f(x)=\lim_{x\to 0}(x^2+1)=1$이 되나 $\lim_{x\to 0} f(x)\neq f(0)$이기 때문이다.

불연속에는 제거가능 불연속, 무한불연속과 계단불연속 등이 있다.

> [정의 15] (우연속과 좌연속)
>
> 함수 $f(x)$가 $\lim_{x\to a^+} f(x)=f(a)$를 만족하면 $f(x)$는 $x=a$에서 우연속이라 하고, $\lim_{x\to a^-} f(x)=f(a)$를 만족하면 $f(x)$는 $x=a$에서 좌연속이라고 한다.

예 8 최대정수함수 $f(x)=[x]$는 각 정수 n에서 우연속이지만 좌연속은 아니다. 왜냐하면 $\lim_{x\to n^+} f(x) = \lim_{x\to n^+}[x] = n = f(n)$이지만

$$\lim_{x\to n^-} f(x) = \lim_{x\to n^-}[x] = n-1 \neq f(n)$$

이기 때문이다.

함수 $f(x)$가 $x=a$에서 연속이라는 것은 $x=a$에서 우연속이고, 좌연속임을 의미하는 것이다.

> **[정의 16]** (닫힌구간에서의 연속)
> 함수 f가 열린구간 (a, b)에서 연속이고, 또한 $x=a$에서 우연속이고 $x=b$에서 좌연속일 때, f는 닫힌구간 $[a, b]$에서 연속이라고 한다.

마찬가지로 $[a, b)$, $(a, b]$, $[a, \infty)$, 그리고 $(-\infty, b]$와 같은 여러가지 형태의 구간에서 함수의 연속을 정의할 수 있다.

예 9 함수 $f(x)=1-\sqrt{1-x^2}$은 구간 $[-1, 1]$에서 연속이다. 왜냐하면 $-1<a<1$일 때 $\lim_{x\to a} f(x) = f(a)$이고,

$$\lim_{x\to -1^+} f(x) = f(-1), \quad \lim_{x\to 1^-} f(x) = f(1)$$

이 성립하기 때문이다.

함수의 연속성을 증명하기 위하여 다음 정리를 이용할 수 있다.

> **[정리 17]** 두 함수 f, g가 $x=a$에서 연속일 때, c가 상수이면
>
> $$f+g,\ f-g,\ cf,\ fg,\ \frac{f}{g}\ (\text{단, } g(a)\neq 0)$$
>
> 는 $x=a$에서 연속이다.

증명 이 정리는 극한법칙에 의하여 증명된다. 여기서는, 함수 f와 g가

$x=a$에서 연속일 때, $f+g$가 $x=a$에서 연속임만을 증명한다. f와 g가 $x=a$에서 연속이므로 $\lim_{x\to a} f(x)=f(a)$이고 $\lim_{x\to a} g(x)=g(a)$이다. 그러므로

$$\begin{aligned}\lim_{x\to a}(f+g)(x) &= \lim_{x\to a}[f(x)+g(x)] = \lim_{x\to a} f(x) + \lim_{x\to a} g(x) \\ &= f(a)+g(a) = (f+g)(a)\end{aligned}$$

이다. 따라서 $f+g$는 $x=a$에서 연속이 된다. □

함수 f와 g가 어떤 구간 I에서 연속이고, c가 상수이면

$$f+g,\ f-g,\ cf,\ fg,\ \frac{f}{g}\ (\text{단},\ g(x)\neq 0)$$

도 구간 I에서 연속임을 알 수 있다.

예 10 정함수는 R에서 연속이고, 유리함수는 그 함수의 정의역에서 연속이다. 또한 함수 $f(x)=\sqrt[n]{x}$는 n이 짝수일 때 $[0,\infty)$에서 연속이고, n이 홀수일 때 R에서 연속이 된다.

두 연속함수 f와 g의 합성함수 $f\circ g$에 의하여 새로운 연속함수를 얻는다.

[정리 18] (연속함수의 합성함수)

(1) 함수 f가 $x=b$에서 연속이고 $\lim_{x\to a} g(x)=b$이면,

$$\lim_{x\to a} f(g(x)) = f(b) = f(\lim_{x\to a} g(x))$$

(2) 함수 g가 $x=a$에서 연속이고 f가 $g(a)$에서 연속이면, f와 g의 합성함수 $f\circ g$는 $x=a$에서 연속이 된다.

증명 여기서는 (2)만 증명하고 (1)의 증명은 독자에게 남긴다. g가 $x=a$에서 연속이므로 $\lim_{x\to a} g(x)=g(a)$가 성립한다. 또한 f가 $g(a)$에서 연속이므로 (1)을 적용하면 $\lim_{x\to a} f(g(x))=f(g(a))$를 얻는다. 따라서 $f\circ g$는 $x=a$에서 연속이다. □

예제 10 함수 $h(x)=|x|$이 연속이 되는 구간을 구하시오.

(**풀이**) 모든 x에 대하여 $|x|=\sqrt{x^2}$이므로 $g(x)=x^2$, $f(x)=\sqrt{x}$에 대하여 $h(x)=f(g(x))$이다. g가 R에서 연속이고, f가 $[0,\infty)$에서 연속이므로 $h=f\circ g$는 R에서 연속이다. □

예제 11 삼각함수 $y=\sin x$와 $y=\cos x$는 R에서 연속임을 보이시오.

증명 $|\theta|<\frac{\pi}{2}$일 때 $|\sin\theta|\leq|\theta|$이므로, 임의의 $a\in R$에 대하여

$$|\sin x-\sin a|=2\left|\sin\frac{x-a}{2}\cos\frac{x+a}{2}\right|\leq|x-a|$$

이 성립한다. 따라서 $x\to a$일 때 $\sin x\to\sin a$를 얻는다. 그러므로 $y=\sin x$는 R에서 연속이다. 또한 $\cos x=\sin\left(x+\frac{\pi}{2}\right)$이므로 $y=\cos x$는 R에서 연속함수가 된다. □

다음은 닫힌구간 $[a,b]$에서 정의된 연속함수가 갖는 중요한 성질이다. 그러나 정리의 증명은 이 책의 수준을 벗어나므로 생략한다.

> [정리 19] (중간값의 정리)
> 함수 f가 닫힌구간 $[a,b]$에서 연속이고 $f(a)\neq f(b)$이면 $f(a)$와 $f(b)$ 사이의 임의의 실수 k에 대하여 $f(c)=k$를 만족하는 $x=c(a<c<b)$가 적어도 하나 존재한다.

중간값의 정리(intermediate value theorem)는 불연속함수에 대하여는 참이 아니다. 중간값의 정리는 방정식의 근의 위치를 정하는데 이용된다.

예제 12 $x^3-4x+1=0$의 근이 0과 1 사이에 존재한다.

증명 $f(x)=x^3-4x+1$로 놓으면 $f(x)$는 $[0,1]$에서 연속이고, $f(0)=1$, $f(1)=-2$이다. 따라서 $k=0$이라 하여 중간값의 정리를 적용하면, $f(c)=0$을 만족하는 $x=c\,(0<c<1)$가 존재한다. □

다음 정리는 역함수의 정의에서 직관적으로 이해된다.

[정리 20] 함수 f가 닫힌구간 $[a, b]$에서 연속일 때, f가 역함수를 가지면 f는 $[a, b]$에서 단조함수가 되고, 역으로 f가 $[a, b]$에서 단조함수이고 $f(a) = \alpha$, $f(b) = \beta$이면 f의 역함수 g는 $[\alpha, \beta]$ (또는 $[\beta, \alpha]$)에서 존재하고 연속이 된다.

2.5 최대값과 최소값

어떤 일을 할 때 최적의 방법을 찾는 최적화 문제(optimization problem)가 있다. 그런데 많은 경우에 있어서 이 문제들은 함수의 최대값 또는 최소값을 찾는 문제로 귀착된다.

[정의 21] (최대값과 최소값)
함수 $f(x)$가 구간 I에서 정의되었을 때, I의 모든 원소 x에 대하여 $f(c) \geqq f(x)$ (또는 $f(c) \leqq f(x)$)일 때, f는 c에서 최대값(또는 최소값) $f(c)$를 갖는다고 한다.

예 11 함수 $f(x) = x^2$은, 모든 실수 x에 대하여 $f(x) = x^2 \geqq 0 = f(0)$이 성립하므로 최소값 $f(0) = 0$을 가지나, 이 함수는 최대값을 가지지 않는다. 그러나 함수 $f(x) = x^3$은 최대값과 최소값을 모두 갖지 않는다.

I의 모든 x에 대하여 $|f(x)| \leqq K$를 만족하는 상수 K가 존재할 때, $f(x)$는 I에서 유계라고 한다. 다음 정리는 닫힌구간 $[a, b]$에서 정의된 연속함수가 갖는 중요한 성질 중의 하나이다. 직관적으로는 매우 당연한 것 같지만 정리의 증명은 이 책의 수준을 벗어나므로 생략하기로 한다.

[정리 22] (최대 · 최소값의 정리)

함수 f가 닫힌구간 $[a, b]$에서 연속이면 f는 $[a, b]$에서 최대값과 최소값을 갖는다.

최대 · 최소값의 정리의 가정(연속성과 닫힌구간) 중 어느 하나가 생략되면 최대값 또는 최소값을 갖지 않을 수도 있다.

예 12 함수 $f(x)=x$는 R에서 연속이지만, $(0, 1)$에서는 최대값과 최소값을 모두 갖지 않는다. 또한 $[0, 1)$에서는 최소값은 갖지만 최대값은 갖지 않는다. 그러나 이것은 최대 · 최소값의 정리에 모순이 아니다.

참고 열린구간에서 정의된 연속함수가 최대값과 최소값을 가질 수도 있다. 마찬가지로 불연속함수도 최대값과 최소값을 가질 수 있지만 보장되지는 않는다. 최대 · 최소값의 정리는 닫힌구간에서 연속함수가 최대값과 최소값을 가짐을 의미할 뿐, 이러한 값들을 어떻게 구할 것인지를 보여주는 것은 아니다.

2.6 접선, 속도 그리고 다른 변화율

1. 접선

곡선 C의 방정식 $y=f(x)$에 대하여 한 점 $P(a, f(a))$에서 C의 접선을 구하려면, 근접한 점 $Q(x, f(x))$(단, $x \neq a$)를 생각하고 할선 PQ의 기울기

$$m_{PQ}=\frac{f(x)-f(a)}{x-a}$$

를 구한다. 그리고 x가 a에 접근하게 함으로써 Q가 곡선 C를 따라 P에 접근하게 한다. 만약 m_{PQ}가 m에 접근한다면 접선 t를, P를 지나고 기울기 m을 갖는 직선으로 정의한다.

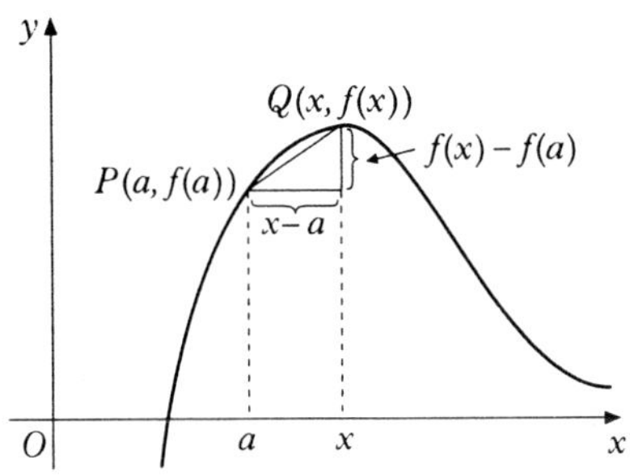

[그림 2.3]

> [정의 23] (접선)
> 점 $P(a, f(a))$에서 곡선 $y = f(x)$의 접선은 P를 지나면서 기울기
> $$m = \lim_{x \to a} \frac{f(x) - f(a)}{x - a}$$
> 를 갖는 직선이다.(단, 이 극한값이 존재하여야 한다)

참고 접선의 기울기에 대한 다른 표현이 존재한다.

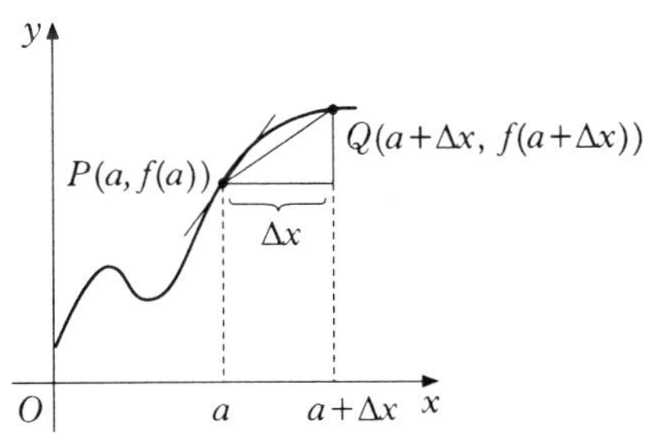

[그림 2.4]

$\Delta x = x - a$로 놓으면 $x = a + \Delta x$이고 따라서 할선 PQ의 기울기는

$$m_{PQ} = \frac{f(a + \Delta x) - f(a)}{\Delta x}$$

이다. x가 a에 접근할 때 Δx는 0에 접근하고 따라서 [정의 23]에 있는 접선의 기울기에 대한 표현은 $m = \lim_{\Delta x \to 0} \frac{f(a + \Delta x) - f(a)}{\Delta x}$가 된다.

예제 13 점 (3, 1)에서 쌍곡선 $xy=3$의 접선의 방정식을 구하시오.

(풀이) $f(x)=\dfrac{3}{x}$ 으로 놓는다. 그러면 (3, 1)에서의 접선의 기울기가

$$m=\lim_{\Delta x\to 0}\frac{f(3+\Delta x)-f(3)}{\Delta x}=-\frac{1}{3}$$

이므로 점 (3, 1)에서 접선의 방정식은

$$y-1=-\frac{1}{3}(x-3),\ \text{즉}\ \ x+3y-6=0$$ □

2. 속도

속도는 평균속도의 극한값으로 정의한다. 일반적으로 한 물체가 운동방정식 $s=f(t)$를 갖는 직선을 따라 움직인다고 가정하자. 운동을 나타내는 함수 f를 그 물체의 위치함수라고 한다. $t=a$에서 $t=a+\Delta t$ 사이의 위치 변화는 $f(a+\Delta t)-f(a)$이고, 이 시간구간 동안 평균속도는

$$\text{평균속도}=\frac{\text{거리}}{\text{시간}}=\frac{f(a+\Delta t)-f(a)}{\Delta t}$$

이다. Δt를 0에 접근시킬 때, 시각 $t=a$에서 속도(순간속도) $v(a)$를 이들 평균속도의 극한

$$v(a)=\lim_{\Delta t\to 0}\frac{f(a+\Delta t)-f(a)}{\Delta t}$$

로 정의한다.

3. 다른 변화율

y가 x에 종속되는 양일 때, $y=f(x)$로 놓는다. 만약 x가 x_1에서 x_2까지 변화하면 x의 변화량은 $\Delta x=x_2-x_1$이고 y의 변화량은 $\Delta y=f(x_2)-f(x_1)$이 된다. 이때 $\dfrac{\Delta y}{\Delta x}=\dfrac{f(x_2)-f(x_1)}{x_2-x_1}$을 구간 $[x_1, x_2]$에서 x에 관한 y의 평균변화율이라 하고, x_2를 x_1에 접근시킴으로써 극한값을 구할 수 있다. 이 평균변화율

의 극한값을 $x=x_1$에서 x에 관한 y의 순간변화율이라 하는데 $P(x_1, f(x_1))$에서 곡선 $y=f(x)$의 접선의 기울기로써 해석된다.

참고 변화율의 계산은 자연과학, 공학 뿐만 아니라 사회과학의 모든 영역에서 응용된다. 예를 들면 속도라 불리우는 변위의 변화율, 힘이라 불리우는 일의 변화율, 반응율이라 불리우는 반응체 농도의 변화율, 한계비용이라 불리우는 생산비용의 변화율, 박테리아 수의 변화율 등이 있다. 이런 모든 변화율은 접선의 기울기로써 해석될 수 있다. 이것은 접선 문제의 해에 대한 중요성을 더욱 강조한다.

연습문제

1. 다음 극한값을 구하시오.

   (1) $\lim_{x \to 1^+} [3x]$ (2) $\lim_{x \to \infty} \sqrt{x}(\sqrt{x+1}-\sqrt{x})$

   (3) $\lim_{x \to 0} \dfrac{\sqrt{1+x}-\sqrt{1-x}}{x}$ (4) $\lim_{x \to 16} \dfrac{x-16}{\sqrt{x}-4}$

2. 극한값의 $\varepsilon-\delta$ 논법으로 다음을 증명하시오.

   (1) $\lim_{x \to 5}(7x-27)=8$ (2) $\lim_{x \to 0} \sqrt[3]{x}=0$ (3) $\lim_{x \to 2}(x^2-3x)=-2$

3. $0 \leqq x \leqq 2$에 대하여 $3x \leqq f(x) \leqq x^3+2$ 일 때, $\lim_{x \to 1} f(x)$를 구하시오.

4. 다음에 주어진 함수 f, g의 정의역을 구하고, 주어진 함수가 그들의 정의역에서 연속임을 보이시오.

   (1) $f(x)=\dfrac{x+1}{x^2+x+1}$ (2) $g(x)=\dfrac{\sqrt{x^2-9}}{x^2-2}$

5. 다음 함수 f가 $(-\infty, \infty)$에서 연속이 되는 상수 c를 구하시오.

$$f(x)=\begin{cases} cx+1 & , x \leqq 3 \\ cx^2-1 & , x > 3 \end{cases}$$

6. 중간값 정리를 이용하여 주어진 구간에서 주어진 방정식이 근을 가짐을 보이시오.

(1) $2x^3+x^2+2=0$ $(-2, -1)$ (2) $(x^2-1)\cos x+\sqrt{2}\sin x=0$ $\left(0, \frac{\pi}{2}\right)$

7. 함수 $f(x)=x[x]$는 원점에서 연속임을 증명하시오.

8. $\lim_{x\to 0} f(x) = L > 0$이면, $0<|x-a|<\delta$를 만족하는 모든 x에 대하여 $f(x)>0$이 성립하는 $\delta>0$이 존재함을 보이시오.

9. $x^3-4x+1=0$의 근이 $[0,1]$ 이외의 어떤 구간에 있는가를 조사하시오.

3

미분법

미분법의 중요한 개념은 도함수이다. 변화율을 포함하는 여러 가지 문제를 해결하는데 도함수를 이용한다. 물리학에서 속도, 밀도, 전류, 힘과 온도변화율, 화학에서는 반응율과 압축률, 생물학에서 군락의 성장률과 혈액의 속도, 경제학의 한계비용과 한계이익, 지질학에서 열전도율, 심리학에서 성취발달율, 사회학의 루머에 대한 전파율 등은 도함수와 같이 하나의 단순한 추상적 개념이 여러 과학에서 서로 다른 의미를 가질 수 있음을 보여주고 있다.

3.1 도함수

[정의 1] (미분가능)

극한 $\lim_{h \to 0} \frac{f(a+h)-f(a)}{h}$ 가 존재할 때, 함수 $y=f(x)$는 $x=a$에서 미분가능(differentiable)이라 하고,

$$f'(a) = \lim_{h \to 0} \frac{f(a+h)-f(a)}{h}$$

로 나타낸다. 이때 $f'(a)$를 $x=a$에서 함수 $f(x)$의 미분계수(differential coefficient)라고 한다.

만일 f가 열린구간 (a, b) 또는 (a, ∞), $(-\infty, a)$, $(-\infty, \infty)$의 모든 값에서 미분가능하면, 그 구간에서 미분가능하다고 한다.

참고 미분계수의 정의는

$x = a + h$로 놓고, $f'(a) = \lim_{x \to a} \frac{f(x) - f(a)}{x - a}$

$h = \Delta x$, $f(a+h) - f(a) = \Delta y$로 놓고, $f'(a) = \lim_{\Delta x \to 0} \frac{\Delta y}{\Delta x}$

로 표현하기도 한다. 여기서 $h = \Delta x = x - a$를 $x = a$에서의 x의 증분(increment)이라 하고, $f(a+h) - f(a) = \Delta y = f(x) - f(a)$를 Δx에 대응하는 y의 증분이라고 한다.

$x = a$에서의 우미분계수와 좌미분계수를 각각

$$\lim_{h \to 0^+} \frac{f(a+h) - f(a)}{h}, \quad \lim_{h \to 0^-} \frac{f(a+h) - f(a)}{h}$$

로 정의할 때, $f'(a)$가 존재한다는 것은 $x = a$에서 좌·우미분계수가 존재해서 일치한다는 것이다.

예제 1 함수 $f(x) = |x|$은 $x = 0$에서 미분가능하지 않다.

증명 $\lim_{h \to 0} \frac{f(0+h) - f(0)}{h} = \lim_{h \to 0} \frac{|0+h| - |0|}{h}$을 생각한다. 그런데

$$\lim_{h \to 0^+} \frac{|0+h| - |0|}{h} = \lim_{h \to 0^+} \frac{|h|}{h} = \lim_{h \to 0^+} \frac{h}{h} = 1,$$

$$\lim_{h \to 0^-} \frac{|0+h| - |0|}{h} = \lim_{h \to 0^-} \frac{|h|}{h} = \lim_{h \to 0^+} \frac{-h}{h} = -1$$

이므로 $f'(0)$은 존재하지 않는다. □

[정리 2] f가 $x = a$에서 미분가능하면, f는 $x = a$에서 연속이다.

증명 $f'(a)$가 존재하므로,

$$\begin{aligned} \lim_{x \to a} [f(x) - f(a)] &= \lim_{x \to a} \frac{f(x) - f(a)}{x - a} (x - a) \\ &= \lim_{x \to a} \frac{f(x) - f(a)}{x - a} \lim_{x \to a} (x - a) \\ &= f'(a) \cdot 0 = 0 \end{aligned}$$

이다. 따라서 $\lim_{x \to a} f(x) = f(a)$이므로, f는 $x = a$에서 연속이다. □

참고 [정리 2]의 역은 성립하지 않는다. 예를 들면 함수 $f(x)=|x|$은

$$\lim_{x\to 0} f(x) = \lim_{x\to 0}|x| = 0 = f(0)$$

이므로 $x=0$에서 연속이지만 f는 $x=0$에서 미분가능하지 않다.

예제 2 함수 $f(x)=\begin{cases} x\sin\dfrac{1}{x} & , x\neq 0 \\ 0 & , x=0 \end{cases}$

에 대하여, $x=0$에서 연속성과 미분가능성을 조사하시오.

(풀이) $x\to 0$일 때 $\left|x\sin\dfrac{1}{x}\right| \leqq |x| \to 0$이 성립한다. 따라서

$$\lim_{x\to 0} f(x) = \lim_{x\to 0} x\sin\frac{1}{x} = 0 = f(0)$$

이므로, $f(x)$는 $x=0$에서 연속이다. 그러나 극한값

$$\lim_{x\to 0}\frac{f(x)-f(0)}{x} = \lim_{x\to 0}\frac{x\sin\frac{1}{x}-0}{x} = \lim_{x\to 0}\sin\frac{1}{x}$$

이 존재하지 않음으로 $f(x)$는 $x=0$에서 미분가능하지 않다. □

1. 미분계수의 기하학적 의미

(1) 접선의 기울기로써의 설명

한 곡선의 접선은 그 곡선에 접하는 직선이다. 그런데 $f'(a)$는 한 점 $P(a, f(a))$에서 곡선의 접선의 기울기를 나타내므로, $P(a, f(a))$에서 함수 $y=f(x)$의 접선은 P를 지나고 기울기 $f'(a)$를 갖는 직선이 된다. 따라서 $f'(a)$가 존재할 때, $P(a, f(a))$에서 곡선 $y=f(x)$의 접선의 방정식은

$$y-f(a) = f'(a)(x-a)$$

로 주어진다. 또한 P에서 법선의 기울기는 $-\dfrac{1}{f'(a)}$이므로 P에서 법선의 방정식은

$$y-f(a)=-\frac{1}{f'(a)}(x-a)$$

로 주어진다.

예제 3 곡선 $y=\sqrt{x}$ 위의 점 (4,2)에서의 접선과 법선의 방정식을 구하시오.

(**풀이**) $f(x)=\sqrt{x}$라 놓으면 $f'(x)=\frac{1}{2\sqrt{x}}$이 된다. 점 (4,2)에서의 접선의 기울기가 $f'(4)=\frac{1}{4}$이므로 접선의 방정식은 $x-4y+4=0$이고, 법선의 방정식은 $4x+y-18=0$이 된다. ▨

(2) 변화율로써의 설명

$x=x_1$에서 $y=f(x)$의 x에 대한 순간변화율은 극히 작은 구간 $[x_1, x_2]$에 대한 평균변화율의 극한

$$\text{순간변화율} = \lim_{\Delta x\to 0}\frac{\Delta y}{\Delta x} = \lim_{x_2\to x_1}\frac{f(x_2)-f(x_1)}{x_2-x_1}$$

이다. 이 극한은 x_1에서 f의 미분계수 $f'(x_1)$이다. 이것은 $x=x_1$일 때, $y=f(x)$의 x에 관한 순간변화율로써의 도함수 $f'(x_1)$에 대한 또다른 설명이다. $x=x_1$에서 순간변화율은 $x=x_1$인 곡선 위의 점에서의 접선의 기울기와 같다. 특히 $s=f(t)$가 움직이는 물체의 위치함수라 하면, $f'(x_1)$은 시각 t에 대한 변위 s의 변화율, 즉 시각 $t=x_1$에서 물체의 속도이다. 그리고 물체의 속력은 절대값 $|f'(x_1)|$이 된다.

2. 함수로써의 도함수

[정의 1]에서 a를 x로 바꾸면 주어진 함수 f에 대응하여 새로운 함수

$$f'(x)=\lim_{h\to 0}\frac{f(x+h)-f(x)}{h}$$

를 얻는다.

함수 $f(x)$가 $K(\subset R)$의 각 점에서 미분가능할 때, $f(x)$는 K에서 미분가능하다고 하고, $f'(x)(x \in K)$에 의하여 정의되는 함수 $f': K \to R$을 $f(x)$의 도함수(derivative)라고 한다. f의 도함수 f'의 정의역은 f의 정의역에 포함된다. 한 점에서 미분계수는 하나의 실수이지만, 도함수 $f'(x)$는 x를 변수로 갖는 함수임에 유의한다.

예제 4 $x \geqq 0$에 대하여 $f(x)=\sqrt{x}$일 때, f의 도함수 f'과 그 정의역을 구하시오.

(풀이)
$$f'(x) = \lim_{h \to 0} \frac{\sqrt{x+h}-\sqrt{x}}{h} = \lim_{h \to 0} \frac{(\sqrt{x+h}+\sqrt{x})(\sqrt{x+h}-\sqrt{x})}{h(\sqrt{x+h}+\sqrt{x})}$$
$$= \lim_{h \to 0} \frac{1}{(\sqrt{x+h}+\sqrt{x})} = \frac{1}{2\sqrt{x}}$$

이고, $x > 0$일 때 $f'(x)$가 존재한다. □

함수 $y=f(x)$의 도함수를 나타내는 기호로는

$$y', \ f'(x), \ \frac{dy}{dx}, \ \frac{d}{dx}f(x), \ Df(x)$$

등이 있다. 여기서 기호 D와 $\frac{d}{dx}$를 미분연산자(differential operator)라 한다. 라이프니츠(Leibniz)에 의하여 소개된 $\frac{dy}{dx}$는 증분기호와 함께 사용할 때 유용하다. 특정한 a에서의 도함수 $\frac{dy}{dx}$의 값을 라이프니츠 기호를 이용하면

$$\left.\frac{dy}{dx}\right|_{x=a} \text{ 또는 } \left.\frac{dy}{dx}\right]_{x=a}$$

로 표현된다.

3.2 미분법

함수 $f(x)$로부터 $f'(x)$를 구하는 것을 x에 관하여 미분한다(differentiate)고 하고, 그 계산법을 미분법이라고 한다. 도함수를 정의로부터 구한다면 너

무 복잡하거나 기교가 필요하다. 그러나 정의를 직접 이용하지 않고 도함수를 구하는 방법은 도함수의 계산을 간단히 해준다.

[정리 3] f가 상수함수, 즉 $f(x)=c$(c는 상수)이면 $f'(x)=0$

증명 $f'(x)=\lim_{h\to0}\frac{f(x+h)-f(x)}{h}=\lim_{h\to0}\frac{c-c}{h}=0$ □

[정리 4] (멱공식)
$f(x)=x^n$(n은 자연수)이면, $f'(x)=nx^{n-1}$이 성립한다.

증명 도함수의 정의와 이항정리에 의하여

$$\begin{aligned}
f'(x)&=\lim_{h\to0}\frac{f(x+h)-f(x)}{h}=\lim_{h\to0}\frac{(x+h)^n-x^n}{h}\\
&=\lim_{h\to0}\frac{1}{h}\left[x^n+nx^{n-1}h+\frac{n(n-1)}{2!}x^{n-2}h^2+\cdots+nxh^{n-1}+h^n-x^n\right]\\
&=\lim_{h\to0}\left[nx^{n-1}+\frac{n(n-1)}{2!}x^{n-2}h+\cdots+nxh^{n-2}+h^{n-1}\right]\\
&=nx^{n-1}
\end{aligned}$$
□

[정리 5] 함수 f와 g가 어떤 구간에서 미분가능하고 c가 상수일 때, 그 구간에서

(1) $(cf)'(x)=cf'(x)$ (2) $(f\pm g)'(x)=f'(x)\pm g'(x)$

(3) $(fg)'(x)=f(x)g'(x)+g(x)f'(x)$

(4) $\left(\frac{f}{g}\right)'(x)=\frac{g(x)f'(x)-f(x)g'(x)}{[g(x)]^2}$ (단, $g(x)\neq0$)

증명 여기서는 (3)만 증명하고 나머지는 독자에게 남긴다.

$$(fg)'(x)=\lim_{h\to0}\frac{f(x+h)g(x+h)-f(x)g(x)}{h}$$

$$= \lim_{h \to 0} \frac{f(x+h)g(x+h) - f(x+h)g(x) + f(x+h)g(x) - f(x)g(x)}{h}$$

$$= \lim_{h \to 0} \left[f(x+h) \frac{g(x+h) - g(x)}{h} + g(x) \frac{f(x+h) - f(x)}{h} \right]$$

$$= \lim_{h \to 0} f(x+h) \cdot \lim_{h \to 0} \frac{g(x+h) - g(x)}{h}$$

$$+ \lim_{h \to 0} g(x) \cdot \lim_{h \to 0} \frac{f(x+h) - f(x)}{h}$$

가 된다. f가 미분가능하므로 f는 연속이고, $\lim_{h \to 0} f(x+h) = f(x)$이다. 따라서 $(fg)'(x) = f(x)g'(x) + g(x)f'(x)$가 성립한다. ▨

[정리 5](4)는 멱공식을 지수가 음의 정수인 경우로 확장하는데 이용된다.

> [따름정리] $f(x) = x^{-n}$ (n은 자연수)일 때 $f'(x) = -nx^{-n-1}$이 성립한다.

참고 (멱공식의 일반화) 임의의 실수 α에 대하여 $f(x) = x^{\alpha}$일 때, $f'(x) = \alpha x^{\alpha - 1}$이 성립한다. 이 사실에 대하여는 3.7절에서 증명할 것이다.

예 1 $g(x) = x^{\pi}$이면 $g'(x) = \pi x^{\pi - 1}$이다.

3.3 변화율의 응용

$y = f(x)$의 도함수 $\frac{dy}{dx}$는 x에 대한 y의 변화율을 나타낸다. 함수 $y = f(x)$가 과학의 한 분야에서 특별한 의미를 갖는다면, 이것의 도함수도 변화율로써 특별한 의미를 갖게 된다. 본 절에서는 이 개념을 자연과학과 사회과학에 응용해 본다.

(1) 물리학

직선 위를 움직이는 어떤 물체의 위치함수가 $s = f(t)$일 때, $v = \frac{ds}{dt}$는 순간속도를 나타낸다. 밀도, 전류, 힘, 열전도율, 온도 변화율, 그리고 핵물리에서의 방사성 물질의 붕괴속도 등에도 변화율은 응용된다.

(2) 화학

열역학에서 많은 관심 분야 중의 하나가 압축률이다. 주어진 물체가 일정한 온도를 유지한다면, 체적 V는 압력 P에 의존한다. 따라서 압력에 관한 체적의 변화율 $\frac{dV}{dP}$를 생각할 수 있다. 압축률 β는 $\beta = -\frac{1}{V}\frac{dV}{dP}$로 정의된다. 따라서 압축률은 단위체적에 대하여 온도가 일정할 때, 압력이 증가함에 따라 물질의 체적이 얼마나 빨리 감소하는가를 나타낸다.

(3) 생물학

$n = f(t)$를 시각 t에서 동물이나 식물 군락 내에 있는 개체수라고 할 때, 시각 $t = t_1$과 $t = t_2$ 사이에 개체군의 크기의 변화는 $\Delta n = f(t_2) - f(t_1)$이다. 따라서 시간 $t_1 \leqq t \leqq t_2$ 동안에 평균 성장률은

$$\frac{\Delta n}{\Delta t} = \frac{f(t_2) - f(t_1)}{t_2 - t_1}$$

이고, 성장률은 순간변화율 $\lim_{\Delta t \to 0} \frac{\Delta n}{\Delta t} = \frac{dn}{dt}$으로 주어진다. 그러나 엄밀히 말하면 개체군의 함수 $n = f(t)$의 그래프는 개체들의 생사가 발생할 때마다 불연속적인 계단함수이고, 따라서 미분가능하지 않기 때문에 위의 성장률에 대한 식은 성립하지 않는다. 그렇지만 대단위 개체군에 대하여 매끄러운 근사곡선으로 그래프를 대체할 수 있다.

(4) 경제학

한 회사가 어떤 상품을 x개 생산할 때 소요되는 총 경비를 $C(x)$라 하자. 이때 함수 C를 원가함수라고 한다. 만일 생산된 상품의 수가 x_1에서 x_2로 증가할 때, 추가 경비는 $\Delta C = C(x_2) - C(x_1)$이므로, 비용의 평균변화율은

$$\frac{\Delta C}{\Delta x} = \frac{C(x_2) - C(x_1)}{x_2 - x_1} = \frac{C(x_1 + \Delta x) - C(x_1)}{\Delta x}$$

이고, 경제학자들은 $\lim_{\Delta x \to 0} \frac{\Delta C}{\Delta x} = \frac{dC}{dx}$를 한계비용이라 한다. $\Delta x = 1$이고 n을 충분히 크게 잡으면 $C(n) = C(n+1) - C(n)$이 된다.

3.4 연쇄법칙

합성함수의 미분법을 연쇄법칙 또는 연쇄율(chain rule)이라 한다.

> [정리 6] (연쇄법칙)
>
> $y=f(x)$, $x=g(t)$가 미분가능하면, 합성함수 $y=f(g(t))$는 t에 관하여 미분가능하고,
>
> $$\frac{dy}{dt}=\frac{dy}{dx}\frac{dx}{dt} \quad \text{또는} \quad (f\circ g)'(t)=f'(g(t))g'(t)$$
>
> 가 성립한다.

증명 $\lim\limits_{\Delta t\to 0}\dfrac{\Delta x}{\Delta t}=g'(t)$이므로 $\dfrac{\Delta x}{\Delta t}-g'(t)=\varepsilon_1$이라 놓으면 $\Delta t\to 0$일 때 $\varepsilon_1\to 0$이다. 따라서 $\Delta x=\{g'(t)+\varepsilon_1\}\Delta t$가 된다. 마찬가지로 $\lim\limits_{\Delta x\to 0}\dfrac{\Delta y}{\Delta x}=f'(x)$이므로 $\dfrac{\Delta y}{\Delta x}-f'(x)=\varepsilon_2$라고 놓으면 $\Delta x\to 0$일 때 $\varepsilon_2\to 0$이다. 따라서

$$\Delta y=\{f'(x)+\varepsilon_2\}\Delta x=\{f'(x)+\varepsilon_2\}\{g'(t)+\varepsilon_1\}\Delta t$$

가 된다. 그러므로

$$\begin{aligned}\frac{dy}{dt}&=\lim_{\Delta t\to 0}\frac{\Delta y}{\Delta t}=\lim_{\Delta t\to 0}\{f'(x)+\varepsilon_2\}\{g'(t)+\varepsilon_1\}\\&=\lim_{\Delta x\to 0}\{f'(x)+\varepsilon_2\}\lim_{\Delta t\to 0}\{g'(t)+\varepsilon_1\}=f'(g(t))g'(t)\end{aligned}$$

가 성립한다. □

예 2 함수 $F(x)=\sqrt{x^2+1}$에 대하여 $F'(x)$를 구해 보자. $f(u)=\sqrt{u}$와 $g(x)=x^2+1$이라 하면

$$f'(u)=\frac{1}{2}u^{-\frac{1}{2}}=\frac{1}{2\sqrt{u}},\quad g'(x)=2x$$

이므로

$$F'(x)=f'(g(x))g'(x)=\frac{1}{2\sqrt{x^2+1}}\cdot 2x=\frac{x}{\sqrt{x^2+1}}$$

가 된다. 또한 $y=\sqrt{u}$, $u=x^2+1$이라 하면,

$$F'(x)=\frac{dy}{du}\frac{du}{dx}=\frac{1}{2\sqrt{u}}\cdot 2x=\frac{1}{2\sqrt{x^2+1}}\cdot 2x=\frac{x}{\sqrt{x^2+1}}$$

참고 $f(x)=\begin{cases} x^2\sin\frac{1}{x}, & x\neq 0 \\ 0, & x=0 \end{cases}$

으로 정의된 함수 f는 $x=0$에서 미분가능하다. 그러나 연쇄법칙을 사용할 수 없음에 유의한다. 이 경우에는 미분계수의 정의를 이용하여 구한다.

멱함수의 경우에 대한 연쇄법칙을 만들어 보자. $y=[g(x)]^{\alpha}$은 $u=g(x)$에 대하여 $y=f(u)=u^{\alpha}$으로 쓸 수 있으므로, 연쇄법칙과 멱공식을 적용하며 다음 결과를 얻는다.([정리 19] 참조)

[정리 7] α가 임의의 실수이고, $u=g(x)$가 미분가능하면

$$\frac{d}{dx}(u^{\alpha})=\alpha u^{\alpha-1}\frac{du}{dx}, \text{ 즉 } \frac{d}{dx}[g(x)]^{\alpha}=\alpha[g(x)]^{\alpha-1}g'(x)$$

가 성립한다.

예 3 함수 $f(x)=\frac{1}{\sqrt[3]{x^2+x+1}}$ 일 때,

$$f'(x)=-\frac{1}{3}(x^2+x+1)^{-\frac{4}{3}}\frac{d}{dx}\sqrt{x^2+x+1}$$

$$=-\frac{1}{3}(x^2+x+1)^{-\frac{4}{3}}(2x+1)$$

여러 개의 함수로 이루어진 합성함수를 미분할 경우에도 연쇄법칙을 적용할 수 있다. 예를 들면 $y=f(u)$, $u=g(x)$, $x=h(t)$가 모두 미분가능할 때, t에 대한 y의 미분은 $\frac{dy}{dt}=\frac{dy}{du}\frac{du}{dx}\frac{dx}{dt}$가 된다.

3.5 역함수와 음함수의 미분법

1. 역함수의 미분법

> [정리 8] (역함수의 미분법)
>
> 함수 $y=f(x)$가 역함수를 갖는 미분가능한 함수이고, $\frac{dy}{dx}\neq 0$일 때, 역함수도 미분가능하고,
>
> $$\frac{dx}{dy}=\frac{1}{\frac{dy}{dx}}$$

증명 $y=f(x)$의 역함수를 $x=g(y)$라 하면 $x=g(f(x))$이다. 양변을 x에 관하여 미분하면

$$1=\frac{d}{dx}[g(f(x))]=\frac{d}{dy}[g(y)]\frac{dy}{dx}=\frac{dx}{dy}\frac{dy}{dx}$$

이므로 $\frac{dy}{dx}\neq 0$일 때, $\frac{dx}{dy}=\frac{1}{\frac{dy}{dx}}$이 성립한다. □

예 4 $f(x)=x^2e^{x^2}$으로 정의된 함수 f는 모든 $x\in R$에 대하여

$$f'(x)=2x(1+x^2)e^{x^2}>0$$

이므로 f의 역함수 g와, 또한 모든 $y\in R(f)$에서 $g'(y)$가 존재한다. 그런데 $f(1)=e$이므로 $g(e)=1$이고 $f'(g(e))=4e$가 된다. 따라서 $g'(e)=\frac{1}{f'(1)}=\frac{1}{4e}$이다.

> [따름정리] 역함수를 가지는 두 함수 $x=f(t)$와 $y=g(t)$가 미분가능이고 $f'(t)\neq 0$이면,
>
> $$\frac{dy}{dx}=\frac{\frac{dy}{dt}}{\frac{dx}{dt}}=\frac{g'(t)}{f'(t)}$$

2. 음함수의 미분법

음함수 $f(x, y)=0$을 양함수 $y=f(x)$로 풀기가 쉽지 않을 경우에는 y를 x에 관하여 풀지 않고, 음함수의 미분법을 이용한다. 음함수에 대하여 x로 미분하는 방법은 먼저 양변을 x에 관하여 미분한 후에 y'에 대한 결과를 구한다. 양함수 $y=f(x)$로 풀 수 있는 경우 조차도 음함수의 미분법을 이용하면 쉽게 도함수를 구할 수 있다.

예제 5 $x^3+y^3=6xy$ 위의 점 $(3,3)$에서 접선의 방정식을 구하시오.

(**풀이**) 방정식 $x^3+y^3=6xy$에서 음함수 미분법을 적용하면

$$3x^2+3y^2y'=6y+6xy', \text{ 즉 } x^2+y^2y'=2y+2xy'$$

이고, y'에 관하여 정리하면 $y'=\dfrac{2y-x^2}{y^2-2x}$이 된다. $x=y=3$에서 $y'=-1$이므로 $(3,3)$에서 접선의 방정식은

$$y-3=-1(x-3), \text{ 즉 } x+y=6$$

이 된다. ▨

참고 2차방정식에서와 같이 3차방정식의 세 근에 대한 근의 공식이 있으나 조금 복잡하다. 음함수의 미분법은 이러한 경우에 많은 노력을 덜어 준다. 더욱이 음함수의 미분법은 y를 x에 관하여 풀 수 없는 방정식에 대하여도 매우 쉽게 미분할 수 있도록 해준다. 노르웨이의 수학자 아벨은 1824년에 5차방정식의 일반해는 존재하지 않음을 증명하였다. 그 후에 프랑스의 수학자 갈로아는 $n>4$에 대하여 계수에 대한 대수연산을 통하여 n차방정식의 일반해를 구하는 것은 불가능함을 증명하였다.

3.6 삼각함수와 역삼각함수의 도함수

1. 삼각함수의 도함수

삼각함수는 라디안(radian)으로 주어지는 각으로 정의된다. 다음 정리는 삼각함수의 도함수를 구할 때 기초가 되는 중요한 정리이다.

[정리 9] $\lim_{\theta \to 0} \frac{\sin\theta}{\theta} = 1$이 성립한다.

증명 먼저 중심을 O, 중심각을 $\theta\left(0 < \theta < \frac{\pi}{2}\right)$, 반지름이 1인 부채꼴 OAB를 생각하자. 또한 A와 B에서의 접선이 모두 E에서 만난다고 하면 $\widehat{AB} < \overline{AE} + \overline{EB}$이므로

$$\theta = \widehat{AB} < \overline{AE} + \overline{EB} < \overline{OA}\,\tan\theta = \tan\theta$$

즉, $\cos\theta < \frac{\sin\theta}{\theta}$가 성립한다. 또한 $\sin\theta < \theta$이므로,

$$\cos\theta < \frac{\sin\theta}{\theta} < 1$$

을 얻는다.

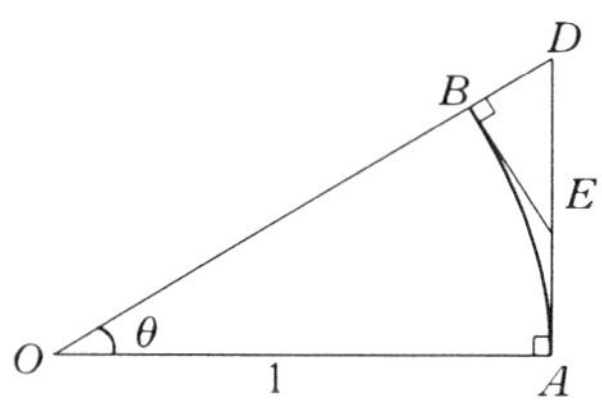

[그림 3.1]

$-\frac{\pi}{2} < \theta < 0$인 경우에도 $0 < -\theta < \frac{\pi}{2}$이므로,

$$\cos(-\theta) < \frac{\sin(-\theta)}{-\theta} < 1, \text{ 즉 } \cos\theta < \frac{\sin\theta}{\theta} < 1$$

을 얻는다. 그러므로 $\theta \in \left(-\frac{\pi}{2}, \frac{\pi}{2}\right)(\theta \neq 0)$에 대하여 $\cos\theta < \frac{\sin\theta}{\theta} < 1$이 된다. 따라서 압축정리에 의하여 $\lim_{\theta \to 0} \frac{\sin\theta}{\theta} = 1$이 성립한다. □

예 5 $\lim_{x\to 0}\frac{\sin 7x}{4x}=\frac{7}{4}$이고, $\lim_{x\to 0} x\cot x=1$이다.

예제 6 $\lim_{\theta\to 0}\frac{\cos\theta-1}{\theta}=0$임을 보이시오.

증명

$$\lim_{\theta\to 0}\frac{\cos\theta-1}{\theta}=\lim_{\theta\to 0}\frac{\cos^2\theta-1}{\theta(\cos\theta+1)}=-\lim_{\theta\to 0}\frac{\sin\theta}{\theta}\cdot\frac{\sin\theta}{(\cos\theta+1)}$$
$$=-\lim_{\theta\to 0}\frac{\sin\theta}{\theta}\cdot\lim_{\theta\to 0}\frac{\sin\theta}{(\cos\theta+1)}=-1\cdot 0=0 \quad \square$$

[정리 10] (삼각함수의 미분법)

(1) $\frac{d}{dx}(\sin x)=\cos x$ (2) $\frac{d}{dx}(\cos x)=-\sin x$

(3) $\frac{d}{dx}(\tan x)=\sec^2 x$ (4) $\frac{d}{dx}(\csc x)=-\csc x\cot x$

(5) $\frac{d}{dx}(\sec x)=\sec x\tan x$ (6) $\frac{d}{dx}(\cot x)=-\csc^2 x$

증명 삼각함수 $\tan x$, $\csc x$, $\sec x$, $\cot x$에 대한 도함수는 [정리 5](4)를 이용하여 쉽게 얻을 수 있으므로 여기서는 (1), (2)에 대해서만 증명하기로 한다.

(1)
$$\frac{d}{dx}\sin x=\lim_{h\to 0}\frac{\sin(x+h)-\sin x}{h}$$
$$=\lim_{h\to 0}\frac{\sin x\cos h+\cos x\sin h-\sin x}{h}$$
$$=\lim_{h\to 0}\left[\sin x\left(\frac{\cos h-1}{h}\right)+\cos x\left(\frac{\sin h}{h}\right)\right]$$
$$=\lim_{h\to 0}\sin x\cdot\lim_{h\to 0}\frac{\cos h-1}{h}+\lim_{h\to 0}\cos x\cdot\lim_{h\to 0}\frac{\sin h}{h}$$
$$=\sin x\cdot 0+\cos x\cdot 1=\cos x$$

(2) $\cos x=\sin\left(x+\frac{\pi}{2}\right)$이므로

$$\frac{d}{dx}\cos x=\frac{d}{dx}\sin\left(x+\frac{\pi}{2}\right)=\cos\left(x+\frac{\pi}{2}\right)=-\sin x \quad \square$$

예제 7 $f(x)=\frac{\sec x}{1+\tan x}$일 때, $f'(x)$를 구하시오.

(풀이) $$f'(x) = \frac{(1+\tan x)\frac{d}{dx}(\sec x) - \sec x \frac{d}{dx}(1+\tan x)}{(1+\tan x)^2}$$
$$= \frac{(1+\tan x)\sec x \tan x - \sec x \cdot \sec^2 x}{(1+\tan x)^2}$$
$$= \frac{\sec x[\tan x + \tan^2 x - \sec^2 x]}{(1+\tan x)^2}$$
$$= \frac{\sec x(\tan x - 1)}{(1+\tan x)^2}$$ □

참고 기하학적으로 $\lim_{x \to 0} \frac{\sin x}{x} = 1$을 증명하였으나,

$$\lim_{x \to 0} \frac{\sin x}{x} = \lim_{x \to 0} \frac{\sin x - \sin 0}{x - 0} = \frac{d}{dx} \sin x \Big|_{x=0} = \cos 0 = 1$$

과 같은 방법으로도 구할 수 있다.

2. 역삼각함수의 도함수

삼각함수는 모두 주기함수이므로 R에서 역함수를 갖지 못한다. 그러나 정의역을 제한함으로써 역함수를 갖도록 할 수 있다.

예 6 함수 $y=\sin x$는 R에서 역함수를 갖지 않는다. 그러나 정의역을 $\left[-\frac{\pi}{2}, \frac{\pi}{2}\right]$로 제한하면 $y=\sin x$는 증가함수이고 연속이므로 $[-1, 1]$에서 정의된 역함수를 갖는다. 이 역함수를 $\sin^{-1}x$ 또는 $\arcsin x$로 나타내고, 역사인함수 또는 아크사인함수라고 한다. 역코사인함수 $\cos^{-1}x$는 정의역 $[-1, 1]$과 치역 $[0, \pi]$를 갖는 연속함수이다. 마찬가지 방법으로 $\tan^{-1}x$, $\cos^{-1}x$, $\sec^{-1}x$, $\csc^{-1}x$도 정의된다. 이 여섯 가지의 역함수를 역삼각함수(inverse trigonometric function)라고 한다.

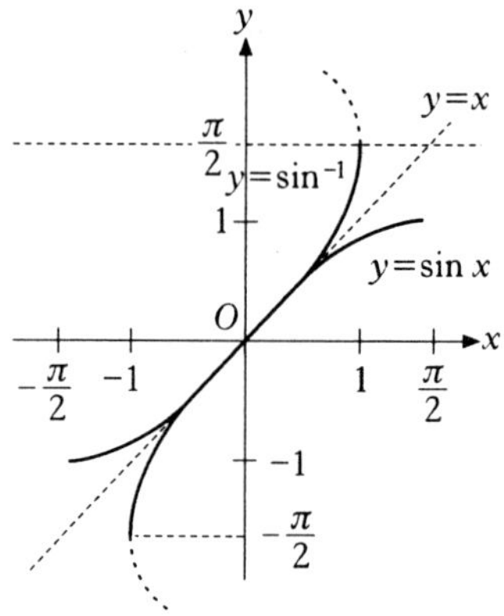

$y=\sin^{-1}x\ (-1\leqq x\leqq 1)$

[그림 3.2]

[정의 11] (역삼각함수)

(1) $y=\sin^{-1}x\ (-1\leqq x\leqq 1) \Leftrightarrow x=\sin y\ \left(-\frac{\pi}{2}\leqq y\leqq \frac{\pi}{2}\right)$

(2) $y=\cos^{-1}x\ (-1\leqq x\leqq 1) \Leftrightarrow x=\cos y\ (0\leqq y\leqq \pi)$

(3) $y=\tan^{-1}x\,(x\in R) \Leftrightarrow x=\tan y\ \left(-\frac{\pi}{2}< y<\frac{\pi}{2}\right)$

(4) $y=\csc^{-1}x\,(|x|\geqq 1) \Leftrightarrow x=\csc y\ \left(0< y\leqq \frac{\pi}{2},\ \pi< y\leqq \frac{3\pi}{2}\right)$

(5) $y=\sec^{-1}x\,(|x|\geqq 1) \Leftrightarrow x=\sec y\ \left(0\leqq y< \frac{\pi}{2},\ \pi\leqq y< \frac{3\pi}{2}\right)$

(6) $y=\cot^{-1}x\,(x\in R) \Leftrightarrow x=\cot y\ (0< y< \pi)$

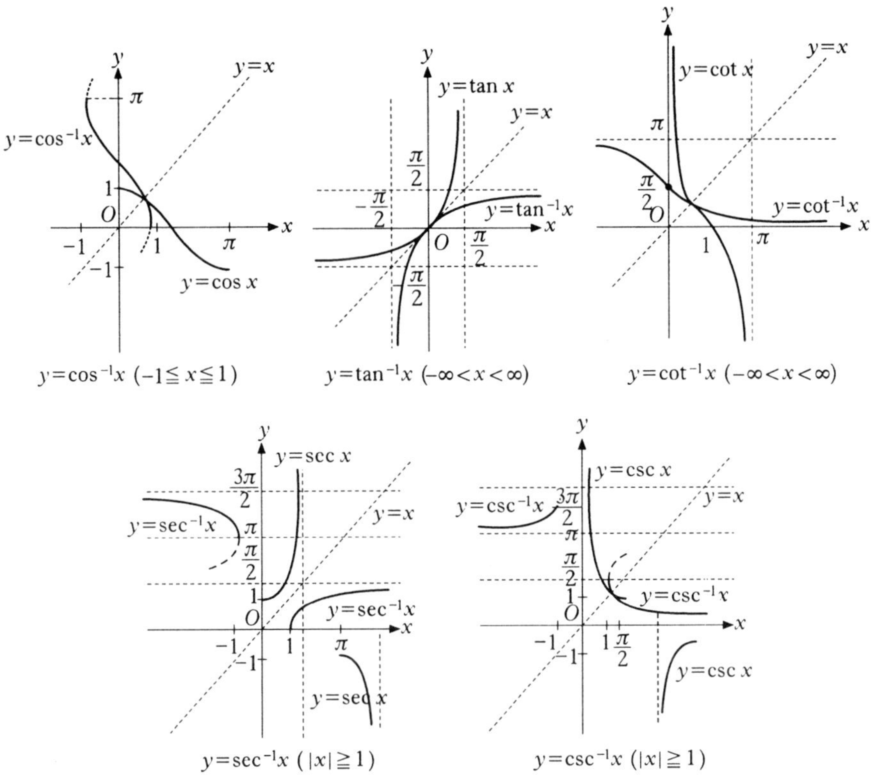

[그림 3-3]

예제 8 $-1 \leqq x \leqq 1$일 때 $\sin^{-1}x + \cos^{-1}x = \frac{\pi}{2}$임을 보이시오.

증명 $\sin^{-1}x = \theta$라 하면 $-\frac{\pi}{2} \leqq \theta \leqq \frac{\pi}{2}$이고 $x = \sin\theta = \cos\left(\frac{\pi}{2} - \theta\right)$가 된다. 여기서 $0 \leqq \frac{\pi}{2} - \theta \leqq \pi$이다. 따라서 $\cos^{-1}x = \frac{\pi}{2} - \theta$이므로 $\sin^{-1}x + \cos^{-1}x - \frac{\pi}{2}$가 된다. ▨

삼각함수가 연속이므로 삼각함수의 역함수도 연속이다. 또 삼각함수가 미분가능하므로 그 역함수도 미분가능하다.

[정리 12] (역삼각함수의 도함수)

(1) $\dfrac{d}{dx}\sin^{-1}x=\dfrac{1}{\sqrt{1-x^2}}$ $(|x|<1)$

(2) $\dfrac{d}{dx}\cos^{-1}x=-\dfrac{1}{\sqrt{1-x^2}}$ $(|x|<1)$

(3) $\dfrac{d}{dx}\tan^{-1}x=\dfrac{1}{1+x^2}$ $(x\in R)$ (4) $\dfrac{d}{dx}\cot^{-1}x=-\dfrac{1}{1+x^2}$ $(x\in R)$

(5) $\dfrac{d}{dx}\sec^{-1}x=\dfrac{1}{x\sqrt{x^2-1}}$ $(x>1)$

(6) $\dfrac{d}{dx}\csc^{-1}x=-\dfrac{1}{x\sqrt{x^2-1}}$ $(x>1)$

증명 여기서는 (1)과 (3)만 증명하고, 나머지는 독자에게 남긴다.

(1) $y=\sin^{-1}x$라 놓으면, $\sin y=x$이고, $-\dfrac{\pi}{2}\leqq y\leqq\dfrac{\pi}{2}$이다. $\sin y=x$를 x에 대하여 미분하면, $\dfrac{dy}{dx}=\dfrac{1}{\cos y}$을 얻는다. $\cos y\geqq 0$이므로 $\cos y=\sqrt{1-\sin^2 y}=\sqrt{1-x^2}$이 성립한다. 따라서

$$\frac{d}{dx}\sin^{-1}x=\frac{1}{\cos y}=\frac{1}{\sqrt{1-x^2}} \quad (-1<x<1)$$

(3) $y=\tan^{-1}x$라 놓으면, $\tan y=x\left(-\dfrac{\pi}{2}<y<\dfrac{\pi}{2}\right)$이다. 양변을 x로 미분하면, $\sec^2 y\,\dfrac{dy}{dx}=1$이므로,

$$\frac{dy}{dx}=\frac{1}{\sec^2 y}=\frac{1}{1+\tan^2 y}=\frac{1}{1+x^2}$$ □

참고 [정리 12]는 연쇄법칙과 관련지을 수 있다. 예를 들면 u가 x의 미분가능한 함수일 때,

$$\frac{d}{dx}\sin^{-1}u=\frac{1}{\sqrt{1-u^2}}\frac{du}{dx},\quad \frac{d}{dx}\tan^{-1}u=\frac{1}{1+u^2}\frac{du}{dx}$$

를 얻는다.

예제 9 $f(x)=\sin^{-1}(x^2-1)$에 대하여, $f'(x)$의 정의역을 구하시오.

(**풀이**) 연쇄법칙을 적용하면,

$$f'(x)=\frac{1}{\sqrt{1-(x^2-1)^2}}\frac{d}{dx}(x^2-1)=\frac{2x}{\sqrt{2x^2-x^4}}$$

가 성립하고, $f'(x)$의 정의역은

$$\{x \mid -1<x^2-1<1\}=(-\sqrt{2},0)\cup(0,\sqrt{2})$$ ▢

예제 10 $\tan^{-1}x+\cot^{-1}x=\frac{\pi}{2}$ 임을 보이시오.

증명 $f(x)=\tan^{-1}x+\cot^{-1}x$라 두면 모든 x에 대하여 $f'(x)=0$이 된다. 따라서 $f(x)=c$ 이므로

$$c=f(1)=\tan^{-1}1+\cot^{-1}1=\frac{\pi}{2}$$

를 얻는다. 그러므로

$$\tan^{-1}x+\cot^{-1}x=\frac{\pi}{2}$$

가 성립한다. ▢

3.7 지수함수와 로그함수의 도함수

1. 지수함수와 로그함수

(1) 지수함수

$a>0$과 자연수 m, n에 대하여

$$a^{\frac{m}{n}}=\sqrt[n]{a^m},\quad a^0=1,\quad a^{-\frac{m}{n}}=\frac{1}{\sqrt[n]{a^m}}$$

로 정의하면, 모든 유리수 r에 대하여 a^r이 정의된다. 이제 x가 무리수일 때 $a^x=\lim_{r\to x}a^r$(r은 유리수)으로 정의하면, 모든 실수 x에 대하여 $f(x)=a^x$인 함수를 얻게 된다. 특히 $f(x)=a^x\ (a>0,\ a\neq 1)$을 a를 밑으로 하는 지수함수라 하고, 정의역 R과 치역 $(0,\infty)$를 갖는 연속함수가 된다. 이때 $0<a<1$이면 $f(x)=a^x$은 감소, $a>1$이면 증가함수가 된다.

[정리 13] (지수법칙)

$a, b > 0$, $x, y \in R$일 때

(1) $a^{x+y} = a^x a^y$ (2) $a^{x-y} = \dfrac{a^x}{a^y}$ (3) $(a^x)^y = a^{xy}$ (4) $(ab)^x = a^x b^x$

(2) 로그함수

지수함수 $f(x) = a^x$ $(a > 0,\ a \neq 1)$은 연속인 단조함수이므로 역함수를 가지며, 이 역함수를 밑 a를 갖는 **로그함수**라 하고, $\log_a x$로 표시한다. 즉

$$y = \log_a x \Leftrightarrow a^y = x \quad (a > 0,\ a \neq 1)$$

이다. 따라서 R에 있는 모든 x에 대하여 $\log_a(a^x) = x$이고, $x > 0$에 대하여 $a^{\log_a x} = x$가 성립한다. 로그함수 $\log_a x$는 지수함수의 역함수이므로 정의역 $(0, \infty)$와 치역 R을 갖는 연속함수가 된다.

[정리 14] $x, y > 0$이고 $a > 0$ $(a \neq 1)$일 때, 다음이 성립한다.

(1) $\log_a xy = \log_a x + \log_a y$ (2) $\log_a \dfrac{x}{y} = \log_a x - \log_a y$

(3) $\log_a x^y = y \log_a x$

로그의 밑이 $a = e$일 때 **자연로그**라 한다. 미분적분학에서는 주로 자연로그를 사용하고, 기호로는 $\ln x$로 표현한다. 즉 $y = \ln x \Leftrightarrow e^y = x$ 이다.

2. 지수함수와 로그함수의 도함수

(1) 지수함수의 도함수

[정리 15] $\displaystyle\lim_{n \to \infty}\left(1 + \frac{1}{n}\right)^n = e$로 정의하면

$$\lim_{x \to \infty}\left(1 + \frac{1}{x}\right)^x = \lim_{x \to -\infty}\left(1 + \frac{1}{x}\right)^x = \lim_{x \to 0}(1 + x)^{\frac{1}{x}} = e$$

[정리 15]는 많은 부분에 이용된다. 특히 e는 $e=2.71828\cdots$를 가지는 초월수로써, 자연로그의 밑으로 이용된다. 지수함수 $f(x)=e^x$은 정의역 R과 치역 $(0,\infty)$를 갖는 연속함수이다.

> [정리 16] $\lim\limits_{x\to0}\dfrac{e^x-1}{x}=1$이 성립한다.

증명 $e^x-1=t$로 놓으면 $x=\ln(1+t)$이다. 따라서

$$\lim_{x\to0}\frac{e^x-1}{x}=\lim_{t\to0}\frac{t}{\ln(1+t)}=\lim_{t\to0}\frac{1}{\ln(1+t)^{1/t}}=\frac{1}{\ln e}=1 \quad \square$$

> [정리 17] (지수함수의 도함수)
>
> $$\frac{d}{dx}e^x=e^x,\quad \frac{d}{dx}a^x=a^x\ln a\quad (a>0,\ a\neq1)$$

증명 $\dfrac{d}{dx}e^x=\lim\limits_{h\to0}\dfrac{e^{x+h}-e^x}{h}=e^x\lim\limits_{h\to0}\dfrac{e^h-1}{h}=e^x$

이 된다. 양수 a는 $a=e^{\ln a}$로 나타내지므로 $a^x=e^{x\ln a}$이 성립한다. 여기에서 $x\ln a=t$로 놓으면 연쇄법칙에 의하여

$$\begin{aligned}\frac{d}{dx}a^x&=\frac{d}{dx}e^{x\ln a}=\frac{d}{dx}e^t=\frac{d}{dt}e^t\frac{dt}{dx}\\&=e^t\ln a=e^{x\ln a}\ln a=a^x\ln a\end{aligned} \quad \square$$

참고 일반적으로 $\dfrac{d}{dx}e^u=e^u\dfrac{du}{dx}$, $\dfrac{d}{dx}a^u=a^u\ln a\dfrac{du}{dx}$를 얻는다.

(2) 로그함수의 도함수

로그함수 $y=\log_a x$는 미분가능한 지수함수 $y=a^x$의 역함수이므로 미분가능하다.

[정리 18] (로그함수의 도함수)

$x>0$에 대하여

$$\frac{d}{dx}\ln x=\frac{1}{x},\quad \frac{d}{dx}\log_a x=\frac{1}{x\ln a}\quad (a>0,\ a\neq 1)$$

증명 $y=\ln x\,(x>0)$라 놓으면 $e^y=x$이므로, x에 관하여 미분하여

$$e^y\frac{dy}{dx}=1,\ \text{즉}\ \frac{dy}{dx}=\frac{1}{e^y}=\frac{1}{x}$$

을 얻는다. 이제 $y=\log_a x$라 놓으면, $a^y=x$이므로 $a^y\ln a\dfrac{dy}{dx}=1$ 이 된다. 따라서 $\dfrac{d}{dx}\log_a x=\dfrac{1}{a^y\ln x}=\dfrac{1}{x\ln a}$이 성립한다. □

참고 일반적으로 $\dfrac{d}{dx}\ln|u|=\dfrac{1}{u}\dfrac{du}{dx}$, $\dfrac{d}{dx}\log_a|u|=\dfrac{1}{u\ln a}\dfrac{du}{dx}$를 얻는다. 또한 $\dfrac{d}{dx}\ln|g(x)|=\dfrac{g'(x)}{g(x)}$가 성립한다.

예 7 $y=\ln(x^3+1)$을 미분할 때, $u=x^3+1$이라 놓으면, $y=\ln u$이므로 연쇄법칙을 이용하여

$$\frac{du}{dx}=\frac{dy}{du}\frac{du}{dx}=\frac{1}{u}\frac{du}{dx}=\frac{3x^2}{x^3+1}$$

을 얻는다.

함수의 미분은 자연로그를 취함으로써 구할 수 있다.

예제 11 $y=x^x\,(x>0)$에서 y'을 구하시오.

(풀이) 양변에 자연로그를 취하면 $\ln y=x\ln x$ 이므로, x에 대하여 미분하여 $\dfrac{y'}{y}=\ln x+\dfrac{x}{x}=\ln x+1$을 얻는다. 따라서 $y'=x^x(\ln x+1)$ □

예제 12 $y=\dfrac{x^{3/4}\sqrt{x^2+1}}{(3x+2)^5}$을 미분하시오.

(풀이) 양변에 자연로그를 취하여 변형하면

$$\ln|y| = \frac{3}{4}\ln|x| + \frac{1}{2}\ln(x^2+1) - 5\ln|3x+2|$$

이므로, 이것을 x에 대하여 미분하여

$$\frac{1}{y}\frac{dy}{dx} = \frac{3}{4}\frac{1}{x} + \frac{1}{2}\frac{2x}{x^2+1} - 5\frac{3}{3x+2}$$

을 얻는다. 따라서

$$\begin{aligned}\frac{dy}{dx} &= y\left(\frac{3}{4x} + \frac{x}{x^2+1} - \frac{15}{3x+2}\right) \\ &= \frac{x^{3/4}\sqrt{x^2+1}}{(3x+2)^5}\left(\frac{3}{4x} + \frac{x}{x^2+1} - \frac{15}{3x+2}\right)\end{aligned}$$ ▢

참고 위 예제에서와 같이 등식의 양변에 자연로그를 취하여 도함수를 구하는 방법을 로그미분법(logarithmic differentiation) 또는 대수미분법이라고 한다.

[정리 19] 실수 α에 대하여 $f(x) = x^\alpha$일 때, 다음이 성립한다.

$$f'(x) = \alpha x^{\alpha-1}$$

증명 $y = x^\alpha$에 대하여 로그미분법을 이용하면

$$\ln|y| = \ln|x|^\alpha = \alpha\ln|x| \quad (x \neq 0)$$

즉, $\frac{y'}{y} = \frac{\alpha}{x}$ 이므로 $y' = \alpha\frac{y}{x} = \alpha\frac{x^\alpha}{x} = \alpha x^{\alpha-1}$을 얻는다. ▢

참고 (극한으로써 e) 로그함수 $f(x) = \ln x$ 에 대하여 $f'(x) = \frac{1}{x}$ 이므로, $f'(1) = 1$이다. 또한

$$\begin{aligned}f'(1) &= \lim_{x\to 0}\frac{f(1+x) - f(1)}{x} = \lim_{x\to 0}\frac{1}{x}\ln(1+x) \\ &= \lim_{x\to 0}\ln(1+x)^{1/x} = \ln\left[\lim_{x\to 0}(1+x)^{1/x}\right]\end{aligned}$$

이 된다. 그러므로 $\ln\left[\lim_{x\to 0}(1+x)^{1/x}\right] = 1$이다. 따라서 $\lim_{x\to 0}(1+x)^{1/x} = e$를 얻는다. 만일 $n = 1/x$이면, $x \to 0^+$일 때 $n \to \infty$ 이므로

$$e=\lim_{n\to\infty}\left(1+\frac{1}{n}\right)^n$$

이 성립한다.

참고 지수함수 $y=e^x$은 로그함수 $y=\ln x$의 역함수이므로 미분가능하다. $y=e^x$라 놓으면 $\ln y=x$이므로 x에 대하여 미분하여 $\frac{1}{y}\frac{dy}{dx}=1$, 즉 $\frac{dy}{dx}=y=e^x$을 얻는다. 따라서

$$\frac{d}{dx}a^x=\frac{d}{dx}(e^{x\ln a})=e^{x\ln a}\left(\frac{d}{dx}x\ln a\right)=a^x\ln a$$

가 성립한다.

3.8 쌍곡선함수와 역쌍곡선함수의 도함수

1. 쌍곡선함수의 도함수

지수함수 e^x을 이용하여, 물리학이나 공학에서 많이 사용하는 쌍곡선함수(hyperbolic function)는 쌍곡선과 관련이 있다. 개별적으로는 쌍곡선 사인함수(hyperbolic sine function), 쌍곡선 코사인함수 등으로 불리운다.

[정의 20] (쌍곡선함수)

(1) $\sinh x=\frac{e^x-e^{-x}}{2}$ (2) $\operatorname{csch} x=\frac{1}{\sinh x}$

(3) $\cosh x=\frac{e^x+e^{-x}}{2}$ (4) $\operatorname{sech} x=\frac{1}{\cosh x}$

(5) $\tanh x=\frac{\sinh x}{\cosh x}$ (6) $\coth x=\frac{\cosh x}{\sinh x}$

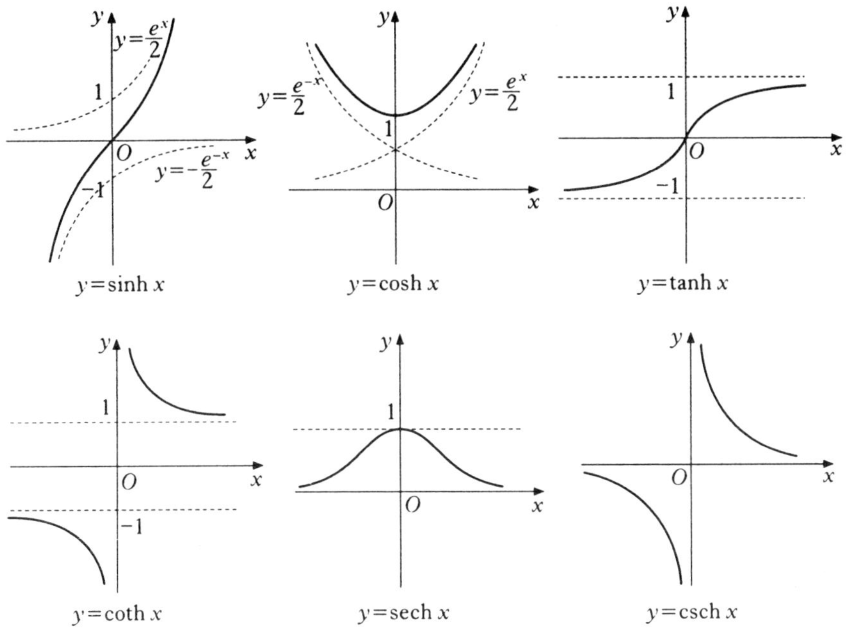

[그림 3.4]

$\sinh x$는 정의역 R과 치역 R을 갖는다. 반면에 $\cosh x$는 정의역 R과 치역 $[1, \infty)$를 갖고, $\tanh x$는 정의역 R과 치역 $(-1, 1)$을 갖는다.

[정리 21] 쌍곡선함수는 다음 성질을 갖는다.

(1) $\sinh(-x) = -\sinh x$ (2) $\cosh(-x) = \cosh x$

(3) $\cosh^2 x - \sinh^2 x = 1$ (4) $1 - \tanh^2 x = \sec h^2 x$

(5) $\coth^2 x - 1 = \csc h^2 x$

(6) $\sinh(x \pm y) = \sinh x \cosh y \pm \cosh x \sinh y$ (부호 동순)

(7) $\cosh(x \pm y) = \cosh x \cosh y \pm \sinh x \sinh y$ (부호 동순)

증명 여기서는 (3)만 증명하고, 나머지는 독자에게 남긴다.

$$\cosh^2 x - \sinh^2 x = \left(\frac{e^x + e^{-x}}{2}\right)^2 - \left(\frac{e^x - e^{-x}}{2}\right)^2 = 1 \quad \square$$

쌍곡선함수의 도함수는 쉽게 구할 수 있다. 예를 들면

$$\frac{d}{dx}\sinh x = \frac{d}{dx}\left(\frac{e^x - e^{-x}}{2}\right) = \left(\frac{e^x + e^{-x}}{2}\right) = \cosh x$$

가 된다. 쌍곡선함수의 도함수를 구하면 다음과 같다.

[정리 22] (쌍곡선함수의 도함수)

(1) $\frac{d}{dx}\sinh x = \cosh x$ (2) $\frac{d}{dx}\operatorname{csch} x = -\operatorname{csch} x \coth x$

(3) $\frac{d}{dx}\cosh x = \sinh x$ (4) $\frac{d}{dx}\operatorname{sech} x = -\operatorname{sech} x \tanh x$

(5) $\frac{d}{dx}\tanh x = \operatorname{sech}^2 x$ (6) $\frac{d}{dx}\coth x = -\operatorname{csch}^2 x$

예제 13 $y = \ln(\tanh x)$에서 y'을 구하시오.

(풀이) $\tanh x = u$라 두면 $y = \ln u$이고

$$y' = \frac{dy}{dx} = \frac{dy}{du}\frac{du}{dx} = \frac{1}{u}\operatorname{sech}^2 x = \frac{\operatorname{sech}^2 x}{\tanh x}$$ □

2. 역쌍곡선함수의 도함수

쌍곡선 사인함수 $y = \sinh x$는 $(-\infty, \infty)$에서 역함수를 갖는다. 이 역함수를 역쌍곡선 사인함수(inverse hyperbolic sine function)라 하고 $y = \sinh^{-1} x$로 나타낸다. 이 그래프는 $y = \sinh x$의 그래프를 $y = x$에 관해 대칭하여 얻는다.

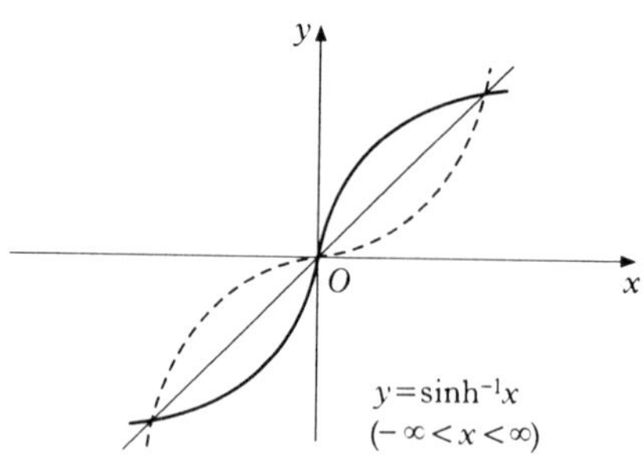

[그림 3.5]

그러나 $\cosh x$는 정의역을 $[0, \infty)$로 제한할 때, 역함수를 갖는다. 이 역함수를 역쌍곡선 코사인함수라고 하고 $y = \cosh^{-1} x$로 나타낸다. 나머지 역쌍곡선함수도 비슷하게 정의된다.

> [정의 23] (역쌍곡선함수)
>
> (1) $y = \sinh x\,(|x| < \infty)$의 역함수 : $y = \sinh^{-1} x\,(|x| < \infty)$
>
> (2) $y = \cosh x\,(x \geqq 0)$의 역함수 : $y = \cosh^{-1} x\,(x \geqq 1)$
>
> (3) $y = \tanh x\,(|x| < \infty)$의 역함수 : $y = \tanh^{-1} x\,(|x| < 1)$
>
> (4) $y = \coth x\,(|x| > 0)$의 역함수 : $y = \coth^{-1} x\,(|x| > 1)$
>
> (5) $y = \operatorname{sech} x\,(|x| < \infty)$의 역함수 : $y = \operatorname{sech}^{-1} x\,(0 < x \leqq 1)$
>
> (6) $y = \operatorname{csch} x\,(|x| > 0)$의 역함수 : $y = \operatorname{csch}^{-1} x\,(|x| > 0)$

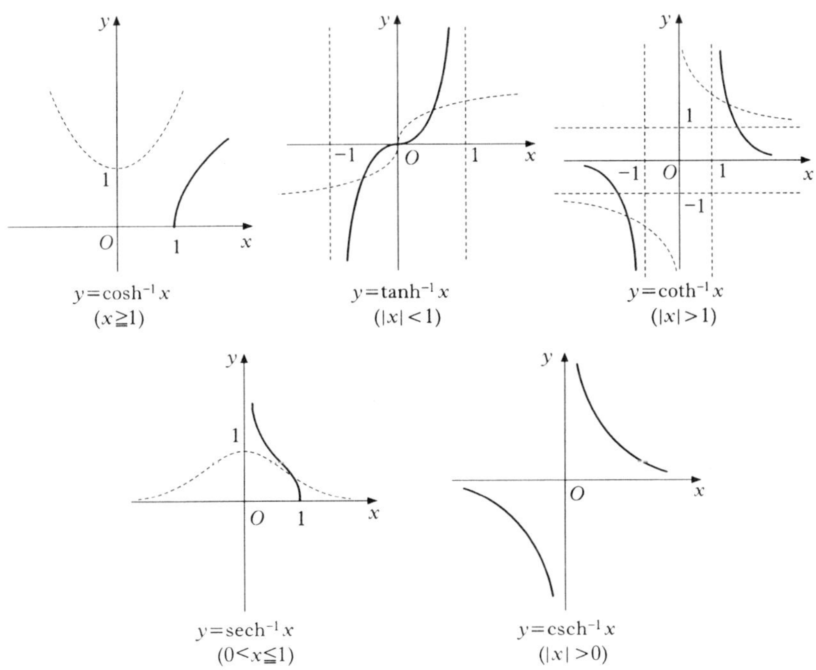

[그림 3.6]

[정리 24] (기본공식)

(1) $\sinh^{-1}x = \ln(x+\sqrt{1+x^2})\,(x \in R)$ (2) $\coth^{-1}x = \frac{1}{2}\ln\frac{x+1}{x-1}\;(|x|>1)$

(3) $\cosh^{-1}x = \ln(x+\sqrt{x^2-1})\,(x \geqq 1)$ (4) $\operatorname{sech}^{-1}x = \ln\frac{1+\sqrt{1-x^2}}{x}\;(0<x\leqq 1)$

(5) $\tanh^{-1}x = \frac{1}{2}\ln\frac{1+x}{1-x}\;(|x|<1)$ (6) $\operatorname{csch}^{-1}x = \ln\left(\frac{1}{x}+\frac{\sqrt{1+x^2}}{|x|}\right)(x \neq 0)$

증명 여기서는 (1)과 (6)만 증명하고, 나머지는 독자에게 남긴다.

(1) $y=\sinh^{-1}x$라 두면 $x=\sinh y=\frac{e^y-e^{-y}}{2}$이므로

$$e^y-2x-e^{-y}=0,\ \text{즉}\ (e^y)^2-2x(e^y)-1=0$$

이 된다. 따라서 $e^y=2x\pm\frac{\sqrt{4x^2+4}}{2}=x\pm\sqrt{x^2+1}$을 얻는다. 그런데 $e^y>0$이므로 $y=\sinh^{-1}x=\ln(x+\sqrt{x^2+1})$이 성립한다.

(6) $y=\operatorname{csch}^{-1}x$라 두면 $\operatorname{csch}^{-1}x=\sinh^{-1}\frac{1}{x}$이므로

$$\operatorname{csch}^{-1}x=\ln\left(\frac{1}{x}+\sqrt{\left(\frac{1}{x}\right)^2+1}\right)=\ln\left(\frac{1}{x}+\frac{1}{|x|}\sqrt{x^2+1}\right)$$

가 성립한다. 따라서 $\operatorname{csch}^{-1}x=\ln\left(\frac{1}{x}+\frac{\sqrt{1+x^2}}{|x|}\right)(x\neq 0)$를 얻는다. ▢

쌍곡선함수가 미분가능하므로, 역쌍곡선함수도 미분가능하다.

[정리 25] (역쌍곡선함수의 도함수)

(1) $\frac{d}{dx}\sinh^{-1}x=\frac{1}{\sqrt{1+x^2}}$ (2) $\frac{d}{dx}\cosh^{-1}x=\frac{1}{\sqrt{x^2-1}}\;(x>1)$

(3) $\frac{d}{dx}\tanh^{-1}x=\frac{1}{1-x^2}\;(x^2<1)$ (4) $\frac{d}{dx}\coth^{-1}x=\frac{1}{1-x^2}\;(x^2>1)$

(5) $\frac{d}{dx}\operatorname{sech}^{-1}x=\frac{-1}{x\sqrt{1-x^2}}\;(0<x<1)$ (6) $\frac{d}{dx}\operatorname{csch}^{-1}x=\frac{-1}{|x|\sqrt{1+x^2}}\;(x\neq 0)$

증명 여기서는 (1)과 (6)만 증명하고, 나머지는 독자에게 남긴다.

(1) $y=\sinh^{-1}x$라 놓으면 $x=\sinh y$이므로 $\cosh y\dfrac{dy}{dx}=1$이 된다. 그런데 $\cosh^2 y-\sinh^2 y=1$, $\cosh y \geqq 0$이므로 $\cosh y=\sqrt{1+\sinh^2 y}$이다. 따라서

$$\frac{dy}{dx}=\frac{1}{\cosh y}=\frac{1}{\sqrt{1+\sinh^2 y}}=\frac{1}{\sqrt{1+x^2}}$$

을 얻는다. 그러나 [정리 24]를 이용하면 보다 쉽게 증명할 수 있다. 즉

$$\frac{d}{dx}\sinh^{-1}x=\frac{d}{dx}\ln(x+\sqrt{x^2+1})=\frac{1}{\sqrt{1+x^2}}$$

(2) $\operatorname{csch}^{-1}x=\sinh^{-1}\dfrac{1}{x}$ 이므로

$$y'=\frac{1}{\sqrt{\left(\frac{1}{x}\right)^2+1}}\left(-\frac{1}{x^2}\right)=\frac{|x|}{\sqrt{x^2+1}}\left(-\frac{1}{|x|^2}\right)$$
$$=-\frac{1}{|x|\sqrt{x^2+1}}\quad(x\neq 0)$$

□

예 8 $\dfrac{d}{dx}\tanh^{-1}(\sin x)$를 구해 보자.

$$\frac{d}{dx}\tanh^{-1}(\sin x)=\frac{1}{1-\sin^2 x}\frac{d}{dx}(\sin x)$$
$$=\frac{1}{1-\sin^2 x}\cos x=\frac{\cos x}{\cos^2 x}=\frac{1}{\cos x}$$

3.9 고계 도함수

$y=f(x)$의 도함수 $f'(x)$는 x의 함수이므로, f'의 도함수 $(f')'=f''$을 생각할 수 있다. $f'(x)$가 x에 관하여 미분가능할 때, 이 새로운 함수 f''을 f의 2계 도함수라고 한다. 그러므로

$$f''(x)=\frac{d}{dx}(f'(x))=\frac{d}{dx}\left(\frac{d}{dx}f(x)\right)$$

이다. $y=f(x)$이면 $y''=f''(x)=\dfrac{d}{dx}\left(\dfrac{dy}{dx}\right)=\dfrac{d^2y}{dx^2}$로 표시한다. 마찬가지로 3계 도함수는 f'''로, 4계 도함수는 $f^{(4)}$로 나타낸다. 이러한 과정은 계속될 수 있으며, $y=f(x)$의 n계 도함수(nth derivative)는 $f^{(n)}$으로 나타내고, $y^{(n)}=f^{(n)}(x)=\dfrac{d^ny}{dx^n}$로 표시한다. 보통 2계 이상의 도함수를 **고계 도함수**(higher derivative)라 한다.

참고 직선 위를 운동하는 물체의 시각 t에서 위치함수를 $s=f(t)$라 할 때, 물체의 순간변화율 $v(t)=f'(t)=\dfrac{ds}{dt}$는 속도이고, 시간에 대한 속도의 순간변화율 $a(t)=v'(t)=\dfrac{d^2s}{dt^2}=f''(t)$는 물체의 가속도이다. 2계 도함수의 또다른 응용은 곡선을 그릴 때 나타나며, 고계 도함수는 무한급수의 합으로 나타낼 때 사용된다.

예 9 $f(x)=x^n$ (n은 자연수)의 n계 도함수는 $f^{(n)}(x)=n!$이고, $g(x)=e^x$이면 모든 자연수 n에 대하여 $g^{(n)}(x)=e^x$이 된다.

예제 14 $4x^2-2y^2=1$에 대하여 y''을 구하시오.

(풀이) 먼저 x에 관하여 미분하면 연쇄율에 의하여, $8x-4yy'=0$이므로 $y'=\dfrac{2x}{y}$가 된다. 다시 y, y'을 x의 함수로 생각하여 연쇄율을 이용하면

$$y''=\frac{2y-2xy'}{y^2}=\frac{2y^2-4x^2}{y^3}$$ □

참고 (라이프니츠 정리) $f(x)$와 $g(x)$가 n번 미분가능하면

$$(fg)^{(n)}(x)=f^{(n)}(x)\cdot g(x)+{}_nC_1 f^{(n-1)}(x)\cdot g'(x)+\cdots + {}_nC_i f^{(n-i)}(x)\cdot g^{(i)}(x)+\cdots+f(x)\cdot g^{(n)}(x)$$

가 성립한다.

3.10 미분과 근사값

$y=f(x)$가 미분가능한 구간에서 x의 증분 Δx에 대한 y의 증분을 Δy라 할 때 $\lim_{\Delta x \to 0} \frac{\Delta y}{\Delta x} = f'(x)$이므로 $\frac{\Delta y}{\Delta x} = f'(x) + \varepsilon$이라 놓으면

$$\Delta y = f'(x)\Delta x + \varepsilon \Delta x$$

가 된다. 여기서 $\Delta x \to 0$일 때 $\varepsilon \to 0$이므로, $|\Delta x|$가 한없이 작을 때

$$\Delta y \approx f'(x)\Delta x$$

가 성립한다.

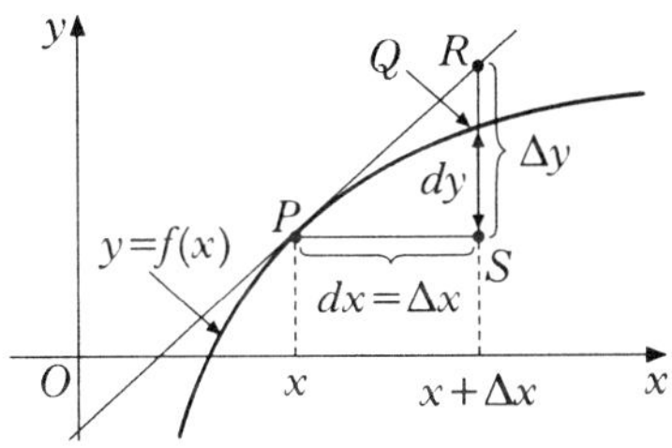

[그림 3.7]

> [정의 26] (미분)
> 함수 $y=f(x)$가 미분가능할 때, $f'(x)\Delta x$를 $y=f(x)$의 미분(differential)이라 정의하고, dy로 표시한다.

특히 $f(x)=x$일 때 $f'(x)=1$이므로 $dx=\Delta x$이고, 따라서 $dy=f'(x)dx$로 쓸 수 있다.

참고 $dx \neq 0$이면 $dy=f'(x)dx$의 양변을 dx로 나누어 $\frac{dy}{dx}=f'(x)$를 얻게 되므로, $\frac{dy}{dx}$는 미분 dx와 dy의 비의 값으로 해석할 수 있다.

미분가능한 함수 $y=f(x)$에 대하여 $|\Delta x|$가 작을 때는 Δy와 dy의 차는 매우 작으므로 함수의 증분 Δy의 근사값(approximation)으로 dy를 사용할 수 있다. 즉 $\Delta y \approx dy$이므로 $f(x+\Delta x) \approx f(x)+f'(x)dx$가 된다.

참고 근사식 $\Delta y \approx dy$는 Δx가 작을수록 오차가 작게 되고, dy는 Δy 보다 계산하기 쉽다. 더욱이 복잡한 식에 대하여 Δy를 정확하게 계산한다는 것은 거의 불가능하므로 이러한 경우에 미분에 의한 근사식이 매우 유용하다.

예 10 $\sqrt[3]{65}$에 대한 근사값을 미분을 이용하여 구해 보자.

$y=f(x)=\sqrt[3]{x}$라 하면 $dy=f'(x)dx=\frac{1}{3}x^{-\frac{2}{3}}dx$이다. $x=64$, $dx=\Delta x=1$을 취하면 $f(64)=4$, $dy=\frac{1}{48}$이므로

$$\sqrt[3]{65}=f(64+1)\approx f(64)+dy=4+\frac{1}{48}\approx 4.021$$

이 된다.

예제 15 구의 반지름을 측정한 결과 21cm이었고, 측정할 때 최대오차는 0.05cm이었다. 반지름으로 이 결과를 이용하여 부피를 계산할 때 최대 오차를 구하시오.

(풀이) 구의 반지름을 r이라 하면 부피는 $V=\frac{4}{3}\pi r^3$이다. r의 측정값에서 오차가 $dr=\Delta r$이면, V를 계산할 때 오차는 ΔV이므로 미분을 이용하여 근사값을 구하면 $dV=4\pi r^2 dr$이 된다. 그런데 $r=21$이고 $dr=0.05$이므로 $dV\approx 277$이 되고, 따라서 부피의 계산에서 최대오차는 약 277 cm^3이 된다. ▢

3.11 뉴턴의 방법

많은 문제들은 미분가능한 함수 f에 대하여 $f(x)=0$인 형태의 방정식에 대한 해를 구하는 문제로 귀결된다. 이 절에서는 방정식의 근에 대한 근사값

을 구하는 방법인, 뉴턴의 방법(Newton's method)에 대하여 알아본다.

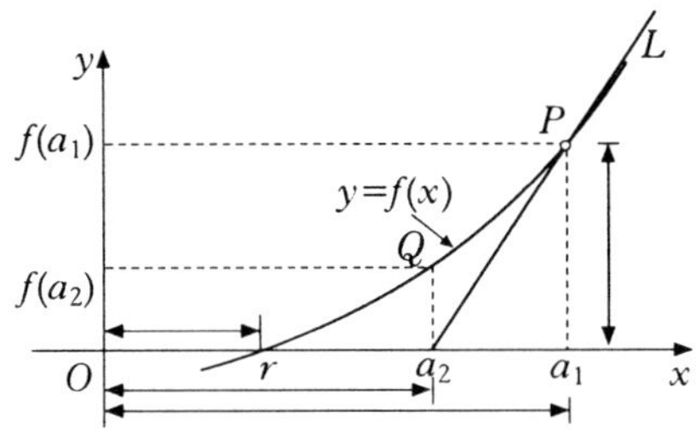

[그림 3.8]

구하고자 하는 근이 r인 경우, 제1근사값 a_1을 가지고 시작한다. 이 a_1은 추측에 의하여 결정된다. 먼저 $(a_1, f(a_1))$에서 곡선 $y=f(x)$의 접선 L을 구하고, L의 x축 절편을 a_2라고 하자. 이 a_2를 r에 대한 제2근사값으로 사용한다. a_1에 대한 a_2의 식을 얻기 위하여, L의 기울기가 $f'(a_1)$인 것을 이용하면 $y-f(a_1)=f'(a_1)(x-a_1)$을 얻는다. L의 x축 절편이 a_2이므로 $y=0$이라 놓으면 $0-f(a_1)=f'(a_1)(x-a_1)$이고, $f'(a_1)\neq 0$이면

$$a_2 = a_1 - \frac{f(a_1)}{f'(a_1)}$$

이 구하여진다. 다음에 a_1을 a_2로 대치하여 같은 과정을 반복한다. 이때 $(a_2,\ f(a_2))$에서의 접선을 이용하면, 제3근사값

$$a_3 = a_2 - \frac{f(a_2)}{f'(a_2)}$$

를 얻는다. 이러한 과정을 계속하여 반복하면 근사값들의 수열 $a_1, a_2, a_3, \cdots$를 얻는다. 일반적으로 제 n근사값이 a_n이고 $f'(a_n)\neq 0$이면,

$$a_{n+1} = a_n - \frac{f(a_n)}{f'(a_n)}$$

이 된다. 특히 n이 커짐에 따라 수열 $\{a_n\}$은 r로 수렴한다. 즉 $\lim_{n\to\infty} a_n = r$이 성립한다.

참고 어떤 형태의 함수에 대하여는 계속적으로 구한 근사값들의 수열이 원하는 근으로 수렴하고 있지만, 경우에 따라서는 그 수열이 수렴하지 않을 수도 있다. 그러면 뉴턴의 방법은 실패하므로, 제1근사값 a_1을 다시 선정해야만 한다.

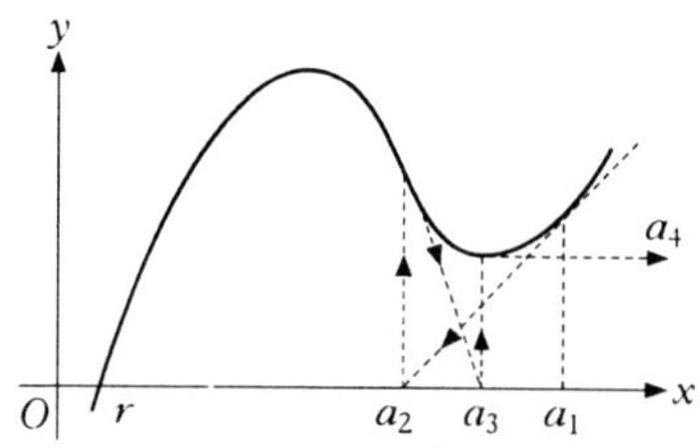

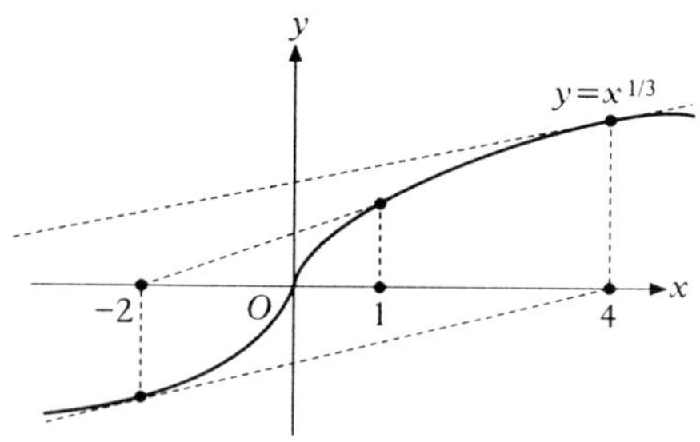

[그림 3.9]

예제 16 방정식 $x^6=2$의 양의 근을 뉴턴의 방법을 이용하여 소수점 이하 여덟 자리까지 구하시오.

(**풀이**) $f(x)=x^6-2$라고 하면 $f'(x)=6x^5$이므로, 뉴턴의 방법을 적용하여 $a_{n+1}=a_n-\dfrac{a_n^6-2}{6a_n^5}$를 얻는다. 방정식 $x^6=2$의 양의 근은 1과 2 사이에 있음을 알 수 있고, 또 2 보다는 1에 더 가까우므로 제1근사값을 $a_1=1$로 놓으면

$$a_2 \approx 1.166666667,\ a_3 \approx 1.126443678,$$
$$a_4 \approx 1.122497067,\ a_5 \approx 1.122462051,$$
$$a_6 \approx 1.122462048,\ \cdots$$

가 된다. 한편 a_5와 a_6이 소수점 이하 여덟 자리에서 일치하므로, 소수점 이하 여덟 자리에서 $\sqrt[6]{2} \approx 1.12246205$라고 할 수 있다. □

연습문제

1. 다음 극한을 구하시오.

(1) $\lim_{x \to \pi/4} \frac{\sin x}{3x}$ (2) $\lim_{x \to 0} \frac{1-\cos x}{\sin x}$ (3) $\lim_{x \to 0} \frac{1-\cos 4x}{2x}$

(4) $\lim_{t \to 0} \frac{\sin^2 3t}{t^2}$ (5) $\lim_{\theta \to 0} \frac{\sin\theta}{\theta + \tan\theta}$ (6) $\lim_{x \to 0^+} \sqrt{x}\csc\sqrt{x}$

2. 극한을 도함수로 나타내고, 극한을 구하시오.

(1) $\lim_{h \to 0} \frac{(2+h)^6 - 64}{h}$ (2) $\lim_{\theta \to \frac{\pi}{3}} \frac{\cos\theta - \frac{1}{2}}{\theta - \frac{\pi}{3}}$

3. 주어진 함수와 그 도함수의 정의역을 각각 구하시오.

(1) $f(x) = x - \frac{2}{x}$ (2) $f(x) = \sqrt{x-5}$ (3) $f(x) = x^2 \sec^2 3x$

4. 다음에서 y'을 구하시오.

(1) $xy = \cot(xy)$ (2) $\cos(x-y) = y\sin x$

(3) $y = \frac{x\sqrt[3]{x-5}}{1+\sin^3 x}$ (4) $y = a^{\tan x}(\tan x)^x \ (a > 0, 0 < x < \frac{\pi}{2})$

5. $x[f(x)]^3 + xf(x) = 6$이고 $f(3) = 1$일 때, $f'(3)$을 구하시오.

6. 주어신 곡선과 주어신 점에서의 접선의 방정식을 구하시오.

(1) $\sqrt{x} + \sqrt{y} = 3 \ (4, 1)$ (2) $y = x\sqrt{1+x^2} \ (1, \sqrt{2})$

7. 다음 물음에 답하시오.

(1) 곡선 $\sqrt{x} + \sqrt{y} = \sqrt{c}$ 위의 임의의 접선에 대한 x 절편과 y 절편의 합을 구하시오.

(2) 함수 g가 두 번 미분가능할 때, $f(x)=xg(x^2)$의 2계 도함수 $f''(x)$를 g, g'과 g''으로 나타내시오.

8. 다음 물음에 답하시오.

(1) 어떤 사람이 1.2 m / sec의 속력으로 곧은 길을 따라 걷고 있다. 탐조등이 지면에서 6 m 높이에 위치하고 있으며, 이 사람을 따라가며 비추고 있다. 탐조등의 바로 밑에서부터 5 m 떨어진 곳에 사람이 있을 때, 탐조등의 회전속도를 구하시오.

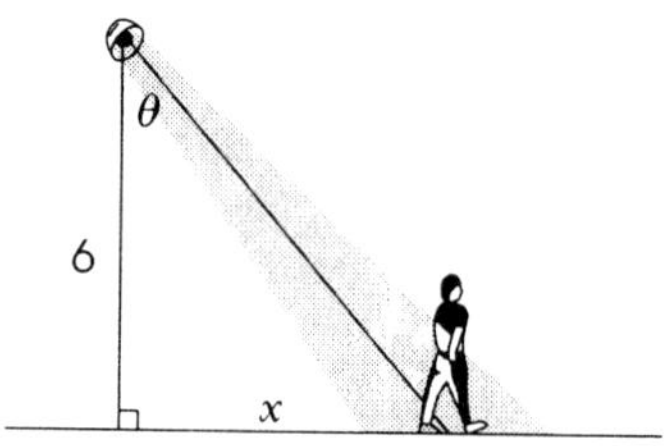

[그림 3.10]

(2) 길이가 3 m인 사다리가 수직인 벽면에 기대어, 사다리의 밑이 벽면으로부터 0.3 m/sec의 비율로 미끄러져 간다. 사다리의 밑이 벽에서 2 m 떨어질 때, 사다리의 위쪽 끝은 얼마나 빨리 벽면 아래로 미끄러지겠는가?

9. 점 (1, 2)를 지나는 곡선 $y=\dfrac{x}{x+1}$ 위에서의 접선은 몇 개 존재하는가? 이 접선이 곡선 위의 어떤 점에서 만나는가?

10. $y=\dfrac{\sinh^{-1}x}{\sqrt{1+x^2}}$ 일 때, $(1+x^2)\dfrac{dy}{dx}+xy$를 구하시오.

11. $g(3)=4, g'(3)=2, f'(4)=5$이고 $h(x)=(f\circ g)(x)$일 때, $h'(3)$을 구하시오.

12. $u=\tanh^{-1}\left(-\dfrac{3}{5}\right)$일 때, $\cosh u$와 $\sinh 2u$를 구하시오.

13. 다음을 증명하시오.

(1) $\tan^{-1}\dfrac{1}{x} = \cot^{-1}x \ (x > 0)$ (2) $\cos(\tan^{-1}x) = \dfrac{1}{\sqrt{1+x^2}}$

14. $x=0$에서 연속성과 미분가능성을 조사하시오.

(1) $f(x)=|x|-x$ (2) $f(x)=\begin{cases} x\sin\dfrac{1}{x} & , x\neq 0 \\ 0 & , x=0 \end{cases}$

15. 방정식 $\ln x = 3-x$의 근은 오직 하나 뿐이며, 그것이 2와 e 사이에 있음을 보이시오. 또한 방정식의 근을 소수 네 자리까지 구하시오.

16. 뉴턴의 방법을 이용하여, 닫힌구간 $[2,3]$에서 방정식 $x^3-4x-8=0$의 근을 소수점 이하 다섯 자리까지 구하시오.

4

도함수의 응용

이 장에서 서술되는 평균값정리는 미분적분학에서 매우 중요한 정리로써, 미분법의 중요 성질들을 증명하기 위하여 사용될 뿐 아니라, 도함수를 이용하여 함수의 그래프를 그리는데 필요한 도구의 개발을 가능하게 한다.

4.1 극대값과 극소값

[정의 1] (극대값과 극소값)

함수 f가 $x=c$를 포함하는 적당한 열린구간 I에서 정의되었을 때, I의 모든 원소 x에 대하여 $f(c) \geqq f(x)$를 만족하면 f는 $x=c$에서 극대값(local maximum value)을 갖는다고 하고, $f(c) \leqq f(x)$를 만족하면 f는 $x=c$에서 극소값(local minimum value)을 갖는다고 한다. 이때 극대값과 극소값을 통틀어서 극값(extreme value)이라고 한다.

예 1 함수 $f(x)=3x^4-16x^3+18x^2\ (-1 \leqq x \leqq 4)$을 생각하자. 그러면 $f(1)=5$는 극대값인 반면 최대값은 $f(-1)=37$이고, $f(0)=0$은 극소값이나 $f(3)=-27$은 극소값인 동시에 최소값이 된다.

[정리 2] (페르마 정리)

함수 f가 $x=c$에서 극값을 갖고 $f'(c)$가 존재하면, $f'(c)=0$이 된다.

증명 f가 $x=c$에서 극대값을 갖는다고 가정하자. 그러면 c에 충분히 가까운 x에 대하여 $f(c) \geqq f(x)$가 성립한다. 따라서 h가 양 또는 음으로 0에 충분히 가까운 수이면

$$f(c) \geqq f(c+h), \text{ 즉 } f(c+h)-f(c) \leqq 0$$

이므로, $h>0$이고 충분히 작은 h에 대하여 $\dfrac{f(c+h)-f(c)}{h} \leqq 0$이 된다. 그러므로 $\lim_{h\to 0^+} \dfrac{f(c+h)-f(c)}{h} \leqq 0$을 얻는다. 그런데 $f'(c)$가 존재하므로

$$f'(c)=\lim_{h\to 0}\frac{f(c+h)-f(c)}{h}=\lim_{h\to 0^+}\frac{f(c+h)-f(c)}{h}$$

이고, $f'(c) \leqq 0$이 성립한다. 이제 $h<0$이면 $\dfrac{f(c+h)-f(c)}{h} \geqq 0$이므로,

$$f'(c)=\lim_{h\to 0}\frac{f(c+h)-f(c)}{h}=\lim_{h\to 0^-}\frac{f(c+h)-f(c)}{h} \geqq 0$$

이 된다. 따라서 $f'(c)=0$이 성립한다.

극소값을 갖는 경우에도 같은 방법으로 증명한다. □

참고 $f'(c)=0$을 만족하는 $x=c$에서 항상 극값을 갖는다고 기대할 수는 없다. 함수 $f(x)=x^5$은 $f'(0)=0$이지만 $x=0$에서 극값을 갖지 않는다.

예 2 함수 $f(x)=3x-1\ (0 \leqq x \leqq 1)$은 $x=1$일 때 최대값을 갖지만 $f'(1)=3 \neq 0$이다. $f(1)=2$는 극대값이 아니기 때문에 페르마 정리에 모순이 아니다.

참고 페르마 정리의 역은 일반적으로 참이 아니다. 더욱이 $f'(c)=0$이거나 $f'(c)$가 존재하지 않더라도 극값이 될 수 있다.

예 3 함수 $f(x)=|x-1|$과 $g(x)=(x-1)^{2/3}$은 $x=1$에서 극소값을 갖는다. 그러나 $f'(x)=0$을 만족하는 x는 구할 수 없다. 왜냐하면 $f'(1)$이 존재하지 않기 때문이다.

> [정의 3] (임계점)
> $f'(c)=0$ 또는 $f'(c)$가 존재하지 않는 f의 정의역 내의 실수 $x=c$를 f의 임계점(critical point)이라 한다.

예 4 최대정수함수 $f(x)=[x]$의 임계점은 모든 실수이다.

예제 1 함수 $f(x)=x^{\frac{3}{5}}(4-x)$의 임계점을 구하시오.

(풀이) $$f'(x)=\frac{3}{5}x^{-\frac{2}{5}}(4-x)+x^{\frac{3}{5}}(-1)=\frac{12-8x}{5x^{2/5}}$$

이다. 따라서 $12-8x=0$, 즉 $x=\frac{3}{2}$에서 $f'(x)=0$이고, $x=0$에서 $f'(x)$는 존재하지 않으므로 임계점은 $\frac{3}{2}$과 0이다. □

닫힌구간 $[a,b]$에서 연속인 함수 $f(x)$의 최대값 또는 최소값은 그것이 극대값 또는 극소값이거나 구간의 끝점 $f(a)$, $f(b)$에서 얻어진다.

4.2 평균값정리

이 절에서 서술되는 결과의 대부분이 평균값정리에 의존하고 있다. 그러나 평균값정리를 증명하기 전에 롤(Rolle)의 정리가 필요하다.

[정리 4] (롤의 정리)

함수 f가 닫힌구간 $[a, b]$에서 연속이고 열린구간 (a, b)에서 미분가능할 때, $f(a)=f(b)$이면 $f'(c)=0$을 만족하는 $x=c\,(a<c<b)$가 적어도 하나 존재한다.

증명 (경우 1) $[a, b]$에서 $f(x)$가 상수함수일 때는 모든 $c\in(a, b)$에서 $f'(c)=0$이므로 정리는 성립한다.

(경우 2) 어떤 $x\in(a, b)$에 대하여 $f(x)>f(a)$인 경우에는 최대·최소값의 정리에 의하여 $[a, b]$ 내의 어떤 점에서 f는 최대값을 갖는다. 그런데 $f(a)=f(b)$이므로 열린구간 (a, b) 내의 적당한 점 $x=c$에서 최대값을 가져야 한다. 그러므로 f는 $x=c$에서 극대값을 갖고, 가정으로부터 f는 $x=c$에서 미분가능하다. 따라서 페르마 정리에 의하여 $f'(c)=0$이 된다.

(경우 3) 어떤 $x\in(a, b)$에 대하여 $f(x)<f(a)$인 경우에는 최대·최소값의 정리에 의하여 $[a, b]$ 내의 어떤 점에서 f는 최소값을 갖는다. 그런데 $f(a)=f(b)$이므로 열린구간 (a, b) 내의 적당한 점 $x=c$에서 최소값을 가져야 한다. 따라서 $f'(c)=0$이 된다. □

함수 $f(x)=1-|x|$는 열린구간 $(-1, 1)$에서 $f'(c)=0$을 만족하는 $x=c$를 갖지 않는다. 그러나 이것은 롤의 정리에 모순이 되는 것은 아니다.

참고 (롤의 정리의 기하학적 의미) 함수 f가 닫힌구간 $[a, b]$에서 연속이고 열린구간 (a, b)에서 미분가능할 때, $f(a)=f(b)$이면 $f(x)$는 a와 b 사이의 적어도 한 점에서 x축에 평행인 접선을 갖는다.

예제 2 방정식 $x^3+x-1=0$은 유일한 실근을 가진다.

증명 먼저 방정식의 근이 존재함을 보인다. $f(x)=x^3+x-1$로 놓으면, f는 연속이고

$$f(0) = -1 < 0,\ \ f(1) = 1 > 0$$

이므로, 중간값의 정리에 의하여 0과 1 사이에 $f(c) = 0$을 만족하는 c가 존재한다. 이제 유일함을 보이기 위하여 롤의 정리와 배리법을 이용한다. 방정식이 두 실근 a, b를 갖는다고 가정하면 $f(a) = f(b)$가 된다. 따라서 f가 $[a, b]$에서 연속이고 (a, b)에서 미분가능하므로 롤의 정리에 의하여 $f'(c) = 0$을 만족하는 $x = c\,(a < c < b)$가 존재한다. 그러나 모든 x에 대하여 $f'(x) = 3x^2 + 1 \geq 1$이므로 $f'(x)$는 결코 0이 될 수 없다. 이것은 모순이다. 따라서 방정식은 유일한 실근을 가진다. ▨

프랑스 수학자 라그랑주(Lagrange)에 의해 처음 주장된 다음 평균값정리(mean value theorem)는 롤의 정리를 일반화한 것이다.

> [정리 5] (평균값정리)
> 함수 f가 닫힌구간 $[a, b]$에서 연속이고, 열린구간 (a, b)에서 미분가능하면
>
> $$f'(c) = \frac{f(b) - f(a)}{b - a}$$
>
> 를 만족하는 $x = c\,(a < c < b)$가 적어도 하나 존재한다.

증명 $$h(x) = f(x) - f(a) - \frac{f(b) - f(a)}{b - a}(x - a)$$

로 정의된 함수 h는 $[a, b]$에서 연속이고, (a, b)에서 미분가능하다. 또한 $h(a) = h(b)$이므로 롤의 정리에 의하여 $h'(c) = 0$을 만족하는 $x = c$가 (a, b)에 적어도 하나 존재한다. 그러므로

$$0 = h'(c) = f'(c) - \frac{f(b) - f(a)}{b - a},\ \text{즉}\ f'(c) = \frac{f(b) - f(a)}{b - a}$$

가 된다.

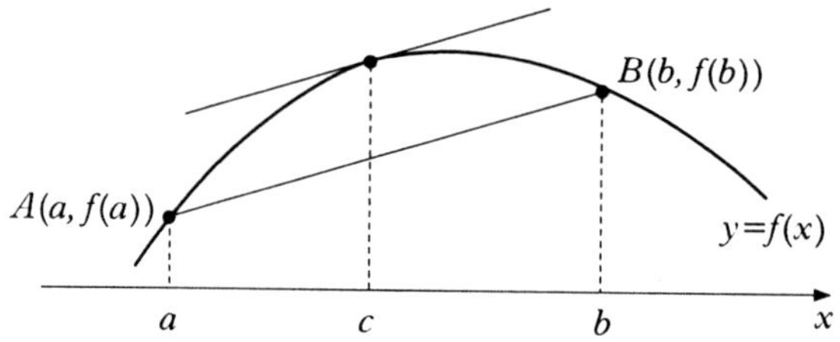

[그림 4.1]

□

예 5 함수 $f(x)=\sqrt{x}$에 대하여 구간 $[1,4]$에서 평균값정리를 만족하는 $x=c$를 구해 보자. $f'(c)=\dfrac{1}{2\sqrt{c}}$ 이고 $\dfrac{f(4)-f(1)}{4-1}=\dfrac{1}{3}$ 이므로 $\dfrac{1}{3}=\dfrac{1}{2\sqrt{c}}$ 이 된다. 따라서 $c=\dfrac{9}{4}$가 얻어진다.

닫힌구간 $[0,3]$에서 정의된 함수 $f(x)=|x-1|$은 $f(3)-f(0)=f'(c)(3-0)$를 만족하는 $x=c$를 열린구간 $(0,3)$에서 갖지 않는다. 그러나 이것은 평균값정리에 모순이 되는 것은 아니다.

참고 평균값정리는 다른 형태로 변형된다. $b-a=h$, $\dfrac{c-a}{b-a}=\theta$라 놓으면 평균값정리는 $f(a+h)=f(a)+hf'(a+\theta h)$ $(0<\theta<1)$로 나타낼 수 있다.

[정리 6] 함수 $f(x)$가 닫힌구간 $[a,b]$에서 연속이고 열린구간 (a,b)에서 미분가능하며, (a,b)의 모든 x에 대하여 $f'(x)=0$이면, f는 $[a,b]$에서 상수함수이다.

증명 x_1, $x_2(x_1<x_2)$를 (a,b)의 임의의 두 점이라 하자. 닫힌구간 $[x_1,x_2]$에서 f에 평균값정리를 적용하면 $f(x_2)-f(x_1)=f'(c)(x_2-x_1)$를 만족하는 $x=c(x_1<c<x_2)$를 얻는다. 그런데 모든 x에 대하여 $f'(x)=0$이므로 $f'(c)=0$이다. 따라서 $f(x_2)=f(x_1)$, 즉 f는 $[a,b]$에서 상수함수가 된다.

□

참고 $f(x)=\dfrac{x}{|x|}=\begin{cases}1 & (x>0)\\ -1 & (x<0)\end{cases}$

로 정의된 함수 f의 정의역은 $D=\{x \mid x\neq 0\}$이고, 모든 $x\in D$에 대하여 $f'(x)=0$이 된다. 그러나 f는 상수함수가 아니다. 이것은 D가 하나의 구간이 아니기 때문에 [정리 6]에 모순이 되는 것은 아니다.

> [정리 7] (코시의 평균값정리)
>
> 함수 $f(x)$와 $g(x)$가 닫힌구간 $[a, b]$에서 연속이고, 열린구간 (a, b)에서 미분가능하며, 모든 $x\in(a, b)$에 대하여 $g'(x)\neq 0$이면,
>
> $$\frac{f'(c)}{g'(c)}=\frac{f(b)-f(a)}{g(b)-g(a)}$$
>
> 를 만족하는 $x=c(a<c<b)$가 존재한다.

증명 $g(a)=g(b)$라면 롤의 정리에 의하여 $g'(c)=0\ (a<c<b)$인 $x=c$가 존재하게 되므로 가정에 모순이다. 따라서 $g(a)\neq g(b)$가 된다. 이제

$$k=\frac{f(b)-f(a)}{g(b)-g(a)},\quad \varphi(x)=f(b)-f(x)-k\{g(b)-g(x)\}$$

라 놓으면 $\varphi(x)$는 롤의 정리의 가정을 만족하므로 $\varphi'(c)=0\,(a<c<b)$인 $x=c$가 존재한다. 따라서 $\varphi'(c)=-f'(c)+kg'(c)=0$을 얻으며, $g'(c)\neq 0$이므로

$$\frac{f'(c)}{g'(c)}=\frac{f(b)-f(a)}{g(b)-g(a)}\quad (a<c<b)$$ ■

[정리 7]의 특별한 경우로 $g(x)=x$로 두면 평균값정리가 된다. 코시의 평균값정리는 로피탈 정리를 증명할 때 이용된다.

참고 (테일러 정리) 함수 $f(x)$가 열린구간 (a, b)에서 n번 미분가능하고 닫힌구간 $[a, b]$에서 $f^{(n-1)}$이 연속이면,

$$f(b)=\sum_{k=0}^{n-1}\frac{f^{(k)}(a)}{k!}(b-a)^k+R_n$$

$$단, R_n = \frac{f^{(n)}(x_0)}{n!}(b-a)^n$$

이 성립하는 $x = x_0 (a < x_0 < b)$가 존재한다.

테일러 정리로부터 $n = 1$일 때 평균값정리를 얻는다.

4.3 단조함수와 1계 도함수 판정법

함수의 그래프를 그리는데 있어서 함수의 증가와 감소는 매우 유용하다.

> [정의 8] (단조함수)
> 함수 f가 구간 I 내에 있는 임의의 두 점 $x_1, x_2 (x_1 < x_2)$에 대하여 $f(x_1) < f(x_2)$ (또는 $f(x_1) > f(x_2)$)를 만족할 때 함수 f를 구간 I에서 증가(또는 감소)함수라고 한다. 또한 구간 I에서 증가함수이거나 감소함수일 때, 함수 f를 구간 I에서 단조함수라고 한다.

함수 $f(x) = x^2$은 $(-\infty, 0]$에서 감소함수이고, $[0, \infty)$에서 증가함수이므로 f는 $(-\infty, 0]$과 $[0, \infty)$에서 각각 단조함수가 된다. 그러나 $(-\infty, \infty)$에서 f는 단조함수가 아니다.

> [정리 9] (단조함수의 판정법)
> 함수 f가 닫힌구간 $[a, b]$에서 연속이고, 열린구간 (a, b)에서 미분가능할 때
> (1) 열린구간 (a, b) 내의 모든 x에 대하여, $f'(x) > 0$이면 f는 닫힌구간 $[a, b]$에서 증가함수이다.
> (2) 열린구간 (a, b) 내의 모든 x에 대하여, $f'(x) < 0$이면 f는 닫힌구간 $[a, b]$에서 감소함수이다.

증명 (2)는 (1)과 유사하게 증명되므로 생략하고 여기서는 (1)만 증명한다. x_1, x_2를 $x_1 < x_2$인 열린구간 (a, b) 내의 임의의 두 점이라고 하자. 그러면 f는 닫힌구간 $[x_1, x_2]$에서 연속이고 열린구간 (x_1, x_2)에서 미분가능하므로 평균값정리에 의하여

$$f(x_2) - f(x_1) = f'(c)(x_2 - x_1) \quad (\text{단, } x_1 < c < x_2)$$

인 $x = c$가 존재한다. 그런데 $f'(x) > 0$이고 $x_2 - x_1 > 0$이므로

$$f(x_2) - f(x_1) > 0, \text{ 즉 } f(x_2) > f(x_1)$$

이 성립한다. 따라서 f는 닫힌구간 $[a, b]$에서 증가함수이다. □

예 6 함수 $f(x) = 3x^4 - 4x^3 - 12x^2 + 5$는 구간 $(-\infty, -1]$과 $[0, 2]$에서 감소함수가 되고, $[-1, 0]$과 $[2, \infty)$에서 증가함수가 된다.

참고 함수 f가 구간 I에서 미분가능하고 증가하면 구간 I에서 $f'(x) \geq 0$이 성립한다.

예제 3 $x > 0$이고 $n > 1$ (n은 정수)일 때, 부등식 $(1+x)^n > 1 + nx$가 성립함을 보이시오.

증명 $f(x) = (1+x)^n - (1+nx)$로 놓으면

$$f'(x) = n(1+x)^{n-1} - n = n[(1+x)^{n-1} - 1]$$

이다. 그런데 $x > 0$이고 $n - 1 > 0$이므로 $(1+x)^{n-1} > 1$이 된다. 따라서 $f'(x) > 0$을 얻는다. 그러므로 f는 $[0, \infty)$에서 증가함수이다. 특히 $x > 0$일 때 $f(x) > f(0)$이고 $f(0) = 0$이므로 $(1+x)^n - (1+nx) > 0$이 된다. 따라서 $(1+x)^n > 1 + nx$가 성립한다. □

함수 f가 $x = c$에서 극대값 또는 극소값을 가지면 $x = c$는 f의 임계점이지만, 모든 임계점에서 f가 극값을 갖는 것은 아니다.

극값을 구하기 위해서는 먼저 $f'(x) = 0$을 만족하는 x 값을 구하고, 그 중

에서 극값을 갖는 것과 그렇지 못한 것을 구분한다. 또한 $f'(x)$가 존재하지 않는 점에서 극값의 존재 여부를 조사하여야 한다.

> [정리 10] (1계 도함수 판정법)
>
> 함수 f가 닫힌구간 $[a, b]$에서 연속이고, $x=c$는 f의 임계점이라 하자.
>
> (1) $a<x<c$에서 $f'(x)>0$이고 $c<x<b$에서 $f'(x)<0$이면, f는 $x=c$에서 극대값을 갖는다.
>
> (2) $a<x<c$에서 $f'(x)<0$이고 $c<x<b$에서 $f'(x)>0$이면, f는 $x=c$에서 극대값을 갖는다.
>
> (3) $x=c$의 좌우에서 $f'(x)$의 부호가 변하지 않으면 f는 $x=c$에서 극값을 갖지 않는다.

증명 (2)와 (3)은 (1)과 유사하게 증명되므로 생략하고 여기서는 (1)만 증명한다. $x\in(a, b)$라 하자. $a<x<c$에서 $f'(x)>0$이므로 f는 $[a, c]$에서 증가함수이다. 따라서 $f(x)<f(c)$가 된다. 또한 $c<x<b$이면 f는 $[c, b]$에서 감소함수이므로 $f(c)>f(x)$가 된다. 그러므로 모든 $x\in(a, b)$에 대하여 $f(c)\geqq f(x)$가 성립한다. 따라서 f는 $x=c$에서 극대값을 갖는다. ▨

예 7 $f(x)=x^3(x-2)^2$ $(-1\leqq x\leqq 3)$의 극대 · 극소값을 구해 보자. 먼저 $f'(x)=x^2(x-2)(5x-6)=0$으로부터 임계점 $x=0, 2, \dfrac{6}{5}$을 얻는다. $x=0$의 좌우에서 $f'(x)$의 부호가 변하지 않으므로 f는 $x=0$에서 극대값과 극소값을 갖지 않는다. $x=\dfrac{6}{5}$의 좌우에서 $f'(x)$가 양에서 음으로 변하기 때문에 $f\left(\dfrac{6}{5}\right)=1.10592$는 극대값이 된다. 또한 $x=2$의 좌우에서는 $f'(x)$가 음에서 양으로 변하기 때문에 $f(2)=0$은 극소값이다.

예제 4 $f(x)=\sqrt[3]{(x-1)^2}$의 극값을 구하시오.

(**풀이**) $f'(x)=\frac{2}{3}(x-1)^{-\frac{1}{3}}=\frac{2}{3\sqrt[3]{x-1}}$가 된다. $f'(x)\neq 0$이므로 미분가능한 점에서의 f의 극값은 존재하지 않는다. 그런데 $x=1$에서 f는 미분가능하지 않으나, 충분히 작은 h에 대하여

$$f'(1-h)=\frac{2}{3\sqrt[3]{-h}}<0,\ f'(1+h)=\frac{2}{3\sqrt[3]{h}}>0$$

이므로 $x=1$의 좌우에서 $f'(x)$의 부호가 음에서 양으로 변한다. 따라서 f는 $x=1$에서 극소값 0을 갖는다. ▨

4.4 변곡점과 2계 도함수 판정법

이 절에서는 2계 도함수가 함수의 그래프를 그리는데 유용함을 보인다.

> [정의 11] (오목성)
>
> 함수 f의 그래프가 구간 I에서 항상 접선보다 위에 있을 때 f는 위로 오목(concave upward) 또는 아래로 볼록이라고 한다. 또한 함수 f의 그래프가 구간 I에서 항상 접선보다 아래에 있을 때 f는 아래로 오목(concave downward) 또는 위로 볼록이라고 한다.

함수 f가 구간 I에서 위로 오목(또는 아래로 오목)하다는 것은 f'이 I에서 증가(또는 감소)할 때를 말한다. 따라서 다음 정리를 얻는다.

> [정리 12] (오목성의 판정법)
>
> 함수 f가 구간 I에서 두 번 미분가능하다고 하자.
>
> (1) 모든 $x\in I$에 대하여, $f''(x)>0$이면 f의 그래프는 I에서 위로 오목하다.
>
> (2) 모든 $x\in I$에 대하여, $f''(x)<0$이면 f의 그래프는 I에서 아래로 오목하다.

예 8 두 함수 f와 g가 구간 I에서 위로 오목이면 $f+g$도 I에서 위로 오목이 되고, f와 g가 구간 I에서 위로 오목한 양의 증가함수이면 곱 fg도 I에서 위로 오목이 된다.

예제 5 $f(x)=2x^3-3x^2-12x+6$의 오목성을 조사하시오.

(풀이) $f'(x)=6x^2-6x-12$, $f''(x)=12\left(x-\frac{1}{2}\right)$이 된다. 따라서 $x<\frac{1}{2}$일 때 $f''(x)<0$이므로 곡선은 아래로 오목이고, $x>\frac{1}{2}$일 때 $f''(x)>0$이므로 위로 오목이 된다. □

> [정의 13] (변곡점)
> 함수 $y=f(x)$가 $x=c$를 중심으로 오목성이 바뀌면, 즉 위로 오목에서 아래로 오목 또는 아래로 오목에서 위로 오목으로 바뀌면 $(c, f(c))$를 변곡점(inflection of point)이라 한다.

예 9 함수 $y=f(x)=x^3-3x+1$의 변곡점을 구해 보자. 오목성을 결정하기 위하여 2계 도함수를 구하면 $f''(x)=6x$가 된다. 따라서 $x>0$일 때 $f''(x)>0$이고, $x<0$일 때 $f''(x)<0$이다. 오목성의 판정법에 의하여 곡선은 $(-\infty, 0)$에서 아래로 오목이고, $(0, \infty)$에서 위로 오목이다. 그러므로 $x=0$일 때 아래로 오목에서 위로 오목으로 변하므로 점 $(0, 1)$이 변곡점이 된다.

참고 $(c, f(c))$가 함수 $f(x)$의 변곡점이고 $x=c$를 포함하는 열린구간에서 $f''(x)$가 존재하면, $f''(c)=0$이 성립한다. 그러나 그 역은 성립하지 않는다. 예를 들면 $f(x)=x^4$일 때 $f''(0)=0$이지만, $(0, 0)$은 $f(x)$의 변곡점이 아니다.

2계 도함수의 또다른 응용은 함수의 극값을 얻는데 있다.

> [정리 14] (2계 도함수 판정법)
>
> 함수 f가 $x=c$를 포함하는 적당한 열린구간 I에서 연속일 때
>
> (1) $f'(c)=0$이고 $f''(c)>0$이면 f는 $x=c$에서 극소값을 갖는다.
>
> (2) $f'(c)=0$이고 $f''(c)<0$이면 f는 $x=c$에서 극대값을 갖는다.

증명 (2)는 (1)과 유사하게 증명할 수 있으므로 생략하고 여기서는 (1)만 증명한다. $f''(c)>0$이면, $f''(x)$가 $x=c$에서 연속이기 때문에 $x=c$를 포함하는 적당한 열린구간 I에서 $f''(x)>0$가 된다. 따라서 오목성의 판정법에 의하여, f는 I에서 위로 오목이다. 그러므로 f의 그래프는 점 $(c, f(c))$에서의 접선보다 위쪽에 놓여 있다. 그러나 $f'(c)=0$이므로 $(c, f(c))$에서의 접선은 수평이다. 이것은 $x \in I$일 때 $f(x) \geq f(c)$임을 보인다. 따라서 f는 $x=c$에서 극소값을 갖는다. □

예제 6 곡선 $y=x^4-4x^3$에 대하여, 변곡점과 극값을 구하시오.

(**풀이**) $f(x)=x^4-4x^3$으로 놓으면

$$f'(x)=4x^2(x-3),\quad f''(x)=12x(x-2)$$

이다. 임계점을 구하기 위하여 $f'(x)=0$을 풀면 $x=0$과 $x=3$이고, 이들 임계점에 대하여 $f''(0)=0$, $f''(3)=36$이 성립한다.

$f'(3)=0$이고 $f''(3)>0$이므로 $f(3)=-27$은 극소값이다.

$f''(0)=0$이므로 2계 도함수 판정법으로는 임계점 $x=0$에 대해서는 판단할 수 없다. 그러나 $x<0$, $0<x<3$인 x에 대하여 $f'(x)<0$이므로 1계 도함수 판정법에 의하여 f는 $x=0$에서 극값을 갖지 않는다.

한편 $x=0$ 또는 $x=2$일 때 $f''(x)=0$이 된다. $x=0$의 좌우에서 곡선은 위로 오목에서 아래로 오목으로 변하므로 $(0,0)$은 변곡점이다. 또한 $x=2$의 좌우에서 곡선이 아래로 오목에서 위로 오목으로 변하기 때문에 점 $(2,-16)$은 변곡점이 된다. □

참고 $f''(c)=0$ 이거나 $f''(c)$가 정의되지 않을 경우에는 1계 도함수 판정법을 이용하여야 한다. 그러나 $f''(c)=0$ 이거나 $f''(c)$가 정의되지 않을 경우 $x=c$의 좌우에서 $f''(x)$의 부호가 변하면 $(c, f(c))$는 변곡점이다.

예 10 함수 $f(x)=x|x|$는 $x=0$에서 변곡점을 갖지만, $f''(0)$은 존재하지 않는다.

함수 f가 구간 I의 내점에서 극대 또는 극소를 갖는지의 여부를 결정하는 방법으로 다음 n계 도함수 판정법을 이용할 수 있다.

[정리 15] (n계 도함수 판정법) 함수 f가 점 $x=c$를 포함하는 어떤 열린구간에서 연속인 $f^{(n)}(x)\,(n \geq 2)$를 가지고,

$$f'(c)=\cdots=f^{(n-1)}(c)=0,\quad f^{(n)}(c)\neq 0$$

이라고 가정하자.

(1) n이 짝수이고 $f^{(n)}(c)>0$ (또는 $f^{(n)}(c)<0$)이면, f는 $x=c$에서 극소 (또는 극대)가 된다.

(2) n이 홀수이면, f는 c에서 극소도 극대도 되지 않는다. 그러나 n이 홀수이고

$$f''(c)=f^{(3)}(c)=\cdots=f^{(n-1)}(c)=0,\quad f^{(n)}(c)\neq 0$$

이면 $(c, f(c))$는 변곡점이 된다.

증명 (2)는 (1)과 유사하게 증명할 수 있으므로 생략하고 여기서는 (1)만 증명한다. 테일러 정리에 의하여

$$f(c+h)-f(c)=\frac{h^n}{n!}f^{(n)}(c+\theta h)\,(0<\theta<1)$$

를 얻는다. n이 짝수이므로 $h^n>0$이고, 충분히 작은 $|h|$에 대하여 $f^{(n)}(c)$와 $f^{(n)}(c+\theta h)$는 동부호가 된다. 따라서 $f^{(n)}(c)>0$ (또는 $f^{(n)}(c)<0$)이면

$$f(c+h)-f(c)>0\ (\text{또는 } f(c+h)-f(c)<0)$$

이므로 (1)이 성립한다. □

예제 7 함수 $y=x^5-5x^4+10x^3-10x^2+5x-1$의 변곡점을 구하시오.

(**풀이**) $f(x)=x^5-5x^4+10x^3-10x^2+5x-1$로 놓으면

$$f'(x)=5x^4-20x^3+30x^2-20x+5$$
$$f''(x)=20x^3-60x^2+60x-20=20(x-1)^3$$

에서 $x=1$일 때, $f''(x)=0$이 된다. 그런데

$$f^{(3)}(x)=60(x-1)^2 \text{에서 } f^{(3)}(1)=0$$
$$f^{(4)}(x)=120(x-1) \text{에서 } f^{(4)}(1)=0$$
$$f^{(5)}(x)=120 \text{에서 } f^{(5)}(1)\neq 0$$

이므로 함수 $f(x)$는 $x=1$에서 변곡점 $(1,0)$을 갖는다. □

4.5 함수의 그래프

곡선을 그리는 과정에서 미분을 이용하면 어느 정도 정확한 개형을 그릴 수 있다. 지금까지 곡선을 그리는데 필요한 정의역과 치역, 절편, 극한과 연속, 도함수와 접선, 극대와 극소, 증가 또는 감소 구간, 오목성과 변곡점, 그리고 점근선 등을 살펴 보았다. 이 자료를 이용하여 함수의 그래프를 그린다.

참고 함수의 그래프를 그리는 방법을 간략히 서술하면 다음과 같다.

(*) 정의역과 치역을 표시한다.

(*) 함수의 대칭성을 살펴본다.

(*) 점선으로 점근선을 그린다.

(*) 절편, 극대점과 극소점, 그리고 변곡점을 표시한다.

(*) 증가 또는 감소 구간을 고려하여 오목성을 갖고 점근선에 접근하는 곡선을 그린다. 특히 어떤 점 가까이에서 좀더 정확성이 요구되면 그 곳에서 접선을 구해 본다. 접선은 곡선이 진행하는 방향을 보여 준다.

예 11 함수 $f(x)=\dfrac{x^2}{\sqrt{x+1}}$의 그래프를 그리기 위한 자료를 구해 보자.

(1) 정의역은 $\{x \mid x+1>0\}=\{x \mid x>-1\}=(-1, \infty)$

(2) x절편과 y절편은 모두 0이다.

(3) 대칭성은 없다.

(4) $\lim_{x\to\infty}\dfrac{x^2}{\sqrt{x+1}}=\infty$이므로 수평점근선은 존재하지 않고,

$\lim_{x\to -1^+}\dfrac{x^2}{\sqrt{x+1}}=\infty$이므로 직선 $x=-1$이 수직점근선이다.

(5) $x=0$ 또는 $x=-\dfrac{4}{3}$는 $f'(x)=\dfrac{x(3x+4)}{2(x+1)^{3/2}}=0$을 만족한다. 그러나 $x=-\dfrac{4}{3}$는 f의 정의역에 속하지 않으므로 $x=0$이 유일한 임계점이 된다. $-1<x<0$일 때 $f'(x)<0$이고 $x>0$일 때 $f'(x)>0$이므로 f는 $(-1, 0]$에서 감소하고, $[0, \infty)$에서 증가한다.

(6) $f'(0)=0$이고 $x=0$의 좌우에서 $f'(x)$의 부호가 음에서 양으로 변하므로 극소값은 $f(0)=0$이다.

(7) $f''(x)=\dfrac{3x^2+8x+8}{4(x+1)^{5/2}}$이 된다. 따라서 $(-1, \infty)$의 모든 x에 대하여 $f''(x)>0$이므로, 변곡점은 존재하지 않는다.

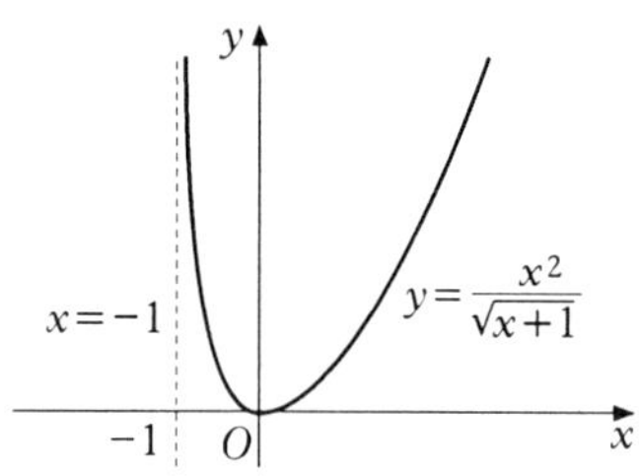

[그림 4.2]

4.6 최대값과 최소값의 응용

최대값과 최소값은 면적과 부피, 그리고 이익을 최대화하는 문제와, 거리와 시간, 그리고 가격 등을 최소화하는 문제 등에 응용된다.

예제 8 용액 1ℓ 를 담을 깡통을 만든다. 깡통을 만드는 재료를 최소로 하기 위해서는 반지름이 $\sqrt[3]{\frac{500}{\pi}}$ cm이고 높이는 지름과 같아야 함을 보이시오.

증명 깡통의 반지름을 r, 높이를 h(단위는 cm)라 하자. 재료를 최소로 하기 위하여 원통의 표면적 $A=2\pi r^2+2\pi rh$를 최소화한다.
$\pi r^2 h=1000$으로부터 $h=\frac{1000}{\pi r^2}$을 얻고, 이것을 대입하면

$$A=2\pi r^2+2\pi r\left(\frac{1000}{\pi r^2}\right)=2\pi r^2+\left(\frac{2000}{r}\right)$$

이 된다. 따라서 최소화하고자 하는 함수는

$$A(r)=2\pi r^2+\left(\frac{2000}{r}\right)\ (r>0)$$

이므로, $A'(r)=\frac{4(\pi r^3-500)}{r^2}$이고 $\pi r^3=500$일 때 $A'(r)=0$이므로 임계점은 $r=\sqrt[3]{\frac{500}{\pi}}$이다. 그런데 $r<\sqrt[3]{\frac{500}{\pi}}$에 대하여 $A'(r)<0$이고 $r>\sqrt[3]{\frac{500}{\pi}}$에 대하여 $A'(r)>0$이므로 A는 $r=\sqrt[3]{\frac{500}{\pi}}$에서 최소값을 갖는다. 따라서 $r=\sqrt[3]{\frac{500}{\pi}}$에 대응하는 h 값은 $h=\frac{1000}{\pi}r^2$ $=2\sqrt[3]{\frac{500}{\pi}}=2r$이므로 깡통의 재료를 최소로 하기 위해서는 반지름이 $\sqrt[3]{\frac{500}{\pi}}$ cm이고 높이는 지름과 같아야 한다. □

예제 9 반지름이 r인 반원에 내접하는 최대 직사각형의 면적을 구하시오.

(**풀이**) 원점을 중심으로 하는 원 $x^2+y^2=r^2$의 상반부로 반원을 택하자. 내접한다는 것은 직사각형의 두 꼭지점이 반원 위에 있고 두 꼭지점은 x축 위에 있다는 것을 의미한다.

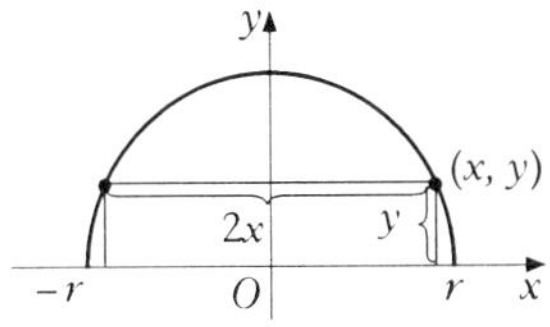

[그림 4.3]

점 (x, y)를 제1사분면에 놓여 있는 꼭지점이라고 하자. 그러면 직사각형의 면적은 $A=2xy$이고, $y=\sqrt{r^2-x^2}$을 만족하므로 $A=2x\sqrt{r^2-x^2}$ $(0 \leqq x \leqq r)$이 된다. 따라서 $A'=\dfrac{2(r^2-2x^2)}{\sqrt{r^2-x^2}}$은 $x=\dfrac{r}{\sqrt{2}}$일 때 $A'=0$이 된다. 그런데 $A(0)=0, A(r)=0$이므로 $x=\dfrac{r}{\sqrt{2}}$에서 A는 최대값을 갖는다. 그러므로 내접하는 최대 직사각형의 면적은 $A\left(\dfrac{r}{\sqrt{2}}\right)=r^2$이다. □

4.7 부정형과 로피탈 정리

로피탈 정리(L'Hospital's theorem)로 알려진 극한정리는 비록 베르누이에 의해 최초로 발견되기는 했어도 로피탈이 1696년에 발간한 그의 저서에 처음으로 등장했다.

극한법칙에서 $A=\lim\limits_{x\to a} f(x)$, $B=\lim\limits_{x\to a} g(x)$ $(B\neq 0)$일 때 $\lim\limits_{x\to a}\dfrac{f(x)}{g(x)}=\dfrac{A}{B}$가 성립하였다. 이제 $B=0$일 때 $\dfrac{0}{0}$ 형태의 부정형(indeterminate form)의 극한값을 구하는 방법을 생각한다. 또다른 부정형으로는 $\dfrac{\infty}{\infty}$, $0\cdot\infty$, $\infty-\infty$, 0^0, 1^∞, ∞^0 형태가 있다. 우리의 관심은 부정형 $\dfrac{0}{0}$과 $\dfrac{\infty}{\infty}$에 초점을 맞출 것이다. 다른 부정형의 경우는 로그나 지수를 취하거나 대수적 방법을 사용하여 $\dfrac{0}{0}$과 $\dfrac{\infty}{\infty}$ 형태로 환원시킬 수 있다.

[정리 16] (로피탈 정리의 $\dfrac{0}{0}$형)

$x=a$를 포함한 적당한 열린구간 I(a는 제외 가능)에서 두 함수 $f(x)$와 $g(x)$가 미분가능하고, $g'(x)\neq 0$이라고 하자. $f(a)=0=g(a)$일 때 $\lim\limits_{x\to a}\dfrac{f'(x)}{g'(x)}$가 존재하면,

$$\lim_{x\to a}\frac{f(x)}{g(x)}=\lim_{x\to a}\frac{f'(x)}{g'(x)}$$

가 성립한다.

증명 $x < a$이면 코시의 평균값정리에 의하여 $\dfrac{f(a)-f(x)}{g(a)-g(x)} = \dfrac{f'(c_1)}{g'(c_1)}$ 인 $c_1 (x < c_1 < a)$이 존재한다. 역시 $x > a$이면

$$\frac{f(x)-f(a)}{g(x)-g(a)} = \frac{f'(c_2)}{g'(c_2)}$$

를 만족하는 $c_2 (a < c_2 < x)$가 존재한다. $f(a) = 0 = g(a)$이므로

$$x < a \text{이면 } \frac{f(x)}{g(x)} = \frac{f'(c_1)}{g'(c_1)} \quad (x < c_1 < a)$$
$$x > a \text{이면 } \frac{f(x)}{g(x)} = \frac{f'(c_2)}{g'(c_2)} \quad (a < c_2 < x)$$

이고 $\lim\limits_{x\to a}\dfrac{f'(x)}{g'(x)}$가 존재하므로

$$\lim_{x\to a^-}\frac{f(x)}{g(x)} = \lim_{x\to a^-}\frac{f'(c_1)}{g'(c_1)} = \lim_{x\to a^-}\frac{f'(x)}{g'(x)} = \lim_{x\to a}\frac{f'(x)}{g'(x)}$$
$$\lim_{x\to a^+}\frac{f(x)}{g(x)} = \lim_{x\to a^+}\frac{f'(c_2)}{g'(c_2)} = \lim_{x\to a^+}\frac{f'(x)}{g'(x)} = \lim_{x\to a}\frac{f'(x)}{g'(x)}$$

가 된다. 따라서 $\lim\limits_{x\to a}\dfrac{f(x)}{g(x)} = \lim\limits_{x\to a}\dfrac{f'(x)}{g'(x)}$가 성립한다. □

다음 정리의 증명은 생략하고 결과만 이용한다.

[정리 17] (로피탈 정리의 $\dfrac{\infty}{\infty}$형 정리)

$x = a$를 포함한 적당한 열린구간 I(a는 제외 가능)에서 $f(x)$와 $g(x)$가 미분 가능하고, $g'(x) \neq 0$이라 하자. $\lim\limits_{x\to a} f(x) = \pm\infty = \lim\limits_{x\to a} g(x)$일 때 $\lim\limits_{x\to a}\dfrac{f'(x)}{g'(x)}$가 존재하면,

$$\lim_{x\to a}\frac{f(x)}{g(x)} = \lim_{x\to a}\frac{f'(x)}{g'(x)}$$

가 성립한다.

참고 (1) $a = \infty$ 또는 $a = -\infty$일 경우도 위의 두 정리는 성립하며, $x \to a^+$, $x \to a^-$의 경우도 마찬가지이다.

(2) $\lim\limits_{x\to a}\dfrac{f(x)}{g(x)}$가 부정형일 때, 그 극한값은 로피탈 정리에 의하여

$\lim_{x\to a}\frac{f'(x)}{g'(x)}$를 구하면 되고, $\lim_{x\to a}\frac{f'(x)}{g'(x)}$가 다시 부정형일 때는 $\lim_{x\to a}\frac{f''(x)}{g''(x)}$를 구하면 된다. 이와 같이 몇 번이라도 되풀이 할 수 있다.

예 12 $\lim_{x\to 0}\frac{\sin x}{x}$은 $\frac{0}{0}$ 형태의 부정형이므로 로피탈 정리를 이용하면 $\lim_{x\to 0}\frac{\sin x}{x}=\lim_{x\to 0}\frac{\cos x}{1}=1$이 된다. 또한 $\lim_{x\to\infty}\frac{e^x}{x^2}$은 $\frac{\infty}{\infty}$ 형태인 경우이므로, $\lim_{x\to\infty}\frac{e^x}{x^2}=\lim_{x\to\infty}\frac{e^x}{2x}=\lim_{x\to\infty}\frac{e^x}{2}=\infty$가 된다.

참고 $\lim_{x\to\pi^-}\frac{\sin x}{1-\cos x}$를 구할 때, 분모 $1-\cos x$는 0으로 접근하지 않으므로 로피탈 정리를 적용할 수 없다. 이 문제에서는 분모, 분자의 두 함수가 연속이고, 분모가 π에서 0이 아니므로

$$\lim_{x\to\pi^-}\frac{\sin x}{1-\cos x}=\frac{\sin\pi}{1-\cos\pi}=0$$

이 된다.

$0\cdot\infty$, $\infty-\infty$, 0^0, 1^∞, ∞^0과 같은 부정형은 대수적 조작이나 로그, 지수함수를 사용함으로써 앞에서 고찰된 경우로 환원될 수 있다.

(1) 부정형의 곱

만일 $\lim_{x\to a}f(x)=0$, $\lim_{x\to a}g(x)=\infty$(또는 $-\infty$)일 때, 극한 $\lim_{x\to a}f(x)\,g(x)$를 $0\cdot\infty$ 형태의 부정형이라고 한다. 이 경우에는

$$fg=\frac{f}{\frac{1}{g}} \quad \text{또는} \quad fg=\frac{g}{\frac{1}{f}}$$

와 같이 변형하여 $\frac{0}{0}$, $\frac{\infty}{\infty}$의 부정형에 로피탈 정리를 적용시킬 수 있다.

예 13 $\lim_{x\to 0^+}x\ln x$를 구해 보자. 이것은 부정형 $0\cdot(-\infty)$ 형태이므로 $\frac{\ln x}{1/x}$로 변형하면 $\frac{-\infty}{\infty}$ 형태의 부정형이 된다. 따라서

$$\lim_{x\to 0^+}x\ln x=\lim_{x\to 0^+}\frac{\ln x}{1/x}=\lim_{x\to 0^+}\frac{1/x}{-1/x^2}=\lim_{x\to 0^+}(-x)=0$$

(2) 부정형의 차

만일 $\lim_{x\to a} f(x)=\infty$, $\lim_{x\to a} g(x)=\infty$일 때, $\lim_{x\to a}[f(x)-g(x)]$를 $\infty-\infty$ 형태의 부정형이라고 한다. 이 경우에는 부정형 $\frac{0}{0}$, $\frac{\infty}{\infty}$ 형태로 변형시킨 후 로피탈 정리를 적용시킨다.

예제 10 $\lim_{x\to(\frac{\pi}{2})^-}(\sec x-\tan x)$를 구하시오.

(**풀이**) 이것은 부정형 $\infty-\infty$ 형태이므로

$$\lim_{x\to(\frac{\pi}{2})^-}(\sec x-\tan x)=\lim_{x\to(\frac{\pi}{2})^-}\left(\frac{1}{\cos x}-\frac{\sin x}{\cos x}\right)$$

$$=\lim_{x\to(\frac{\pi}{2})^-}\frac{1-\sin x}{\cos x}=\lim_{x\to(\frac{\pi}{2})^-}\frac{-\cos x}{-\sin x}=0$$ □

(3) 부정형의 멱

$\lim_{x\to a}[f(x)]^{g(x)}$을 구할 때 0^0, 1^∞, ∞^0 형태의 부정형은 자연로그를 이용한다.

예제 11 $\lim_{x\to 0}(1+x)^{\frac{1}{x}}$을 구하시오.

(**풀이**) 이것은 1^∞ 형태의 부정형이다. $y=(1+x)^{\frac{1}{x}}$이라 놓고, 양변에 자연로그를 취하면 $\ln y=\frac{1}{x}\ln(1+x)=\frac{\ln(1+x)}{x}$이므로 로피탈 정리에 의하여 $\lim_{x\to 0}\ln y=\lim_{x\to 0}\frac{\ln(1+x)}{x}=1$을 얻는다. 따라서

$$\lim_{x\to 0}(1+x)^{\frac{1}{x}}=\lim_{x\to 0}y=e$$ □

예제 12 $\lim_{x\to 0+}(1+\frac{1}{x})^x$를 구하시오.

(**풀이**) 이것은 부정형 ∞^0 형태이다.

$$\lim_{x\to 0^+}x\ln(1+\frac{1}{x})=\lim_{x\to 0^+}\frac{\ln(1+1/x)}{1/x}=\lim_{x\to 0^+}\frac{1}{1+1/x}=0$$

이므로 $(1+\frac{1}{x})^x=e^{x\ln(1+\frac{1}{x})}$로부터

$$\lim_{x\to 0^+}(1+\frac{1}{x})=e^0=1$$ □

연습문제

1. 다음 극한값을 구하시오.

(1) $\lim_{x\to\infty}\frac{(\ln x)^3}{x}$ (2) $\lim_{x\to 2^+}\frac{3}{\sqrt[3]{x-2}}$ (3) $\lim_{x\to 0}\frac{\tan x-x}{x-\sin x}$

2. 다음 극한값을 구하시오.

(1) $\lim_{x\to 0^+}\frac{\ln(\sin x)}{\ln x}$ (2) $\lim_{x\to\infty}\frac{x^3}{e^x}$ (3) $\lim_{x\to\infty}x\tan\frac{1}{x}$

(4) $\lim_{x\to 0^+}\left(\frac{1}{x}-\frac{1}{\sin x}\right)$ (5) $\lim_{x\to 0^+}x^x$ (6) $\lim_{x\to 2^-}\frac{3}{\sqrt{2-x}}$

3. 주어진 구간에서 롤의 정리를 만족하는 수 c를 구하시오.

(1) $f(x)=x^2-6x+8$, $[2,4]$ (2) $f(x)=\cos 2x$, $[0,\pi]$

4. 주어진 구간에서 평균값정리를 만족하는 수 c를 구하시오.

(1) $f(x)=x^2+x$, $[-4,6]$ (2) $f(x)=\frac{1}{x}$, $[1,2]$

5. 주어진 구간에서 함수의 극대, 극소, 그리고 최대, 최소값을 구하시오.

(1) $f(x)=x+\sqrt{1-x}$, $[0,1]$ (2) $f(x)=\frac{x}{x^2+1}$, $[-5,5]$

6. 두 함수 $f, g: [0, 1]\to R$이 각각

$$f(x)=\begin{cases} x^2\sin\frac{1}{x} & , x\neq 0 \\ 0 & , x=0 \end{cases}, \quad g(x)=\sin x$$

로 정의되었을 때, $\lim_{x\to 0}\frac{f(x)}{g(x)}=0$이지만, $\lim_{x\to 0}\frac{f'(x)}{g'(x)}$가 존재하지 않음을 보이시오.

7. 주어진 함수가 증가 또는 감소하는 구간을 구하시오.

(1) $f(x)=x^3+2x^2-x+1$ (2) $f(x)=x^6+192x+17$

8. 3차함수 $f(x)=ax^3+bx^2+cx+d$는 유일한 변곡점을 가짐을 보이시오.

9. f가 $[0,4]$에서 연속이고 $f(0)=1$, 그리고 모든 $x\in(0,4)$에 대하여 $2\leq f'(x)\leq 5$일 때, $9\leq f(4)\leq 21$이 성립함을 보이시오.

10. $f(0)=-1$, $f(2)=4$이고 모든 x에 대하여 $f'(x)\leq 2$를 만족하는 함수 f는 존재하는가?

11. 모든 $x>5$에 대하여 $\dfrac{4x-1}{x}<f(x)<\dfrac{4x^2+3x}{x^2}$일 때, $\lim_{x\to\infty}f(x)$를 구하시오.

12. $f'(x)$가 구간 I에서 상수이면, $f(x)$는 I에서 x의 1차식이거나 상수임을 보이시오.

13. $f(x_0)=x_0$일 때, x_0를 함수 f의 부동점이라고 한다. 모든 x에 대하여 $f'(x)<1$이면 f는 기껏해야 하나의 부동점을 가짐을 보이시오.

14. $F(x)=\begin{cases} x & ,x>0 \\ -x & ,x<0 \end{cases}$, $G(x)=\begin{cases} x+2 & ,x>0 \\ -x+3 & ,x<0 \end{cases}$, $f(x)=\begin{cases} 1 & ,x>0 \\ -1 & ,x<0 \end{cases}$ 일 때, $G'(x)-F'(x)=f(x)$이나 $G(x)-F(x)$가 상수가 아님을 보이시오.

15. 직원주가 반지름이 r인 구에 내접할 때, 직원주의 최대 부피를 구하시오.

5

적 분

미분학에서는, 극한을 이용하여 접선 문제로부터 도함수의 개념을 형식화하였다. 적분학에서는 극한을 이용하여 면적 문제로부터 적분의 개념을 형식화하게 된다. 적분의 개념은 체적, 곡선의 길이, 일, 힘, 그리고 물리학, 화학, 생물학과 경제학 등에서 문제를 해결하는데 이용된다. 미분학과 적분학 사이에는 미분적분학의 기본정리라 일컫는 상호연관성이 있다.

5.1 면적

1. 시그마 기호

면적을 구하고 적분을 계산하는데 있어서 많은 항들의 합을 표기하는데는 그리스 문자 $\sum$를 이용한다. 이것을 **시그마 기호**(sigma notation)라 한다.

> [정의 1] (시그마 기호)
>
> $a_m, a_{m+1}, \cdots, a_n$이 실수이고, m과 n은 $m \leq n$을 만족하는 자연수일 때, $\sum_{i=m}^{n} a_i = a_m + a_{m+1} + \cdots + a_{n-1} + a_n$이라 표기하고, 이때 문자 i를 지표(index)라 한다. 지표로써 다른 문자를 이용할 수 있다.

참고 합을 시그마 기호를 사용하여 나타내는 방법은 유일하지 않다. 예를 들면 $2^3+3^3+\cdots+n^3$은 시그마 기호를 사용하여

$$\sum_{i=2}^{n} i^5,\quad \sum_{j=1}^{n-1}(j+1)^5,\quad \sum_{k=0}^{n-2}(k+2)^5$$

등으로 표기할 수 있다.

> [정리 2] c가 임의의 상수일 때
>
> (1) $\sum_{i=m}^{n} ca_i = c\sum_{i=m}^{n} a_i$ (2) $\sum_{i=m}^{n}(a_i \pm b_i) = \sum_{i=m}^{n} a_i \pm \sum_{i=m}^{n} b_i$

참고 n이 임의의 자연수일 때, 다음이 성립한다.

① $\sum_{i=1}^{n} i = \frac{n(n+1)}{2}$ ② $\sum_{i=1}^{n} i^2 = \frac{n(n+1)(2n+1)}{6}$

③ $\sum_{i=1}^{n} i^3 = \left[\frac{n(n+1)}{2}\right]^2$ ④ $\sum_{i=1}^{n} i^4 = \frac{n(n+1)(2n+1)(3n^2+3n-1)}{30}$

2. 평면영역의 면적

연속함수 $y=f(x)$ $(f(x)\geq 0)$와 $x=a$, $x=b$로 둘러싸인 평면영역 S의 면적 A를 구하는 문제로부터 시작한다.

예 1 포물선 $y=x^2$, x축, 그리고 직선 $x=1$로 둘러싸인 영역의 면적 A를 구해 보자. 구간 $[0,1]$을 같은 길이로 n등분하여, 밑변을 부분구간으로 하고 높이를 이 부분구간의 오른쪽 끝점에서의 함수값으로 하는 n개의 직사각형을 생각한다. 각 직사각형은 가로 $\frac{1}{n}$이고 세로가 $\left(\frac{1}{n}\right)^2$, $\left(\frac{2}{n}\right)^2$, $\cdots$, $\left(\frac{n}{n}\right)^2$이므로 n개의 직사각형의 면적의 합을 S_n이라 하면,

$$\begin{aligned} S_n &= \frac{1}{n}\left(\frac{1}{n}\right)^2+\frac{1}{n}\left(\frac{2}{n}\right)^2+\frac{1}{n}\left(\frac{3}{n}\right)^2+\cdots+\frac{1}{n}\left(\frac{n}{n}\right)^2 \\ &= \frac{1}{n}\frac{1}{n^2}(1^2+2^2+3^2+\cdots+n^n) = \frac{1}{n^3}\sum_{i=1}^{n} i^2 \end{aligned}$$

즉 $S_n = \dfrac{1}{n^3}\,\dfrac{n(n+1)(2n+1)}{6} = \dfrac{(n+1)(2n+1)}{6n^2}$ 이 된다.

따라서 $A = \lim\limits_{n\to\infty} S_n = \lim\limits_{n\to\infty} \dfrac{(n+1)(2n+1)}{6n^2} = \dfrac{1}{3}$ 을 얻는다.

이제 함수 $f(x)$를 닫힌구간 $[a, b]$에서 유계라 하고, 구간 $[a, b]$를 분할점 $x_0, x_1, \cdots, x_n$에 의하여 $a = x_0 < x_1 < x_2 < \cdots < x_{n-1} < x_n = b$가 되도록 n개의 부분구간 $[x_0, x_1], [x_1, x_2], \cdots, [x_{n-1}, x_n]$으로 분할하자. 이때 점들 사이의 간격이 같을 필요는 없다.

이러한 부분구간들의 모임을 $[a, b]$의 분할(partition)이라 하고 P로 표기(때로는 분할 P를 $P = \{x_0, x_1, \cdots, x_n\}$으로 표기)한다. i번째 부분구간 $[x_{i-1}, x_i]$의 길이를 $\Delta x_i = x_i - x_{i-1}$라 할 때, P의 노름은

$$\| P \| = \max\{\Delta x_1,\ \Delta x_2,\ \cdots,\ \Delta x_n\}$$

으로 정의된다. 각 부분구간 $[x_{i-1}, x_i]$에서 한 점 x_i^*를 택하면 i번째 직사각형 R_i의 면적 A_i는 $A_i = f(x_i^*)\Delta x_i$이므로, 영역 S의 면적으로써 이들 직사각형의 면적의 합으로 어림잡으면

$$\sum_{i=1}^{n} A_i = \sum_{i=1}^{n} f(x_i^*)\Delta x_i = f(x_1^*)\Delta x_1 + \cdots + f(x_n^*)\Delta x_n$$

이 된다. 따라서 근사직사각형의 면적의 극한값이 존재하면, 영역 S의 면적 A는 $A = \lim\limits_{\|P\|\to 0} \sum\limits_{i=1}^{n} f(x_i^*)\Delta x_i$로 정의된다.

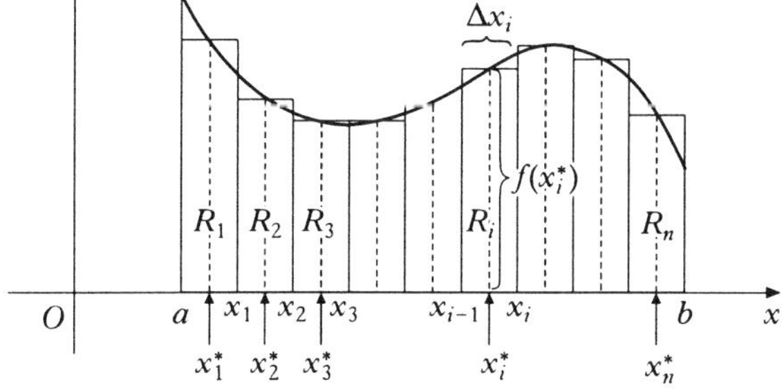

[그림 5.1]

예제 1 곡선 $y=\cos x$와 직선 $x=0$, $x=a\left(0 \leqq a \leqq \frac{\pi}{2}\right)$ 및 x축으로 둘러싸인 영역의 면적을 구하시오.

(**풀이**) 구간 $[0, a]$를 길이가 같은 n개의 부분구간으로 나누는 분할(이것을 정규분할이라 한다) P를 택하면,

$$\| P \| = \Delta x_1 = \Delta x_2 = \cdots = \Delta x_n = \frac{a}{n}$$

가 된다. 이제 i번째 부분구간 $[x_{i-1}, x_i]$의 오른쪽 끝점을 $x_i^* = x_i = \frac{ia}{n}$라 하면 $n \to \infty$일 때 $\| P \| = \frac{a}{n} \to 0$이므로, 구하고자 하는 면적 A는

$$\begin{aligned} A &= \lim_{\| P \| \to 0} \sum_{i=1}^{n} f(x_i^*) \Delta x_i = \lim_{n \to \infty} \sum_{i=1}^{n} \cos\left(\frac{ia}{n}\right)\frac{a}{n} \\ &= \lim_{n \to \infty} \frac{a}{n} \sum_{i=1}^{n} \cos\left(\frac{ia}{n}\right) \end{aligned}$$

이다. 그런데 $\displaystyle\sum_{i=1}^{n} \cos ix = \frac{\sin\frac{1}{2}nx \cos\frac{1}{2}(n+1)x}{\sin\frac{1}{2}x}$ 이므로

$$A = \lim_{n \to \infty} \frac{a}{n} \frac{\sin\frac{a}{2} \cos\left[\frac{(n+1)a}{2n}\right]}{\sin\frac{a}{2n}}$$

가 된다. 한편 $\displaystyle\lim_{n \to \infty} \cos\left[\frac{(n+1)a}{2n}\right] = \cos\frac{a}{2}$ 이고, $t = \frac{a}{n}$로 놓으면

$$\lim_{n \to \infty}\left[\frac{a}{n} \cdot \frac{1}{\sin\frac{a}{2n}}\right] = \lim_{t \to 0^+} \frac{t}{\sin\frac{t}{2}} = \lim_{t \to 0^+}\left[2 \cdot \frac{\frac{t}{2}}{\sin\frac{t}{2}}\right] = 2$$

이므로, $A = 2\sin\frac{a}{2} \cos\frac{a}{2} = \sin a$를 얻는다. ▨

참고 면적을 구할 때 미분적분학의 기본정리를 이용하면 보다 쉽게 계산할 수 있음을 5.5절에서 배우게 될 것이다.

5.2 부정적분

연속함수 $f(x)$와 x축 그리고 $x=a, x=x$로 둘러싸인 부분의 면적을 $A(x)$라 할 때 $\frac{d}{dx}A(x)=f(x)$가 된다는 사실을 뉴턴과 라이프니츠가 각각 독립적으로 밝혔다.

> [정의 3] (부정적분)
>
> 임의의 $x \in I$에 대하여 $F'(x)=f(x)$를 만족하는 함수 F를 구간 I에서 f의 원시함수(primitive function) 또는 역도함수(anti-derivative)라 한다. 원시함수를 모두 모은 것을 부정적분(indefinite integral)이라 하고 전통적으로
>
> $$\int f(x)\,dx = F(x) + C \ (C\text{는 임의의 상수})$$
>
> 로 나타낸다. 이때 $f(x)$를 피적분함수(integrand), C를 적분상수(integral constant)라 한다. $f(x)$로부터 부정적분 $F(x)$를 구하는 것을 $f(x)$를 적분한다(integrate)고 하고, 적분을 구하는 과정을 적분법(integration)이라고 한다.

참고 $f(x)$의 한 원시함수를 $F(x)$라 할 때, $f(x)$의 임의의 원시함수는 $F(x)+C$ (C는 임의의 상수)인 형태로 된다. 따라서 $\int f(x)\,dx = F(x)+C$를 $f(x)$의 부정적분이라 하는 이유가 분명해진다.

함수 $f(x)$의 원시함수를 미분하면 $f(x)$이므로 $\frac{d}{dx}\left[\int f(x)\,dx\right]=f(x)$가 된다. 따라서 다음을 얻는다.

> [정리 4] (선형성)
>
> $f(x)$와 $g(x)$가 원시함수를 가지고, k가 상수일 때,
>
> (1) $\int kf(x)\,dx = k\int f(x)\,dx$
>
> (2) $\int \{f(x)+g(x)\}\,dx = \int f(x)\,dx + \int g(x)\,dx$

예 2 $\dfrac{d}{dx}\left(\dfrac{x^{n+1}}{n+1}\right)=x^n$이므로 $f(x)=x^n$의 부정적분은

$$\int f(x)\,dx=\frac{x^{n+1}}{n+1}+C$$

이다. 이것은 $n\geqq 0$인 n에 대하여 성립한다. 왜냐하면 그 경우에 $f(x)=x^n$이 구간 $(-\infty,\infty)$에서 정의되기 때문이다.

1. 기본공식

일반적으로 함수의 부정적분을 구하는 것은 쉽지 않다. 여기서는 초보적인 과정에서 자주 이용되는 부정적분을 구하기 위한 몇가지 기본공식을 열거한다. 이것은 암기가 필수적이다. 각 공식은 우변에 있는 함수를 미분함으로써 증명한다.

(기본공식) 여기서 적분상수는 생략하기로 한다.

(1) $\displaystyle\int x^\alpha\,dx=\frac{x^{\alpha+1}}{\alpha+1}\quad(\alpha\neq-1)$ (2) $\displaystyle\int\frac{1}{x}\,dx=\ln|x|$

(3) $\displaystyle\int e^x\,dx=e^x$ (4) $\displaystyle\int a^x\,dx=\frac{a^x}{\ln a}\quad(a>0,\,a\neq1)$

(5) $\displaystyle\int\sin x\,dx=-\cos x$ (6) $\displaystyle\int\cos x\,dx=\sin x$

(7) $\displaystyle\int\tan x\,dx=\ln|\sec x|$ (8) $\displaystyle\int\cot x\,dx=\ln|\sin x|$

(9) $\displaystyle\int\sec^2 x\,dx=\tan x$ (10) $\displaystyle\int\csc^2 x\,dx=-\cot x$

(11) $\displaystyle\int\sec x\tan x\,dx=\sec x$ (12) $\displaystyle\int\csc x\cot x\,dx=-\csc x$

(13) $\displaystyle\int\sec x\,dx=\ln|\sec x+\tan x|$ (14) $\displaystyle\int\csc x\,dx=\ln|\csc x-\cot x|$

(15) $\displaystyle\int\sinh x\,dx=\cosh x$ (16) $\displaystyle\int\cosh x\,dx=\sinh x$

(17) $\displaystyle\int\operatorname{sech}^2 x\,dx=\tanh x$ (18) $\displaystyle\int\operatorname{csch}^2 x\,dx=-\coth x$

(19) $\displaystyle\int\operatorname{sech} x\tanh x\,dx=-\operatorname{sech} x$

(20) $\int \operatorname{csch} x \coth dx = -\operatorname{csc} h\, x$ (21) $\int \frac{1}{x^2-a^2}\, dx = \frac{1}{2a} \ln\left|\frac{x-a}{x+a}\right|$

(22) $\int \frac{1}{a^2-x^2}\, dx = \frac{1}{2a} \ln\left|\frac{x+a}{x-a}\right|$

(23) $\int \frac{1}{x^2+a^2}\, dx = \frac{1}{a} \tan^{-1}\frac{x}{a}$

(24) $\int \frac{1}{\sqrt{a^2-x^2}}\, dx = \sin^{-1}\frac{x}{a}$ $(a>0)$

(25) $\int \frac{1}{\sqrt{x^2 \pm a^2}}\, dx = \ln\left|x+\sqrt{x^2 \pm a}\right|$ $(a \neq 0)$

(26) $\int \frac{1}{x\sqrt{x^2-a^2}}\, dx = \frac{1}{a} \sec^{-1}\frac{x}{a}$

(27) $\int \sqrt{a^2-x^2}\, dx = \frac{x}{2}\sqrt{a^2-x^2} + \frac{a^2}{2}\sin^{-1}\frac{x}{a}$ $(x^2<a^2,\ a>0)$

(28) $\int \sqrt{x^2 \pm a^2}\, dx = \frac{x}{2}\sqrt{x^2 \pm a^2} \pm \frac{a^2}{2} \ln\left|x+\sqrt{x^2 \pm a^2}\right|$

2. 치환적분법

치환적분법(integration by substitution)은 미분법에 대한 연쇄법칙을 이용하여 증명한다. 치환적분법에 관해서는 제6장에서 자세히 언급하기로 한다.

> [정리 5] (치환적분법)
>
> 함수 $u=g(x)$가 미분가능하고 그 치역이 구간 I이며, 함수 f가 I에서 연속이면,
>
> $$\int f(g(x))g'(x)\, dx = \int f(u)\, du$$

증명 연쇄법칙에 의해 $\frac{d}{dx}[F(g(x))] = F'(g(x))g'(x)$이므로

$$\int F'(g(x))g'(x)\, dx = F(g(x)) + C$$

가 된다. 이제 변수변환 $u=g(x)$를 이용하면

$$\int F'(g(x))g'(x)\, dx = F(u) + C = \int F'(u)du$$

가 성립하는데, $F' = f$로 놓음으로써

$$\int f(g(x))g'(x)\,dx = \int f(u)\,du \qquad \Box$$

예제 2 $\int \sec x\,dx$를 구하시오.

(풀이) $\int \sec x\,dx = \int \frac{1}{\cos x}\,dx = \int \frac{\cos x}{\cos^2 x}\,dx = \int \frac{\cos x}{1-\sin^2 x}\,dx$로 변형한다. 이제 $\sin x = u$로 치환하면 $\cos x\,dx = du$이므로

$$\begin{aligned}\int \sec x\,dx &= \int \frac{1}{1-u^2}\,du = \frac{1}{2}\ln\left|\frac{u+1}{u-1}\right| + C \\ &= \frac{1}{2}\ln\left|\frac{1+\sin x}{1-\sin x}\right| + C = \ln\left|\frac{1+\sin x}{\cos x}\right| + C \\ &= \ln|\sec x + \tan x| + C \qquad \Box\end{aligned}$$

(1) 지수함수와 로그함수로의 응용

예제 3 $\int x^2 e^{x^3}\,dx$를 구하시오.

(풀이) $u = x^3$이라 놓으면 $du = 3x^2 dx$, 즉 $x^2 dx = \frac{1}{3}\,du$이므로

$$\int x^2 e^{x^3}\,dx = \frac{1}{3}\int e^u du = \frac{1}{3}e^u + C = \frac{1}{3}e^{x^3} + C \qquad \Box$$

참고 $\int \frac{f'(x)}{f(x)}\,dx = \ln|f(x)| + C$가 성립한다. 왜냐하면 $f(x) = t$라 두면 $f'(x)dx = dt$이므로 $\int \frac{f'(x)}{f(x)}\,dx = \int \frac{dt}{t} = \ln|t| + C = \ln|f(x)| + C$이기 때문이다.

예 3 $\int \tan x\,dx$를 구해 보자. $u = \cos x$라고 놓으면

$$\begin{aligned}\int \tan x\,dx &= \int \frac{\sin x}{\cos x}\,dx = -\int \frac{1}{u}\,du \\ &= -\ln|\cos x| + C = \ln|\sec x| + C\end{aligned}$$

예제 4 $\int \sec x\, dx$를 구하시오.

(풀이) $\int \sec x\, dx = \int \sec x \left(\dfrac{\sec x + \tan x}{\sec x + \tan x} \right) dx$

$$= \int \frac{\sec^2 x + \sec x \tan x}{\sec x + \tan x}\, dx = \ln|\sec x + \tan x| + C$$ ▢

예제 5 $x > 0$, $y > 0$일 때, $\ln xy = \ln x + \ln y$가 성립한다.

증명 $a > 0$일 때 $f(x) = \ln(ax)$라 놓으면, $f'(x) = \dfrac{1}{x}$이므로, $f(x)$와 $\ln x$는 같은 도함수를 갖는다. 즉 $\ln(ax) = \ln x + C$가 된다. 그런데 $x = 1$일 때, $\ln a = C$이므로 $\ln(ax) = \ln a + \ln x$를 얻는다. 따라서 $x>0$, $y>0$일 때,

$$\ln xy = \ln x + \ln y$$

가 성립한다. ▢

(2) 역삼각함수로의 응용

(1) $\int \dfrac{1}{\sqrt{1-x^2}}\, dx = \sin^{-1} x + C$　　(2) $\int \dfrac{1}{\sqrt{1-x^2}}\, dx = -\cos^{-1} x + C$

(3) $\int \dfrac{1}{1+x^2}\, dx = \tan^{-1} x + C$　　(4) $\int \dfrac{1}{1+x^2}\, dx = -\cot^{-1} x + C$

(5) $\int \dfrac{1}{x\sqrt{x^2-1}}\, dx = \sec^{-1} x + C$　　(6) $\int \dfrac{1}{x\sqrt{x^2-1}}\, dx = -\csc^{-1} x + C$

예제 6 $\int \dfrac{1}{\sqrt{1-4x^2}}\, dx$를 구하시오.

(풀이) $\int \dfrac{1}{\sqrt{1-(2x)^2}}\, dx$로 놓고 $u - 2x$로 치환하면 $dx = \dfrac{1}{2} du$이므로

$$\int \frac{1}{\sqrt{1-4x^2}}\, dx = \frac{1}{2} \int \frac{1}{\sqrt{1-u^2}}\, du = \frac{1}{2} \sin^{-1} u + C$$

$$= \frac{1}{2} \sin^{-1}(2x) + C$$ ▢

3. 부분적분법

[정리 6] (부분적분법)

두 함수 $f(x)$와 $g(x)$가 연속인 도함수를 가지면, 부분적분식이라 불리우는

$$\int f(x)g'(x)dx = f(x)g(x) - \int f'(x)g(x)\,dx$$

가 성립한다.

증명 두 함수 $f(x)$와 $g(x)$가 연속인 도함수를 가지면,

$$\frac{d}{dx}[f(x)g(x)] = f'(x)g(x) + f(x)g'(x)$$

로부터 $\int[f'(x)g(x) + f(x)g'(x)]dx = f(x)g(x)$를 얻는다. 따라서

$$\int f(x)g'(x)dx = f(x)g(x) - \int f'(x)g(x)\,dx \qquad \square$$

예제 7 $\int xe^x\,dx$를 구하시오.

(풀이) $f(x) = x, g'(x) = e^x$라 두면, $f'(x) = 1, g(x) = e^x$이므로, 부분적분법에 의하여

$$\int xe^x dx = xe^x - \int e^x\,dx = e^x(x-1) + C$$

참고 부분적분법(integration by parts)을 다른 형식으로 표현하면,

$$u = f(x),\ \ v = g(x),\ \ du = f'(x)dx,\ dv = g'(x)dx$$

이므로 $\int u\,dv = uv - \int v\,du$가 된다.

예제 8 $\int \ln x\,dx$를 구하시오.

(풀이) $u = \ln x,\ dv = dx$라고 놓으면, $du = \frac{1}{x}\,dx,\ \ v = x$이므로 부분적분법에 의하여

$$\int \ln x\,dx = x\ln x - \int x\frac{dx}{x} = x\ln x - x + C$$ ▢

예제 9 $I=\int e^x \sin x\,dx$를 구하시오.

(**풀이**) $u=e^x$, $dv=\sin x\,dx$로 놓으면, $du=e^x$, $v=-\cos x$이므로 부분적분법에 의하여

$$I = \int e^x \sin x\,dx = -e^x\cos x + \int e^x \cos x\,dx$$

가 된다. 다시 한 번 부분적분법을 이용하여 $\int e^x\cos x\,dx$를 구하면

$$\int e^x\cos x\,dx = e^x \sin x - \int e^x \sin x dx$$

이므로 $2I=-e^x\cos x+e^x\sin x$를 얻는다. 따라서

$$I = \int e^x \sin x\,dx = \frac{1}{2}e^x(\sin x - \cos x) + C$$ ▢

예제 10 $n \geqq 2$인 자연수일 때, 점화공식

$$\int \sin^n x\,dx = -\frac{1}{n}\cos x \sin^{n-1}x + \frac{n-1}{n}\int \sin^{n-2}x\,dx$$

를 증명하시오.

증명 $u=\sin^{n-1}x$, $dv=\sin x\,dx$라 놓으면

$$du=(n-1)\sin^{n-2}x\cos x\,dx,\ v=-\cos x$$

이므로 부분적분법에 의하여

$$\int \sin^n x\,dx = -\cos x \sin^{n-1}x + (n-1)\int \sin^{n-2}x\cos^2 x\,dx$$

가 된다. $\cos^2 x = 1-\sin^2 x$이기 때문에

$$\begin{aligned}\int \sin^n x\,dx = &-\cos x\sin^{n-1}x \\ &+(n-1)\int \sin^{n-2}x\,dx - (n-1)\int \sin^n x\,dx\end{aligned}$$

임을 알 수 있다. 따라서

$$n\int \sin^n x\,dx = -\cos x \sin^{n-1}x + (n-1)\int \sin^{n-2}x\,dx$$

즉, $\displaystyle\int \sin^n x\,dx = -\frac{1}{n}\cos x \sin^{n-1}x + \frac{n-1}{n}\int \sin^{n-1}x\,dx$ ▢

부정적분은 직선을 따라 움직이는 물체의 운동을 분석하는데 유용하다. 물체가 위치함수 $s=f(t)$를 가지면 속도함수는 $v(t)=s'(t)$이다. 이것은 위치함수가 속도함수의 한 부정적분임을 의미한다. 만약 가속도함수와 초기값 $s(0)$와 $v(0)$가 알려져 있으면 위치함수는 두 번 부정적분을 시행하여 얻을 수 있다.

예제 11 직선 위를 움직이는 물체의 가속도함수가 $a(t)=6t+4$라고 하자. 초기속도가 $v(0)=-6$ cm/sec 이고 초기변위가 $s(0)=9$ cm일 때, 이 물체의 위치함수 $s(t)$를 구하시오.

(**풀이**) $v'(t)=a(t)=6t+4$이므로 $v(t)=3t^2+4t+C$이고, $v(0)=-6$으로부터 $C=-6$을 얻는다. 따라서 $v(t)=3t^2+4t-6$이다.

또한 $v(t)=s'(t)$이므로 $s(t)=t^3+2t^2-6t+D$가 된다. 한편 $s(0)=9$이므로 $D=9$이고 구하고자 하는 위치함수는

$$s(t)=t^3+2t^2-6t+9 \ \text{(cm)}$$ ▢

5.3 정적분

영역의 면적은 극한값 $\displaystyle\lim_{\|P\|\to 0}\sum_{i=1}^{n} f(x_i^*)\Delta x_i$로 정의되고, 이러한 형태의 극한 문제는 곡선의 길이, 입체의 체적, 곡면의 면적, 질량의 중심, 유체의 압력 등을 구할 때 나타난다.

[정의 7] (정적분의 정의)

닫힌구간 $[a, b]$에서 정의된 유계함수 $f(x)$에 대하여,

$$a = x_0 < x_1 < x_2 < \cdots < x_{n-1} < x_n = b$$

를 만족하는 분할점 $x_0, x_1, \cdots, x_n$을 갖는 닫힌구간 $[a, b]$의 한 분할을 P라고 하자. 각 부분구간 $[x_{i-1}, x_i]$에서 임의의 점 x_i^*를 택하고,

$$\Delta x_i = x_i - x_{i-1},\ \| P \| = \max\{\Delta x_1,\ \Delta x_2,\ \cdots,\ \Delta x_n\}$$

이라 할 때 극한 $\lim_{\| P \| \to 0} \sum_{i=1}^{n} f(x_i^*)\Delta x_i$가 존재하면, $f(x)$는 $[a, b]$에서 적분가능(integrable)이라 하고 그 값을 a에서 b까지 $f(x)$의 정적분(definite integral)이라 하며, $\int_a^b f(x)\, dx$ 또는 간단히 $\int_a^b f$로 나타낸다. 여기서 $\| P \| \to 0$이면 $n \to \infty$임에 유의한다.

예 4 $f(x) = \begin{cases} 1 & , x \in [0, 1] \cap Q \\ 0 & , x \in [0, 1] \cap Q^c \end{cases}$

로 정의된 디리클레 함수 $f : [0, 1] \to R$은 유계이지만, 적분가능하지 않다. 왜냐하면 어떤 분할에 대해서도 모든 x_i^*를 유리수로 잡을 수 있어 $f(x_i^*) = 1$인 경우와, 모든 x_i^*를 무리수로 잡을 수 있어 $f(x_i^*) = 0$인 경우가 있으므로 $\lim_{\| P \| \to 0} \sum_{i=1}^{n} f(x_i^*)\Delta x_i$가 존재하지 않기 때문이다.

참고 (1) 라이프니츠에 의하여 도입된 기호 $\int$을 적분기호라 하고, 정적분 $\int_a^b f(x)\, dx$에서 a와 b를 적분한계라 한다. 이때 a를 정적분의 하난(lower limit), b를 상난(upper limit)이라고 한다.

(2) 정적분 $\int_a^b f(x)\, dx$에서 x 대신에 다른 문자를 사용하더라도 값에는 변화가 없으므로 x를 무효변수(dummy variable)라 한다.

(3) $\sum_{i=1}^{n} f(x_i^*)\Delta x_i$를 독일 수학자 리만(Riemann)의 이름을 따서 리만 합(Riemann sum)이라 하고, $\lim_{\| P \| \to 0} \sum_{i=1}^{n} f(x_i^*)\Delta x_i$이 존재할

때 이 극한으로 정의되는 정적분 $\int_a^b f(x)\,dx$를 리만 적분이라고 한다.

(4) $f(x) \geq 0$인 함수에 대하여 정적분은 면적과 같다.

(5) 정적분 $\int_a^b f(x)\,dx$는 구간 $[a, b]$에서 정의되기 때문에 $a < b$를 가정한다. 그러나 $\int_a^b f(x)\,dx$의 정의를

$$\int_a^b f(x)\,dx = -\int_b^a f(x)\,dx, \quad \int_a^a f(x)\,dx = 0$$

으로 확장하는 것이 유용하다.

적분가능한 함수의 존재성에 대한 부분적인 답이 다음 정리에 의하여 주어진다. 여기에서는 정리의 증명은 생략하고 내용만 서술한다.

> [정리 8] 함수 f가 닫힌구간 $[a, b]$에서 연속이거나 단조함수이면, f는 $[a, b]$에서 적분가능하다.

예 5

$$f(x) = \begin{cases} \dfrac{x}{|x|} & , x \neq 0 \\ 0 & , x = 0 \end{cases}$$

으로 정의된 함수 $f : [-1, 1] \to R$은 $x = 0$에서 불연속이지만, $[-1, 1]$에서 유계이고 증가함수이므로 적분가능하다.

함수 f가 닫힌구간 $[a, b]$에서 유한개의 불연속점을 가지며, 이들이 모두 도약불연속점(jump discontinuity)일 때, 함수 f를 **구분적 연속함수**(piecewise continuous function)라고 한다. 이 경우에 함수 f는 적분가능하다.

참고 만일 함수 f가 닫힌구간 $[a, b]$에서 적분가능하면, 분할 P와 부분구간 $[x_{i-1}, x_i]$에서 점 x_i^*를 어떻게 선택하더라도 리만 합은 반드시 $\int_a^b f(x)\,dx$로 근사된다. 그러므로 함수 f가 닫힌구간 $[a, b]$에서 적분가능하다는 것을 알 경우, 정적분을 쉽게 계산하기 위하여 정규분할 P를 선택하는 것이 편리하다.

> **[정리 9]** 함수 f가 닫힌구간 $[a, b]$에서 적분가능하면,
>
> $$\int_a^b f(x)\,dx = \lim_{n\to\infty} \frac{b-a}{n} \sum_{i=1}^{n} f\left(a + i\frac{b-a}{n}\right)$$

증명 정규분할 P를 택하면 $\| P \| = \Delta x_1 = \Delta x_2 = \cdots = \Delta x_n = \dfrac{b-a}{n}$이고, $x_0 = a,\ x_1 = a + \Delta x,\ x_2 = a + 2\Delta x,\ \cdots,\ x_i = a + i\Delta x$가 성립한다. 이제 x_i^*를 i번째 부분구간 $[x_{i-1}, x_i]$의 오른쪽 끝점이 되게 선택하면

$$x_i^* = x_i = a + i\Delta x = a + i\frac{b-a}{n}$$

가 된다. $n\to\infty$일 때 $\| P \| = \dfrac{b-a}{n} \to 0$이므로,

$$\begin{aligned}
\int_a^b f(x)\,dx &= \lim_{\| P \|\to 0} \sum_{i=1}^{n} f(x_i^*)\Delta x_i \\
&= \lim_{n\to\infty} \sum_{i=1}^{n} f\left(a + i\frac{b-a}{n}\right)\frac{b-a}{n} \\
&= \lim_{n\to\infty} \frac{b-a}{n} \sum_{i=1}^{n} f\left(a + i\frac{b-a}{n}\right)
\end{aligned}$$

□

예제 12 정적분 $\int_1^2 (x^2 - 5x)dx$를 구하시오.

(**풀이**) $f(x) = x^2 - 5x$, $a = 1$이고 $b = 2$이다. 함수 f가 연속이므로 f는 적분가능하다. 따라서

$$\begin{aligned}
\int_1^2 (x^2 - 5x)dx &= \lim_{n\to\infty} \frac{1}{n} \sum_{i=1}^{n} f(1 + \frac{i}{n}) \\
&= \lim_{n\to\infty} \frac{1}{n} \sum_{i=1}^{n} \left[(1 + \frac{i}{n})^2 - 5(1 + \frac{i}{n}) \right] \\
&= \lim_{n\to\infty} \frac{1}{n} \sum_{i=1}^{n} \left(-4 - \frac{3i}{n} + \frac{i^2}{n^2} \right) \\
&= \lim_{n\to\infty} \left[\frac{1}{n} \sum_{i=1}^{n} (-4) - \frac{3}{n^2} \sum_{i=1}^{n} i + \frac{1}{n^3} \sum_{i=1}^{n} i^2 \right] \\
&= \lim_{n\to\infty} \left[-4 - \frac{3n(n+1)}{2n^2} + \frac{n(n+1)(2n+1)}{6n^3} \right] \\
&= -\frac{31}{6}
\end{aligned}$$

□

5.5절에서 증명될 미분적분학의 기본정리를 이용하면 정적분의 계산을 보다 쉽게 할 수 있다.

참고 (중간점 법칙) 정적분을 계산할 때는 보통 x_i^*를 i번째 부분구간 $[x_{i-1}, x_i]$의 오른쪽 끝점으로 선택한다. 그러나 적분의 근사값을 구할 때, x_i^*를 i번째 부분구간의 중간점으로 택하는 것이 보다 효과적이다.

5.4 정적분의 성질

이 절에서는 정적분을 계산하는데 필요한 정적분의 기본성질을 소개한다.

[정리 10] $f(x)$, $g(x)$가 $[a, b]$에서 적분가능이고, k가 상수일 때,

(1) $\int_a^b \{f(x) \pm g(x)\}dx = \int_a^b f(x)\,dx \pm \int_a^b g(x)\,dx$

(2) $\int_a^b kf(x)dx = k\int_a^b f(x)\,dx$

(3) $\int_a^b f(x)dx = \int_a^c f(x)\,dx + \int_c^b f(x)\,dx$ (적분 구간의 가법성)

증명 여기서는 (1)만 증명하고, 나머지는 독자에게 남긴다. $\int_a^b \{f(x) \pm g(x)\}dx$가 존재하기 때문에, 정규분할과 $x_i^* = x_i$로 택하여 값을 구할 수 있다. 합・차의 극한값이 극한값들의 합・차와 같다는 사실을 이용하면

$$\begin{aligned}\int_a^b \{f(x) \pm g(x)\}dx &= \lim_{n\to\infty} \sum_{i=1}^n \{f(x_i) \pm g(x_i)\}\Delta x \\ &= \lim_{n\to\infty}\left[\sum_{i=1}^n f(x_i)\Delta x \pm \sum_{i=1}^n g(x_i)\Delta x\right] \\ &= \lim_{n\to\infty}\sum_{i=1}^n f(x_i)\Delta x \pm \lim_{n\to\infty}\sum_{i=1}^n g(x_i)\Delta x \\ &= \int_a^b f(x)\,dx \pm \int_a^b g(x)dx\end{aligned}$$

□

[정리 10]은 $a<b$, $a=b$ 또는 $a>b$인 어느 경우에도 성립한다. 또한 '적분 구간의 가법성'은 a, b, c의 대소에 관계없이 성립한다. 그러나 다음 정리는 $a \leqq b$일 때만 성립함에 유의한다.

> **[정리 11]** (함수의 대소와 적분의 대소와의 관계)
>
> $f(x), g(x)$가 $[a, b]$에서 적분가능하면, $a \leqq b$일 때
>
> (1) $f(x) \geqq 0$이면, $\int_a^b f(x)\, dx \geqq 0$
>
> (2) $f(x) \geqq g(x)$이면, $\int_a^b f(x)dx \geqq \int_a^b g(x)\, dx$
>
> (3) $m \leqq f(x) \leqq M$이면,
>
> $$m(b-a) \leqq \int_a^b f(x)\, dx \leqq M(b-a)$$
>
> (4) $\left|\int_a^b f(x)\, dx\right| \leqq \int_a^b |f(x)|\, dx$

증명 여기서는 (1)과 (3)만 증명하고, 나머지는 독자에게 남긴다.

(1) 정규분할과 $x_i^* = x_i$를 택한다. 그러면 $f(x_i) \geqq 0$이고 $\Delta x_i \geqq 0$이므로 $\sum_{i=1}^{n} f(x_{i)\Delta x_i} \geqq 0$이 된다. 따라서

$$\int_a^b f(x)\, dx = \lim_{n\to\infty} \sum_{i=1}^{n} f(x_i)\Delta x \geqq 0$$

(3) $m \leqq f(x) \leqq M$이므로, (2)에 의하여

$$\int_a^b m\, dx \leqq \int_a^b f(x)\, dx \leqq \int_a^b M\, dx$$

가 된다. 따라서

$$m(b-a) \leqq \int_a^b f(x)\, dx \leqq M(b-a)$$

를 얻는다. □

예 6 정적분 $\int_1^4 \sqrt{x}\, dx$의 값을 추정하여 보자. $f(x)=\sqrt{x}$가 증가함수이므로, 닫힌구간 $[1,4]$에서 f의 최소값은 $m=f(1)=1$이고, f의 최대값은 $M=f(4)=2$이다. 따라서

$$1\cdot(4-1) \leqq \int_1^4 \sqrt{x}\, dx \leqq 2\cdot(4-1), \text{ 즉 } 3 \leqq \int_1^4 \sqrt{x}\, dx \leqq 6$$

을 얻는다.

구간 $[a, b]$에서 함수 f의 평균값은 $\frac{1}{b-a}\int_a^b f(x)dx$로 정의한다. 이제 함수 f의 값이 그 함수의 평균값과 같아지는 점의 존재 여부를 살펴보자. 다음 적분의 평균값정리(The mean value theorem for integral)는 연속함수에 대하여 이 사실이 참이라는 것을 보여주고 있다.

[정리 12] (적분의 평균값정리)

$f(x)$가 닫힌구간 $[a, b]$에서 연속이면,

$$\int_a^b f(x)\, dx = f(c)(b-a)$$

를 만족하는 $x = c(a < c < b)$가 존재한다.

증명 닫힌구간 $[a, b]$에서 $f(x)$의 최소값을 m, 최대값을 M이라 하면

$$m(b-a) \leqq \int_a^b f(x)\, dx \leqq M(b-a)$$

가 된다. 이제 $\frac{1}{b-a}\int_a^b f(x)\, dx = K$ 라 놓으면 $m \leqq K \leqq M$이므로 중간값의 정리에 의하여

$$K = f(c) = \frac{1}{b-a}\int_a^b f(x)\, dx$$

를 만족하는 $x = c(a < c < b)$가 존재한다. □

예 7 닫힌구간 $[0, 3]$에서 정의된 함수 $f(x) = x^2$에 대하여, 적분의 평균값정리를 만족하는 $x = c$는

$$\int_0^3 x^2\, dx = f(c)(3-0) = 3c^2$$

으로부터 $c = \sqrt{3}$이 된다.

참고 f가 닫힌구간 $[a, b]$에서 연속일 때, g가 $[a, b]$에서 적분가능하고 $g(x) \geqq 0$이면,

$$\int_a^b f(x)\, g(x)\, dx = f(c)\int_a^b g(x)\, dx$$

를 만족하는 $x = c(a < c < b)$가 존재한다.

증명 f가 $[a, b]$에서 연속이므로 f는 최대값 M과 최소값 m을 가진다. 따라서 모든 $x \in [a, b]$에 대하여 $mg(x) \leqq f(x)g(x) \leqq Mg(x)$가 된다. 그런데 곱 fg가 적분가능하므로 $m\int_a^b g \leqq \int_a^b fg \leqq M\int_a^b g$가 성립한다. $\int_a^b g = 0$일 경우는 $x = c$를 임의로 선택한다. 한편 $\int_a^b g \neq 0$일 경우에는 $m \leqq \dfrac{\int_a^b fg}{\int_a^b g} \leqq M$을 만족하므로, 중간값정리에 의하여

$$\int_a^b f(x)g(x)\,dx = f(c)\int_a^b g(x)\,dx$$

를 만족하는 $x = c(a < c < b)$가 존재한다. □

5.5 미분적분학의 기본정리

뉴턴의 스승인 배로(Barrow)는 미분법과 적분법이 서로 역과정이라는 것을 발견하였다. 뉴턴과 라이프니츠는 이러한 관계를 이용하여 미분적분학을 수학적 방법으로 개발하였다. 그들은 면적과 적분의 계산을 합의 극한으로 구하지 않고 미분적분학의 기본정리를 통하여 쉽게 구할 수 있음을 보였다.

[정리 13] 함수 f가 닫힌구간 $[a, b]$에서 연속이면,

$$F(x) = \int_a^x f(t)\,dt \quad (a \leqq x \leqq b)$$

로 정의된 함수 F는 $[a, b]$에서 연속이고, 열린구간 (a, b)에서 미분가능하며,

$$F'(x) = f(x), \text{ 즉 } \frac{d}{dx}\int_a^x f(t)dt = f(x)$$

가 성립한다.

증명 x와 $x+h$가 닫힌구간 $[a, b]$에 속하면

$$F(x+h) - F(x) = \int_a^{x+h} f - \int_a^x f = \int_x^{x+h} f$$

가 되므로, $h \neq 0$인 h에 대하여

$$\frac{F(x+h) - F(x)}{h} = \frac{1}{h}\int_x^{x+h} f$$

가 성립한다.

이제 $h>0$이라 가정하자. f가 닫힌구간 $[x, x+h]$에서 연속이므로, 최대·최소값의 정리에 의하여 이 구간에서 $f(u)=m$과 $f(v)=M$을 만족하는 f의 최소값과 최대값이 존재한다. 따라서

$$f(u)h \leqq \int_x^{x+h} f \leqq f(v)h$$

가 된다. 그런데 $h>0$이므로 $f(u) \leqq \frac{1}{h}\int_x^{x+h} f \leqq f(v)$이고, 이 부등식으로부터

$$f(u) \leqq \frac{F(x+h)-F(x)}{h} \leqq f(v) \qquad (*)$$

를 얻는다. $h<0$인 경우에도 유사한 방법으로 (*)를 얻을 수 있다.

이제 $h \to 0$이라 하면, $u \to x$이고 $v \to x$이다. 그런데 함수 f가 x에서 연속이므로

$$\lim_{h\to 0} f(u) = \lim_{u\to x} f(u) = f(x), \quad \lim_{h\to 0} f(v) = \lim_{v\to x} f(v) = f(x)$$

가 된다. 따라서 압축정리로부터

$$F'(x) = \lim_{h\to 0}\frac{F(x+h)-F(x)}{h} = f(x) \qquad (**)$$

가 성립한다.

한편 $x=a$와 $x=b$인 경우에 (**)의 극한은 한쪽극한을 생각하는 것으로 한다면 함수 F가 닫힌구간 $[a, b]$에서 연속임을 알 수 있다. □

예 8 함수 $F(x)=\int_0^x \sqrt{1+t^2}\,dt$에서 $f(t)=\sqrt{1+t^2}$이 연속함수이기 때문에 $F'(x)=\sqrt{1+x^2}$이 된다.

예제 13 $\frac{d}{dx}\int_0^{x^2} f(t)dt = 2xf(x^2)$이 성립한다.

증명 $f(x)$의 원시함수를 $F(x)$라 하면

$$\frac{d}{dx}\int_0^{x^2} f(t)dt = \frac{d}{dx}\{F(x^2)-F(0)\} = \frac{d}{dx}F(x^2) = 2xf(x^2)$$ □

1. 미분적분학의 기본정리

5.3절에서 리만 합의 극한으로 정적분을 구하였다. 그러나 미분적분학의 기본정리는 매우 중요한 정리로써, 정적분을 계산함에 있어서 보다 간단한 방법을 제시한다. 닫힌구간 $[a, b]$에서 함수 f의 원시함수 F를 안다면, 단지 두 끝점 a와 b에서 F의 값을 구함으로써 정적분 $\int_a^b f$를 구할 수 있다는 것이다. 즉 미분적분학의 기본정리에 의하여, 적분 문제는 부정적분을 구하는 문제로 전환된다. 갈릴레오(Galileo)와 페르마(Fermat)의 시대에 이르기까지 이 기본정리가 발견되기 이전에는 면적, 체적과 곡선의 길이를 구하는 문제는 매우 풀기 힘든 것이었다.

> [정리 14] (미분적분학의 기본정리)
>
> 닫힌구간 $[a, b]$에서 연속인 함수 f가 $F'(x)=f(x)$를 만족하면
>
> $$\int_a^b f(x)dx = F(b) - F(a)$$
>
> 가 성립하고, $[F(x)]_a^b = F(b) - F(a)$로 표기한다.

증명 $G(x) = \int_a^x f(t)\,dt$로 놓으면 $G'(x) = f(x)$, 즉 G는 f의 원시함수가 된다. 만일 F가 $[a, b]$에서 f의 임의의 다른 원시함수라 하면

$$F(x) = G(x) + C \quad (a < x < b)$$

를 얻는다. 그러나 F와 G가 모두 $[a, b]$에서 연속이기 때문에, 양변에 극한 $x \to a^+$와 $x \to b^-$를 취하면, $x = a$와 $x = b$일 때도 $F(x) = G(x) + C$가 된다. 이제 $G(x) = \int_a^x f(t)\,dt$에 $x = a$를 대입하면 $G(a) = 0$이 성립한다. 따라서

$$\begin{aligned} F(b) - F(a) &= [G(b) + C] - [G(a) + C] \\ &= G(b) - G(a) = G(b) = \int_a^b f(x)\,dx \end{aligned}$$

를 얻는다. □

예제 14 정적분 $\int_1^2 (x^2-5x)dx$를 구하시오.

(풀이) $f(x)=x^2-5x$는 닫힌구간 $[1,2]$에서 연속이며, f의 원시함수는 $F(x)=\frac{1}{3}x^3-\frac{5}{2}x^2$이다. 따라서 미분적분학의 기본정리로부터

$$\int_1^2 (x^2-5x)dx = F(2)-F(1) = -\frac{31}{6}$$ □

정적분을 구할 때 미분적분학의 기본정리는 매우 효율적이다. 그러나 이 정리의 효율성은 함수의 원시함수를 어떻게 제공해 줄 수 있는가에 달렸다. 일반적으로 원시함수를 구하는 공식은 부정적분의 기호를 이용하여 서술하고, 부정적분에 대한 각 공식은 하나의 구간 위에서만 타당하다고 약속한다.

예 9 $f(x)$가 닫힌구간 $[a,b]$에서 연속이면, $\int_a^b f(x)dx = \left[\int f(x)dx\right]_a^b$가 된다. 그러나

$$\int_{-1}^3 \frac{1}{x^2}dx = \left[-\frac{1}{x}\right]_{-1}^3 = -\frac{1}{3}-1 = -\frac{4}{3}$$

는 오류이다. $f(x)=\frac{1}{x^2}\geq 0$이므로 이 계산은 잘못되었다. 이것은 $f(x)=\frac{1}{x^2}$이 닫힌구간 $[-1,3]$에서 연속이 아니기 때문에 미분적분학의 기본정리를 적용할 수 없는 문제이다.

2. 부분적분법과 치환적분법

정적분을 구할 때, 부분적분법이나 치환적분법을 이용하면 편리하다.

(1) 정적분에서의 부분적분법

$[a,b]$에서 두 함수 $f(x)$와 $g(x)$가 연속인 도함수를 가지면, 부분적분공식에 미분적분학의 기본정리를 적용하여 정적분을 구할 수 있다. 즉

$$\int_a^b f(x)g'(x)dx = [f(x)g(x)]_a^b - \int_a^b f'(x)g(x)\,dx$$

가 된다. 특히 $u=f(x)$, $v=g(x)$라고 놓으면 $du=f'(x)\,dx$, $dv=g'(x)\,dx$이므로

$$\int_a^b udv=[uv]_a^b-\int_a^b vdu$$

가 성립한다.

예제 15 $\int_0^1 \tan^{-1}x\,dx$를 구하시오.

(**풀이**) $u=\tan^{-1}x$, $dv=dx$라 놓으면 $du=\dfrac{dx}{1+x^2}$, $v=x$이므로

$$\begin{aligned}\int_0^1 \tan^{-1}x\,dx &= [x\tan^{-1}x]_0^1-\int_0^1\frac{x}{1+x^2}\,dx\\ &=\frac{\pi}{4}-\int_0^1\frac{x}{1+x^2}\,dx\end{aligned}$$

가 된다. 이제 $\int_0^1\frac{x}{1+x^2}\,dx$를 구하기 위하여 $t=1+x^2$으로 치환하면 $dt=2xdx$, 즉 $x\,dx=\dfrac{dt}{2}$가 된다. $x=0$일 때 $t=1$이고, $x=1$일 때 $t=2$이기 때문에

$$\int_0^1\frac{x}{1+x^2}\,dx=\frac{1}{2}\int_1^2\frac{dt}{t}=\ln\sqrt{2}$$

를 얻는다. 따라서

$$\int_0^1 \tan^{-1}x\,dx=\frac{\pi}{4}-\int_0^1\frac{x}{1+x^2}\,dx=\frac{\pi}{4}-\ln\sqrt{2}$$ □

(2) 정적분에서의 치환적분법

[정리 15] (치환적분법)

$f(x)$가 $[a,b]$에서 연속이고, $x=\varphi(t)$가 $[\alpha,\beta]$에서 연속인 도함수를 가질 때, $a=\varphi(\alpha)$, $b=\varphi(\beta)$이면

$$\int_a^b f(x)\,dx=\int_\alpha^\beta f(\varphi(t))\varphi'(t)\,dt$$

가 성립한다.

증명 $f(x)$의 원시함수를 $F(x)$라 하면

$$\int_a^b f(x)\,dx = F(b) - F(a) = F(\varphi(\beta)) - F(\varphi(\alpha))$$
$$= \int_\alpha^\beta f(\varphi(t))\varphi'(t)\,dt$$ ▨

치환적분법에 의하여 정적분을 구할 때는 두 가지 방법이 있다. 한 방법은 먼저 부정적분을 구한 다음에 미분적분학의 기본정리를 이용하는 것이다.

예를 들면

$$\int_0^{1/2} \frac{x}{\sqrt{1-4x^2}}\,dx = \left[-\frac{1}{4}\sqrt{1-4x^2}\right]_0^{1/2} = \frac{1}{4}$$

을 얻는다. 또다른 방법은 적분변수를 바꾸었을 때 적분한계를 함께 바꾸는 것이다. 즉 치환식을 이용할 때 x와 dx 뿐만 아니라 적분한계도 새로운 변수로 표현한다. 이때 부정적분을 구한 다음에 본래의 적분변수 x로 되돌려 놓지 않음에 유의한다.

예제 16 정적분 $\int_0^1 x\sqrt{1-x^2}\,dx$를 구하시오.

(풀이) $u=1-x^2$으로 놓으면, $du=-2x\,dx$이고, 따라서 $x\,dx=-\frac{1}{2}du$가 된다. 적분의 새로운 한계를 구하면 $x=0$일 때 $u=1$이고, $x=1$일 때 $u=0$이므로,

$$\int_0^1 x\sqrt{1-x^2}\,dx = -\frac{1}{2}\int_1^0 \sqrt{u}\,du = -\frac{1}{3}\left[u^{\frac{3}{2}}\right]_1^0 = \frac{1}{3}$$ ▨

참고 함수 $f(x)=\ln|x|$에 대하여 $f'(x)=\frac{1}{x}$이므로, $\int \frac{1}{x}\,dx = \ln|x|+C$가 된다. 한편 $\ln x = \int_1^x \frac{1}{t}\,dt\ (x>0)$로부터 $\frac{d}{dx}\int_1^x \frac{1}{t}\,dt = \frac{1}{x}$이 성립하므로, $\frac{d}{dx}\ln x = \frac{1}{x}$을 얻는다.

(3) 대칭함수의 적분

다음 정리는 대칭함수의 정적분 값을 쉽게 구할 수 있도록 한다.

[정리 16] (대칭함수의 적분)

함수 f가 닫힌구간 $[-a, a]$에서 연속일 때,

(1) f가 우함수, 즉 $f(-x)=f(x)$이면

$$\int_{-a}^{a} f(x)\,dx = 2\int_{0}^{a} f(x)\,dx$$

(2) f가 기함수, 즉 $f(-x)=-f(x)$이면 $\int_{-a}^{a} f(x)\,dx=0$

증명 $$\begin{aligned}\int_{-a}^{a} f(x)\,dx &= \int_{-a}^{0} f(x)\,dx + \int_{0}^{a} f(x)\,dx \\ &= -\int_{0}^{-a} f(x)\,dx + \int_{0}^{a} f(x)\,dx\end{aligned}$$

이고, $u=-x$를 이용하면 $-\int_{0}^{-a} f(x)\,dx = \int_{0}^{a} f(-u)\,du$가 된다.

(1) 함수 f가 우함수이면

$$\begin{aligned}\int_{-a}^{a} f(x)\,dx &= \int_{0}^{a} f(-u)\,du + \int_{0}^{a} f(x)\,dx \\ &= \int_{0}^{a} f(u)\,du + \int_{0}^{a} f(x)\,dx = 2\int_{0}^{a} f(x)\,dx\end{aligned}$$

(2) 함수 f가 기함수이면

$$\begin{aligned}\int_{-a}^{a} f(x)\,dx &= \int_{0}^{a} f(-u)\,du + \int_{0}^{a} f(x)\,dx \\ &= -\int_{0}^{a} f(u)\,du + \int_{0}^{a} f(x)\,dx = 0\end{aligned}$$ ▩

예 10 함수 $f(x)=\dfrac{\tan x}{1+x^2}$는 $f(-x)=-f(x)$를 만족하므로 기함수이다. 따라서 $\int_{-1}^{1} \dfrac{\tan x}{1+x^2}\,dx=0$이 된다.

연습문제

1. 다음 극한을 정적분으로 나타내시오.

(1) $\lim_{n\to\infty} \sum_{i=1}^{n} \frac{i^4}{n^5}$ (2) $\lim_{n\to\infty} \sum_{i=1}^{n} \left[3\left(1+\frac{2i}{n}\right)-6\right]\frac{2}{n}$

2. 다음 함수의 도함수를 구하시오.

(1) $f(x)=\int_0^{x^3} \frac{t}{\sqrt{1+t^3}}\,dt$ (2) $g(x)=\int_{\sqrt{x}}^{x} \frac{\cos\theta}{\theta}\,d\theta$

3. 다음 부정적분을 구하시오.

(1) $\int \frac{x}{1+x^4}\,dx$ (2) $\int \frac{(\ln x)^2}{x}\,dx$ (3) $\int \frac{1}{x\ln x}\,dx$

4. 다음 극한을 정적분으로 고쳐서 극한값을 구하시오.

(1) $\lim_{n\to\infty} \sum_{i=1}^{n} \frac{1}{n+i}$ (2) $\lim_{n\to\infty} \frac{1}{n^2} \sum_{i=1}^{n} \sqrt{n^2-i^2}$

5. 다음 정적분의 값을 구하시오.

(1) $\int_{-1}^{2} x\sqrt{8-x^2}\,dx$ (2) $\int_{-\frac{\pi}{4}}^{\frac{\pi}{4}} \frac{\sin 2x}{\cos x}\,dx$ (3) $\int_0^{\frac{\pi}{2}} \cos^3 x\,dx$

(4) $\int_0^1 \frac{dx}{x^2-x+1}$ (5) $\int_0^1 x^2\tan^{-1}x\,dx$ (6) $\int_0^1 x^3 e^{x^2}\,dx$

6. 다음 식을 증명하시오.

(1) $\int_0^{\pi} \frac{x\sin x}{1+\cos^2 x}\,dx=\frac{1}{4}\pi^2$ (2) $\int_0^1 \frac{\ln(x+1)}{x^2+1}\,dx=\frac{\pi}{8}\ln 2$

7. 정적분의 성질을 이용하여 다음 부등식을 증명하시오.

(1) $\int_0^1 x^2\cos x\,dx \leqq \frac{1}{3}$ (2) $\int_{\pi/4}^{\pi/2} \frac{\sin x}{x}\,dx \leqq \frac{\sqrt{2}}{2}$

8. 다음 물음에 답하시오.

(1) $f(x)=\begin{cases} 0 & , x\in\left\{1, \frac{1}{2}, \frac{1}{3}\right\} \\ 1 & , x\in[0,1]-\left\{1, \frac{1}{2}, \frac{1}{3}\right\} \end{cases}$

으로 주어진 함수 $f:[0, 1] \to R$은 적분가능임을 밝히고,

$\int_0^1 f(x)\,dx = 1$임을 보이시오.

(2) $f(x)=\begin{cases} \frac{1}{x} & , 0 < x \leqq 1 \\ 0 & , x=0 \end{cases}$

으로 주어진 함수 $f:[0, 1] \to R$은 적분가능하지 않음을 보이시오.

9. 극한 $\lim_{h\to 0} \frac{1}{h^4} \int_0^h \sin^3 t\,dt$를 구하시오.

10. $\int_a^x f(t)\,dt = e^{2x} - e^x$을 만족하는 상수 a를 구하시오.

11. $f'(x)$가 닫힌구간 $[a, b]$에서 연속일 때,

$$2\int_a^b f(x)\,f'(x)\,dx = [f(b)]^2 - [f(a)]^2$$

이 성립함을 보이시오.

12. $[a, b]$에서 연속인 함수 $f(x)$에 대하여, $f(x) \geqq 0$이고 $\int_a^b f(x)\,dx = 0$이면 $[a, b]$에서 $f(x)=0$임을 보이시오.

13. $\int_0^a f(x)\,dx = \int_0^{\frac{a}{2}} \{f(x) + f(a-x)\}\,dx$가 성립함을 증명하시오.

14. $\int (\ln x)^n dx = x(\ln x)^n - n\int (\ln x)^{n-1} dx$를 증명하고, 이것을 이용하여 $\int (\ln x)^3 dx$를 구하시오.

15. 반지름이 r인 원에 내접하고, n개의 변을 갖는 정다각형의 면적을 A_n이라 할 때, 이 정다각형을 n개의 합동인 삼각형으로 분할함으로써 $A_n = \frac{1}{2} nr^2 \sin\left(\frac{2\pi}{n}\right)$임을 보이시오. 이때 $\lim_{n\to\infty} A_n$을 구하시오.

6

적분의 기법

미분적분학의 기본정리에 의하여 피적분함수의 부정적분을 알면 정적분을 구할 수 있다. 그러나 주어진 함수를 적분하는데 사용되는 방법은 분명하지 않다. 이 장에서는 기본적인 적분공식을 이용하여 복잡한 함수의 부정적분을 구하는 방법을 알아 본다. 또한 근사적분과 이상적분에 대하여 서술한다.

6.1 삼각함수의 적분법

이 절에서는 삼각함수, 특히 피적분함수가 삼각함수의 멱으로 결합된 적분에 대하여 서술한다.

1. $\int \sin^m x \cos^n x \, dx$ 형태의 적분

특히 $m=0$ 이거나 $n=0$인 경우에는 점화공식으로 유도된다. 이제 $m \geq 2$이고 $n \geq 2$인 두 자연수 m, n에 대하여 적분을 생각한다.

(1) m 또는 n이 홀수일 경우

(1) 코사인의 멱이 홀수이면, 한 개의 코사인만 남겨두고 나머지 요소들을

$\cos^2 x = 1 - \sin^2 x$를 이용하여 사인 항으로 표현한다. 그리고 $u = \sin x$로 치환한다.

(2) 사인의 멱이 홀수이면, 한 개의 사인만 남겨두고 나머지 요소들을 $\sin^2 x = 1 - \cos^2 x$를 이용하여 코사인 항으로 표현한다. 그리고 $u = \cos x$로 치환한다.

예제 1 $\int \sin^5 x \cos^2 x \, dx$를 구하시오.

(풀이) 사인의 멱이 홀수이므로 $u = \cos x$로 치환한다.

$$\begin{aligned}
\int \sin^5 x \cos^2 x \, dx &= \int \sin^4 x \cos^2 x \sin x dx \\
&= \int (1 - \cos^2 x)^2 \cos^2 x \sin x dx \\
&= \int (1 - u^2)^2 u^2 (-du) \\
&= -\int (u^2 - 2u^4 + u^6)\, du \\
&= -\left(\frac{u^3}{3} - \frac{2}{5} u^5 + \frac{u^7}{7}\right) + C \\
&= -\frac{1}{3} \cos^3 x + \frac{2}{5} \cos^5 x - \frac{1}{7} \cos^7 x + C
\end{aligned}$$ □

(2) m과 n이 모두 짝수인 경우

$$\sin^2 x = \frac{1}{2}(1 - \cos 2x),\ \cos^2 x = \frac{1}{2}(1 + \cos 2x),\ \sin x \cos x = \frac{1}{2} \sin 2x$$

를 이용하여 지수 m과 n을 줄인다.

예제 2 $\int_0^\pi \sin^2 x \, dx$를 구하시오.

(풀이) $\int_0^\pi \sin^2 x \, dx = \frac{1}{2} \int_0^\pi (1 - \cos 2x) dx = \left[\frac{1}{2}\left(x - \frac{1}{2} \sin 2x\right)\right]_0^\pi = \frac{\pi}{2}$ □

2. $\int \tan^m x \sec^n x\, dx$ 형태의 적분

m과 n이 음이 아닌 정수일 때, 적분은 m과 n이 짝수일 때와 홀수일 때에 따라 달라진다.

(1) m이 홀수일 경우

피적분함수를 $\sec x \tan x$로 분해하고, $\tan^2 x = \sec^2 x - 1$을 이용하여 나머지 부분들을 $\sec x$ 항으로 표현한다. 그리고 $u = \sec x$로 치환한다.

예제 3 $\int \tan^5 x \sec^3 x\, dx$를 구하시오.

(**풀이**) 탄젠트의 멱이 홀수이므로 $\tan x \sec x$를 분리하고, $u = \sec x$로 치환하여 $du = \sec x \tan x\, dx$가 되게 한다. $\tan^2 x = \sec^2 x - 1$을 이용하여 $\sec x$의 항으로 피적분함수의 나머지 부분을 표현한다.

$$\begin{aligned}\int \tan^5 x \sec^3 x\, dx &= \int \tan^4 x \sec^2 x \sec x \tan x\, dx \\ &= \int (\sec^2 x - 1)^2 \sec^2 x \sec x \tan x\, dx \\ &= \int (u^2-1)^2 u^2\, du = \int (u^6 - 2u^4 + u^2)\, du \\ &= \left(\frac{1}{7}u^7 - \frac{2}{5}u^5 + \frac{1}{3}u^3\right) + C \\ &= \frac{1}{7}\sec^7 x - \frac{2}{5}\sec^5 x + \frac{1}{3}\sec^3 x + C\end{aligned}$$

□

(2) n이 짝수일 경우

$\sec^2 x$로 분해하고 $\sec^2 x = 1 + \tan^2 x$를 이용한다. 그리고 $u = \tan x$로 치환한다.

(3) n이 홀수이고 m이 짝수일 경우

$\int \sec^n x\, dx$ 형태로 변형하여 구한다. 그러나 이 적분은 비록 $n=1$ 또는 $n=3$일 때도 구하기가 쉽지 않다. $\sec^n x$ $(n \neq 1)$ 항만 있을 경우에는 부분적분이 요구되고, $\tan^m x$ 항만 있을 경우에는 $\tan^2 x = \sec^2 x - 1$을 이용한다.

예 1 $\int \tan^3 x\,dx$를 구해 보자. $\tan^2 x = \sec^2 x - 1$이므로,

$$\int \tan^3 x\,dx = \int \tan x \tan^2 x\,dx = \int \tan x(\sec^2 x - 1)\,dx$$

가 된다. 이제 $u = \tan x$로 치환하고, $\int \tan x\,dx = \ln|\sec x| + C$를 이용하면

$$\begin{aligned}\int \tan^3 x\,dx &= \int \tan x \sec^2 x\,dx - \int \tan x\,dx \\ &= \frac{1}{2}\tan^2 x - \ln|\sec x| + C\end{aligned}$$

예제 4 $\int \sec^3 x\,dx$를 구하시오.

(풀이) $u = \sec x,\ dv = \sec^2 x\,dx$라 놓으면

$$du = \sec x \tan x\,dx,\quad v = \tan x$$

이므로 부분적분법에 의하여

$$\begin{aligned}\int \sec^3 x\,dx &= \sec x \tan x - \int \sec x \tan^2 x\,dx \\ &= \sec x \tan x - \int \sec x(\sec^2 - 1)\,dx \\ &= \sec x \tan x - \int \sec^3 dx + \int \sec x\,dx\end{aligned}$$

가 된다. 그런데 $\int \sec x\,dx = \ln|\sec x + \tan x| + C$ 이므로

$$\int \sec^3 x\,dx = \frac{1}{2}(\sec x \tan x + \ln|\sec x + \tan x|) + C$$ □

3. $\int \cot^m x \csc^n x\,dx$ 형태의 적분

$1 + \cot^2 x = \csc^2 x$를 이용한다.

4. $\int \sin mx \cos nx\,dx$, $\int \sin mx \sin nx\,dx$, $\int \cos mx \cos nx\,dx$ 형태의 적분

다음 공식을 이용한다.

(1) $\sin A \cos B = \frac{1}{2}[\sin(A-B) + \sin(A+B)]$

(2) $\sin A \sin B = \frac{1}{2}[\cos(A-B) - \cos(A+B)]$

(3) $\cos A \cos B = \frac{1}{2}[\cos(A-B) + \cos(A+B)]$

예제 5 $\int \sin 4x \cos 5x\,dx$를 구하시오.

(풀이)
$$\int \sin 4x \cos 5x\,dx = \int \frac{1}{2}[\sin(-x) + \sin 9x]dx$$
$$= \frac{1}{2}\int(-\sin x + \sin 9x)dx$$
$$= \frac{1}{2}\left(\cos x - \frac{1}{9}\cos 9x\right) + C$$
□

6.2 삼각함수에 의한 치환적분

삼각함수에 의한 치환(삼각치환법)은 피적분함수가 $\sqrt{a^2-x^2}$, $\sqrt{a^2+x^2}$, 또는 $\sqrt{x^2-a^2}$ $(a \geqq 0)$ 형태의 근호를 포함하고 있을 때 유용하다. 주어진 근호 표현에 대한 효과적인 삼각함수로의 치환을 위하여, θ의 제한은 치환함수의 역함수가 존재함을 보장한다.

1. $\sqrt{a^2-x^2}$ $(a>0)$을 포함하는 적분

$x = a\sin\theta$ $(-\pi/2 \leqq \theta \leqq \pi/2)$라 하면

$$\sqrt{a^2-x^2} = \sqrt{a^2-a^2\sin^2\theta} = \sqrt{a^2(1-\sin^2\theta)} = a\cos\theta$$

가 된다. 따라서 $\sqrt{a^2-x^2}$을 포함하는 적분은 $x = a\sin\theta$ $(-\pi/2 \leqq \theta \leqq \pi/2)$로 치환함으로써 근호를 없앨 수 있다.

예제 6 $\int \sqrt{a^2-x^2}\,dx\,(a>0)$를 구하시오.

(**풀이**) $x=a\sin\theta\ (-\pi/2 \leqq \theta \leqq \pi/2)$라 하자. 그러면 $\sqrt{a^2-x^2}=a\cos\theta$ 이고, $dx=a\cos\theta\, d\theta$가 된다. 따라서

$$\int \sqrt{a^2-x^2}\,dx = \int a\cos\theta\, a\cos\theta\, d\theta$$
$$= \int a^2\cos^2\theta\, d\theta = a^2\int \frac{\cos 2\theta+1}{2}\,d\theta$$
$$= \frac{a^2}{2}\left(\frac{\sin 2\theta}{2}+\theta\right)+C$$

가 된다. 그런데 $\sin\theta=\frac{x}{a}$ 이므로 $\theta=\sin^{-1}\frac{x}{a}$ 이다. 그러므로

$$\int \sqrt{a^2-x^2}\,dx = \frac{a^2}{2}\sin\theta\cos\theta+\frac{a^2}{2}\sin^{-1}\frac{x}{a}+C$$
$$= \frac{a^2}{2}\cdot\frac{x}{a}\cdot\frac{\sqrt{a^2-x^2}}{a}+\frac{a^2}{2}\sin^{-1}\frac{x}{a}+C$$
$$= \frac{x}{2}\sqrt{a^2-x^2}+\frac{a^2}{2}\sin^{-1}\frac{x}{a}+C$$

□

예제 7 타원 $\frac{x^2}{a^2}+\frac{y^2}{b^2}=1$에 의하여 둘러싸인 면적을 구하시오.

(**풀이**) 타원 방정식으로부터 $y=\pm\frac{b}{a}\sqrt{a^2-x^2}$을 얻고, 타원의 면적 A는 제1사분면에 놓인 부분의 4배이므로

$$A=4\int_0^a \frac{b}{a}\sqrt{a^2-x^2}\,dx$$

가 된다. 따라서

$$A=4\int_0^a \frac{b}{a}\sqrt{a^2-x^2}\,dx$$
$$=\frac{2b}{a}\left[x\sqrt{a^2-x^2}+a^2\sin^{-1}\frac{x}{a}\right]_0^a=ab\pi$$

□

참고 $a=b=r$로 놓음으로써 반지름이 r인 원의 면적은 πr^2이 된다.

2. $\sqrt{x^2+a^2}$ $(a>0)$을 포함하는 적분

$x=a\tan\theta$ $(-\pi/2<\theta<\pi/2)$라 하면

$$\sqrt{x^2+a^2}=\sqrt{a^2(\tan^2\theta+1)}=a\sec\theta$$

가 된다. 따라서 $\sqrt{x^2+a^2}$을 포함하는 적분은 $x=a\tan\theta$ $(-\pi/2<\theta<\pi/2)$로 치환함으로써 근호를 없앨 수 있다.

예제 8 $\int\frac{1}{x^2\sqrt{x^2+4}}$를 구하시오.

(풀이) $x=2\tan\theta$ $(-\pi/2<\theta<\pi/2)$라 하자. 그러면 $dx=2\sec^2\theta\,d\theta$이고, $\sqrt{x^2+4}=2\sec\theta$이므로

$$\int\frac{1}{x^2\sqrt{x^2+4}}=\frac{1}{4}\int\frac{\sec\theta}{\tan^2\theta}\,d\theta=\frac{1}{4}\int\frac{\cos\theta}{\sin^2\theta}\,d\theta$$

가 된다. 이제 $u=\sin\theta$로 치환하면,

$$\begin{aligned}\int\frac{1}{x^2\sqrt{x^2+4}}&=\frac{1}{4}\int\frac{\cos\theta}{\sin^2\theta}\,d\theta=\frac{1}{4}\int\frac{du}{u^2}=\frac{1}{4}\left(-\frac{1}{u}\right)+C\\&=-\frac{1}{4\sin\theta}+C=-\frac{\csc\theta}{4}+C\end{aligned}$$

이다. 그런데 $\csc\theta=\frac{\sqrt{x^2+4}}{x}$이므로,

$$\int\frac{1}{x^2\sqrt{x^2+4}}=-\frac{\sqrt{x^2+4}}{x}+C$$ □

3. $\sqrt{x^2-a^2}$ $(a>0)$을 포함하는 적분

$x=a\sec\theta$ $(0\leqq\theta<\pi/2$ 또는 $\pi\leqq\theta<3\pi/2)$라 하면

$$\begin{aligned}\sqrt{x^2-a^2}&=\sqrt{a^2(\sec^2\theta-1)}=\sqrt{a^2\tan^2\theta}\\&=\begin{cases}a\tan\theta & ,\ 0\leqq\theta<\pi/2\\-a\tan\theta & ,\ \pi<\theta\leqq3\pi/2\end{cases}\end{aligned}$$

가 된다. 따라서 $\sqrt{x^2-a^2}$을 포함하는 적분은 $x=a\sec\theta$ $(0\leqq\theta<\pi/2$ 또는 $\pi\leqq\theta<3\pi/2)$로 치환함으로써 근호를 없앨 수 있다.

참고 $x\geqq 0$이면 $0\leqq\theta<\pi/2$이므로 $\sqrt{x^2-a^2}=a\tan\theta$가 되고, $x<0$이면 $\pi\leqq\theta<3\pi/2$이므로 $\sqrt{x^2-a^2}=-a\tan\theta$가 된다.

예제 9 $\displaystyle\int\frac{dx}{\sqrt{x^2-a^2}}$ $(a>0)$를 구하시오.

(풀이) $x=a\sec\theta$ $(0\leqq\theta<\pi/2$ 또는 $\pi<\theta\leqq 3\pi/2)$라고 하자. 그러면 $dx=a\sec\theta\tan\theta$이고, $\sqrt{x^2-a^2}=a\tan\theta$이므로

$$\int\frac{dx}{\sqrt{x^2-a^2}}=\int\frac{a\sec\theta\tan\theta}{a\tan\theta}\,d\theta=\int\sec\theta\,d\theta$$
$$=\ln|\sec\theta+\tan\theta|+C_1$$

이다. 그런데 $\tan\theta=\dfrac{\sqrt{x^2-a^2}}{a}$이므로

$$\int\frac{dx}{\sqrt{x^2-a^2}}=\ln|x+\sqrt{x^2-a^2}|-\ln a+C_1$$

이 된다. 이제 $C=C_1-\ln a$라 놓으면,

$$\int\frac{dx}{\sqrt{x^2-a^2}}=\ln|x+\sqrt{x^2-a^2}|+C$$ ▨

4. $\sqrt{bx^2+cx+d}$ $(b\neq 0,\ c\neq 0)$를 포함하는 적분

적당한 $a>0$에 대하여 $\sqrt{a^2-x^2}$, $\sqrt{a^2+x^2}$, 또는 $\sqrt{x^2-a^2}$의 형태로 표시하고, 삼각함수로의 치환을 이용하여 근호를 없앤다.

예제 10 $\displaystyle\int\frac{dx}{\sqrt{9x^2+6x+2}}$를 구하시오.

(**풀이**) $\sqrt{9x^2+6x+2}=\sqrt{(3x+1)^2+1}$로 변형하여 $3x+1=\tan\theta$로 치환하면 $dx=\frac{1}{3}\sec^2\theta\,d\theta$가 된다. 그런데

$$\sqrt{(3x+1)^2+1}=\sqrt{\tan^2\theta+1}=\sec\theta$$

이므로,

$$\begin{aligned}\int\frac{dx}{\sqrt{9x^2+6x+2}}&=\int\frac{1}{\sec\theta}\left(\frac{1}{3}\sec^2\theta\right)d\theta\\&=\frac{1}{3}\int\sec\theta\,d\theta=\frac{1}{3}\ln|\sec\theta+\tan\theta|+C\\&=\frac{1}{3}\ln|\sqrt{9x^2+6x+2}+3x+1|+C\end{aligned}$$ □

예제 11 $\int\frac{dx}{\sqrt{5-4x-2x^2}}$를 구하시오.

(**풀이**) $\sqrt{5-4x-2x^2}=\sqrt{7-2(x+1)^2}$이므로 $x+1=u$로 치환하면

$$\begin{aligned}\int\frac{dx}{\sqrt{5-4x-2x^2}}&=\int\frac{du}{\sqrt{7-2u^2}}\\&=\frac{1}{\sqrt{2}}\int\frac{du}{\sqrt{(7/2)-u^2}}\\&=\frac{1}{\sqrt{2}}\sin^{-1}\left(\frac{u}{\sqrt{7/2}}\right)+C\\&=\frac{1}{\sqrt{2}}\sin^{-1}\{\sqrt{2/7}(x+1)\}+C\end{aligned}$$ □

6.3 부분분수분해에 의한 유리함수의 적분

이 절에서는 임의의 유리함수를 부분분수의 합으로 표현함으로써 적분하는 방법을 알아본다. 기약인 유리함수 $f(x)=\frac{P(x)}{Q(x)}$ ($P(x)$, $Q(x)$는 다항식)를 적분할 때는 다음 준비과정이 필요하다.

(1) $P(x)$의 차수가 $Q(x)$의 차수보다 같거나 크면, 다항식 $S(x)$와 진분수식 $\frac{R(x)}{Q(x)}$과의 합, 즉 $f(x)=S(x)+\frac{R(x)}{Q(x)}$가 되도록 한다.

(2) 나머지 $\frac{R(x)}{Q(x)}$의 분자와 분모를 상수, $(x+a)^r$과 $(x^2+bx+c)^s$ (r, s는 자연수)의 형태로 나타내고, 공통인수가 있으면 약분한다.

(3) 마지막 단계로 진분수 $\frac{R(x)}{Q(x)}$를 $\frac{A}{(x+a)^i}$ 또는 $\frac{Ax+B}{(x^2+bx+c)^j}$ 형태의 부분분수의 합으로 표현한다. $(x+a)^r$의 인수는

$$\frac{A_1}{x+a}+\frac{A_2}{(x+a)^2}+\cdots+\frac{A_r}{(x+a)^r}$$

형태로 표현하고, $A_1, A_2, \cdots, A_r$을 구한다. 또 $(x^2+bx+c)^s$의 인수는

$$\frac{B_1x+C_1}{x^2+bx+c}+\frac{B_2x+C_2}{(x^2+bx+c)^2}+\cdots+\frac{B_sx+C_s}{(x^2+bx+c)^s}$$

형태로 나타내고, 다시 $B_1, B_2, \cdots, B_s$와 $C_1, C_2, \cdots, C_s$를 구하면 된다. 이것을 부분분수분해라고 한다.

예제 12 $\int\frac{dx}{x^2-a^2}$ $(a\neq 0)$를 구하시오.

(풀이) 부분분수분해를 이용하면

$$\frac{1}{x^2-a^2}=\frac{1}{(x-a)(x+a)}=\frac{A}{x-a}+\frac{B}{x+a}$$

에서 $A(x+a)+B(x-a)=1$을 얻는다. 따라서 $x=a$를 대입하면 $A=\frac{1}{2}a$이고, $x=-a$를 대입하면 $B=-\frac{1}{2}a$이므로

$$\begin{aligned}\int\frac{dx}{x^2-a^2}&=\frac{1}{2a}\int\left[\frac{1}{x-a}-\frac{1}{x+a}\right]dx\\&=\frac{1}{2a}[\ln|x-a|-\ln|x+a|]+C\\&=\frac{1}{2a}\ln\left|\frac{x-a}{x+a}\right|+C\end{aligned}$$

□

예제 13 $\int\frac{2x^2-x+4}{x^3+4x}\,dx$를 구하시오.

(**풀이**) 부분분수분해를 이용하면

$$\frac{2x^2-x+4}{x(x^2+4)}=\frac{A}{x}+\frac{Bx+C}{x^2+4}$$

에서 $2x^2-x+4=(A+B)x^2+Cx+4A$를 얻는다. $A+B=2$, $C=-1$, $4A=4$이므로 $A=1$, $B=1$, $C=-1$이 된다. 따라서

$$\begin{aligned}\int\frac{2x^2-x+4}{x^3+4x}\,dx&=\int\frac{1}{x}\,dx+\int\frac{x}{x^2+4}\,dx-\int\frac{1}{x^2+4}\,dx\\&=\ln|x|+\frac{1}{2}\ln(x^2+4)-\frac{1}{2}\tan^{-1}\frac{x}{2}+K\end{aligned}$$ ▨

참고 유리함수를 적분할 때 반드시 부분분수분해를 이용할 필요는 없다. $\int\frac{x^2+1}{x(x^2+3)}\,dx$는 부분분수분해를 이용할 수도 있지만, $u=x^3+3x$로 놓으면 $du=(3x^2+3)\,dx$이므로

$$\int\frac{x^2+1}{x(x^2+3)}\,dx=\frac{1}{3}\ln|x^3+3x|+C$$

가 쉽게 구해진다.

6.4 유리화 치환

무리함수나 초월함수의 부정적분을 구하는 데는 피적분함수를 적절한 치환에 의하여 유리함수로 변형하는 것이 기본원칙이고, 부분분수분해에 의한 유리함수의 적분을 이용한다.

(1) 피적분함수가 x와 $\sqrt[n]{g(x)}$의 유리함수 형태일 경우

$u=\sqrt[n]{g(x)}$ 또는 $u=g(x)$의 치환이 효과적이다.

예제 14 $\int\frac{dx}{\sqrt{x}-\sqrt[3]{x}}\,dx$를 구하시오.

(풀이) $u=\sqrt[6]{x}$으로 치환함으로써 모든 근호를 제거할 수 있다. 즉 $x=u^6$으로 놓으면, $dx=6u^5\,du$이고 $\sqrt{x}=u^3$, $\sqrt[3]{x}=u^2$이므로

$$\begin{aligned}\int \frac{dx}{\sqrt{x}-\sqrt[3]{x}}\,dx &= \int \frac{6u^5}{u^3-u^2}\,du = 6\int \frac{u^3}{u-1}\,du \\ &= 6\int\left(u^2+u+1+\frac{1}{u-1}\right)du \\ &= 6\left(\frac{u^3}{3}+\frac{u^2}{2}+u+\ln|u-1|\right)+C \\ &= 2\sqrt{x}+3\sqrt[3]{x}+6\sqrt[6]{x}+6\ln|\sqrt[6]{x}-1|+C\end{aligned}$$ □

(2) 피적분함수가 x와 $\sqrt{ax^2+bx+c}$의 유리함수 형태일 경우

① $a>0$이면 $\sqrt{ax^2+bx+c}=t-\sqrt{a}x$로 치환하고,

② $a<0$이고 $ax^2+bx+c=0$의 두 실근 $(\alpha<\beta)$가 존재할 때는 $\sqrt{\dfrac{x-\alpha}{\beta-x}}=t$로 치환하여 t에 관한 유리함수로 바꾸어 적분한다.

예제 15 $\displaystyle\int \frac{dx}{\sqrt{x^2+A}}=\ln|x+\sqrt{x^2+A}|+C$ 임을 보이시오 (단, A는 상수)

(풀이) $\sqrt{x^2+A}=t-x$로 치환하면

$$x=\frac{t^2-A}{2t},\ dx=\frac{t^2+A}{2t^2}\,dt,\ \sqrt{x^2+A}=\frac{t^2+A}{2t}$$

이므로 $\displaystyle\int \frac{dx}{\sqrt{x^2+A}}=\int \frac{dt}{t}=\ln|t|+C=\ln|x+\sqrt{x^2+A}|+C$ □

예제 16 $\displaystyle\int \frac{dx}{(x-1)\sqrt{2+x-x^2}}$를 구하시오.

(풀이) $\alpha=-1$, $\beta=2$가 $2+x-x^2=0$의 근이므로 $t=\sqrt{\dfrac{x+1}{2-x}}$로 치환한다. $(2-x)t^2=x+1$에서 $x(1+t^2)=2t^2-1$, 즉 $x=\dfrac{2t^2-1}{1+t^2}$이고 $dx=\dfrac{6t}{(1+t^2)^2}\,dt$이다. 또한

$$\sqrt{2+x-x^2}=\sqrt{(2-x)(x+1)}=(2-x)\sqrt{\frac{x+1}{2-x}}=\frac{3t}{1+t^2}$$

이고, $x-1=\dfrac{t^2-2}{1+t^2}$ 이다. 따라서

$$\begin{aligned}\int\frac{dx}{(x-1)\sqrt{2+x-x^2}}\,dx&=\int\frac{2}{t^2-2}\,dt\\&=\frac{1}{\sqrt2}\ln\left|\frac{t-\sqrt2}{t+\sqrt2}\right|+C=\frac{1}{\sqrt2}\ln\left|\frac{\sqrt{\frac{x+1}{2-x}}-\sqrt2}{\sqrt{\frac{x+1}{2-x}}+\sqrt2}\right|+C\\&=\frac{1}{\sqrt2}\ln\left|\frac{\sqrt{x+1}-\sqrt2\sqrt{2-x}}{\sqrt{x+1}+\sqrt2\sqrt{2-x}}\right|+C\end{aligned}$$ □

(3) 피적분함수가 삼각함수로 구성된 유리함수 형태일 경우

바이어슈트라스는 $\tan\dfrac{x}{2}=t\,(-\pi<x<\pi)$로 치환함으로써 삼각함수 $\sin x$, $\cos x$와 $\tan x$로 구성된 유리함수가 t의 유리함수로 변환될 수 있음을 보였다. 이 경우 $x=2\tan^{-1}t$이므로, $dx=\dfrac{2}{1+t^2}\,dt$이고

$$\sin x=2\sin\frac{x}{2}\cos\frac{x}{2}=2\tan\frac{x}{2}\cdot\cos^2\frac{x}{2}=\frac{2\tan\frac{x}{2}}{1+\tan^2\frac{x}{2}}=\frac{t}{1+t^2}$$

$$\cos x=\cos^2\frac{x}{2}-\sin^2\frac{x}{2}=\left(1-\frac{\sin^2 x/2}{\cos^2 x/2}\right)\cos^2\frac{x}{2}=\frac{1-t^2}{1+t^2}$$

$$\tan x=\frac{\sin x}{\cos x}=\frac{2t}{1-t^2}$$

가 된다. 따라서 삼각함수로 구성된 유리함수 형태의 적분은 t에 대한 유리함수 형태의 적분으로 변형되어 쉽게 계산할 수 있다.

예제 17 $\displaystyle\int\frac{1}{3\sin x-4\cos x}\,dx$를 구하시오.

(풀이) $\tan\dfrac{x}{2}=t\ (-\pi<x<\pi)$로 치환하면

$$\sin x=\frac{t}{1+t^2},\quad \cos x=\frac{1-t^2}{1+t^2},\quad dx=\frac{2}{1+t^2}\,dt$$

이므로

$$\int \frac{1}{3\sin x - 4\cos x}\,dx = \int \frac{1}{3\left(\frac{2t}{1+t^2}\right) - 4\left(\frac{1-t^2}{1+t^2}\right)} \frac{2dt}{1+t^2}$$

$$= \int \frac{dt}{2t^2+3t-2} = \int \frac{dt}{(2t-1)(t+2)}$$

$$= \int \left[\frac{2}{5}\frac{1}{2t-1} - \frac{1}{5}\frac{1}{t+2}\right]dt$$

$$= \frac{1}{5}[\ln|2t-1| - \ln|t+2|] + C$$

$$= \frac{1}{5}\left[\ln\left|2\tan\frac{x}{2} - 1\right| - \ln\left|\tan\frac{x}{2} + 2\right|\right] + C$$ □

특히 피적분함수가 $\tan x$의 유리함수 형태일 경우에는 $\tan x = t$로 치환하여 적분할 수 있다. 이 경우 $dx = \frac{1}{1+t^2}dt$가 된다.

참고 피적분함수가 $x^m(ax^n+b)^{p/q}$ (m, n, p, q는 정수; $q>0$) 형태일 경우에는 다음 방법을 이용하여 적분을 구한다.

(1) $\frac{m+1}{n}$이 정수일 때는 $\sqrt[q]{ax^n+b} = t$로 치환한다.

(2) $\frac{m+1}{n} + \frac{p}{q}$가 정수일 때는 $\sqrt[q]{a+bx^{-n}} = t$로 치환한다.

예제 18 $\int (1+x^2)^{-\frac{3}{2}}dx$를 구하시오.

(**풀이**) $\sqrt{1+x^{-2}} = t$, 즉 $1+x^{-2} = t^2$으로 치환하면 $x = \frac{1}{\sqrt{t^2-1}}$이고 $dx = -t(t^2-1)^{-\frac{3}{2}}dt$이므로

$$\int (1+x^2)^{-\frac{3}{2}}dx = -\int \frac{dt}{t^2} = \frac{1}{t} = \frac{x}{\sqrt{1+x^2}} + C$$ □

지금까지 서술된 적분법으로 모든 연속함수의 적분을 구할 수는 없다. 예를 들면 $\int e^{x^2}dx$는 함수의 항으로 구할 수 없고, 단지 무한급수로 표현할 수 있을 뿐이다.

참고 자연과학자나 공학자들은 복잡한 함수를 적분할 때 종종 적분표를 사용한다. 적분표는 수백 쪽에 달하는 적분들이 포함된다. 그러나 적분들은 적분표에 표현된 형태로만 나타나지 않는다. 따라서 적분을 적분표에 있는 형태로 바꾸기 위하여 일반적으로 치환적분법 또는 부분적분법을 이용한다.

6.5 정적분의 근사계산

이 절에서는 정적분의 근사값을 구하는 방법을 서술한다. 피적분함수 $f(x)$의 원시함수를 구하는 것이 불가능할 경우와, 함수가 기계적인 수치를 통하여 과학적 실험으로부터 나올 경우에는 정적분 $\int_a^b f(x)\,dx$의 정확한 값을 구하지 못하고 근사계산이 필요하다. 적분값을 근사시키는 데는 다양한 방법이 있으나, 이 절에서는 초보적인 몇 가지 방법을 살펴 볼 것이다. 편의상 여기서는 연속인 피적분함수에 국한하여 서술한다.

1. 리만 합 근사값

닫힌구간 $[a, b]$를 $h=\dfrac{b-a}{n}$에 의하여

$$a=x_0 < x_1 < x_2 < \cdots < x_{n-1} < x_n = b$$

로 n 등분하고 각 부분구간 $[x_{i-1}, x_i]$에서 임의의 점 x_i^*를 택하면

$$\int_a^b f(x)\,dx \approx h\left[f(x_1^*)+f(x_2^*)+\cdots+f(x_n^*)\right]$$

가 된다. 특히

$$y_0=f(x_0),\ y_1=f(x_1),\ y_2=f(x_2),\ \cdots,\ y_{n-1}=f(x_{n-1}),\ y_n=f(x_n)$$

일 때

(1) 왼쪽 끝점 공식(left endpoint rule)

$$\int_a^b f(x)\,dx \approx h[y_0 + y_1 + \cdots + y_{n-1}]$$

(2) 오른쪽 끝점 공식(right endpoint rule)

$$\int_a^b f(x)\,dx \approx h[y_1 + y_1 + \cdots + y_n]$$

을 얻는다. 위의 두 방법 이외도 각 구간의 중간값을 잡는 방법을 사용하여 정적분의 근사값을 구할 수 있다.

(3) 중간점 공식(midpoint rule)

'중간점 공식'은 부분구간의 중점에서 계산된 리만 합을 취한다. 즉 길이가 $h = \frac{b-a}{n}$ 인 n개의 부분구간으로 이루어진 $[a, b]$의 분할

$$P_n = \{a,\ a+h,\ \cdots,\ a+nh = b\}$$

을 생각할 때, 중간점 근사 $M_n(f)$는

$$\begin{aligned} M_n(f) &= h\left[f(a+\frac{1}{2}h) + f(a+\frac{3}{2}h) + \cdots + f(a+(n-\frac{1}{2})h)\right] \\ &= h\sum_{k=1}^{n} f(a+(k-\frac{1}{2})h) \end{aligned}$$

로 주어진다.

예제 19 중간점 근사 $M_n(f)$를 이용하여 $n=5$일 때, 적분 $\int_1^2 \frac{1}{x}\,dx$의 근사값을 구하시오.

(**풀이**) 5개 구간들의 중간점이 1.1, 1.3, 1.5, 1.7과 1.9이므로 중간점 근사 $M_n(f)$에 의하여

$$\begin{aligned} \int_1^2 \frac{1}{x}\,dx &\approx h[f(1.1) + f(1.3) + f(1.5) + f(1.7) + f(1.9)] \\ &= \frac{1}{5}\left(\frac{1}{1.1} + \frac{1}{1.3} + \frac{1}{1.5} + \frac{1}{1.7} + \frac{1}{1.9}\right) \\ &\approx 0.691908 \end{aligned}$$

□

참고 중간점 근사는 왼쪽 끝점 근사와 오른쪽 끝점 근사보다 나은 형태이다. 또다른 근사는 왼쪽 끝점 근사와 오른쪽 끝점 근사를 평균함으로써 얻어질 수 있다.

2. 사다리꼴 공식

'사다리꼴 공식(trapezoidal rule)'은 부분구간의 사다리꼴 면적의 리만 합으로 주어진다. $n \in N$, $h=\dfrac{b-a}{n}$라 하고, 분할 $P_n=\{a,\ a+h,\ \cdots,\ a+nh=b\}$를 생각하자. 각 부분구간 $[a, a+h], [a+h, a+2h], \cdots, [a+(n-1)h, b]$에 대하여 함수 $y=f(x)$에 대한 함수값

$$y_0=f(a),\ y_1=f(a+h),\ y_2=f(a+2h),\ \cdots,\ y_{n-1}=f(a+(n-1)h)$$

를 구한다. $k=1, 2, \cdots, n$일 때, 소구간 $[a+kh, a+(k+1)h]$ 위에서 사다리꼴의 면적은 $\dfrac{1}{2}h[f(a+kh)+f(a+(k+1)h]$이므로 $[a, b]$에서의 리만 합

$$T_n(f)=h\left[\frac{1}{2}f(a)+\sum_{k=1}^{n-1}f(a+kh)+\frac{1}{2}f(b)\right]$$

를 얻는다. 사다리꼴에 의하여 f를 근사시키는 $T_n(f)$를 $[a, b]$에서 f의 제 n 사다리꼴 근사(nth trapezoidal approximation)라고 한다.

> [정리 1] (사다리꼴 정리)
>
> f, f', f''이 $[a, b]$에서 연속이고 $T_n(f)$가 제 n 사다리꼴 근사
>
> $$T_n(f)=h\left[\frac{1}{2}f(a)+\sum_{k=1}^{n-1}f(a+kh)+\frac{1}{2}f(b)\right]$$
>
> 라고 하면
>
> $$T_n(f)-\int_a^b f(x)dx=\frac{(b-a)h^2}{12}f''(c)$$
>
> 를 만족하는 점 $c\ (a \le c \le b)$가 존재한다.

예제 20 사다리꼴 근사 $T_n(f)$를 이용하여 $n=5$일 때, 적분 $\int_1^2 \frac{1}{x}\,dx$의 근사값을 구하시오.

(**풀이**) $n=5$, $a=1$, $b=2$일 때, $h=0.2$이므로 사다리꼴 근사 $T_n(f)$을 이용하면

$$\begin{aligned}\int_1^2 \frac{1}{x}\,dx &\approx \frac{0.2}{2}[f(1)+2f(1.2)+2f(1.4)+\cdots+f(2)]\\ &=0.1\left[\frac{1}{1}+\frac{2}{1.2}+\frac{2}{1.4}+\frac{2}{1.6}+\frac{2}{1.8}+\frac{1}{2}\right]\\ &\approx 0.695635\end{aligned}$$

□

참고 미분적분학의 기본정리로부터 $\int_1^2 \frac{1}{x}\,dx=[\ln x]_1^2=\ln 2=0.693147\cdots$를 얻는다. 위 예제에서 사다리꼴 근사와 중간점 근사의 오차 E_T와 E_M은 각각 $E_T \approx 0.002488$, $E_M \approx 0.001239$가 된다.

다음 정리는 중간점 근사가 사다리꼴 근사보다 더 정밀하다는 것을 보여주고 있다.

> [정리 2] f, f', f''이 $[a, b]$에서 연속이고 $M_n(f)$가 제n중간점 근사이면,
>
> $$\int_a^b f(x)\,dx - M_n(f) = \frac{(b-a)h^2}{24} f''(c)$$
>
> 을 만족하는 점 $c\ (a \leqq c \leqq b)$가 존재한다.

3. 심프슨 공식

이제 사다리꼴 근사나 중간점 근사보다 더욱 정밀한 근사값을 구하는 방법을 서술한다. 심프슨 공식(Simpson's rule)은 그래프를 포물선의 부분들로 이루어진 함수에 의하여 근사시킨다.

임의의 포물선은 연속적인 세 점을 지난다. 세 점 $(-h, y_0)$, $(0, y_1)$, (h, y_2)가 주어지면 이 세 점을 지나는 포물선 $g(x)=Ax^2+Bx+C$는

$$\int_{-h}^{h} g(x)\,dx = \frac{1}{3}h(y_0 + 4y_1 + y_2)$$

를 만족한다. 이제 닫힌구간 $[a, b]$에서 연속인 $f(x)$에 대하여 $n \in N$을 짝수라 가정하고 $h = \dfrac{b-a}{n}$라고 하자. 각 부분구간

$$[a,\ a+2h],\ [a+2h,\ a+4h],\ \cdots,\ [b-2h,\ b]$$

에 대하여 $y_0 = f(a)$, $y_1 = f(a+h)$, $y_2 = f(a+2h)$, $\cdots$ 에서 $f(x)$와 일치하는 포물선에 의하여 $f(x)$를 근사시키면,

$$\begin{aligned} S_n(f) = \frac{1}{3}h[&f(a) + 4f(a+h) + 2f(a+2h) + 4f(a+3h) \\ &+ 2f(a+4h) + \cdots + 2f(b-2h) + 4f(b-h) + f(b)] \end{aligned}$$

를 얻는다. 이때 $S_n(f)$를 $[a, b]$에서 f의 제 n 심프슨 근사(nth Simpson approximation)라고 한다.

예제 21 $n = 10$인 심프슨 근사 $S_n(f)$를 이용하여, $\int_1^2 \frac{1}{x}\,dx$의 근사값을 구하시오.

(풀이) $f(x) = \dfrac{1}{x}$, $n = 10$, $h = 0.1$ 이므로 심프슨 근사를 이용하면

$$\begin{aligned} \int_1^2 \frac{1}{x}\,dx &\approx \frac{h}{3}[f(1) + 4f(1.1) + 2f(1.2) + 4f(1.3) + \cdots \\ &\qquad + 2f(1.8) + 4f(1.9) + f(2)] \\ &= \frac{0.1}{3}\left[\frac{1}{1} + \frac{4}{1.1} + \frac{2}{1.2} + \frac{4}{1.3} + \frac{2}{1.4} + \frac{4}{1.5}\right. \\ &\qquad \left. + \frac{2}{1.6} + \frac{4}{1.7} + \frac{2}{1.8} + \frac{4}{1.9} + \frac{1}{2}\right] \\ &\approx 0.693150 \end{aligned}$$

□

실제로 심프슨 근사의 근사값은 사다리꼴 근사와 중간점 근사의 근사값의 평균이다. 이제 제 n 심프슨 근사의 정밀성에 대하여 알아보자.

[정리 3] $f, f', \cdots, f^{(4)}$가 $[a, b]$에서 연속이고 $n \in N$이 짝수라고 하자. $S_n(f)$가 제 n 심프슨 근사일 때,

$$S_n(f) - \int_a^b f(x)dx = \frac{(b-a)h^4}{180} f^{(4)}(c)$$

를 만족하는 점 $c\ (a \leq c \leq b)$가 존재한다.

참고 과학적 실험이 일정한 간격을 둔 x값에 대응하는 y값에 근거한다면 그리고 그 값들이 빠르게 변하지 않는다면 사다리꼴 또는 심프슨 공식은 x에 관한 y의 적분 $\int_a^b y\,dx$의 근사값을 구하기 위하여 사용되어질 수 있다.

6.6 이상적분

이제 피적분함수가 유계가 아니든지 연속이 아닌 경우와 적분구간이 유계가 아닐 때 이상적분(improper integral)을 정의하여 정적분의 개념을 확장하려 한다.

1. 피적분함수가 닫힌구간 내의 유한개의 점에서 연속이 아닌 경우

[정의 4] (연속이 아닌 경우의 이상적분)

함수 $f(x)$가 $[a, b)$에서 적분가능하고 $x = b$에서 연속이 아닐 경우, $\lim_{\varepsilon \to 0^+} \int_a^{b-\varepsilon} f(x)\,dx$가 존재하면

$$\int_a^b f(x)\,dx = \lim_{\varepsilon \to 0^+} \int_a^{b-\varepsilon} f(x)\,dx$$

로 정의한다. 이때 $f(x)$의 이상적분은 $[a, b)$에서 수렴한다고 한다.

예제 22 $\int_0^1 \frac{1}{\sqrt{1-x^2}}\,dx$를 구하시오.

1. 내적

[정의 4] (벡터의 내적)

두 벡터 $\mathbf{a}=(a_1, a_2, a_3)$, $\mathbf{b}=(b_1, b_2, b_3)$에 대하여 $\mathbf{a}$와 $\mathbf{b}$의 내적(dot product 또는 inner product) $\mathbf{a}\cdot\mathbf{b}$는 실수, 즉 스칼라

$$\mathbf{a}\cdot\mathbf{b}=a_1b_1+a_2b_2+a_3b_3$$

로 정의하고, ' **a** dot **b**'로 읽는다. 내적을 **스칼라곱**(scalar product)이라고도 한다.

벡터의 내적은 같은 차원의 벡터에 적용되며 그 결과는 하나의 실수임에 유의한다. 내적에 관한 다음 성질은 정의로부터 쉽게 확인된다.

[정리 5] (내적의 성질)

$\mathbf{a},\mathbf{b},\mathbf{c}$가 V_3의 벡터이고, c가 스칼라일 때,

(1) $\mathbf{a}\cdot\mathbf{a}=\|\mathbf{a}\|^2$ (2) $\mathbf{a}\cdot\mathbf{b}=\mathbf{b}\cdot\mathbf{a}$

(3) $\mathbf{0}\cdot\mathbf{a}=0$ (4) $\mathbf{a}\cdot(\mathbf{b}+\mathbf{c})=\mathbf{a}\cdot\mathbf{b}+\mathbf{a}\cdot\mathbf{c}$

(5) $(c\mathbf{a})\cdot\mathbf{b}=c(\mathbf{a}\cdot\mathbf{b})=\mathbf{a}\cdot(c\mathbf{b})$

내적 $\mathbf{a}\cdot\mathbf{b}$는 $\mathbf{a}$와 $\mathbf{b}$사이의 각 $\theta\ (0\leqq\theta\leqq\pi)$를 이용하여 기하학적으로 표현할 수 있다. $\mathbf{a}$와 $\mathbf{b}$가 평행인 벡터이면, $\theta=0$ 또는 $\theta=\pi$이다.

물리학자들은 다음 정리에 나타나는 공식을 내적의 정의로 사용한다.

[정리 6] θ가 벡터 $\mathbf{a}$와 $\mathbf{b}$ 사이의 각이면

$$\mathbf{a}\cdot\mathbf{b}=\|\mathbf{a}\|\|\mathbf{b}\|\cos\theta$$

이다. 따라서 θ가 $\mathbf{0}$이 아닌 두 벡터 $\mathbf{a}$와 $\mathbf{b}$사이의 각이면,

$$\cos\theta=\frac{\mathbf{a}\cdot\mathbf{b}}{\|\mathbf{a}\|\|\mathbf{b}\|}$$

가 된다. 이때 $\cos\theta$를 두 벡터 $\mathbf{a}$와 $\mathbf{b}$의 여현이라 한다.

증명

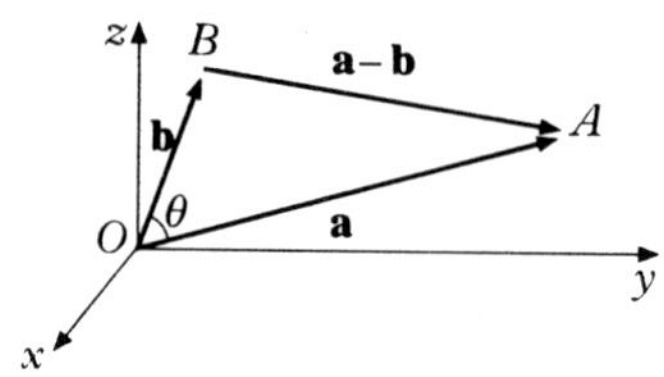

[그림 10.1]

[그림 10.1]에서 삼각형 $\triangle OAB$에 코사인 법칙을 적용하면

$$\overline{AB}^2 = \overline{OA}^2 + \overline{OB}^2 - 2\,\overline{OA} \cdot \overline{OB}\cos\theta$$

가 된다. 그런데 $\overline{OA} = \|\mathbf{a}\|$, $\overline{OB} = \|\mathbf{b}\|$, $\overline{AB} = \|\mathbf{a}-\mathbf{b}\|$이므로

$$\|\mathbf{a}-\mathbf{b}\|^2 = \|\mathbf{a}\|^2 + \|\mathbf{b}\|^2 - 2\|\mathbf{a}\|\,\|\mathbf{b}\|\cos\theta$$

가 성립한다. 내적의 성질을 이용하면

$$\|\mathbf{a}-\mathbf{b}\|^2 = (\mathbf{a}-\mathbf{b})\cdot(\mathbf{a}-\mathbf{b}) = \|\mathbf{a}\|^2 - 2\,\mathbf{a}\cdot\mathbf{b} + \|\mathbf{b}\|^2$$

으로 변형되므로,

$$\|\mathbf{a}\|^2 - 2\,\mathbf{a}\cdot\mathbf{b} + \|\mathbf{b}\|^2 = \|\mathbf{a}\|^2 + \|\mathbf{b}\|^2 - 2\|\mathbf{a}\|\,\|\mathbf{b}\|\cos\theta$$

를 얻는다. 따라서 $\mathbf{a}\cdot\mathbf{b} = \|\mathbf{a}\|\,\|\mathbf{b}\|\cos\theta$를 만족한다. ▨

$\mathbf{0}$이 아닌 두 벡터 $\mathbf{a}$와 $\mathbf{b}$ 사이의 각이 $\frac{\pi}{2}$일 때, 즉 $\mathbf{a}\cdot\mathbf{b}=0$일 때 $\mathbf{a}$와 $\mathbf{b}$는 수직(perpendicular) 또는 직교(orthogonal)한다고 한다. 역으로 $\mathbf{a}\cdot\mathbf{b}=0$이면 $\cos\theta=0$이므로 $\theta=\frac{\pi}{2}$가 된다. 그러므로 $\mathbf{a}$와 $\mathbf{b}$가 직교할 필요충분조건은 $\mathbf{a}\cdot\mathbf{b}=0$이다. 영벡터는 모든 벡터에 수직인 것으로 정의한다.

예제 1 $\mathbf{u}=(1, 2)$일 때, $\mathbf{u}$와 수직인 단위벡터를 구하시오.

(풀이) $\mathbf{u}$와 수직인 단위벡터를 $\mathbf{v}=(x, y)$라 하면, $\mathbf{u}\cdot\mathbf{v}=0$이고 $\|\mathbf{v}\|=1$이다. 따라서 $x+2y=0$이고 $x^2+y^2=1$이므로, 이 방정식을 풀면 $x=\pm\frac{2}{\sqrt{5}}$, $y=\mp\frac{1}{\sqrt{5}}$을 얻는다. ▨

(**풀이**) 함수 $f(x)=\dfrac{1}{\sqrt{1-x^2}}$ 이 $x=1$에서 연속이 아니므로

$$\begin{aligned}\lim_{\varepsilon\to 0^+}\int_0^{1-\varepsilon}\frac{1}{\sqrt{1-x^2}}\,dx &= \lim_{\varepsilon\to 0^+}[\sin^{-1}x]_0^{1-\varepsilon}\\ &= \lim_{\varepsilon\to 0^+}[\sin^{-1}(1-\varepsilon)-\sin^{-1}0]\\ &= \sin^{-1}1=\frac{\pi}{2}\end{aligned}$$

□

마찬가지로 왼쪽 끝점에서도 유사한 방법을 적용한다. 만일 함수 $f(x)$가 $[a, b]$의 내점 $x=c$에서 연속이 아닐 때, $[a, b]$에서의 $f(x)$의 이상적분이 존재한다는 것은 두 구간 $[a, c)$, $(c, b]$에서의 $f(x)$의 이상적분이 존재하는 것과 동치이고, 이 경우에 $[a, b]$에서의 $f(x)$의 이상적분을

$$\int_a^b f(x)\,dx=\int_a^c f(x)\,dx+\int_c^b f(x)\,dx$$

로 정의한다. 일반적으로 $[a, b]$의 유한개의 내점에서 연속이 아닐 때도 유사한 방법이 적용된다.

예 2 $x\in(0, 1]$일 때 $f(x)=\dfrac{1}{x^2}$이고 $x\in[-1, 0]$일 때 $f(x)=0$이면, $(0, 1]$에서 f의 이상적분이 존재하지 않으므로 $[-1, 1]$에서의 이상적분은 존재하지 않는다.

참고 정적분을 구할 때 이상적분을 하여야 하는 경우인 데도 불구하고 일반적인 정적분으로 계산하면 오류가 발생한다. 예를 들면

$$\int_0^1\frac{dx}{(x-1)^2}=\lim_{\varepsilon\to 0^+}\int_0^{1-\varepsilon}\frac{dx}{(x-1)^2}=\infty$$

이고, $\displaystyle\int_0^2\frac{dx}{(x-1)^2}=\int_0^1\frac{dx}{(x-1)^2}+\int_1^2\frac{dx}{(x-1)^2}$ 이므로 $\displaystyle\int_0^2\frac{dx}{(x-1)^2}$는 존재하지 않는다. 그러나 일반적인 정적분으로 계산하면

$$\int_0^2\frac{dx}{(x-1)^2}=\left[-\frac{1}{x-1}\right]_0^2=-2$$

라는 오류를 갖게 된다.

2. 적분구간이 유계가 아닌 경우

> **[정의 5]** (무한구간에서의 이상적분)
>
> 함수 $f:[a,\infty)\to R(a\in R)$이 $c>a$를 만족하는 모든 $c\in R$에 대하여 구간 $[a, c]$에서 적분가능하고, $\lim_{c\to\infty}\int_a^c f(x)\,dx$가 존재할 때,
>
> $$\int_a^\infty f(x)\,dx=\lim_{c\to\infty}\int_a^c f(x)\,dx$$
>
> 로 정의한다. 이때 $f(x)$의 이상적분은 $[a,\infty)$에서 수렴한다고 한다.

예 3 $\int_1^\infty \frac{1}{x}\,dx=\lim_{t\to\infty}\int_1^t \frac{1}{x}\,dx=\lim_{t\to\infty}[\ln|x|]_1^t=\lim_{t\to\infty}\ln t=\infty$이므로 이상적분 $\int_1^\infty \frac{1}{x}\,dx$는 발산한다. 그러나 $\int_1^\infty \frac{1}{x^2}\,dx$는 수렴한다.

참고 $\Gamma(s)=\int_0^\infty x^{s-1}e^{-x}\,dx\,(s>0)$라 두면 $\Gamma(s)=(s-1)\Gamma(s-1)$이 성립한다. 특히 s가 자연수이면 $\Gamma(s)=(s-1)!$이 된다. 이때 $\Gamma(s)$를 감마함수(Gamma function)라 하며 응용분야에서 널리 이용된다.

무한구간 $(-\infty, b]$에서 이상적분도 유사한 방법을 적용한다. 또한 무한구간 $(-\infty,\infty)$에서 정의된 함수 $f(x)$의 이상적분은, 임의의 $b\in R$에 대하여 두 무한구간 $(-\infty, b]$와 $[b,\infty)$에서 $f(x)$의 이상적분이 존재할 때,

$$\int_{-\infty}^\infty f(x)\,dx=\int_{-\infty}^b f(x)\,dx+\int_b^\infty f(x)\,dx$$

로 정의한다.

예 4
$$\begin{aligned}\int_{-\infty}^\infty \frac{1}{1+x^2}\,dx&=\int_{-\infty}^0 \frac{1}{1+x^2}\,dx+\int_0^\infty \frac{1}{1+x^2}\,dx\\&=-\lim_{c\to-\infty}(\tan^{-1}c)+\lim_{c\to\infty}(\tan^{-1}c)\\&=-\left(-\frac{\pi}{2}\right)+\frac{\pi}{2}=\pi\end{aligned}$$

예제 23 이상적분 $\int_1^\infty \frac{1}{x^p}\,dx$가 수렴하기 위한 p의 값을 결정하시오.

(**풀이**) $p=1$일 때 적분이 발산하므로 $p\neq 1$이라고 가정하자. 그러면

$$\int_1^\infty \frac{1}{x^p}\,dx = \lim_{t\to\infty}\int_0^t \frac{1}{x^p}\,dx = \lim_{t\to\infty}\left[\frac{x^{p+1}}{-p+1}\right]_{x=1}^{x=t}$$
$$= \frac{1}{1-p}\lim_{t\to\infty}\left[\frac{1}{t^{p-1}}-1\right]$$

이 된다.

$p>1$이면 $p-1>0$이므로 $t\to\infty$일 때 $\frac{1}{t^{p-1}}\to 0$이 된다. 따라서 $\int_1^\infty \frac{1}{x^p}\,dx = \frac{1}{p-1}$이므로 이상적분은 수렴한다.

$p<1$이면 $t\to\infty$일 때 $\frac{1}{t^{p-1}} = t^{1-p}\to\infty$가 된다. 따라서 이상적분은 발산한다. ▨

이제 함수 $f:[a,\infty)\to R$의 이상적분이 존재하기 위한 판정법을 소개한다.

> [정리 6] (비교판정법)
> 두 함수 $f,\ g:[a,\infty)\to R$이 모든 $x\in[a,\infty)$에 대하여 $0\leq f(x)\leq g(x)$일 때,
>
> (1) $\int_a^\infty g(x)\,dx$가 수렴하면, $\int_a^\infty f(x)\,dx$는 수렴하며,
> $$0\leq\int_a^\infty f\,dx\leq\int_a^\infty g\,dx$$
> 를 만족한다.
>
> (2) $\int_a^\infty f(x)\,dx$가 발산하면, $\int_a^\infty g(x)\,dx$는 발산한다.

예 5 함수 $f:[1,\infty)\to R$이 $f(x)=e^{-x^2}$으로 정의되었을 때, 모든 $x\in[1,\infty)$에 대하여 $f(x)<e^{-x}$이고, 또한 $\int_1^\infty e^{-x}\,dx$가 존재하므로 $\int_1^\infty f(x)\,dx$도 존재한다.

> [정리 7] (극한비교판정법)
>
> $f, g : [a, \infty) \to R$이 모든 $x \in [a, \infty)$에 대하여 $0 \leq f(x) \leq g(x)$일 때, 임의의 $c \in (a, \infty)$에 대하여 f, g가 $[a, c]$에서 적분가능하고 $\lim_{x \to \infty} \frac{f(x)}{g(x)} \neq 0$이면, f와 g의 이상적분의 존재성은 서로 동치이다.

예 6 함수 $f : [1, \infty) \to R$을 $f(x) = \frac{1}{\sqrt{x^3+1}}$로 정의하면, $\lim_{x \to \infty} \frac{f(x)}{1/x^{3/2}} = 1$이고, $\int_1^{\infty} \frac{1}{x^{3/2}}\,dx$가 존재하므로 $\int_1^{\infty} f(x)\,dx$도 존재한다.

연습문제

1. 다음 적분을 구하시오.

(1) $\int \frac{x^3}{\sqrt{1-x^2}}\,dx$ (2) $\int (\ln x)^2\,dx$ (3) $\int \cos(\ln x)\,dx$

(4) $\int \sqrt{1+e^x}\,dx$ (5) $\int \frac{\cos x}{2-\cos x}\,dx$ (6) $\int \sqrt{2x-x^2}\,dx$

2. 다음 적분을 구하시오.

(1) $\int \frac{(\tan^{-1}x)^5}{1+x^2}\,dx$ (2) $\int \frac{x+1}{\sqrt{x+1}+1}\,dx$ (3) $\int \frac{\ln(\ln x)}{x}\,dx$

(4) $\int x^2 \sin 3x\,dx$ (5) $\int \frac{e^{\sqrt{x}}}{\sqrt{x}}\,dx$ (6) $\int \frac{dx}{\sqrt{x^2-6x+10}}$

3. 다음 정적분을 구하시오.

(1) $\int_0^{\pi/4} \tan^4 x \sec^2 x\,dx$ (2) $\int_{\pi/6}^{\pi/2} \cot^2 x\,dx$ (3) $\int_{\sqrt{2}}^{2} \frac{dx}{x^2\sqrt{x^2-1}}$

(4) $\int_{-1}^{1} x^5 \cosh x\,dx$ (5) $\int_{\frac{\pi}{2}}^{\pi} \frac{d\theta}{1-\cos\theta}$ (6) $\int_0^1 \frac{x}{x^4+1}\,dx$

4. 다음 적분의 수렴 여부를 조사하고, 그것이 수렴하면 그 값을 구하시오.

(1) $\int_1^2 \frac{1}{x\ln x}\,dx$ (2) $\int_{-1}^1 \frac{1}{\sqrt{1-x^2}}\,dx$ (3) $\int_0^1 x^5(\ln x)^2\,dx$

(4) $\int_0^\infty \frac{1}{\sqrt{x(x+4)}}\,dx$ (5) $\int_{-\infty}^\infty \frac{dx}{4x^2+4x+5}$ (6) $\int_0^\infty e^{ax}\cos bx\,dx$

5. 다음 적분의 수렴 여부를 조사하고, 그것이 수렴하면 그 값을 구하시오.

(1) $\int_2^\infty \frac{1}{\sqrt{x+3}}\,dx$ (2) $\int_0^\infty e^{-x}\,dx$ (3) $\int_{-\infty}^\infty xe^{-x^2}\,dx$

(4) $\int_1^\infty \frac{1+e^{-x}}{x}\,dx$ (5) $\int_4^5 \frac{1}{(5-x)^{2/5}}\,dx$ (6) $\int_0^\infty \frac{1}{x(\ln x)^3}\,dx$

6. $\int \frac{dx}{\sqrt{x^2+4}}$ 에 대하여 다음 물음에 답하시오.

(1) $\sinh^{-1}\frac{x}{2}$ 의 미분을 이용하여 적분하시오.

(2) $x=2\sin\theta$로 치환하여 적분하시오.

(3) $\sqrt{x^2+4}=t-x$로 치환하여 적분하시오.

7. 주어진 n에 대하여 근사값 T_n, M_n과 S_n을 소숫점 이하 여섯째 자리까지 구하시오.

(1) $\int_1^4 \sqrt{x}\,dx$, $n=6$ (2) $\int_0^1 e^{x^2}\,dx$, $n=10$

8. $u=1/x$로 치환함으로써 $\int_0^\infty \frac{\ln x}{1+x^2}\,dx=0$임을 보이시오.

9. $f'(x)$가 구간 $[0,\infty)$에서 연속이고 $\lim_{x\to\infty} f(x)=0$이면,

$$\int_0^\infty f'(x)\,dx=-f(0)$$

임을 보이시오.

10. n이 자연수일 때, $\int_0^1 (\ln x)^n dx = (-1)^n n!$ 임을 증명하시오.

11. 비교판정법을 이용하여 다음 적분이 수렴하는지 발산하는지를 판정하시오.

(1) $\int_1^{\infty} \frac{\sin^2 x}{x^2}\, dx$ (2) $\int_1^{\infty} \frac{dx}{x+e^{2x}}\, dx$ (3) $\int_0^{\pi/2} \frac{dx}{x\sin x}$

12. 다음 부등식을 증명하시오.

$$\left\{\int_a^b f(x)\, g(x)\, dx\right\}^2 \leqq \int_a^b \{f(x)\}^2\, dx \cdot \int_a^b \{g(x)\}^2\, dx$$

13. 분할 $\left\{\frac{1}{n}, \frac{2}{n}, \cdots, 1\right\}$에 의하여 $\int_0^1 \ln x\, dx$에 대한 리만 합을 생각하여

$$\lim_{n\to\infty} \frac{1}{n}(n!)^{\frac{1}{n}} = e^{-1}$$

이 성립함을 보이시오.

7

정적분의 응용

이 장에서는 면적과 체적, 일, 곡선의 길이, 질량중심 등 정적분의 응용에 대하여 서술한다.

7.1 두 곡선 사이의 면적

닫힌구간 $[a, b]$에서 연속이고 $f(x) \geqq g(x)$ 인 두 곡선 $y=f(x)$, $y=g(x)$와 두 직선 $x=a$, $x=b$로 둘러싸인 닫힌영역 S를 생각하자. $[a, b]$의 한 분할 P에 대하여, x_i^*를 부분구간 $[x_{i-1}, x_i]$에서 임의로 선택하고

$$\Delta x_i = x_i - x_{i-1}, \quad \| P \| = \max\{\Delta x_1, \cdots, \Delta x_n\}$$

이라 하면, 밑변이 Δx_i이고 높이가 $f(x_i^*)-g(x_i^*)$인 근사직사각형들의 리만합 $\sum_{i=1}^{n}[f(x_i^*)-g(x_i^*)]\Delta x$의 극한값 $\lim_{\| P \| \to 0} \sum_{i=1}^{n}[f(x_i^*)-g(x_i^*)]\Delta x_i$는 반드시 존재한다.

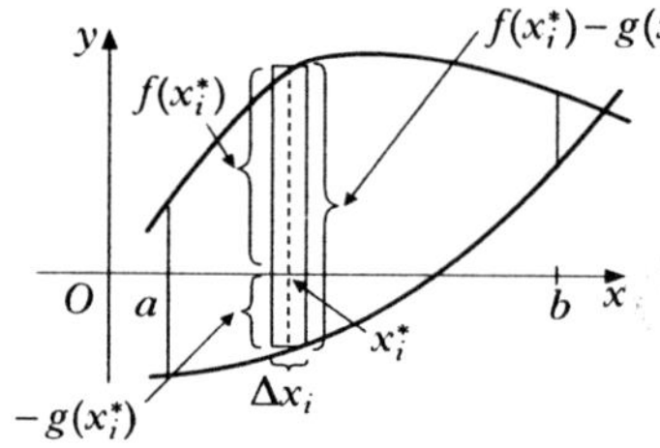

[그림 7.1]

> [정리 1] $f(x)$, $g(x)$가 닫힌구간 $[a, b]$에서 연속이고, $f(x) \geqq g(x)$ $(a \leqq x \leqq b)$일 때, 곡선 $y=f(x)$, $y=g(x)$와 직선 $x=a$, $x=b$로 둘러싸인 닫힌영역의 면적은
>
> $$\int_a^b [f(x)-g(x)]\,dx$$

예제 1 직선 $y=x$와 포물선 $y=6-x^2$으로 둘러싸인 닫힌영역의 면적을 구하시오.

(풀이) 교점을 구하면 $(-3,3)$, $(2,2)$이다. 따라서 $-3 \leqq x \leqq 2$인 모든 x에 대하여 $6-x^2 \geqq x$이므로, 구하는 면적은

$$\int_{-3}^{2}(6-x^2-x)\,dx=\left[6x-\frac{x^3}{3}-\frac{x^2}{2}\right]_{-3}^{2}=\frac{125}{6}$$ ▨

일반적으로 두 곡선 $y=f(x)$와 $y=g(x)$로 둘러싸인 닫힌영역의 면적은 다음으로 기술할 수 있다.

> [따름정리] $f(x)$, $g(x)$가 $[a, b]$에서 연속일 때, 곡선 $y=f(x)$, $y=g(x)$와 직선 $x=a$, $x=b$로 둘러싸인 닫힌영역의 면적은
>
> $$\int_a^b |f(x)-g(x)|\,dx$$

예제 2 곡선 $y=\sin x$, $y=\cos x$와 직선 $x=0$, $x=\frac{\pi}{2}$로 둘러싸인 닫힌영역의 면적을 구하시오.

(**풀이**) 곡선은 교점 $\left(\frac{\pi}{4}, \frac{1}{\sqrt{2}}\right)$을 갖고, $0 \leqq x \leqq \pi/4$일 때 $\cos x \geqq \sin x$이고 $\pi/4 \leqq x \leqq \pi/2$일 때 $\cos x \leqq \sin x$이다. 따라서 구하는 면적은

$$\begin{aligned}\int_0^{\pi/2} |\cos x - \sin x|\, dx \\ &= \int_0^{\pi/4} (\cos x - \sin x)\, dx + \int_{\pi/4}^{\pi/2} (\sin x - \cos x)\, dx \\ &= 2\sqrt{2} - 2\end{aligned}$$

▨

참고 경우에 따라서는 x를 y의 함수로 생각할 수 있다. $[c, d]$에서 연속이고 $f(y) \geqq g(y)$인 두 곡선 $x = f(y)$, $x = g(y)$와 직선 $y = c$, $y = d$로 둘러싸인 닫힌영역의 면적은 $\int_c^d [f(y) - g(y)]\, dy$가 된다.

7.2 체적

입체도형의 체적을 구하는 경우에도 면적을 구할 때와 같은 형태의 문제에 접하게 되는데, 문제에 따라 단면을 이용하거나 회전을 이용한다.

1. 단면을 아는 입체의 체적

임의의 입체 S와 평면과의 공통부분인 평면영역을 S의 절단면이라고 한다. 먼저 x축에 수직이며 닫힌구간 $[a, b]$에 있는 임의의 x를 지나는 평면 P_x에 놓인 S의 절단면을 생각한다. 이 절단면의 면적이 연속함수 $A(x)$로 나타날 때, $a = x_0 < x_1 < \cdots < x_n = b$를 만족하는 점 x_i를 분할점으로 갖는 $[a, b]$의 한 분할 P를 선택하자. 점 x_i^*를 부분구간 $[x_{i-1}, x_i]$에서 택하면, i번째 평판(평면 $P_{x_{i-1}}$과 P_{x_i} 사이에 놓인 S의 부분)의 체적은 밑면의 면적이 $A(x_i^*)$이고, 높이가 $\Delta x_i = x_i - x_{i-1}$인 주면체의 체적 $A(x_i^*)\Delta x_i$로 근사시킬 수 있다. 따라서 $A(x)$가 $[a, b]$에서 연속이므로, 이 주면체 체적의 리만 합 $\sum_{i=1}^{n} A(x_i^*)\Delta x_i$의 극한값 $\lim_{\|P\| \to 0} \sum_{i=1}^{n} A(x_i^*)\Delta x_i$는 반드시 존재한다.

> [정리 2] S를 평면 P_a와 P_b 사이에 놓인 입체라 할 때, 평면 P_x에 놓인 S의 절단면의 면적 $A(x)$가 연속함수이면, 입체도형 S의 체적 V는
>
> $$V = \lim_{\|P\| \to 0} \sum_{i=1}^{n} A(x_i^*) \Delta x_i = \int_a^b A(x)\, dx$$

예제 3 반지름이 r인 구의 체적이 $V = \frac{4}{3}\pi r^3$임을 보이시오.

증명 구의 중심을 원점으로 택하면 평면 P_x에 의하여 절단된 구의 절단면은 반지름이 y인 원판(disk)이고, $y = \sqrt{r^2 - x^2}$이 된다. 따라서 절단면의 면적이 $A(x) = \pi y^2 = \pi(r^2 - x^2)$이므로 반지름이 r인 구의 체적은

$$\int_{-r}^{r} A(x)\, dx = \int_{-r}^{r} \pi(r^2 - x^2)\, dx$$
$$= 2\pi \int_0^r (r^2 - x^2)\, dx = \frac{4}{3}\pi r^3$$

□

2. 원판 방법

구는 원의 지름을 회전축으로 회전하여 얻을 수 있기 때문에 회전체의 한 예가 된다.

> [정리 3] (회전체의 체적)
>
> $[a, b]$에서 연속인 곡선 $y = f(x)$와 직선 $x = a$, $x = b$ 및 x축으로 둘러싸인 평면영역을 x축 주위로 회전하여 생기는 회전체(solid of revolution) S의 체적 V는
>
> $$V = \int_a^b \pi [f(x)]^2\, dx$$

증명 S는 회전에 의하여 얻어졌기 때문에 점 x를 지나면서 x축에 수직인 절단면은 반지름이 $|y| = |f(x)|$인 원판이므로, 절단면의 면적은 $A(x) = \pi y^2 = \pi[f(x)]^2$이 된다. 따라서

$$V=\int_a^b A(x)\,dx=\int_a^b \pi[f(x)]^2\,dx$$ ▨

예 1 반지름이 r인 구는 $[-r, r]$과 $y=\sqrt{r^2-x^2}$으로 둘러싸인 닫힌 영역을 x축 주위로 회전하여 생기는 회전체이므로, 반지름이 r인 구의 체적은

$$\begin{aligned}\pi\int_{-r}^{r} y^2\,dx &= \pi\int_{-r}^{r}(r^2-x^2)\,dx \\ &= \pi\left[r^2x-\frac{x^3}{3}\right]_{-r}^{r}=\frac{4}{3}\pi r^3\end{aligned}$$

참고 $x=g(y)$, $x=0$, $y=c$와 $y=d$로 둘러싸인 평면영역을 y축 주위로 회전하여 생기는 회전체의 체적은 $\int_c^d \pi[g(y)]^2\,dy$가 된다.

예 2 $y=\sqrt{x}$와 $y=1$로 둘러싸인 닫힌영역을 y축 주위로 회전하여 생기는 회전체의 체적은

$$\pi\int_0^1 x^2\,dy=\pi\int_0^1 y^4\,dy=\pi\left[\frac{y^5}{5}\right]_0^1=\frac{\pi}{5}$$

[정리 4] $f(x)$, $g(x)$가 $[a, b]$에서 연속일 때, 곡선 $y=f(x)$, $y=g(x)$ $(f(x)\geq g(x))$와 직선 $x=a$, $x=b$ 및 x축으로 둘러싸인 평면영역을 x축 주위로 회전하여 생기는 회전체의 체적은

$$\pi\int_a^b\{[f(x)]^2-[g(x)]^2\}\,dx$$

예 3 $[0,2]$ 위에서 $y=x^2+\frac{1}{2}$과 $y=x$로 둘러싸인 닫힌영역을 x축 주위로 회전하여 생기는 회전체의 체적은

$$\begin{aligned}\pi\int_0^2\left\{\left(x^2+\frac{1}{2}\right)^2-x^2\right\}dx &= \pi\int_0^2\left(x^4+\frac{1}{4}\right)dx \\ &= \pi\left[\frac{x^5}{5}+\frac{x}{4}\right]_0^2=\frac{69}{10}\pi\end{aligned}$$

참고 곡선의 방정식이 매개변수방정식 $x=f(t)$, $y=g(t)(\alpha \leqq t \leqq \beta)$로 주어질 때 $a=f(\alpha)$, $b=g(\beta)$이면, 곡선과 직선 $x=a$, $x=b$ 및 x축에 의하여 둘러싸인 평면영역을 x축 주위로 회전하여 생기는 회전체의 체적은 $f'(t)$, $g(t)$가 연속일 때,

$$\pi \int_{\alpha}^{\beta} [g(t)]^2 f'(t)\, dt$$

가 된다.

7.3 일

물체의 가속도가 일정할 때 힘 **F**는 일정하며, 행한 일 W는 힘 **F**와 그 물체가 운동한 총 이동거리 d와의 곱으로 정의된다. 힘 **F**가 뉴턴 (N = kg · m /sec^{2})으로, 총 이동거리 d가 미터(m)로 측정된다면, 일 W의 단위는 뉴턴-미터(N-m)이며, 이것을 줄(J)이라고 한다. 또 **F**가 파운드(lb)이고 d가 피트(ft)로 측정된다면, 일 W의 단위는 피트-파운드(ft-lb)이며, 이것은 대략 1.36 J 이 된다.

이제 힘이 변하는 양일 때를 생각하자. 물체가 $x=a$로부터 $x=b$까지 운동할 때, $a, b(a<b)$ 사이의 임의의 점 x에서 힘 $f(x)$가 물체에 작용한다고 가정하자. 여기서 $f(x)$는 연속함수이다. 이제 $a=x_0<x_1<\cdots<x_n=b$를 만족하는 닫힌구간 $[a, b]$의 한 분할 P를 선택하여, $\Delta x_i = x_i - x_{i-1}$이라고 하고, 점 x_i^*를 부분구간 $[x_{i-1}, x_i]$에서 택하면 x_i^*에서의 힘이 $f(x_i^*)$이다. 따라서 물체가 a로부터 b까지 운동할 때 행한 일의 리만 합 $\sum_{i=1}^{n} f(x_i^*)\Delta x_i$의 극한 $W=\lim_{\|P\|\to 0} \sum_{i=1}^{n} f(x_i^*)\Delta x_i$는 반드시 존재한다.

> [정리 5] a와 b 사이의 임의의 점 x에서 힘 $f(x)$가 물체에 작용할 때, a로부터 b까지 행한 일은
>
> $$W=\lim_{\|P\|\to 0} \sum_{i=1}^{n} f(x_i^*)\Delta x_i = \int_a^b f(x)\,dx$$
>
> 가 된다. 여기서 $f(x)$는 연속함수이다.

후크의 법칙(Hook's law)은 한 용수철을 x 단위 만큼 잡아 늘리는데 필요한 힘이 x에 비례한다는 것이다. 즉 $f(x)=kx$가 되며, 여기서 k를 탄성률이라 한다. 후크의 법칙은 x가 지나치게 크지 않은 경우에만 성립한다.

예제 4 10 cm인 길이를 갖는 용수철을 15 cm로 늘리는데 필요한 힘이 40 N일 때, 용수철의 길이를 15 cm에서 18 cm로 늘리는데 행한 일을 구하시오.

(**풀이**) 후크의 법칙에 의하여 용수철을 xm 늘리는데 필요한 힘은 $f(x)=kx$로 주어진다. 그러므로 이 용수철을 10 cm로부터 15 cm까지 늘릴 때 늘어난 길이가 0.05 m이므로, $f(0.05)=40$으로부터 탄성률 $k=800$을 얻는다. 따라서 $f(x)=800x$이며, 용수철을 15 cm로부터 18 cm로 늘릴 때 행하여진 일 W는

$$W=\int_{0.05}^{0.08}800x\,dx=1.56\,(\mathrm{J})$$

7.4 곡선의 길이

한 곡선의 길이는 다각선분(polygonal line)의 길이를 근사값으로 구한 후 그 극한을 취함으로써 구할 수 있다.

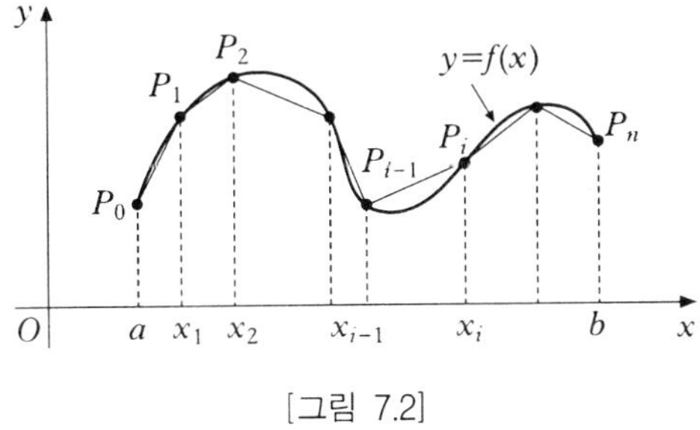

[그림 7.2]

이제 함수 $y=f(x)$가 $[a, b]$에서 연속일 때, 이 함수로부터 곡선 C를 생각하고, $[a, b]$의 분할 $P=\{x_0, x_1, \cdots, x_n\}$에 의하여 C에 근사다각선분을 만든다. $y_i=f(x_i)$라 두면 점 $P_i(x_i, y_i)$는 C에 있고, 점 $P_0, P_1, \cdots, P_n$을 꼭지점으로 하는 다각선분은 C의 근사값이 된다. 이 다각선분의 길이는 $\sum_{i=1}^{n} \overline{P_{i-1}P_i}$이고, 이들 다각선분의 길이의 극한

$$L = \lim_{\|P\| \to 0} \sum_{i=1}^{n} \overline{P_{i-1}P_i}$$

는 반드시 존재한다. 이때 L을 곡선 C의 길이(length)라고 한다. 특히 $f(x)$가 연속인 도함수를 가질 경우에는 L을 적분형식으로 표시할 수 있다.

$\Delta y_i = y_i - y_{i-1}$, $\Delta x_i = x_i - x_{i-1}$이라 놓으면

$$\overline{P_{i-1}P_i} = \sqrt{(\Delta x_i)^2 + (\Delta y_i)^2}$$

이므로, 평균값정리를 적용하면

$$f(x_i) - f(x_{i-1}) = f'(x_i^*)(x_i - x_{i-1}), \text{ 즉 } \Delta y_i = f'(x_i^*)\Delta x_i$$

를 만족하는 x_i^* $(x_{i-1} < x_i^* < x_i)$가 존재한다. 따라서

$$\begin{aligned} \overline{P_{i-1}P_i} &= \sqrt{(\Delta x_i)^2 + (\Delta y_i)^2} \\ &= \sqrt{(\Delta x_i)^2 + [f'(x_i^*)\Delta x_i]^2} \\ &= \sqrt{1 + [f'(x_i^*)]^2}\,\Delta x_i \end{aligned}$$

가 성립한다. 그러므로

$$L = \lim_{\|P\| \to 0} \sum_{i=1}^{n} \overline{P_{i-1}P_i} = \lim_{\|P\| \to 0} \sum_{i=1}^{n} \sqrt{1 + [f'(x_i^*)]^2}\,\Delta x_i$$

가 된다. 이 식은 정적분의 정의로부터 $\int_a^b \sqrt{1 + [f'(x)]^2}\,dx$임을 알 수 있다.

[정리 6] (곡선의 길이)

$f'(x)$가 $[a, b]$에서 연속이면, 곡선 $y=f(x)(a \leq x \leq b)$로 주어진 곡선의 길이 L은

$$L=\int_a^b \sqrt{1+[f'(x)]^2}\,dx$$

로 주어진다. 라이프니츠 기호로써 이 식은

$$L=\int_a^b \sqrt{1+\left(\frac{dy}{dx}\right)^2}\,dx$$

가 된다.

연속인 도함수를 갖는 함수 $f(x)$에 의해서 주어진 곡선 C를 매끄러운 곡선(smooth curve)이라 한다.

예제 5 곡선 $y=2x^{3/2}$ $(0 \leq x \leq 1)$의 길이 L을 구하시오.

(풀이) $\dfrac{dy}{dx}=3x^{1/2}$이므로

$$L=\int_0^1 \sqrt{1+\left(\frac{dy}{dx}\right)^2}\,dx=\int_0^1 \sqrt{1+9x}\,dx$$

된다. 여기서 $u=1+9x$라 놓으면 $du=9dx$가 되어

$$L=\int_1^{10} \frac{1}{9}\sqrt{u}\,du=\left[\frac{2}{3}\cdot\frac{1}{9}u^{3/2}\right]_1^{10}=\frac{2}{27}(10\sqrt{10}-1)$$ ▨

참고 곡선의 방정식이 $x=g(y)\,(c \leq y \leq d)$로 주어질 때, 곡선의 길이는

$$\int_c^d \sqrt{1+[g'(y)]^2}\,dy=\int_c^d \sqrt{1+\left(\frac{dx}{dy}\right)^2}\,dy$$

가 된다.

곡선의 길이를 구할 때, 근호 때문에 계산이 어렵거나 불가능할 경우에는 근사값을 취하기도 한다.

예제 6 점 $(1,1)$에서 $(2, \frac{1}{2})$까지 쌍곡선 $xy=1$의 호의 길이 L을 적분으로 표시하고, $n=10$일 때 심프슨 공식을 이용하여 호의 길이의 근사값을 구하시오.

(풀이) $y=\dfrac{1}{x}$, $\dfrac{dy}{dx}=-\dfrac{1}{x^2}$ 이므로

$$L=\int_1^2\sqrt{1+\left(\frac{dy}{dx}\right)^2}\,dx=\int_1^2\frac{\sqrt{x^4+1}}{x^2}\,dx=\int_1^2\sqrt{1+\frac{1}{x^4}}\,dx$$

가 된다. 심프슨 공식을 이용하면 $a=1$, $b=2$, $h=0.1$이므로

$$\begin{aligned}L&=\int_1^2\sqrt{1+\frac{1}{x^4}}\,dx\\&\approx\frac{h}{3}[f(1)+4f(1.1)+2f(1.2)+4f(1.3)\\&\qquad+\cdots+2f(1.8)+4f(1.9)+f(2)]\\&=\frac{0.1}{3}\left[\sqrt{1+\frac{1}{1^4}}+4\sqrt{1+\frac{1}{(1.1)^4}}+2\sqrt{1+\frac{1}{(1.2)^4}}\right.\\&\qquad\left.+\cdots+4\sqrt{1+\frac{1}{(1.9)^4}}+\sqrt{1+\frac{1}{2^4}}\,\right]\\&\approx 1.1321\end{aligned}$$

□

매끄러운 곡선 C가 $y=f(x)\,(a\leqq x\leqq b)$로 주어졌다고 하자. $P(a, f(a))$에서 출발하여 $Q(x, f(x))$까지 C를 따라 거리를 $s(x)$라 할 때, 이 s를 호의 길이 함수라 한다. 이때 $s(x)=\int_a^x\sqrt{1+[f'(t)]^2}\,dt$로 주어진다. 피적분함수가 연속이므로

$$\frac{ds}{dx}=\sqrt{1+[f'(x)]^2}=\sqrt{1+\left(\frac{dy}{dx}\right)^2}$$

을 얻는다. 따라서 호의 길이 함수의 미분은

$$ds=\sqrt{1+\left(\frac{dy}{dx}\right)^2}\,dx=\sqrt{(dx)^2+(dy)^2}$$

이 된다.

참고 때때로 곡선의 방정식이 매개변수방정식

$$x=f(t),\ y=g(t)\ (t_1 \leqq t \leqq t_2)$$

로 주어지고 도함수 $f'(x)$와 $g'(x)$가 $[t_1, t_2]$에서 연속이면

$$ds=\sqrt{(dx)^2+(dy)^2}=\sqrt{\left(\frac{dx}{dt}\right)^2+\left(\frac{dy}{dt}\right)^2}$$

이므로 곡선의 길이는 $s=\int_{t_1}^{t_2}\sqrt{\left(\frac{dx}{dt}\right)^2+\left(\frac{dy}{dt}\right)^2}\,dt$가 된다.

예제 7 $x=r(\theta-\sin\theta),\ y=r(1-\cos\theta)\ (0 \leqq \theta \leqq 2\pi)$로 주어진 사이클로이드에서 한 호의 길이 s를 구하시오.

(풀이) $\frac{dx}{d\theta}=r-r\cos\theta,\ \frac{dy}{d\theta}=r\sin\theta$이므로

$$\begin{aligned} s &= \int_0^{2\pi}\sqrt{(r-r\cos\theta)^2+(r\sin\theta)^2}\,d\theta \\ &= r\int_0^{2\pi}\sqrt{2(1-\cos\theta)}\,d\theta = r\int_0^{2\pi}\sqrt{4\sin^2\frac{\theta}{2}}\,d\theta \\ &= 2r\int_0^{2\pi}\frac{\sin\theta}{2}\,d\theta = \left[-4r\cos\frac{\theta}{2}\right]_0^{2\pi} = 8r \end{aligned}$$

□

7.5 회전체의 표면적

한 곡선이 어떤 직선 둘레로 회전하여 생기는 자취를 회전곡면이라고 한다. 이 절에서는 회전곡면의 면적을 구한다.

이제 매끄러운 곡선 C가 구간 $[a, b]$에서 정의된 음이 아닌 함수 $y=f(x)$에 의해서 주어질 때, $y=f(x)$를 x축 둘레로 회전하여 생기는 곡면을 생각하자.

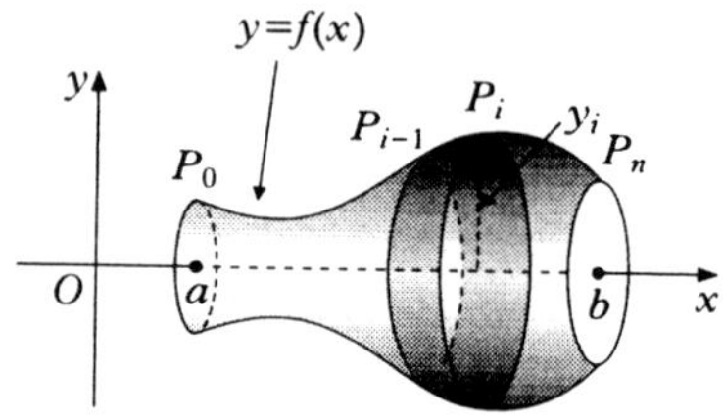

[그림 7.3]

$[a, b]$의 분할을 $P=\{x_0, x_1, \cdots, x_n\}$라 하고, $f(x_i)=y_i$라 두면, $P_i(x_i, y_i)$는 곡선의 한 점이 된다. 이제 x_{i-1}과 x_i 사이의 곡면은 선분 $\overline{P_{i-1}P_i}$를 x축 둘레로 회전시켜 근사값을 택한다. 이것은 옆높이 $l=\overline{P_{i-1}P_i}$와 상하 반지름의 평균이 $r=\frac{1}{2}(y_{i-1}+y_i)$인 원뿔대이므로, 이 곡면적은

$$2\pi\frac{y_{i-1}+y_i}{2}\overline{P_{i-1}P_i}$$

가 된다. 여기서 $\overline{P_{i-1}P_i}=\sqrt{1+[f'(x_i^*)]^2}\,\Delta x_i$이다. f가 연속이므로 Δx_i가 충분히 작을 때 $y_i=f(x_i)\approx f(x_i^*)$이고 $y_{i-1}=f(x_{i-1})\approx f(x_i^*)$가 성립한다. 그러므로

$$2\pi\frac{y_{i-1}+y_i}{2}\overline{P_{i-1}P_i}\approx 2\pi f(x_i^*)\sqrt{1+[f'(x_i^*)]^2}\,\Delta x_i$$

가 된다. 따라서 회전체의 표면적의 근사값은

$$\sum_{i=1}^{n}2\pi f(x_i^*)\sqrt{1+[f'(x_i^*)]^2}\,\Delta x_i$$

이다. 이 근사값을 $g(x)=2\pi f(x)\sqrt{1+[f'(x)]^2}$의 리만 합으로 생각하면,

$$\lim_{\|P\|\to\infty}\sum_{i=1}^{n}2\pi f(x_i^*)\sqrt{1+[f'(x_i^*)]^2}\,\Delta x_i=\int_a^b 2\pi f(x)\sqrt{1+[f'(x)]^2}\,dx$$

가 된다. 따라서 다음 정리를 얻는다.

> [정리 7] 매끄러운 곡선 C가 닫힌구간 $[a, b]$에서 정의된 음이 아닌 함수 $y=f(x)$에 의해서 주어질 때, $y=f(x)$를 x축 둘레로 회전하여 생기는 회전체의 표면적은
>
> $$2\pi\int_a^b f(x)\sqrt{1+[f'(x)]^2}\,dx$$
>
> 가 된다. 도함수에 대한 라이프니츠 기호로 나타내면,
>
> $$2\pi\int_a^b y\sqrt{1+\left(\frac{dy}{dx}\right)^2}\,dx$$

참고 매끄러운 곡선이 $x=g(y)(c\leqq y\leqq d)$로 주어지면 y축 둘레로 회전하여 생기는 회전체의 표면적 S는

$$S=2\pi\int_c^d x\sqrt{1+\left(\frac{dx}{dy}\right)^2}\,dy$$

로 된다.

예 4 반지름이 r인 구의 표면적을 구해 보자. 먼저 원점을 중심으로 반지름이 r인 원을 생각하면 x축 윗부분의 원의 방정식이 $y=\sqrt{r^2-x^2}\,(-r\leqq x\leqq r)$으로 주어진다. 따라서

$$y'=-\frac{x}{\sqrt{r^2-x^2}},\quad \sqrt{1+(y')^2}=\frac{r}{\sqrt{r^2-x^2}}$$

이므로, x축 둘레로 회전해서 얻어지는 구면의 표면적은

$$\int_{-r}^{r}2\pi\sqrt{r^2-x^2}\,\frac{r}{\sqrt{r^2-x^2}}\,dx=4\pi r^2$$

7.6 모멘트와 질량중심

이 절에서는 어떤 형태의 얇은 판이 수평으로 균형을 이루도록 하는 점을 찾는다. 이 점을 질량중심(center of mass) 또는 무게중심(center of gravity)이라고 한다.

예를 들면 받침대 위의 질량을 무시할 정도의 막대 양 끝에 질량이 각각 m_1, m_2인 입자가 붙어 있고, 받침점에서 거리가 각각 d_1, d_2일 때 $m_1d_1 = m_2d_2$라면 그 막대는 균형을 잡게 될 것이다.

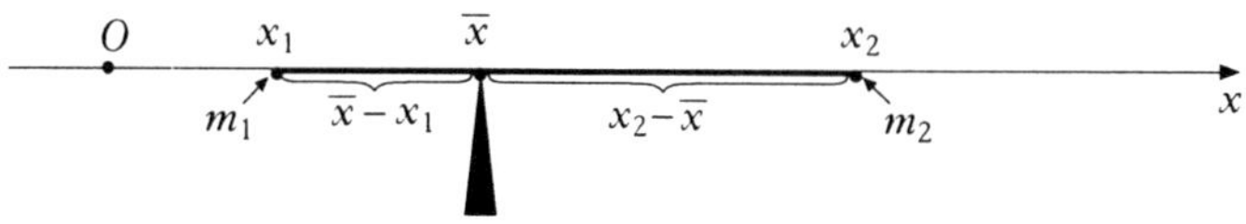

[그림 7.4]

이제 x축 위의 x_1에서 m, x_2에서 m_2의 질량을 가지고 질량중심이 $\bar{x}$인 막대를 생각하자. 그러면 $d_1 = \bar{x} - x_1$, $d_2 = x_2 - \bar{x}$이므로 $m_1d_1 = m_2d_2$로부터

$$m_1(\bar{x} - x_1) = m_2(x_2 - \bar{x})$$

를 얻는다. 따라서

$$\bar{x} = \frac{m_1x_1 + m_2x_2}{m_1 + m_2}$$

가 성립한다. 여기서 m_1x_1과 m_2x_2를 각각 원점에 대하여 질량 m_1과 m_2의 모멘트(moment)라고 한다.

일반적으로 x축 위의 점 x_1, x_2, $\cdots$, x_n에 놓여 있는 질량 m_1, m_2, $\cdots m_n$인 n개의 입자들의 체계를 생각하면 그 질량중심 $\bar{x}$는

$$\bar{x} = \frac{\sum_{i=1}^{n} m_ix_i}{\sum_{i=1}^{n} m_i} = \frac{\sum_{i=1}^{n} m_ix_i}{m}$$

로 주어진다. 여기서 $m = \sum_{i=1}^{n} m_i$는 총질량이고, $M = \sum_{i=1}^{n} m_ix_i$는 원점에 대하여 그 체계의 모멘트라고 한다.

이제 xy평면 위의 점 $(x_1, y_1), (x_2, y_2), \cdots, (x_n, y_n)$에 놓여 있는 질량 m_1, $m_2, \cdots, m_n$을 가진 n개의 입자들의 체계를 생각하자. y축에 관한 모멘트를 $M_y = \sum_{i=1}^{n} m_ix_i$로, x축에 관한 모멘트는 $M_x = \sum_{i=1}^{n} m_iy_i$라 정의하면 질량중심의 좌표 $(\bar{x}, \bar{y})$는

$$\bar{x}=\frac{M_y}{m},\quad \bar{y}=\frac{M_y}{m}$$

로 주어진다.

예제 8 세 점 $(-1, 1)$, $(2, -1)$ 및 $(3, 2)$에서 질량 3, 4와 8을 가지는 어떤 체계의 질량중심을 구하시오.

(풀이)
$$M_y=3(-1)+4(2)+8(3)=29$$
$$M_x=3(1)+4(-1)+8(2)=15$$

이고, 또한 $m=15$이므로

$$\bar{x}=\frac{M_y}{m}=\frac{29}{15},\quad \bar{y}=\frac{M_y}{m}=\frac{15}{15}=1$$

을 얻는다. 따라서 질량중심은 $(\frac{29}{15}, 1)$이다. □

다음은 평면에서 닫힌영역 R을 차지하고 있는 균일한 밀도 ρ인 얇은 판을 생각한다. 이 판의 질량중심, 즉 도심(centroid)을 찾아보자. 연속인 도함수를 갖는 함수 $y=f(x)$ $(a \leqq x \leqq b)$가 $f(x)>0$일 때 $[a, b]$의 분할 P를 $a=x_0<x_1<\cdots<x_n=b$로 하고 각 부분구간의 중간점을 x_i^*로 하자. 이것은 R을 다각형의 근사값으로 정한다. 그래서 i번째 사각형의 도심은 그 중심이 $C_i(x_i^*, \frac{1}{2}f(x_i^*))$이다. 그리고 그 면적은 $f(x_i^*)\Delta x_i$이므로 ρ가 판의 밀도라면, 질량은 $\rho f(x_i^*)\Delta x_i$가 된다. x축에 관하여 R_i의 모멘트는 C_i에서 y축까지 거리와 그 질량의 곱이므로

$$M_y(R_i)=(\rho f(x_i^*)\Delta x_i)x_i^*=\rho x_i^* f(x_i^*)\Delta x_i$$

이다. 따라서 y축에 관한 R의 모멘트는

$$M_y=\lim_{\|P\|\to 0}\sum_{i=1}^{n}\rho x_i^* f(x_i^*)\Delta x_i=\rho\int_a^b xf(x)\,dx$$

가 된다. 비슷한 방법으로

$$M_x(R_i)=[\rho f(x_i^*)\Delta x_i]\frac{1}{2}f(x_i^*)=\rho\cdot\frac{1}{2}[f(x_i^*)]^2\Delta x_i$$

이므로, x축에 관한 R의 모멘트는

$$M_x = \lim_{\|P\|\to 0} \sum_{i=1}^{n} \rho \cdot \frac{1}{2}[f(x_i^*)]^2 \Delta x_i = \rho \int_a^b \frac{1}{2}[f(x)]^2\,dx$$

가 된다. 따라서 이 판의 질량중심은 $m\bar{x} = M_y$, $m\bar{y} = M_x$로 결정된다. 그러나 판의 질량은 밀도와 면적의 곱이므로 $m = \rho A = \rho \int_a^b f(x)\,dx$이고,

$$\bar{x} = \frac{M_y}{m} = \frac{\int_a^b xf(x)\,dx}{\int_a^b f(x)\,dx}, \quad \bar{y} = \frac{M_x}{m} = \frac{\int_a^b \frac{1}{2}[f(x)]^2\,dx}{\int_a^b f(x)\,dx}$$

이다. 따라서

$$\bar{x} = \frac{1}{A}\int_a^b xf(x)\,dx, \quad \bar{y} = \frac{1}{A}\int_a^b \frac{1}{2}[f(x)]^2\,dx$$

일 때, 이 판의 질량중심은 $(\bar{x}, \bar{y})$로 주어진다.

예제 9 반지름이 r인 반원판의 질량중심을 구하시오.

(풀이) 반원을 $f(x) = \sqrt{r^2 - x^2}$, $a = -r$, $b = r$이라 하자. 이미 주어진 조건에서 $\bar{x} = 0$임을 알 수 있고, 면적은 $A = \dfrac{\pi r^2}{2}$이므로

$$\begin{aligned}\bar{y} &= \frac{1}{A}\int_{-r}^{r} \frac{1}{2}[f(x)]^2\,dx \\ &= \frac{1}{\pi r^2/2} \cdot \frac{1}{2} A \int_{-r}^{r} (\sqrt{r^2 - x^2})\,dx \\ &= \frac{1}{\pi r^2}\left[r^2 x - \frac{x^3}{3}\right]_{-r}^{r} = \frac{4r}{3\pi}\end{aligned}$$

을 얻는다. 따라서 질량중심은 $(0, \dfrac{4r}{3\pi})$이다. ▢

닫힌영역 R이 두 곡선 $y = f(x)$, $y = g(x)$ (단, $f(x) \geq g(x)$)로 둘러싸여 있다면 R의 도심은

$$\begin{aligned}\bar{x} &= \frac{1}{A}\int_a^b x[f(x) - g(x)]\,dx \\ \bar{y} &= \frac{1}{A}\int_a^b \frac{1}{2}\{[f(x)]^2 - [g(x)]^2\}\,dx\end{aligned}$$

일 때 $(\bar{x}, \bar{y})$로 주어진다.

예제 10 직선 $y=x$와 포물선 $y=x^2$으로 둘러싸인 닫힌영역의 도심을 구하시오.

(풀이) $f(x)=x$, $g(x)=x^2$, $a=0$, $b=1$이므로 이 영역의 면적은

$$A=\int_0^1 (x-x^2)dx=\frac{1}{6}$$

이 된다. 그러므로

$$\bar{x}=\frac{1}{A}\int_0^1 x[f(x)-g(x)]\,dx=6\int_0^1 (x^2-x^3)dx=\frac{1}{2}$$

$$\bar{y}=\frac{1}{A}\int_0^1 \frac{1}{2}\{[f(x)^2-[g(x)]^2\}\,dx=3\left[\frac{x^3}{3}-\frac{x^5}{5}\right]_0^1=\frac{2}{5}$$

를 얻는다. 따라서 도심은 $(\frac{1}{2}, \frac{2}{5})$이다. □

연습문제

1. 주어진 곡선의 길이를 구하시오.

   (1) $3y=(x^2+2)^{3/2}$, $0\leq x\leq 1$ (2) $y=\ln(\cos x)$, $0\leq x\leq \frac{\pi}{4}$

   (3) $x=\frac{y^3}{6}+\frac{1}{2y}$, $1\leq y\leq 2$ (4) $x=\cos 2t$, $y=\sin 2t$, $0\leq t\leq \frac{\pi}{2}$

2. 한 물체가 원점으로부터 x m되는 지점에 있을 때, x^2+2x N의 힘이 이 물체에 작용하고 있다. 이 물체를 $x=1$로부터 $x=3$까지 움직일 때 행하여진 일을 구하시오.

3. 주어진 곡선으로 둘러싸인 닫힌영역의 면적을 구하시오.

   (1) $y=x^3-4x$, $y=0$, $x=0$, $x=2$ (2) $x=\sin y$, $x=0$, $y=\frac{\pi}{4}$, $y=\frac{3\pi}{4}$

   (3) $y^2=x$, $y=x-2$ (4) $y=\sin x$, $y=\sin^3 x$, $x=0$, $x=\frac{\pi}{2}$

4. 주어진 곡선으로 둘러싸인 닫힌영역을 주어진 회전축의 주위로 회전할 때 생기는 회전체의 표면적을 구하시오.

(1) $y=\sqrt{4-x^2}$, $-1 \leqq x \leqq 1$; x축 (2) $y=\sin x$, $0 \leqq x \leqq \pi$; x축

(3) $y=\sqrt[3]{x}$, $1 \leqq y \leqq 2$; y축 (4) $x=2\sqrt{1-y}$; $-1 \leqq y \leqq 0$; y축

5. 주어진 곡선들로 둘러싸인 닫힌영역을 주어진 회전축의 주위로 회전할 때 생기는 회전체의 체적을 구하시오.

(1) $y=x^2$, $y=x^3$; x축 (2) $y=x^2-1$, $x=2$, $y=0$; y축

(3) $y=e^{-x}$, $y=0$, $x=-1$, $x=0$; 회전축 $x=1$

6. 심프슨 근사를 이용하여 $(1, 1)$에서 $(2, \frac{1}{4})$까지 곡선 $y=\frac{1}{x^2}$을 x축 주위로 회전시켜서 생기는 회전체의 표면적을 구하시오. (단, $n=10$)

7. 주어진 닫힌영역의 도심을 구하시오.

(1) $y=x^2$, $y=0$, $x=2$ (2) $y=e^x$, $y=0$, $x=0$, $x=1$

8. $\frac{x^2}{a^2}+\frac{y^2}{b^2}=1$ $(a>0,\ b>0)$으로 둘러싸인 닫힌영역을 x축 주위로 회전하여 얻은 타원구의 체적이 $\frac{4}{3}\pi ab^2$임을 보이시오.

8

매개변수방정식과 극좌표

이제까지는 양함수 '$y=f(x)$ 또는 $x=g(y)$' 또는 음함수 '$f(x, y)=0$'로 정의하여 평면곡선을 표현했다. 이 장에서는 곡선을 표현하는 새로운 방법을 서술한다. 사이클로이드와 같은 곡선은 x와 y가 매개변수라 불리는 변수 t에 의하여 주어지고, 심장형과 같은 곡선은 극좌표계라 불리우는 새로운 좌표계를 이용할 때 편리하게 기술된다.

8.1 매개변수방정식

1. 매개변수방정식으로 정의된 곡선

평면에서 곡선의 x, y좌표가 공통변수 t의 함수 $x=f(t)$, $y=g(t)$로 각각 주어질 때, $x=f(t)$, $y=g(t)$를 매개변수방정식이라 하고, t를 매개변수라 한다. 이때 t의 연속함수로써 방정식 $x=f(t)$, $y=g(t)$로 주어질 때, 점 $(x, y)=(f(t), g(t))$의 자취를 따라 곡선 C가 형성된다.

예 1　매개변수방정식 $x=\sin t$와 $y=\sin^2 t$를 갖는 곡선을 구해 보자. t를 소거하면 $y=x^2$이므로 점 (x, y)는 포물선 $y=x^2$ 위를 움직인다. 여기서 $-1 \leqq x \leqq 1$이고 매개변수방정식은 $-1 \leqq x \leqq 1$

에 대한 포물선의 일부분만을 나타낸다. 그런데 $\sin t$는 주기적이므로 점 $(x, y) = (\sin t, \sin^2 t)$는 $(-1, 1)$에서 $(1, 1)$까지 포물선을 따라 앞뒤로 무한히 움직인다.

예제 1 직선을 따라 원이 구를 때 원주 위의 점 P에 의하여 추적되는 곡선을 사이클로이드(cycloid)라 한다. 원의 반지름이 r이고 x축을 따라 구를 때, 사이클로이드의 매개변수방정식을 구하시오.

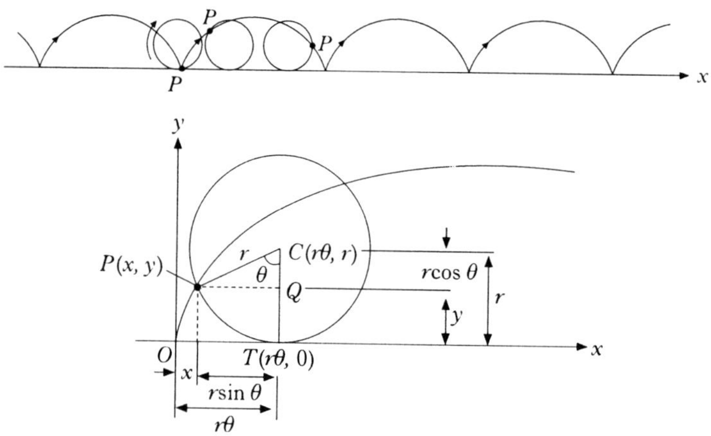

[그림 8.1]

(풀이) 매개변수로써 원의 회전각 θ(P가 원점에 있을 때 $\theta=0$)를 취하자. 원이 θ 라디안만큼 회전했을 때 원이 원점으로부터 굴러간 거리는 $\overline{OT} = \widehat{PT} = r\theta$이고 원의 중심은 $C(r\theta, r)$이다. P의 좌표를 (x, y)라 놓자. 그러면

$$x = \overline{OT} - \overline{PQ} = r\theta - r\sin\theta = r(\theta - \sin\theta)$$
$$y = \overline{TC} - \overline{QC} = r - r\cos\theta = r(1 - \cos\theta)$$

가 성립한다. 그러므로 사이클로이드 매개변수방정식은

$$x = r(\theta - \sin\theta), \quad y = r(1 - \cos\theta) \quad (\text{단, } \theta \in R)$$ □

참고 사이클로이드 한 개의 반원형은 원이 1회전 ($0 \leqq \theta \leqq 2\pi$)할 때 생긴다. 방정식 $x = r(\theta - \sin\theta)$, $y = r(1 - \cos\theta)$ (단, $\theta \in R$)로부터 매개변수 θ를 제거할 수 있을지라도 x와 y로 구해지는 데카르트 방정식은 매우 복잡하고, 매개변수방정식으로 연구하는 것만큼 편리하지 못하다. 사이클로이드를 연구한 최초의 사람들 중의 한 사람이 갈릴레오였다. 그는 교량이 사이클로이드 형태로 만들어지는 것을 제안했고, 사이클로이드 한 개의 반원형 밑의 면적을 구하려고 노력했다.

2. 접선

이제 $y = F(x)$형의 곡선에 대한 접선과 면적을 구하는 방법을 매개변수방정식으로 주어진 곡선에 적용시킨다. 매개변수방정식 $x = f(t)$와 $y = g(t)$로 정의된 곡선은 $y = F(x)$형으로 나타낼 수 있다.

방정식 $y = F(x)$에 $x = f(t)$, $y = g(t)$를 대입하면, $g(t) = F(f(t))$가 되고, g, F, f가 미분가능하면 연쇄율에 의하여

$$g'(t) = F'(f(t))f'(t) = F'(x)f'(t)$$

가 되므로, $f'(t) \neq 0$이면 $F'(x) = \dfrac{g'(t)}{f'(t)}$를 얻는다. 따라서 매개변수를 제거하지 않아도 매개변수곡선에 대한 접선을 구할 수 있게 된다. 라이프니츠 표기법을 이용하면 $\dfrac{dx}{dt} \neq 0$일 때, $\dfrac{dy}{dx} = \dfrac{dy/dt}{dx/dt}$가 된다. 한편 $\dfrac{d^2y}{dx^2}$는

$$\frac{d^2y}{dx^2} = \frac{d}{dx}\left(\frac{dy}{dx}\right) = \frac{\dfrac{d}{dx}\left(\dfrac{dy}{dx}\right)}{\dfrac{dx}{dt}}$$

로 구해진다.

> [정리 1] 매개변수방정식 $x = f(t)$, $y = g(t)$가 열린구간 (a, b)에서 미분가능하고 $f'(t) \neq 0$이면,
>
> $$\frac{dy}{dx} = \frac{dy/dt}{dx/dt} = \frac{g'(t)}{f'(t)}$$

예 2 사이클로이드 $x=r(\theta-\sin\theta),\ y=r(1-\cos\theta)$에 대하여

$\frac{dy}{dx}=\frac{\sin\theta}{1-\cos\theta}$이고 $\frac{d}{d\theta}\left(\frac{dy}{dx}\right)=-\frac{1}{1-\cos\theta}$이므로

$$\frac{d^2y}{dx^2}=\frac{\frac{d}{d\theta}\left(\frac{dy}{dx}\right)}{\frac{dx}{d\theta}}=-\frac{1}{r(1-\cos\theta)^2}$$

(1) 곡선의 길이의 미분

s를 평면곡선 $x=f(t),\ y=g(t)$ 위의 점 P_0에서 P까지 측정된 곡선의 길이라 하고 t가 증가할 때 s도 증가한다고 하자. 그러면 t에 관한 s의 도함수는

$$\frac{\Delta s}{\Delta t}=\frac{\Delta s}{\overline{PQ}}\cdot\frac{\overline{PQ}}{\Delta t}=\frac{\Delta s}{\overline{PQ}}\frac{\sqrt{(\Delta x)^2+(\Delta y)^2}}{\Delta t}$$
$$=\frac{\Delta s}{\overline{PQ}}\sqrt{\left(\frac{\Delta x}{\Delta t}\right)^2+\left(\frac{\Delta y}{\Delta t}\right)^2}$$

에서 구할 수 있다. 즉 Δt가 0에 접근할 때 $\frac{\Delta s}{\sqrt{PQ}}$는 1에 접근하므로

$$\frac{ds}{dt}=\sqrt{\left(\frac{dx}{dt}\right)^2+\left(\frac{dy}{dt}\right)^2}$$

이 된다. 따라서 곡선의 길이에 대한 미분

$$ds=\pm\sqrt{(dx)^2+(dy)^2}$$

을 얻는다.

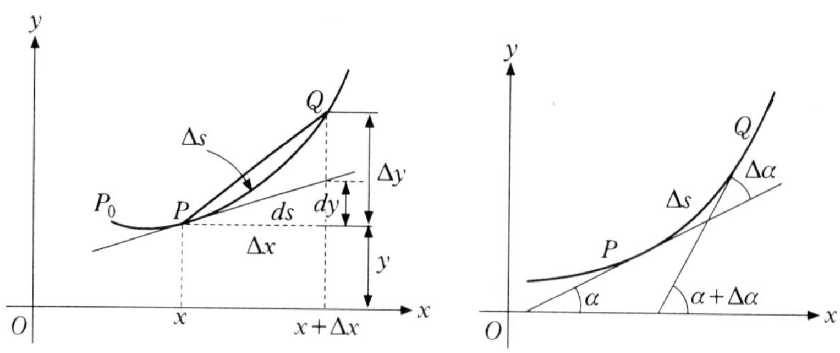

[그림 8.2]

(2) 곡률

곡선 $y=f(x)$ 위의 두 점 P와 Q에 대하여 접선이 P와 Q 사이에 있는 곡선 Δs를 그릴 때, 접선은 각 $\Delta \alpha$ 만큼 회전함을 알 수 있다. 이때 곡선 위의 한 점 P에서의 곡률 χ를

$$\chi = \left| \lim_{\Delta s \to 0} \frac{\Delta \alpha}{\Delta s} \right| = \left| \frac{d\alpha}{ds} \right|$$

로 정의한다.

① 곡선이 직교방정식 $y=f(x)$로 표시될 때

$f(x)$와 $f'(x)$가 미분가능하다고 하면, $\tan\alpha = y'$이므로 $\alpha = \tan^{-1} y'$을 미분하여

$$d\alpha = \frac{y''}{1+(y')^2}\, dx$$

를 얻는다. 그런데 $ds = \pm\sqrt{1+(y')^2}\, dx$이므로 곡선 $y=f(x)$의 점 $P(x, y)$에서의 곡률은

$$\chi = \left| \frac{d\alpha}{ds} \right| = \frac{|y''|}{[1+(y')^2]^{3/2}}$$

으로 주어진다.

② 곡선이 매개변수방정식 $x=f(t)$, $y=g(t)$로 표시될 때

$f(t)$와 $g(t)$의 2계 도함수가 존재하면, $\dfrac{dy}{dx} = \dfrac{g'(t)}{f'(t)}$이고

$$\frac{d^2y}{dx^2} = \frac{f'(t)g''(t) - f''(t)g'(t)}{[f'(t)]^2}$$

이므로 매개변수로 표시한 곡률은

$$\chi = \frac{|f'g'' - f''g'|}{(f'^2 + g'^2)^{3/2}}$$

으로 주어진다.

(예 3) 반지름이 r인 원은 $x = r\cos\theta$, $y = r\sin\theta$로 주어지므로

$$f' = -r\sin\theta,\ f'' = -r\cos\theta,\ g' = r\cos\theta,\ g'' = -r\sin\theta$$

가 된다. 따라서 곡률은

$$\kappa = \frac{r^2\sin^2\theta + r^2\cos^2\theta}{(r^2\sin^2\theta + r^2\cos^2\theta)^{3/2}} = \frac{1}{r}$$

이다.

(3) 곡률원

곡선 $y=f(x)$가 점 P에서 접선 L과 곡률 κ를 가질 때, L에 대하여 곡선과 같은 쪽에 있는 반지름이 $\dfrac{1}{\kappa}$인 원을 P에서의 곡률원이라 한다. 이 때 이 원의 중심을 곡률중심, 이 원의 반경을 곡률반경이라 한다. 곡률반경을 R로 표시하면

$$R = \frac{[1+(y')^2]^{3/2}}{|y''|}$$

으로 주어진다.

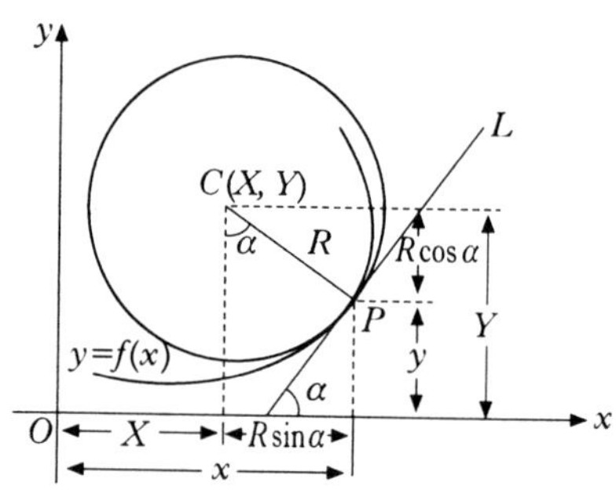

[그림 8.3]

3. 면적

a에서 b까지의 곡선 $y=F(x)$ 아래에 있는 면적은 $A=\int_a^b F(x)\,dx$로 주어진다. 만약 곡선이 매개변수방정식 $x=f(t)$와 $y=g(t)$ $(\alpha \leq t \leq \beta)$로 주어

지면 정적분에 대한 치환법을 이용하여

$$A = \int_a^b F(x)\,dx = \int_\alpha^\beta g(t)f'(t)\,dt \quad (\text{또는} \quad \int_\beta^\alpha g(t)f'(t)\,dt)$$

로 변형시킬 수 있다.

예제 2 $x=r(\theta-\sin\theta)$, $y=r(1-\cos\theta)$로 주어진 사이클로이드의 한 반원형의 면적을 구하시오.

(**풀이**) 사이클로이드의 한 반원형은 $0 \leqq \theta \leqq 2\pi$로 주어진다.

$$y = r(1-\cos\theta), \quad dx = r(1-\cos\theta)\,d\theta$$

이므로 치환적분법을 이용하면

$$\begin{aligned} A &= \int_0^{2\pi} y\,dx = \int_0^{2\pi} r(1-\cos\theta)r(1-\cos\theta)\,d\theta \\ &= r^2\int_0^{2\pi}(1-2\cos\theta+\cos^2\theta)\,d\theta \\ &= r^2\int_0^{2\pi}[1-2\cos\theta+\frac{1}{2}(1+\cos 2\theta)]\,d\theta \\ &= r^2[\frac{3}{2}\theta-2\sin\theta+\frac{1}{4}\sin 2\theta]_0^{2\pi} \\ &= r^2(\frac{3}{2}\cdot 2\pi)=3\pi r^2 \end{aligned}$$

▩

참고 사이클로이드의 한 반원형 아래의 면적은 사이클로이드를 생성하기 위해 회전하는 원의 면적의 세 배가 된다. 이 문제의 답을 갈릴레오가 예상했으나 로베르발(Roberval)과 토리첼리(Torricelli)가 증명했다.

4. 곡선의 길이와 곡면적

(1) 곡선의 길이

$y=F(x)\ (a \leqq x \leqq b)$ 형태로 주어진 곡선 C의 길이 L은 $F'(x)$가 연속일 때 $L=\int_a^b\sqrt{1+\left(\frac{dy}{dx}\right)^2}\,dx$가 된다. 그런데 C가 매개변수방정식

$$x=f(t),\ \ y=g(t)\ (\alpha \leqq t \leqq \beta,\ \frac{dx}{dt}=f'(t)>0)$$

로 주어지고 f'과 g'이 연속일 때는 치환적분법을 이용하면

$$L=\int_a^b \sqrt{1+\left(\frac{dy}{dx}\right)^2}\,dx=\int_\alpha^\beta \sqrt{1+\left(\frac{dy/dt}{dx/dt}\right)^2}\,dt$$

가 된다. $\frac{dx}{dt}>0$이므로, $L=\int_\alpha^\beta \sqrt{\left(\frac{dx}{dt}\right)^2+\left(\frac{dy}{dt}\right)^2}\,dt$가 성립한다.

이제 다각형근사식을 이용하여 L을 구해 보자. 닫힌구간 $[\alpha,\ \beta]$의 분할 P를 $\alpha=t_0<t_1<\cdots<t_n=\beta$라 놓고,

$$x_i=f(t_i),\ y_i=g(t_i),\ \Delta x_i=x_i-x_{i-1},\ \Delta y_i=y_i-y_{i-1}$$

라 하면, 점 $P_i(x_i,\ y_i)$는 C 위에 있고, 정점 $P_0,\ P_1,\ \cdots,\ P_n$을 갖는 다각선분은 C에 근사한다. 따라서 C의 길이 L을 $L=\lim_{\|P\|\to 0}\sum_{i=1}^{n}\overline{P_{i-1}P_i}$로 정의한다. 닫힌구간 $[t_{i-1},\ t_i]$에서 평균값정리를 적용하면 열린구간 $(t_{i-1},\ t_i)$ 내에 실수 t_i^*가 존재하여

$$f(t_i)-f(t_{i-1})=f'(t_i^*)(t_i-t_{i-1}),\ \text{즉}\ \ \Delta x_i=f'(t_i^*)\,\Delta t_i$$

를 만족한다. 같은 방법으로 g에 적용했을 때, 평균값정리로부터 열린구간 $(t_{i-1},\ t_i)$ 내에 t_i^{**}가 존재하여 $\Delta y_i=g'(t_i^{**})\,\Delta t_i$를 만족한다. 그러므로

$$\overline{P_{i-1}P_i}=\sqrt{(\Delta x_i)^2+(\Delta y_i)^2}=\sqrt{[f'(t_i^*)]^2+[g'(t_i^{**})]^2}\,\Delta t_i$$

가 된다. 따라서

$$L=\lim_{\|P\|\to 0}\sum_{i=1}^{n}\sqrt{[f'(t_i^*)]^2+[g'(t_i^{**})]^2}\,\Delta t_i$$

이고, $t_i^*=t_i^{**}$일 때 $L=\int_\alpha^\beta \sqrt{[f'(t)]^2+[g'(t)]^2}\,dt$가 성립한다. 따라서 다음 정리를 얻는다.

[정리 2] 곡선 C가 $x=f(t)$, $y=g(t)\ (\alpha \leq t \leq \beta)$로 주어지고, $f'(t)$, $g'(t)$가 $[\alpha, \beta]$에서 연속이고 t가 α에서 β로 증가할 때 C가 단 한 번 회전하면, C의 길이 L은

$$L=\int_{\alpha}^{\beta}\sqrt{\left(\frac{dx}{dt}\right)^2+\left(\frac{dy}{dt}\right)^2}\,dt$$

로 주어진다.

예 4 단위원 $x=\cos t$, $y=\sin t\ \ (0 \leq t \leq 2\pi)$에서

$$L=\int_0^{2\pi}\sqrt{\left(\frac{dx}{dt}\right)^2+\left(\frac{dy}{dt}\right)^2}\,dt=\int_0^{2\pi}dt=2\pi$$

가 얻어진다.

참고 t가 0에서 2π로 변할 때 점 $(\sin 2t, \cos 2t)$는 원을 두 번 회전하기 때문에 적분은 원의 호의 길이의 두 배가 된다. 일반적으로 매개변수로 표현된 곡선 C의 길이를 구할 때, t가 α에서 β로 증가하면 C는 단 한번 회전한다는 것에 유의하여야만 한다.

예제 3 $x=r(\theta-\sin\theta)$, $y=r(1-\cos\theta)$로 주어진 사이클로이드의 한 반원형의 호의 길이를 구하시오.

(**풀이**) 한 개의 반원형은 매개변수구간이 $0 \leq \theta \leq 2\pi$이고,

$$\frac{dx}{d\theta}=r(1-\cos\theta),\quad \frac{dy}{d\theta}=r\sin\theta$$

이므로

$$\begin{aligned}
L &= \int_0^{2\pi}\sqrt{\left(\frac{dx}{d\theta}\right)^2+\left(\frac{dy}{d\theta}\right)^2}\,d\theta \\
&=\int_0^{2\pi}\sqrt{r^2(1-\cos\theta)^2+r^2\sin^2\theta}\,d\theta \\
&=r\int_0^{2\pi}\sqrt{2(1-\cos\theta)}\,d\theta \\
&=2r\int_0^{2\pi}\sin\left(\frac{\theta}{2}\right)d\theta=2r\left[-2\cos\left(\frac{\theta}{2}\right)\right]_0^{2\pi}=8r
\end{aligned}$$

을 얻는다. 따라서 t가 0에서 2π로 변할 때 사이클로이드의 한 반원형의 길이는 원을 만드는 반지름의 8배가 된다. □

(2) 회전곡면의 표면적

곡선이 매개변수방정식 $x=f(t)$, $y=g(t)$ $(\alpha \leqq t \leqq \beta)$로 주어지고 $f'(t)$, $g'(t)$가 연속이며 $g(t) \geqq 0$일 때, 이 곡선을 x축 주위로 회전하여 얻어지는 곡면의 표면적은

$$S = \int_\alpha^\beta 2\pi y \sqrt{\left(\frac{dx}{dt}\right)^2 + \left(\frac{dy}{dt}\right)^2}\, dt$$

로 주어진다. 일반적인 기호공식 $S = \int 2\pi y ds$와 $S = \int 2\pi x ds$가 유용하나, 매개변수곡선에 대해서는 $ds = \sqrt{\left(\frac{dx}{dt}\right)^2 + \left(\frac{dy}{dt}\right)^2}\, dt$를 사용한다.

예 5 반지름이 r인 구의 표면적을 구해 보자. 구는 반원

$$x = r\cos t, \quad y = r\sin t \quad (0 \leqq t \leqq \pi)$$

를 x축 주위로 회전시킴으로써 얻어지므로 구의 표면적 S는

$$S = \int_0^\pi 2\pi r \sin t \sqrt{(-r\sin t)^2 + (r\cos t)^2}\, dt$$
$$= 2\pi r^2 \int_0^\pi \sin t\, dt = 4\pi r^2$$

예제 4 $x=r(\theta - \sin\theta)$, $y=r(1-\cos\theta)$로 주어진 사이클로이드의 한 반원형을 x축 주위로 회전시켜 생기는 곡면의 표면적을 구하시오.

(풀이)

$$S = \int_0^{2\pi} 2\pi y \sqrt{\left(\frac{dx}{d\theta}\right)^2 + \left(\frac{dy}{d\theta}\right)^2}\, d\theta$$
$$= \int_0^{2\pi} 2\pi r(1-\cos\theta)\sqrt{r^2(1-\cos\theta)^2 + r^2\sin^2\theta}\, d\theta$$
$$= 2\pi r^2 \int_0^{2\pi} 2\sin^2\left(\frac{\theta}{2}\right) 2\sin\left(\frac{\theta}{2}\right) d\theta$$
$$= 8\pi r^2 \int_0^{2\pi} \left(1-\cos^2\left(\frac{\theta}{2}\right)\right) \sin\left(\frac{\theta}{2}\right) d\theta$$
$$= 16\pi r^2 \int_0^\pi (\sin t - \cos^2 t \sin t)\, dt = \frac{64\pi r^2}{3}$$

□

참고 위 예제는 파스칼(Pascal)이 미분적분학의 기본정리를 이용하지 않고 해결한 문제이다.

8.2 극좌표

평면 위의 한 점의 위치는 원점으로부터의 거리와 방향에 의하여 표현될 수 있다. 이 절에서는 뉴턴이 소개한 극좌표계에 대하여 서술한다. 사실 미분적분학의 많은 문제는 극좌표의 개념을 이용하면 보다 쉽게 해결될 수 있다. 특히 중적분의 계산에서 유용하게 이용된다.

1. 극방정식

평면 위에 극점(또는 원점)이라 불리는 기준점 O를 잡고 극축(polar axis)이라 부르는 O에서 시작하는 반직선을 그린다. 이 극축은 항상 오른쪽으로 수평하게 그려지고, 직교좌표에서 양의 방향인 x축에 대응된다.

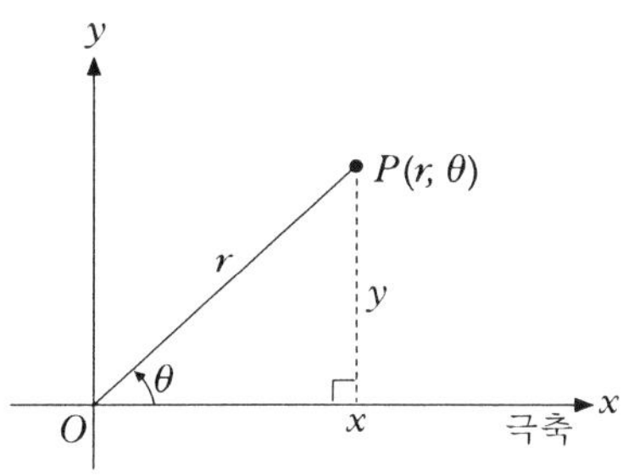

[그림 8.4]

P가 평면 위의 임의의 점일 때, r을 O에서 P까지의 거리라 놓고, θ를 극축과 직선 $\overleftrightarrow{OP}$ 사이의 각(라디안으로 측정)이라 하면, 점 P는 순서쌍 (r, θ)로 표시된다. 이때 (r, θ)를 P의 극좌표라 하고, r을 동경, θ를 P에 대응

하는 편각이라고 부른다. θ가 극축으로부터 시계반대방향으로 측정되면 음이라 규정한다. 또한 $r=0$인 임의의 극좌표 $(0, \theta)$는 원점을 나타낸다. 특히 $r<0$인 경우에, 점 $(-r, \theta)$와 점 (r, θ)는 O를 지나는 같은 직선 위에 놓여 있고 O로부터 같은 거리에 있으나, O의 반대편에 놓여 있다고 정의한다. 즉 $(-r, \theta)$는 $(r, \theta+\pi)$와 같은 점을 나타낸다.

예 6 극좌표의 표시는 유일하지 않다. 예를 들면 점 $(1, \frac{5\pi}{4})$는

$$(1, -\frac{3\pi}{4}), (1, -\frac{11\pi}{4}), (1, \frac{13\pi}{4}), (-1, \frac{\pi}{4})$$

등으로 표현된다. 사실 극좌표 (r, θ)로 표현되는 점은 또한 $(r, \theta+2n\pi)$와 $(-r, \theta+(2n+1)\pi)$ (n은 정수)로 표현된다.

제1사분면에서 점 P의 극좌표 (r, θ)와 직교좌표 (x, y)사이의 관계식은

$$x=r\cos\theta, \quad y=r\sin\theta$$

$$r^2=x^2+y^2, \tan\theta=\frac{y}{x} \quad (r>0, \ 0<\theta<\frac{\pi}{2})$$

로 주어진다. 그러나 이 방정식은 r과 θ의 모든 값에 대하여 유효하다.

예 7 극좌표 $(2, \frac{\pi}{3})$의 직교좌표는 $(1, \sqrt{3})$이다. 왜냐하면 $r=2$이고, $\theta=\frac{\pi}{3}$이므로 $x=2\cos\frac{\pi}{3}=1$, $y=2\sin\frac{\pi}{3}=\sqrt{3}$이기 때문이다.

예제 5 직교좌표 $(1, -1)$을 갖는 점을 극좌표로 나타내시오.

(풀이) r을 양수라 하면 $r=\sqrt{x^2+y^2}=\sqrt{2}$, $\tan\theta=\frac{y}{x}=-1$이다. 점 $(1, -1)$은 제4사분면에 있으므로 $\theta=-\frac{\pi}{4}$ 또는 $\theta=\frac{7\pi}{4}$를 취할 수 있다. 따라서 극좌표로 표현하면 $(\sqrt{2}, -\frac{\pi}{4})$ 또는 $(\sqrt{2}, \frac{7\pi}{4})$가 된다. □

예 8 곡선의 극방정식 $r=2\cos\theta$는 직교방정식으로 $(x-1)^2+y^2=1$이 된다. 또한 $\theta=b$는 원점을 지나는 직선이다.

참고 $r=1+\sin\theta$의 그래프는 외관상으로 심장과 같은 형태이기 때문에 이 곡선을 심장형(cardioid)이라 한다. 또한 $r=\cos 2\theta$의 그래프는 네 개의 고리를 갖고 있는데 이 곡선을 네잎 장미형이라 한다.

극방정식이 나타내는 곡선을 그리는데 대칭을 이용하는 것이 편리하다.

> θ를 $-\theta$로 놓았을 때 극방정식이 변하지 않으면 곡선은 극축에 대하여 대칭이고, r을 $-r$로 놓았을 때 극방정식이 변하지 않으면 곡선은 극점에 대하여 대칭이다. 또한 θ를 $\pi-\theta$로 놓았을 때 극방정식이 변하지 않으면 수직선 $\theta=\frac{\pi}{2}$에 관하여 대칭이다.

예 9 $r=\cos 2\theta$로 주어진 네잎 장미형은 $\cos 2(-\theta)=\cos 2\theta$이므로 극축에 대하여 대칭이고, $\cos 2(\pi-\theta)=\cos 2\theta$이므로 $\theta=\frac{\pi}{2}$에 대하여 대칭이다.

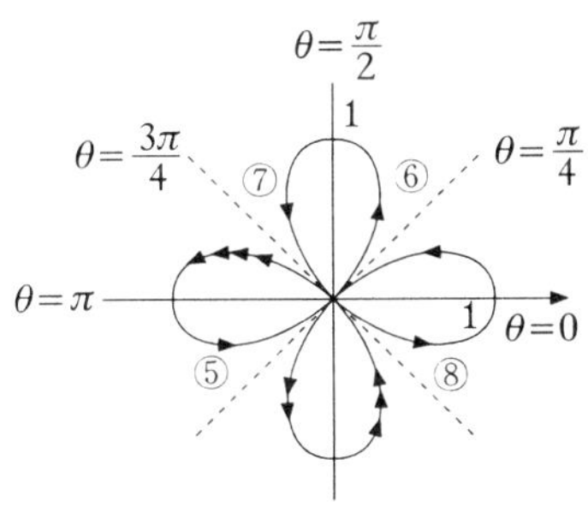

네잎 장미형 $r=\cos 2\theta$

[그림 8.5]

2. 곡선의 접선

(1) 동경벡터와 접선 사이의 각

극방정식 $r=f(\theta)$로 주어진 곡선 C 위의 점 $P(r, \theta)$에서 접선을 구하기 위해서는, θ를 매개변수로 하여 θ의 매개변수방정식을

$$x = r\cos\theta = f(\theta)\cos\theta, \quad y = r\sin\theta = f(\theta)\sin\theta$$

로 변형한다. 그러면 $\dfrac{dx}{d\theta} \neq 0$ 일 때, 매개변수곡선의 기울기는

$$\tan\alpha = \frac{dy}{dx} = \frac{dy}{d\theta} \Big/ \frac{dx}{d\theta} = \frac{r'\sin\theta + r\cos\theta}{r'\cos\theta - r\sin\theta}$$

가 된다.

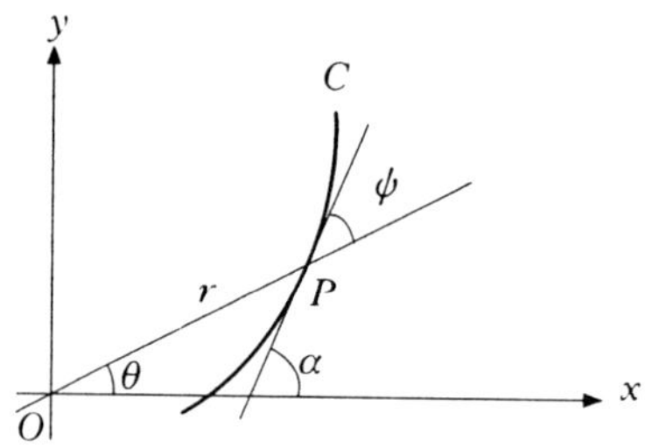

[그림 8.6]

예제 6 $\theta = \dfrac{\pi}{3}$ 에서 심장형 $r = 1 + \sin\theta$의 접선의 기울기를 구하시오.

(풀이) $r = 1 + \sin\theta$일 때

$$\frac{dy}{dx} = \frac{\dfrac{dr}{d\theta}\sin\theta + r\cos\theta}{\dfrac{dr}{d\theta}\cos\theta - r\sin\theta} = \frac{\cos\theta(1 + 2\sin\theta)}{(1 + \sin\theta)(1 - 2\sin\theta)}$$

가 된다. 따라서

$$\left.\frac{dy}{dx}\right|_{\theta = \pi/3} = \frac{1 + \sqrt{3}}{(2 + \sqrt{3})(1 - \sqrt{3})} = -1$$

□

특히 r'과 $\cos\theta$가 모두 0이 아니면

$$\tan\alpha = \frac{\tan\theta + (r/r')}{1 - (r/r')\tan\theta}$$

이므로 동경벡터 OP와 P에서의 접선 사이의 각을 ψ라 하면

$$\tan\psi = \tan(\alpha - \theta) = \frac{\tan\alpha + \tan\theta}{1 + \tan\alpha\tan\theta}$$

로부터

$$\tan\psi = \frac{r}{\frac{dr}{d\theta}}$$

을 얻는다. 한편 두 곡선 C와 C'이 점 P에서 서로 만날 때 교각 ϕ는 $|\psi-\psi'|$으로 주어지므로

$$\tan\phi = \left|\frac{\tan\psi - \tan\psi'}{1+\tan\psi\tan\psi'}\right|$$

이 된다.

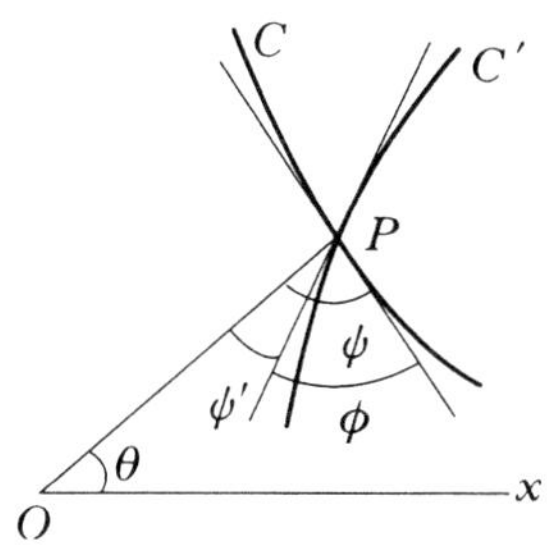

[그림 8.7]

(2) 곡선의 길이의 미분

관계식

$$x = r\cos\theta,\ \ y = r\sin\theta$$

를 미분하면

$$dx = \cos\theta dr - r\sin\theta d\theta,\ \ dy = \sin\theta dr + r\cos\theta d\theta$$

가 되므로 $ds = \pm\sqrt{(dx)^2+(dy)^2}$ 에 대입하여 간단히 하면 극좌표로 표시된 곡선의 길이의 미분은

$$ds = \pm\sqrt{(dr)^2 + r^2(d\theta)^2} \quad \text{또는} \quad ds = \pm\sqrt{r'^2 + r^2}\, d\theta$$

로 주어진다.

(3) 곡 률

극방정식 $r=f(\theta)$로 주어진 곡선 C 위의 점 $P(r,\ \theta)$에서 r과 $\dfrac{dr}{d\theta}$이 모두 0이 아니면, P에서의 곡률 κ는

$$\kappa=\left|\frac{d\alpha}{ds}\right|=\frac{|r^2+2r'^2-rr''|}{(r^2+r'^2)^{3/2}}$$

으로 주어진다. 단, r'과 r''은 각각 θ에 관한 r의 1계와 2계 도함수이다.

3. 극좌표계에서의 면적과 곡선의 길이

극방정식으로 주어진 영역의 면적과 곡선의 길이를 구한다.

(1) 면적

반지름이 r이고, 중심각이 θ인 부채꼴의 면적 A는 $A=\dfrac{1}{2}r^2\theta$로 주어진다. 이제 $f(\theta)$가 $a\leqq\theta\leqq b\,(0<b-a\leqq 2\pi)$에서 주어진 양의 연속함수일 때, 곡선 $r=f(\theta)$와 직선 $\theta=a$, $\theta=b$로 둘러싸인 닫힌영역 R의 면적을 구해 보자. $[a,\ b]$의 분할 $P=\{\theta_0,\theta_1,\cdots,\theta_n\}$을 $a=\theta_0<\theta_1<\cdots<\theta_n=b$라 하자. 그러면 $\theta=\theta_i$는 R을 n개의 작은 영역으로 나누고, 중심각은 $\Delta\theta_i=\theta_i-\theta_{i-1}$이 된다. 따라서 i번째 부분구간 $[\theta_{i-1},\theta_i]$에서 θ_i^*를 취하면 i번째 닫힌영역의 면적 ΔA_i는 중심각이 $\Delta\theta_i$이고 반지름이 $f(\theta_i^*)$인 원의 부채꼴의 면적으로써 근사되어진다.

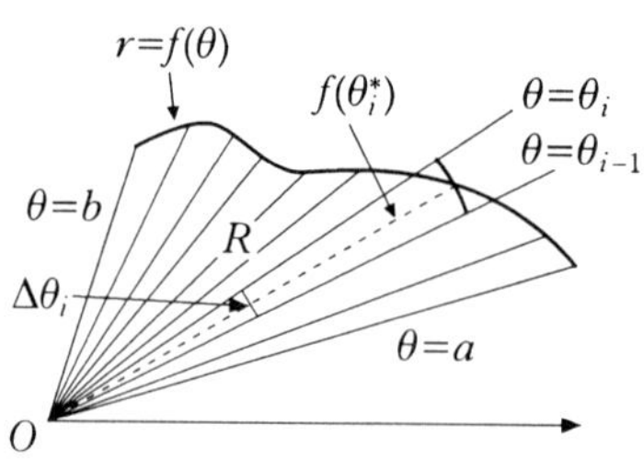

[그림 8.8]

따라서 $\Delta A_i \approx \frac{1}{2}[f(\theta_i^*)]^2 \Delta\theta_i$이고, R의 전체 면적 A에 대한 근사값은 $A \approx \sum_{i=1}^{n} \frac{1}{2}[f(\theta_i^*)]^2 \Delta\theta_i$가 된다. 그러므로 닫힌영역 R의 면적 A는

$$A = \lim_{\|P\| \to 0} \sum_{i=1}^{n} \frac{1}{2}[f(\theta_i^*)]^2 \Delta\theta_i = \frac{1}{2}\int_a^b [f(\theta)]^2 d\theta$$

로 주어진다.

예제 7 네 잎 장미형 $r = \cos 2\theta$의 한 잎의 면적 A를 구하시오.

(**풀이**) 한 잎은 $\theta = -\frac{\pi}{4}$에서 $\theta = \frac{\pi}{4}$로 둘러싸인 닫힌영역이다. 따라서

$$\begin{aligned} A &= \int_{-\pi/4}^{\pi/4} \frac{1}{2} r^2 d\theta = \frac{1}{2}\int_{-\pi/4}^{\pi/4} \cos^2 2\theta\, d\theta \\ &= \frac{1}{2}\int_{-\pi/4}^{\pi/4} \frac{1}{2}(1 + \cos 4\theta)\, d\theta = \frac{\pi}{8} \end{aligned}$$

□

일반적으로 R을 극방정식

$$r = f(\theta),\ r = g(\theta)(\text{단, } \theta = a, \theta = b, f(\theta) \geq g(\theta), 0 < b - a \leqq 2\pi)$$

로 둘러싸인 닫힌영역이라 할 때 R의 면적 A는

$$\begin{aligned} A &= \int_a^b \frac{1}{2}[f(\theta)]^2 d\theta - \int_a^b \frac{1}{2}[g(\theta)]^2 d\theta \\ &= \frac{1}{2}\int_a^b \{[f(\theta)]^2 - [g(\theta)]^2\} d\theta \end{aligned}$$

로 주어진다.

참고 한 점이 극좌표에서 많은 표현을 갖기 때문에 두 곡선의 교점을 모두 구하려면 반드시 두 곡선의 그래프를 그려 보아야 한다.

예제 8 곡선 $r = \cos 2\theta$와 $r = \frac{1}{2}$의 교점을 구하시오.

(**풀이**) 연립하여 풀면 $\cos 2\theta = \frac{1}{2}$이므로 $2\theta = \frac{\pi}{3}, \frac{5\pi}{3}, \frac{7\pi}{3}, \frac{11\pi}{3}$를 얻는다. 그래서 두 방정식을 만족하는 0와 2π 사이의 값은 $\theta = \frac{\pi}{6}, \frac{5\pi}{6}, \frac{7\pi}{6}, \frac{11\pi}{6}$가 된다. 따라서 네 개의 교점 $(\frac{1}{2}, \frac{\pi}{6})$, $(\frac{1}{2}, \frac{5\pi}{6})$, $(\frac{1}{2}, \frac{7\pi}{6})$, $(\frac{1}{2}, \frac{11\pi}{6})$를

얻는다. 그러나 네 개의 다른 교점 $(\frac{1}{2}, \frac{\pi}{3}), (\frac{1}{2}, \frac{2\pi}{3}), (\frac{1}{2}, \frac{4\pi}{3}), (\frac{1}{2}, \frac{5\pi}{3})$가 존재한다. 이런 점들은 대칭을 이용하거나 또 하나의 원의 방정식 $r=-\frac{1}{2}$에 유의하여 $r=\cos 2\theta$와 $r=-\frac{1}{2}$을 풀어서 구한다. □

예제 9 심장형 $r=4+4\cos\theta$의 내부와 원 $r=6$의 외부에 공통인 닫힌부분의 면적 A를 구하시오.

(풀이) $r=4+4\cos\theta$와 $r=6$의 교점은 $\theta=\frac{\pi}{3}$과 $\theta=-\frac{\pi}{3}$이고, 주어진 도형은 x축에 관하여 대칭이므로

$$\begin{aligned} A &= 2\int_0^{\pi/3} \frac{1}{2}[(4+4\cos\theta)^2-36]\,d\theta \\ &= 2(9\sqrt{3}-2\pi) = 18\sqrt{3}-4\pi \end{aligned}$$ □

(2) 곡선의 길이

극방정식 $r=f(\theta)$ $(a \leqq \theta \leqq b)$로 주어진 곡선의 길이를 구하기 위해서는, 먼저 θ를 매개변수로 하여 $x=r\cos\theta=f(\theta)\cos\theta$, $y=r\sin\theta=f(\theta)\sin\theta$로 변형한다. 그러면

$$\frac{dx}{d\theta}=\frac{dr}{d\theta}\cos\theta-r\sin\theta, \quad \frac{dy}{d\theta}=\frac{dr}{d\theta}\sin\theta+r\cos\theta$$

이므로 $\left(\frac{dx}{d\theta}\right)^2+\left(\frac{dy}{d\theta}\right)^2=\left(\frac{dr}{d\theta}\right)^2+r^2$이 성립한다. 따라서 $f'(\theta)$가 연속이면 극방정식 $r=f(\theta)$ $(a \leqq \theta \leqq b)$에 의해 주어진 곡선의 길이는

$$L=\int_a^b \sqrt{\left(\frac{dx}{d\theta}\right)^2+\left(\frac{dy}{d\theta}\right)^2}\,d\theta, \text{ 즉 } L=\int_a^b \sqrt{r^2+\left(\frac{dr}{d\theta}\right)^2}\,d\theta$$

가 된다.

예제 10 심장형 $r=1-\cos\theta$의 길이를 구하시오.

(풀이)
$$\begin{aligned} L &= \int_0^{2\pi} \sqrt{r^2+\left(\frac{dr}{d\theta}\right)^2}\,d\theta = \int_0^{2\pi} \sqrt{2(1-\cos\theta)}\,d\theta \\ &= \int_0^{2\pi} 2\sin\frac{1}{2}\theta\,d\theta = 4\left[-\cos\frac{1}{2}\theta\right]_0^{2\pi} = 8 \end{aligned}$$ □

4. 극좌표에서의 원추곡선

세 가지 유형의 원추곡선을 초점과 준선으로 좀 더 단일화한다. 더욱이 초점을 원점에 놓으면 원추곡선은 간단한 극방정식을 갖는다.

> [정리 3] F를 평면 내의 고정점(초점), l을 고정선(준선), e를 고정된 양수(이심율)라 하자. 그러면 $\frac{\overline{PF}}{\overline{Pl}} = e$(단, e는 F로부터의 거리와 l로부터의 거리의 비)가 되는 모든 점 P의 집합은 원추곡선이 되고 다음으로 분류된다.
>
> (1) $e<1$이면 타원　(2) $e=1$이면 포물선　(3) $e>1$이면 쌍곡선

증명　초점 F를 원점에, 준선 l의 방정식을 $x=d$ 라 하자. 점 P가 좌표 (r, θ)를 갖는다면 $\overline{PF}=r$, $\overline{Pl}=d-r\cos\theta$이므로 조건 $\frac{\overline{PF}}{\overline{Pl}}=e$로부터 $r=e(d-r\cos\theta)$가 된다. 이 극방정식의 양변을 제곱하여 직교방정식으로 고치면 $(1-e^2)x^2+2de^2x+y^2=e^2d^2$이 되므로 완전제곱하여

$$\left(x+\frac{e^2d}{1-e^2}\right)^2+\frac{y^2}{1-e^2}=\frac{e^2d^2}{(1-e^2)^2}$$

을 얻는다. 따라서 $e<1$이면 타원, $e=1$이면 포물선, $e>1$이면 쌍곡선이 된다. □

방정식 $r=e(d-r\cos\theta)$를 r에 관하여 풀면 원추곡선의 극방정식은

$$r=\frac{ed}{1+e\cos\theta}$$

로 변형된다. 준선을 $x=-d$로 취하거나 극축에 평행하게 $y=\pm d$로 취하면, 원추곡선의 극방정식은 다음 정리로 주어진다.

[정리 4] $r=\dfrac{ed}{1\pm e\cos\theta}$ 또는 $r=\dfrac{ed}{1\pm e\sin\theta}$ 형태인 극방정식은 이심률 e를 갖는 원추곡선이 되고 다음으로 분류된다.

(1) $e<1$이면 타원 (2) $e=1$이면 포물선 (3) $e>1$이면 쌍곡선

예제 11 원추곡선의 극방정식이 $r=\dfrac{10}{3-2\cos\theta}$로 주어질 때, 이심률, 준선의 방정식과 꼭지점을 구하시오.

(**풀이**) 극방정식을 $r=\dfrac{\frac{10}{3}}{1-\frac{2}{3}\cos\theta}$으로 변형하면 이심률 $e=\dfrac{2}{3}$를 갖는 타원임을 알 수 있다. $ed=\dfrac{10}{3}$으로부터 $d=5$이므로 준선의 직교방정식은 $x=-5$가 된다. 또한 $\theta=0$일 때 $r=10$이고, $\theta=\pi$일 때 $r=2$이므로 꼭지점의 극좌표는 $(10,0)$, $(2,\pi)$이다. ▨

연습문제

1. 매개변수방정식으로 주어진 곡선을, 매개변수를 소거하여 직교방정식으로 변형하시오.

   (1) $x=\sqrt{t},\ y=1-t$ (2) $x=\cos^2\theta,\ y=\sin\theta$ (3) $x=\cosh t,\ y=\sinh t$

2. 주어진 직교방정식을 극방정식으로 변형하시오.

   (1) $y^2=ax^2$ (2) $x^2+9y^2=1$

3. 주어진 극방정식을 직교방정식으로 변형하시오.

   (1) $r\sin\theta=2$ (2) $r=\dfrac{1}{1-\cos\theta}$ (3) $r^2=\sin 2\theta$

4. $\dfrac{dy}{dx}$와 $\dfrac{d^2y}{dx^2}$를 구하시오.

(1) $x=t\cos t,\ y=t\sin t$ (2) $x=\sqrt{t+1},\ y=t^2-3t$ (3) $x=e^{-t},\ y=te^{2t}$

5. 매개변수의 주어진 값에 대응하는 곡선 위의 점에서 접선의 방정식을 구하시오.

(1) $x=t^2+t,\ y=\sqrt{t};\ t=4$ (2) $x=2\sin\theta,\ y=3\cos\theta;\ \theta=\dfrac{\pi}{4}$

6. 다음 곡선의 길이를 구하시오

(1) $x=(1+t)^2,\ y=(1+t)^3\ (0\leqq t\leqq 1)$

(2) $r=\theta^2\ (\pi\leqq\theta\leqq 4\pi)$

7. 주어진 곡선으로 둘러싸인 닫힌영역의 면적을 구하시오.

(1) $r=2\cos\theta,\ 0\leqq\theta\leqq\dfrac{\pi}{6}$ (2) $r=\sin\theta,\ r=\cos\theta$

8. 주어진 곡선으로 둘러싸인 닫힌영역을 주어진 회전축 주위로 회전해서 생기는 회전면의 면적을 구하시오.

(1) $x=t^2+\dfrac{2}{t},\ y=8\sqrt{t},\ 1\leqq x\leqq 9;$ x축

(2) $r=\sqrt{\cos 2\theta},\ 0\leqq\theta\leqq\dfrac{\pi}{4};$ y축

9. 초점이 원점에 있고, 주어진 조건을 만족하는 원뿔곡선의 극방정식을 구하시오.

(1) 타원, 이심율 $\dfrac{2}{3}$, 순선 $x=3$

(2) 쌍곡선, 이심율 4, 준선 $r=5\sec\theta$

10. 곡선 $y=\dfrac{1}{2}x^2\ (0\leqq x\leqq 1)$이 x축 주위로 회전하여 생기는 회전면의 면적을 사다리꼴 공식에서 $\Delta x=0.2$라 놓고 구하시오.

9

수열과 급수

9.1 수열

임의의 자연수 $n \in N$에 대하여 실수 $f(n)$이 대응되는 함수 $f: N \to R$을 무한수열(infinite sequence) 또는 간단히 수열(sequence)이라고 한다. 이 경우에 $f(n)$을 a_n으로 나타내고 수열의 n번째 항 또는 일반항이라고 한다. 이때 수열 $\{a_1, a_2, \cdots\}$을 $\{a_n\}$ 또는 $\{a_n\}_{n=1}^{\infty}$ 등으로 표시한다.

예 1 $a \in R$일 때, 모든 항이 a인 수열 $\{a, a, \cdots\}$를 상수열(constant sequence)이라 한다.

참고 피보나치 수열 $\{f_n\}$은

$$f_1 = 1,\ f_2 = 1,\ f_n = f_{n-1} + f_{n-2}\ (n \geq 3)$$

로 정의된 수열이다. 이 수열의 각 항을 나열해 보면

$$\{1, 1, 2, 3, 5, 8, 13, 21, \cdots\}$$

가 된다. 이 수열은 이탈리아 수학자 피보나치(Fibonacci)가 토끼의 번식에 관계된 문제를 해결하는 과정에서 생겨난 것이다.

[정의 1] (수열의 극한)

임의로 주어진 $\varepsilon > 0$에 대하여 $n \geq K$일 때 $|a_n - L| < \varepsilon$을 만족하는 적당한 자연수 K가 존재하면, 수열 $\{a_n\}$은 L로 수렴한다(converge)고 하고, $\lim_{n\to\infty} a_n = L$로 표기한다. 이때 $L \in R$을 $\{a_n\}$의 극한(limit)이라고 한다. 수열이 수렴하지 않으면 수열은 발산한다(diverge)고 한다.

일반적으로 기호 $\lim_{n\to\infty} a_n = L$은 한없이 큰 모든 자연수 n에 대하여, a_n이 일정한 수 L에 한없이 가까워진다는 것을 의미한다.

예 2 수열 $\{(-1)^n\}$의 항이 1과 -1 사이에서 진동하므로 $\lim_{x\to\infty}(-1)^n$은 존재하지 않는다. 따라서 수열 $\{(-1)^n\}$은 발산한다.

예제 1 $a_n = c\,(n \geq 1)$인 상수열에 대하여, $\lim_{n\to\infty} a_n = c$ 임을 보이시오.

증명 임의의 $\varepsilon > 0$에 대하여, $K=1$로 잡는다. 그러면 $n \geq K$인 모든 자연수 n에 대하여 $|a_n - c| = |c - c| = 0 < \varepsilon$을 만족한다. 따라서 $\lim_{n\to\infty} a_n = c$가 성립한다. □

참고 수열 $\{r^n\}$은 $-1 < r \leq 1$인 경우 수렴한다. 즉

$$\lim_{n\to\infty} r^n = \begin{cases} 0, & -1 < r < 1 \\ 1, & r = 1 \end{cases}$$

이 된다. 한편 $-1 < r \leq 1$ 이외의 경우, 수열 $\{r^n\}$은 발산한다.

[정리 2] $\lim_{x\to\infty} f(x) = L$이라 하자. 그러면 양의 정수 n에 대하여 $f(n) = a_n$일 때 $\lim_{n\to\infty} a_n = L$이 성립한다.

예제 2 [정리 2]를 이용하여, $\lim_{n\to\infty} \dfrac{\ln n}{n}$을 구하시오.

(풀이) 분모와 분자의 각 항이 ∞로 발산하는 경우이나, 로피탈 법칙을 직접

적용할 수는 없다. 로피탈 법칙은 실변수함수의 극한 문제에만 적용할 수 있기 때문이다. 하지만 $f(x)=\dfrac{\ln x}{x}$ 라 놓으면 $\lim\limits_{x\to\infty}\dfrac{\ln x}{x}=\lim\limits_{x\to\infty}\dfrac{1/x}{1}=0$이므로 $\lim\limits_{n\to\infty}\dfrac{\ln n}{n}=0$이 된다. ▢

참고 (수열의 극한과 함수의 극한과의 관계) $\lim\limits_{x\to a}f(x)=A$일 필요충분조건은 a에 수렴하는 모든 수열 $\{a_n\}(a_n\neq a)$에 대하여, 수열 $\{f(a_n)\}$이 A에 수렴하는 것이다.

> [정의 3] (발산)
>
> $\lim\limits_{n\to\infty}a_n=\infty$(또는 $-\infty$)라 함은 임의의 $M>0$에 대하여 적당한 자연수 K가 존재하여 $n\geq K$이면 $a_n>M$ (또는 $a_n<-M$)이 성립하는 것이다. 이때 수열 $\{a_n\}$은 ∞ (또는 $-\infty$)로 발산한다고 한다.

2.1절에서 기술된 함수에 대한 극한의 기본성질은 수열의 극한 문제에도 적용된다. 수열 $\{a_n\}$, $\{b_n\}$이 수렴하는 수열이고, c가 임의의 상수일 때,

$$\lim_{n\to\infty}ca_n=c\lim_{n\to\infty}a_n,\quad \lim_{n\to\infty}(a_n\pm b_n)=\lim_{n\to\infty}a_n\pm\lim_{n\to\infty}b_n$$

$$\lim_{n\to\infty}a_nb_n=(\lim_{n\to\infty}a_n)(\lim_{n\to\infty}b_n),\quad \lim_{n\to\infty}\frac{a_n}{b_n}=\frac{\lim\limits_{n\to\infty}a_n}{\lim\limits_{n\to\infty}b_n}\ (\text{단, }\lim_{n\to\infty}b_n\neq 0)$$

이 성립한다.

참고 $\lim\limits_{n\to\infty}a_n=\alpha$, $\lim\limits_{n\to\infty}b_n=\beta$ 이고 $a_n<b_n$이면 $\alpha\leq\beta$ (등호가 붙는 것에 유의)가 성립한다. 예를 들면 $a_n=\dfrac{1}{2n}$, $b_n=\dfrac{1}{n}$ 일 때, $a_n<b_n$이고 $\alpha=\beta$ 이지만 $\alpha<\beta$는 아니다.

> [정리 4] $n\geq n_0$일 때 $a_n\leq b_n\leq c_n$이고 $\lim\limits_{n\to\infty}a_n=\lim\limits_{n\to\infty}c_n=L$ 이면 $\lim\limits_{n\to\infty}b_n=L$이 성립한다.

예제 3 $a>0$일 때, $\lim_{n\to\infty} \sqrt[n]{a}=1$임을 증명하시오.

증명 $a>1$일 때 $\sqrt[n]{a}>1$이므로 $\sqrt[n]{a}=1+a_n$이라 놓으면 $a_n>0$이고, $1+na_n \leqq (1+a_n)^n=a$ 이다. 따라서 $0<a_n \leqq \frac{a-1}{n}$ 이다. 그런데 $\lim_{n\to\infty} \frac{a-1}{n}=0$이므로 $\lim_{n\to\infty} a_n=0$이 성립한다. 따라서 $\lim_{n\to\infty} \sqrt[n]{a}=1$ 이다. $a=1$일 때는 분명하고, $0<a<1$일 때는 a의 역수를 취하여 증명한다. ▨

수열 $\{a_n\}$에 있어서, 모든 $n \in N$에 대하여 $a_n \leqq a_{n+1}$(또는 $a_n \geqq a_{n+1}$)을 만족하면 수열 $\{a_n\}$을 증가 (또는 감소)수열이라 하고, 증가 또는 감소인 수열을 단조수열(monotone sequence)이라고 한다. 만약 모든 $n \in N$에 대하여 $a_n<a_{n+1}$(또는 $a_n>a_{n+1}$)을 만족하면 수열 $\{a_n\}$을 순증가 (또는 순감소) 수열이라 하고, 순증가하거나 순감소일 때 순단조수열(strictly monotone sequence)이라고 한다.

예 3 수열 $\{a_n\}$이 $a_n>0(n=1,2,3,\cdots)$를 만족할 때, $\frac{a_{n+1}}{a_n}>1$이면 $\{a_n\}$은 증가수열이고, $\frac{a_{n+1}}{a_n}<1$이면 $\{a_n\}$은 감소수열이다.

[정의 5] (상한과 하한)

모든 $n \in N$에 대하여 $a_n \leqq M$을 만족하는 실수 M이 존재하면, 수열 $\{a_n\}$은 위로 유계(bounded above)라 하고, $n \in N$인 모든 자연수 n에 대하여 $L \leqq a_n$을 만족하는 실수 L이 존재하면, 아래로 유계(bounded below)라 한다. 특히 위로 유계이고 아래로 유계인 수열을 유계(bounded)라 한다. 이때 M과 L을 각각 수열 $\{a_n\}$의 상계(upper bound)와 하계(lower bound)라 한다. 상계의 집합 중 최소값을 최소상계 또는 상한(supremum)이라 하고 $\sup\{a_n\}$으로 표기한다. 또한 하계의 집합 중 최대값을 최대하계 또는 하한(infimum)이라 하고 $\inf\{a_n\}$으로 표기한다.

수렴하는 수열은 유계이지만 유계인 수열이 반드시 수렴하는 것은 아니다. 예를 들면 $a_n=(-1)^n$으로 주어진 수열 $\{a_n\}$은 유계이지만 발산한다. 또한 단조수열이 반드시 수렴한다고도 할 수 없다. 예를 들면 $a_n=n$으로 주어진

수열 $\{a_n\}$은 단조이지만 발산한다. 그러나 수렴과 유계가 동치가 되는 경우가 있다. 이것은 R에서 단조인 수열의 경우이다.

다음 정리 6의 증명은 실수 집합 R의 연속성과 동치인 **완비성공리**(completeness axiom)를 이용한다. 완비성공리는 "공집합이 아닌 R의 임의의 부분집합 S가 상계(또는 하계)를 가지면 S는 상한(또는 하한)을 갖는다."는 것이다.

[정리 6] (단조수렴정리)

유계이고 단조인 수열은 수렴한다. 이때

(1) $\{a_n\}$이 증가수열이고 위로 유계이면, $\lim\limits_{n\to\infty} a_n = \sup\{a_n\}$

(2) $\{b_n\}$이 감소수열이고 아래로 유계이면, $\lim\limits_{n\to\infty} b_n = \inf\{b_n\}$

증명 여기서는 (1)만 증명하고, 나머지는 독자에게 남긴다. $\{a_n\}$이 위로 유계인 증가수열이라 하면, R의 완비성으로부터 $\{a_n\}$은 상한

$$L = \sup\{a_n : n \in N\}$$

을 갖는다. 임의의 $\varepsilon > 0$에 대하여 $L - \varepsilon$은 $\{a_n : n \in N\}$의 상계가 아니므로 $L - \varepsilon < a_K$를 만족하는 자연수 K가 존재한다. $\{a_n\}$이 증가수열이므로 $n \geqq K$인 모든 $n \in N$에 대하여

$$L - \varepsilon < a_K \leqq a_n \leqq L < L + \varepsilon, \text{ 즉 } |a_n - L| < \varepsilon$$

이다. 따라서 $\lim\limits_{n\to\infty} a_n = L$이다. □

예제 4 $0 \leqq a < 1$이면 $\lim\limits_{n\to\infty} a^n = 0$이다.

증명 $a = 0$일 때 $\lim\limits_{n\to\infty} a^n = 0$임은 분명하다. 이제 $0 < a < 1$이라고 하자. 그러면 $\{a_n\}$은 유계인 단조수열이므로 $\{a_n\}$은 수렴한다.

$\lim\limits_{n\to\infty} a_n = L$이라고 하면,

$$L = \lim_{n\to\infty} a^{n+1} = \lim_{n\to\infty} a \cdot a^n = a \lim_{n\to\infty} a^n = aL$$

이 된다. 그런데 $L \neq 0$이라면 $a = 1$이 되어 이것은 모순이다. 따라서 $0 < a < 1$일 때 $\lim\limits_{n\to\infty} a^n = 0$이 성립한다. □

9.2 무한급수

수열의 수렴, 발산에 관한 성질들은 급수의 수렴, 발산의 판정법을 구하는 데 이용된다. 급수는 해석학 및 수론 분야에서 널리 이용된다.

[정의 7] (무한급수)

R에서의 수열 $\{a_n\}$의 각 항 a_n의 합

$$a_1 + a_2 + \cdots + a_n + \cdots = \sum_{n=1}^{\infty} a_n$$

을 무한급수(infinite series), 또는 간단히 **급수**(series)라고 한다.

$$S_n = \sum_{k=1}^{n} a_k = a_1 + a_2 + \cdots + a_n$$

으로 정의되는 S_n을 그 급수의 제 n 부분합(nth partial sum)이라 하고 수열 $\{S_n\}$을 부분합의 수열이라고 한다. 수열 $\{S_n\}$이 s에 수렴할 때, $\sum_{n=1}^{\infty} a_n$는 수렴한다고 하고, 이때 극한값 s를 그 급수의 합이라고 하며 $\sum_{n=1}^{\infty} a_n = s$로 표기한다. 수열 $\{S_n\}$이 발산할 때, 급수는 발산한다고 한다.

$\sum_{n=1}^{\infty} (-1)^n$은 발산한다. 왜냐하면 부분합 S_n이 n이 홀수일 때는 -1이고 짝수일 때는 0이므로 $\{S_n\}$이 수렴하지 않기 때문이다.

예제 5 조화급수(harmonic series) $\sum_{n=1}^{\infty} \frac{1}{n} = 1 + \frac{1}{2} + \frac{1}{3} + \cdots$의 수렴 여부를 결정하시오.

(풀이) $S_1 = 1,\ S_2 = 1 + \frac{1}{2}$

$$S_4 = 1 + \frac{1}{2} + \left(\frac{1}{3} + \frac{1}{4}\right) > 1 + \frac{1}{2} + \left(\frac{1}{4} + \frac{1}{4}\right) = 1 + \frac{2}{2}$$

$$S_8 = 1 + \frac{1}{2} + \left(\frac{1}{3} + \frac{1}{4}\right) + \left(\frac{1}{5} + \frac{1}{6} + \frac{1}{7} + \frac{1}{8}\right)$$

$$> 1 + \frac{1}{2} + \left(\frac{1}{4} + \frac{1}{4}\right) + \left(\frac{1}{8} + \frac{1}{8} + \frac{1}{8} + \frac{1}{8}\right)$$

$$= 1 + \frac{1}{2} + \frac{1}{2} + \frac{1}{2} = 1 + \frac{3}{2}$$

$\cdots$

계속하면 $S_{2^4} > 1+\frac{4}{2}$, $S_{2^5} > 1+\frac{5}{2}$, $\cdots$,

$$S_{2^n} > 1+\frac{n}{2}$$

이 된다. 여기서 $n\to\infty$일 때 $S_{2^n}\to\infty$이므로 수열 $\{S_n\}$은 발산한다. 따라서 조화급수는 발산한다. ▨

참고 무한등비급수

$$a+ar+ar^2+ar^3+\cdots+ar^{n-1}+\cdots = \sum_{n=1}^{\infty} ar^{n-1} \ (a\neq 0)$$

을 기하급수(geometric series)라 한다.

(1) $r=1$이면 주어진 기하급수는 발산한다.

(2) $r\neq 1$이면 n번째 부분합 S_n은

$$S_n = \frac{a(1-r^n)}{1-r}$$

이므로

① $-1<r<1$일 경우, 기하급수는 $\frac{a}{1-r}$로 수렴한다.

② $r\leqq -1$이거나 $r>1$일 경우, 기하급수는 발산한다.

예 4 급수 $\sum_{n=1}^{\infty} 2^{2n}3^{1-n}$은 발산한다. 왜냐하면

$$\sum_{n=1}^{\infty} 2^{2n}3^{1-n} = \sum_{n=1}^{\infty} \frac{4^n}{3^{n-1}} = \sum_{n=1}^{\infty} 4\left(\frac{4}{3}\right)^{n-1}$$

으로부터 주어진 급수는 공비가 $r=\frac{4}{3}>1$인 기하급수이기 때문이다.

[정리 8] $\sum_{n=1}^{\infty} a_n$이 수렴하면 $\lim_{n\to\infty} a_n=0$이다.

따라서 $\lim_{n\to\infty} a_n$이 존재하지 않거나 $\lim_{n\to\infty} a_n\neq 0$이면 $\sum_{n=1}^{\infty} a_n$은 발산한다. 이것을 보통 발산판정법이라고 한다. 그러나 정리 8의 역은 일반적으로 성립하지

않는다. 예를 들면, $\lim_{n\to\infty} \frac{1}{n} = 0$이지만 $\sum_{n=1}^{\infty} \frac{1}{n}$은 발산한다.

예 5 급수 $\sum_{n=1}^{\infty} \frac{n^2}{5n^2+4}$은 발산한다. 왜냐하면

$$\lim_{n\to\infty} a_n = \lim_{n\to\infty} \frac{n^2}{5n^2+4} = \frac{1}{5} \neq 0$$

이기 때문이다.

[정리 9] (1) 급수 $\sum_{n=1}^{\infty} a_n$, $\sum_{n=1}^{\infty} b_n$이 수렴하면, 급수 $\sum_{n=1}^{\infty} (a_n \pm b_n)$도 수렴하고 그 합은 $\sum_{n=1}^{\infty} (a_n \pm b_n) = \sum_{n=1}^{\infty} a_n \pm \sum_{n=1}^{\infty} b_n$이다.

(2) 급수 $\sum_{n=1}^{\infty} a_n$이 수렴하고 c가 실수이면, 급수 $\sum_{n=1}^{\infty} (ca_n)$도 수렴하고 $\sum_{n=1}^{\infty} (ca_n) = c \sum_{n=1}^{\infty} a_n$이다.

예 6 $\sum_{n=1}^{\infty} \frac{1}{n(n+1)} = 1$이고 $\sum_{n=1}^{\infty} \frac{1}{2^n} = 1$이므로 두 급수의 합은

$$\sum_{n=1}^{\infty} \left\{ \frac{1}{n(n+1)} + \frac{1}{2^n} \right\} = 2$$

주어진 급수에 대하여 두 가지 문제를 제기할 수 있는데 하나는 급수의 수렴 여부이고, 다른 하나는 그 합을 구하는 것이다. 급수의 수렴성은 여러 가지 판정법을 이용하여 비교적 쉽게 해결할 수 있지만, 그 급수의 합을 구하는 것은 결코 쉬운 일이 아니다.

9.3 무한급수의 수렴판정법

무한급수의 수렴 여부를 판정하는데 그 급수의 부분합의 극한값을 이용할 수 없을 때가 많다. 이 절에서는 급수가 주어졌을 때, 주어진 급수의 부분합의 극한값을 구하지 않고 수렴과 발산을 판정할 수 있는 여러 가지 판정법에 대하여 살펴본다.

1. 양항급수

모든 $n \in N$에 대하여 $a_n > 0$일 때 $\sum_{n=1}^{\infty} a_n$을 **양항급수**(series of positive terms)라 한다. 먼저 단조수열에 대한 정리를 급수에 적용하여 다음 정리를 얻는다.

> [정리 10] $\sum_{n=1}^{\infty} a_n$을 양항급수라고 할 때, $\sum_{n=1}^{\infty} a_n$이 수렴할 필요충분조건은 부분합의 수열 $\{S_n\}$이 유계인 것이다. 이 경우에
>
> $$\sum_{n=1}^{\infty} a_n = \lim_{n\to\infty} S_n = \sup\{S_n\}$$

(1) 적분판정법

수렴에 대한 적분판정법(integral test)은 이상적분의 개념을 이용한다.

> [정리 11] (적분판정법)
>
> 함수 f가 $\{t \mid t \geqq n_0,\ n_0 \in N\}$에서 정의된 연속인 감소함수이고, $f(t) > 0$이라 하자. 그러면 $f(n) = a_n$이라 할 때, $\sum_{n=1}^{\infty} a_n$이 수렴할 필요충분조건은 이상적분
>
> $$\int_{n_0}^{\infty} f(t)\,dt = \lim_{n\to\infty} \int_{n_0}^{n} f(t)\,dt$$
>
> 가 수렴하는 것이다.

증명 f가 구간 $[k-1, k]$에서 $f(t) > 0$이고 연속인 감소함수이므로

$$f(k) \leq \int_{k-1}^{k} f(t)\,dt \leq f(k-1)$$

이 성립한다. $k = 2, 3, \cdots, n$에 대하여 이 부등식을 합하면

$$S_n - f(n_0) \leqq \int_{n_0}^{n} f(t)\,dt \leqq S_{n-1}$$

이 얻어진다. 이것은 극한 $\lim_{n\to\infty} S_n$과 $\lim_{n\to\infty} \int_{n_0}^{n} f(t)\,dt$가 모두 존재하거나 모두 존재하지 않음을 나타낸다. □

참고 $p>0$일 때 급수 $\sum_{n=1}^{\infty}\frac{1}{n^p}$을 $p-$급수라 한다. 이 $p-$급수에 적분판정법을 적용해보자. $f(t)=\frac{1}{t^p}$일 때 $p=1$이면 $\int_1^n \frac{1}{t}\,dt=\ln n-\ln 1$이고, $p\neq 1$이면 $\int_1^n \frac{1}{t^p}\,dt=\frac{1}{1-p}(n^{1-p}-1)$을 얻는다. 따라서 $p>1$이면 $p-$급수는 수렴하고 $p\leqq 1$이면 발산함을 알 수 있다.

예 7 급수 $\sum_{n=1}^{\infty}\frac{1}{n^2}$은 $p=2$일 때의 $p-$급수이므로 수렴한다. 오일러(Euler)는 이 급수의 합이 $\frac{\pi^2}{6}$임을 보였다.

예제 6 급수 $\sum_{n=1}^{\infty}\frac{\ln n}{n}$의 수렴, 발산을 판정하시오.

(풀이) 함수 $f(x)=\frac{\ln x}{x}$는 $x>1$일 때 연속이고, $f(x)>0$이다. 그러나 f는 $x>e$일 때 감소하므로, 적분판정법을 적용하면

$$\int_e^{\infty}\frac{\ln x}{x}\,dx=\lim_{t\to\infty}\int_e^t\frac{\ln x}{x}\,dx=\lim_{t\to\infty}\left[\frac{(\ln x)^2}{2}\right]_e^t$$
$$=\lim_{t\to\infty}\frac{(\ln t)^2}{2}=\infty$$

가 된다. 따라서 급수 $\sum_{n=1}^{\infty}\frac{\ln n}{n}$은 발산한다. ▢

(2) 비교판정법

비교판정법(comparison test)이란 이미 수렴, 발산 여부를 알고 있는 급수를 이용하여 새로운 급수의 수렴, 발산을 판정하는 방법이다. 대개의 경우 비교대상으로 선택되는 급수로는 $p-$급수와 기하급수가 이용된다.

[정리 12] (비교판정법)

양항급수 $\sum_{n=1}^{\infty}a_n$과 $\sum_{n=1}^{\infty}b_n$이 모든 $n\in N$에 대하여 $a_n\leqq cb_n\,(c>0)$을 만족하면 다음이 성립한다.

(1) $\sum_{n=1}^{\infty}b_n$이 수렴하면, $\sum_{n=1}^{\infty}a_n$도 수렴한다.

(2) $\sum_{n=1}^{\infty}a_n$이 발산하면, $\sum_{n=1}^{\infty}b_n$도 발산한다.

증명 $S_n = \sum_{i=1}^{n} a_i$, $T_n = \sum_{i=1}^{n} b_i$, $T = \sum_{n=1}^{\infty} b_n$이라 하자.

(1) 두 급수는 모두 양항급수이므로 두 수열 $\{S_n\}$과 $\{T_n\}$은 증가수열이다. 한편 모든 $n \in N$에 대하여 $a_n \leqq cb_n (c > 0)$이므로 $S_n \leqq cT_n$이 된다. 따라서 수열 $\{S_n\}$은 위로 유계인 증가수열이므로, 단조수렴정리에 의하여 $\{S_n\}$은 수렴한다. 그러므로 $\sum_{n=1}^{\infty} a_n$은 수렴한다.

(2) $\sum_{n=1}^{\infty} b_n$이 수렴한다면 (1)에 의해 $\sum_{n=1}^{\infty} a_n$도 수렴한다. 그러나 $\sum_{n=1}^{\infty} a_n$이 발산한다는 가정에 모순이므로 $\sum_{n=1}^{\infty} b_n$도 발산한다. □

참고 비교판정법에서 모든 $n \in N$에 대하여 $a_n \leqq b_n$이거나 $a_n \geqq b_n$이라는 조건은 실제로는 적당한 자연수 K가 존재하여 $n \geqq K$를 만족하는 모든 $n \in N$에 대하여 성립해도 된다. 왜냐하면 유한개의 항을 더하거나 없애도 급수의 수렴, 발산에는 영향이 없기 때문이다.

예제 7 급수 $\sum_{n=1}^{\infty} \frac{\ln n}{n}$의 수렴, 발산을 판정하시오.

(**풀이**) 이 급수는 적분판정법을 적용하여 판정한 바 있으나, 조화급수를 이용한 비교판정법으로도 판정할 수 있다.

$n \geqq 3$인 자연수 n에 대하여 $\ln n > 1$이므로

$$\frac{\ln n}{n} > \frac{1}{n} \quad (n \geqq 3)$$

이다. $\sum_{n=1}^{\infty} \frac{1}{n}$이 발산하므로, 비교판정법에 의하여 주어진 급수도 발산한다. □

[정리 13] (극한비교판정법)

양항급수 $\sum_{n=1}^{\infty} a_n$과 $\sum_{n=1}^{\infty} b_n$에 대하여

(1) $\lim_{n\to\infty} \frac{a_n}{b_n} = c > 0$이면, 급수 $\sum_{n=1}^{\infty} a_n$이 수렴하기 위한 필요충분조건이 $\sum_{n=1}^{\infty} b_n$이 수렴하는 것이다.

(2) $\lim_{n\to\infty} \frac{a_n}{b_n} = 0$이고 $\sum_{n=1}^{\infty} b_n$이 수렴하면, $\sum_{n=1}^{\infty} a_n$도 수렴한다.

(3) $\lim_{n\to\infty} \frac{a_n}{b_n} = \infty$이고 $\sum_{n=1}^{\infty} b_n$이 발산하면, $\sum_{n=1}^{\infty} a_n$도 발산한다.

증명 여기서는 (1)만 증명하고, 나머지는 독자에게 남긴다. $\lim_{n\to\infty} \frac{a_n}{b_n} = c > 0$이므로 $\varepsilon = \frac{c}{2}$로 택하면 $n \geqq K$일 때 $\left|\frac{a_n}{b_n} - c\right| < \frac{c}{2}$를 만족하는 자연수 K가 존재한다. 그러므로 $n \geqq K$일 때

$$\frac{c}{2} < \frac{a_n}{b_n} < \frac{3c}{2}, \text{ 즉 } \left(\frac{c}{2}\right)b_n < a_n < \left(\frac{3c}{2}\right)b_n$$

이 성립한다. 따라서 비교판정법으로부터 급수 $\sum_{n=1}^{\infty} a_n$이 수렴하기 위한 필요충분조건은 $\sum_{n=1}^{\infty} b_n$이 수렴하는 것이다. □

예제 8 극한비교판정법(limit comparison test)을 이용하여 $\sum_{n=1}^{\infty} \frac{1}{2^n - 1}$의 수렴, 발산을 판정하시오.

(풀이) $a_n = \frac{1}{2^n - 1}$, $b_n = \frac{1}{2^n}$이라 하면, $\lim_{n\to\infty} \frac{a_n}{b_n} = 1$이고 $\sum_{n=1}^{\infty} b_n$이 수렴하므로, 극한비교판정법에 의하여 주어진 급수는 수렴한다. □

예제 9 극한비교판정법을 이용하여 $\sum_{n=1}^{\infty} \frac{\ln n}{n}$이 발산함을 보이시오.

증명 $a_n = \frac{\ln n}{n}$, $b_n = \frac{1}{n}$이라 하면, $\lim_{n\to\infty} \frac{a_n}{b_n} = \infty$이고 $\sum_{n=1}^{\infty} b_n$이 발산하므로, 극한비교판정법에 의하여 주어진 급수는 발산한다. □

> **[따름정리]** (다항식 판정법)
>
> $\sum_{n=1}^{\infty} \frac{P(n)}{Q(n)}$에 대하여 $P(n)$과 $Q(n)$이 각각 차수가 p와 q인 다항식이라 할 때, $q > p+1$이면 $\sum_{n=1}^{\infty} \frac{P(n)}{Q(n)}$은 수렴하고, $q \leq p+1$이면 $\sum_{n=1}^{\infty} \frac{P(n)}{Q(n)}$은 발산한다.

2. 교대급수

양항과 음항이 교대로 반복되는 급수를 교대급수(alternating series)라고 한다. 교대급수 $\sum_{n=1}^{\infty} a_n$에 있어서는, $a_n = (-1)^{n-1} z_n$이라 하고, 모든 $n = 1, 2, \cdots$에 대하여 $z_n > 0$ (또는 $z_n < 0$)을 구하는 것이 편리하다. 교대급수의 수렴판정은 라이프니츠에 의해 증명된 교대급수 판정법(alternating series test)을 적용한다. 정리의 증명은 독자에게 남긴다.

> **[정리 14]** (교대급수 판정법)
>
> $Z = (z_n)$이 $\lim_{n \to \infty} z_n = 0$ $(z_n > 0)$을 만족하는 감소수열이면 교대급수 $\sum_{n=1}^{\infty} (-1)^{n-1} z_n$은 수렴한다.

예제 10 교대조화급수 $\sum_{n=1}^{\infty} \frac{(-1)^{n-1}}{n}$의 수렴, 발산을 판정하시오.

(풀이) $z_n = \frac{1}{n}$로 놓으면 $z_{n+1} < z_n$이고, 또한 $\lim_{n \to \infty} z_n = \lim_{n \to \infty} \frac{1}{n} = 0$이므로, 교대급수 판정법에 의하여 주어진 급수는 수렴한다. 참고로 이 급수의 합은 $\ln n$이다. □

참고 $0 < s \leq 1$일 때, $\sum_{n=1}^{\infty} \frac{(-1)^{n-1}}{n^s}$은 교대급수판정법에 의하여 수렴한다.

[정리 15] 교대급수 $\sum_{n=1}^{\infty}(-1)^{n-1}z_n$이 S에 수렴할 때, S_n을 제 n 부분합이라 하면, $|S-S_n| \leq z_{n+1}$을 만족한다.

증명 $$S-S_n=(-1)^n z_{n+1}+(-1)^{n+1}z_{n+2}+(-1)^{n+2}z_{n+3}+\cdots$$
$$=(-1)^n[z_{n+1}-z_{n+2}+z_{n+3}-\cdots]$$

이므로

$$|S-S_n|=(z_{n+1}-z_{n+2})+(z_{n+3}-z_{n+4})+\cdots$$
$$=z_{n+1}-(z_{n+2}-z_{n+3})-(z_{n+4}-z_{n+5})-\cdots$$

를 얻는다. 따라서 $|S-S_n| \leq z_{n+1}$이 성립한다. □

3. 절대수렴과 조건부수렴

일반적인 경우로써, 양항과 음항을 모두 갖고 있는 무한급수 $\sum_{n=1}^{\infty} a_n$에 대하여 서술한다.

[정의 16] (절대수렴과 조건부수렴)

$\sum_{n=1}^{\infty}|a_n|$이 수렴할 때 $\sum_{n=1}^{\infty} a_n$은 절대수렴(absolute convergence)이라 하고, 수렴급수 $\sum_{n=1}^{\infty} a_n$이 절대수렴하지 않으면 $\sum_{n=1}^{\infty} a_n$은 조건부수렴(conditional convergence)이라고 한다.

수렴하는 양항급수는 절대수렴한다. 따라서 급수 $\sum_{n=1}^{\infty} a_n$이 양항급수이면 절대수렴과 수렴은 같은 개념임에 유의한다.

예 8 $\sum_{n=1}^{\infty}\left|\frac{(-1)^{n-1}}{n}\right| = \sum_{n=1}^{\infty}\frac{1}{n}$은 발산하지만 $\sum_{n=1}^{\infty}\frac{(-1)^{n-1}}{n}$은 수렴한다. 따라서 교대조화급수는 절대수렴하지 않고 조건부수렴한다.

> [정리 17] 급수 $\sum_{n=1}^{\infty} a_n$이 절대수렴하면, 그 급수는 수렴한다.

증명 $-|a_n| \leqq a_n \leqq |a_n|$이므로, 양변에 $|a_n|$을 합하면

$$0 \leqq a_n + |a_n| \leqq 2|a_n|$$

이 된다. 따라서 $b_n = a_n + |a_n|$이라 놓으면 $0 \leqq b_n \leqq 2|a_n|$이다. $\sum_{n=1}^{\infty} a_n$이 절대수렴하면 $\sum_{n=1}^{\infty} |a_n|$은 수렴하므로 $\sum_{n=1}^{\infty} 2|a_n|$도 수렴한다. 그러므로 비교판정법에 의하여 $\sum_{n=1}^{\infty} b_n$은 수렴한다. 그런데 $a_n = b_n - |a_n|$ 이므로

$$\sum_{n=1}^{\infty} a_n = \sum_{n=1}^{\infty} b_n - \sum_{n=1}^{\infty} |a_n|$$

은 수렴한다. □

예 9 모든 $n \in N$에 대하여 $\left| \frac{(-1)^n}{n!} \right| = \frac{1}{n!} \leqq \frac{1}{2^{n-1}}$이고, $\sum_{n=1}^{\infty} \frac{1}{2^{n-1}}$ 은 수렴하기 때문에 비교판정법에 의하여 $\sum_{n=1}^{\infty} \frac{(-1)^n}{n!}$은 절대수렴한다. 따라서 수렴한다.

참고 주어진 급수가 p-급수나 기하급수와 비슷한 형태를 취한 경우에는 비교판정법을 적용하도록 고려한다. 비교판정법은 양항급수에만 적용할 수 있으나 $\sum_{n=1}^{\infty} a_n$이 음인 항을 포함하면 절대급수 $\sum_{n=1}^{\infty} |a_n|$에 비교판정법을 적용하면 된다.

(1) 비판정법

달랑베르(d'Alembert)에 의하여 만들어진 다음 비판정법(ratio test)은 주어진 급수가 절대수렴하는지 여부를 결정하는데 매우 유용하다.

[정리 18] (비판정법)

급수 $\sum_{n=1}^{\infty} a_n \ (a_n \neq 0)$에 있어서, $L = \lim_{n\to\infty} \left| \frac{a_{n+1}}{a_n} \right|$일 때,

(1) $L < 1$이면 $\sum_{n=1}^{\infty} a_n$은 절대수렴한다.

(2) $L > 1$이면 $\sum_{n=1}^{\infty} a_n$은 발산한다.

(3) $L = 1$이면 이 판정법으로는 판정할 수 없다.

증명 (1) $L < 1$이므로 $L < r < 1$인 r을 택할 수 있다. 그런데 $L < r$이고 $L = \lim_{n\to\infty} \left| \frac{a_{n+1}}{a_n} \right|$이므로 $\left| \frac{a_{n+1}}{a_n} \right| < r$이 성립한다. 즉 적당한 자연수 K가 존재하여 $n \geqq K$이면 $\left| \frac{a_{n+1}}{a_n} \right| < r$이다. 이 식을 변형하면 $n \geqq K$에 대하여 $|a_{n+1}| < |a_n| r$이므로, n대신 연속적으로 $K, K+1, K+2, \cdots$를 대입하면

$$|a_{K+1}| < |a_K| r, \quad |a_{K+2}| < |a_{K+1}| r < |a_K| r^2$$
$$|a_{K+3}| < |a_{K+2}| r < |a_K| r^3, \cdots$$

가 된다. 일반적으로 모든 $k \in N$에 대하여 $|a_{K+k}| < |a_K| r^k$이 성립한다. 그런데 $\sum_{k=1}^{\infty} |a_K| r^k = |a_K| r + |a_K| r^2 + |a_K| r^3 + \cdots$은 $0 < r < 1$인 기하급수이므로 수렴한다. 따라서 비교판정법에 의하여

$$\sum_{n=K+1}^{\infty} |a_n| = \sum_{k=1}^{\infty} |a_{K+k}| = |a_{K+1}| + |a_{K+2}| + \cdots$$

는 수렴한다. 결국 $\sum_{n=1}^{\infty} |a_n|$이 수렴하므로 $\sum_{n=1}^{\infty} a_n$은 절대수렴한다.

(2) $L = \lim_{n\to\infty} \left| \frac{a_{n+1}}{a_n} \right| > 1$이면 $\left| \frac{a_{n+1}}{a_n} \right| > 1$이 성립한다. 즉 적당한 자연수 K가 존재하여 $n \geqq K$이면 $\left| \frac{a_{n+1}}{a_n} \right| > 1$이 된다. 따라서 $n \geqq K$일 때, $|a_{n+1}| > |a_n|$이므로 $\lim_{n\to\infty} a_n \neq 0$이다. 그러므로 $L > 1$이면 $\sum_{n=1}^{\infty} a_n$은 발산한다.

(3) 두 급수 $\sum_{n=1}^{\infty} \frac{1}{n}$과 $\sum_{n=1}^{\infty} (-1)^{n+1} \frac{1}{n}$은 모두 $L=1$이지만, $\sum_{n=1}^{\infty} \frac{1}{n}$은 발산하고 $\sum_{n=1}^{\infty} (-1)^{n+1} \frac{1}{n}$은 수렴하므로, $L=1$일 때 비판정법은 수렴, 발산에 대하여 어떠한 판정도 제공하지 못한다. 이 경우 비판정법을 사용할 수 없으므로 다른 판정법을 이용해야 한다. ▨

예제 11 $\sum_{n=1}^{\infty} \frac{n^n}{n!}$의 수렴, 발산을 판정하시오.

(풀이)

$$\lim_{n \to \infty} \frac{a_{n+1}}{a_n} = \lim_{n \to \infty} \left(1 + \frac{1}{n}\right)^n = e > 1$$

이므로 비판정법에 의하여 주어진 급수는 발산한다. 그러나 이 예제에서는 발산판정법을 이용하는 것이 보다 쉬운 방법이다. ▨

(2) 근호판정법

이제 코시의 근호판정법(root test)을 소개한다. 이 판정법은 n 제곱이 나오는 경우에 적용하면 편리하다. 증명은 비판정법과 유사하므로 생략한다.

> [정리 19] (근호판정법)
>
> 급수 $\sum_{n=1}^{\infty} a_n (a_n \neq 0)$에 있어서, $r = \lim_{n \to \infty} |a_n|^{\frac{1}{n}}$일 때,
>
> (1) $r < 1$이면 $\sum_{n=1}^{\infty} a_n$은 절대수렴한다.
>
> (2) $r > 1$이면 $\sum_{n=1}^{\infty} a_n$은 발산한다.
>
> (3) $r = 1$이면 이 판정법으로는 판정할 수 없다.

참고 급수 $\sum_{n=1}^{\infty} \frac{1}{n}$과 $\sum_{n=1}^{\infty} \frac{1}{n^2}$에 있어서, $\lim_{n \to \infty} \left(\frac{1}{n}\right)^{\frac{1}{n}} = 1 = \lim_{n \to \infty} \left(\frac{1}{n^2}\right)^{\frac{1}{n}}$이지만 $\sum_{n=1}^{\infty} \frac{1}{n}$은 발산하고 $\sum_{n=1}^{\infty} \frac{1}{n^2}$은 수렴하기 때문에, $r=1$일 때 근호판정법은 수렴, 발산에 대하여 어떠한 판정도 제공하지 못한다.

예제 12 급수 $\sum_{n=1}^{\infty} \frac{n}{2^{n-1}}$의 수렴, 발산을 판정하시오.

(**풀이**) 모든 $n \in N$에 대하여 $\sqrt[n]{|a_n|} = \sqrt[n]{\frac{n}{2^{n-1}}} = (\sqrt[n]{n})/(2^{\frac{n-1}{n}})$이다. $\lim_{n\to\infty} \sqrt[n]{n} = 1$이고 $\lim_{n\to\infty} 2^{1-\frac{1}{n}} = 2$이므로 $\lim_{n\to\infty} \sqrt[n]{|a_n|} = \frac{1}{2} < 1$이다. 따라서 주어진 급수는 근호판정법에 의하여 수렴한다. □

참고 주어진 급수가 비판정법에 의해 수렴하면 그 급수는 또한 근호판정법에 의해서도 수렴한다.

4. 재배열급수

급수가 수렴하면 그 급수의 항들을 임의로 결합하여 얻은 새로운 급수도 같은 값으로 수렴한다. 그런데 급수의 항의 순서를 임의로 바꾸어 얻은 재배열(rearrangement)급수에 대해서는 어떤가를 알아보자. 재배열급수에 대한 다음 정리를 증명없이 서술한다.

> [정리 20] $\sum_{n=1}^{\infty} a_n$이 절대수렴하면, $\sum_{n=1}^{\infty} a_n$의 임의의 재배열도 동일한 값으로 절대수렴한다.

참고 $\sum_{n=1}^{\infty} a_n$이 절대수렴하지 않고 조건부수렴하면, $\sum_{n=1}^{\infty} a_n$의 재배열급수가 수렴한다고 하더라도 그 합은 일반적으로 $\sum_{n=1}^{\infty} a_n$의 합과 일치하지 않는다. 실제로 급수 $\sum_{n=1}^{\infty} a_n$이 조건부수렴하면 임의로 정한 수 c에 수렴하는 $\sum_{n=1}^{\infty} a_n$의 재배열급수가 존재함을 리만이 발견하였다. 또한 급수 $\sum_{n=1}^{\infty} a_n$이 조건부수렴하면 발산하는 $\sum_{n=1}^{\infty} a_n$의 재배열급수를 만들 수 있다는 사실도 알려져 있다.

9.4 멱급수

급수 $\sum_{n=1}^{\infty} a_n$에 있어서 a_n이 함수 $f_n(x)$로 이루어져 있을 때, $\sum_{n=1}^{\infty} f_n(x)$를 함수항 급수(sequence of functional terms)라 하고, 특히

$$\sum_{n=0}^{\infty} a_n x^n = a_0 + a_1 x + \cdots + a_n x^n + \cdots$$

인 형태의 급수를 x에 대한 **멱급수**(power series)라고 한다. 여기서 상수 a_n을 멱급수의 계수라 한다. 멱급수는 x가 어떤 값을 취하는가에 따라 수렴하기도 하고 발산하기도 한다. 일반적으로 멱급수가 수렴하는 x 값 전체집합은 항상 하나의 구간으로 나타내진다. 멱급수가 수렴하는 모든 x의 값으로 구성된 구간을 수렴구간(interval of convergence)이라 하고, 이 수렴구간은 반드시 0를 포함하며, 그 구간은 비판정법으로 구한다. 멱급수 $\sum_{n=0}^{\infty} a_n x^n$의 합은 주어진 급수가 수렴하는 모든 x의 집합을 정의구역으로 하는 함수이다.

예 10 모든 $n \in N$에 대하여 $a_n = 1$이라면 멱급수는 기하급수가 되고

$$\sum_{n=0}^{\infty} x^n = 1 + x + \cdots + x^n + \cdots$$

는 $|x| < 1$일 때 $\frac{1}{1-x}$로 수렴하며 $|x| \geq 1$일 때 발산한다.

일반적으로

$$\sum_{n=0}^{\infty} a_n (x-c)^n = a_0 + a_1 (x-c) + a_2 (x-c)^2 + \cdots$$

형태의 급수를 $x-c$에 관한 멱급수라고 한다.

멱급수의 수렴과 발산에 대한 다음 정리를 증명없이 서술한다.

> [정리 21] 멱급수 $\sum_{n=0}^{\infty} a_n(x-c)^n$은 반드시 다음 세 가지 중의 어느 하나에만 해당한다.
>
> (1) $x=c$일 때만 수렴한다.
>
> (2) 모든 x에 대하여 수렴한다.
>
> (3) 적당한 양수 R에 대하여 $|x-c|<R$이면 수렴하고, $|x-c|>R$이면 발산한다.

(3)의 경우에 $R(>0)$을 멱급수의 **수렴반경**이라 한다. 편의상 (1)의 경우는 $R=0$이라 하고 (2)의 경우는 $R=\infty$라 한다. (1)의 경우 수렴구간은 한 개의 점 c로 구성된 구간이며 (2)의 경우 수렴구간은 $(-\infty, \infty)$이고 (3)의 경우는 $(c-R, c+R)$이 수렴구간이다. x가 구간의 끝점, 즉 $x=c\pm R$일 때 멱급수는 끝점 모두에서 수렴하거나 끝점 중의 어느 한 점에서만 수렴할 수도 있고 두 점 모두에서 발산할 수도 있다.

예제 13 멱급수 $\sum_{n=0}^{\infty} \frac{n(x+2)^n}{3^{n+1}}$의 수렴반경과 수렴구간을 구하시오.

(**풀이**) $u_n = \frac{n(x+2)^n}{3^{n+1}}$이라 놓으면 $\lim_{n\to\infty}\left|\frac{u_{n+1}}{u_n}\right| = \frac{|x+2|}{3}$이 된다. 비판정법에 의해, 주어진 급수는 $\frac{|x+2|}{3}<1$일 때 수렴하고 $\frac{|x+2|}{3}>1$일 때는 발산한다. 그러므로 수렴반경 R은 3이다. 한편 $\frac{|x+2|}{3}=1$일 때는 비판정법을 사용할 수 없으므로 $x=-5$와 $x=1$일 때는 별도로 생각해야 한다. $x=-5$일 때 주어진 멱급수는

$$\sum_{n=0}^{\infty} \frac{n(-3)^n}{3^{n+1}} = \frac{1}{3}\sum_{n=0}^{\infty}(-1)^n n$$

이고 $x=1$일 때 주어진 급수는

$$\sum_{n=0}^{\infty} \frac{n3^n}{3^{n+1}} = \frac{1}{3}\sum_{n=0}^{\infty} n$$

이므로, 각각 발산판정법에 의해 발산함을 알 수 있다. 따라서 주어진 급수의 수렴구간은 $(-5, 1)$이다. □

멱급수의 합은 정의역이 멱급수의 수렴반경인 함수로써

$$f(x) = \sum_{n=0}^{\infty} a_n (x-c)^n$$

으로 나타낼 수 있다. 멱급수에서는, 멱급수의 각 항들을 개별적으로 미분하거나 적분함으로써 멱급수의 미분과 적분을 시행할 수 있다. 이러한 방법을 항별미분과 항별적분(term by term differentiation and integration)이라 한다. 멱급수의 미분과 적분에 대한 다음 정리를 증명없이 서술한다.

[정리 22] (멱급수의 미분과 적분)

멱급수 $\sum_{n=0}^{\infty} a_n (x-c)^n$의 수렴반경이 $R(>0)$일 때

(1) $f(x) = \sum_{n=0}^{\infty} a_n (x-c)^n$은 $(c-R,\ c+R)$에서 미분가능하며

$$f'(x) = \sum_{n=0}^{\infty} n\, a_n (x-c)^{n-1}$$

즉,

$$\frac{d}{dx}\left[\sum_{n=0}^{\infty} a_n (x-c)^n\right] = \sum_{n=0}^{\infty} \frac{d}{dx}[a_n (x-c)^n]$$

이 되고, 이 멱급수의 수렴반경도 R이다.

(2) $f(x) = \sum_{n=0}^{\infty} a_n (x-c)^n$이면

$$\int f(x)dx = \sum_{n=0}^{\infty} \frac{a_n}{n+1}(x-c)^{n+1} + C$$

즉,

$$\int\left[\sum_{n=0}^{\infty} a_n (x-c)^n\right]dx = \sum_{n=0}^{\infty} \int [a_n (x-c)^n]\, dx$$

이 성립하며, 이 멱급수의 수렴반경도 R이다.

참고 멱급수를 미분하거나 적분해도 수렴반경은 변하지 않는다. 그러나 수렴구간조차 변하지 않는다는 의미는 아니다. 실제로 원래의 멱급수는 수렴구간의 양 끝점 중에서 수렴하지만 미분을 시행한 멱급수는 발산하는 경우가 있다.

9.5 테일러 급수와 매클로린 급수

함수 f가 $x=c$에서 n번 미분가능일 때 다항식

$$T_n(x) = \sum_{k=0}^{n} \frac{f^{(k)}(c)}{k!}(x-c)^k$$

을 $x=c$에서 f의 n차 테일러 다항식이라 한다. 특히 $c=0$에서의 f의 n차 테일러 다항식

$$T_n(0) = \sum_{k=0}^{n} \frac{f^{(k)}(0)}{k!}x^k$$

을 f에 대한 n차 매클로린 다항식이라 한다.

[정리 23] (테일러 정리)

함수 f가 $x=c$를 포함하는 적당한 열린구간 I에서 $n+1$번 미분가능하면 구간 I의 임의의 x에 대하여

$$f(x) = \sum_{k=0}^{n} \frac{f^{(k)}(c)}{k!}(x-c)^k + R_n(x)$$

$$\text{단, } R_n(x) = \frac{f^{(n+1)}(x_0)}{(n+1)!}(x-c)^{n+1}$$

이 성립하는 $x = x_0\ (x < x_0 < c)$가 존재한다.

증명 x를 $x \neq c$라 하고 구간 I에서 함수 g를

$$g(t)=f(x)-f(t)-f'(t)(x-t)-\frac{f''(t)}{2!}(x-t)^2- \cdots - \frac{f^{(n)}(t)}{n!}(x-t)^n - R_n(x)\frac{(x-t)^{n+1}}{(x-c)^{n+1}}$$

로 정의하자. 그러면 $g(x)=0$이고

$$g(c)=f(x)-[\,T_n(x)+R_n(x)]=f(x)-f(x)=0$$

을 만족하므로 롤의 정리에 의해 $x_0 \in (x, c)$인 x_0가 존재하여 $g'(x_0)=0$이 된다. 그런데 g를 미분하면

$$g'(t)=-\frac{f^{(n+1)}(t)}{n!}(x-t)^n+(n+1)R_n(x)\frac{(x-t)^n}{(x-c)^{n+1}}$$

이므로

$$g'(x_0) = -\frac{f^{(n+1)}(t)}{n!}(x-x_0)^n + (n+1)R_n(x)\frac{(x-x_0)^n}{(x-c)^{n+1}} = 0$$

을 얻는다. 따라서 $R_n(x) = \dfrac{f^{(n+1)}(x_0)}{(n+1)!}(x-c)^{n+1}$이 성립한다. □

참고 테일러 정리에서 $R_n(x)$를 라그랑주의 나머지식(Lagrange's remainder form)이라 부른다. 나머지식은 라그랑주의 나머지식 외에 여러 형태의 표현 형식이 있다.

$\sum_{n=0}^{\infty}\frac{f^{(n)}(c)}{n!}(x-c)^n$을 $x=c$에서의 f의 테일러급수라고 하고, 특히 $c=0$일 때 f의 테일러 급수 $\sum_{n=0}^{\infty}\frac{f^{(n)}(0)}{n!}x^n$을 매클로린 급수라고 한다. 함수 f가 $c\in R$에서 모든 계수의 도함수를 갖는다면, $n\in N$에 대하여 테일러 계수 $a_n=f^{(n)}(c)/n!$을 구할 수 있고, 또 이들 계수를 갖는 멱급수를 얻을 수 있다. 그러나 이렇게 구한 멱급수가 일반적으로 c에 대한 구간에서 함수 f로 수렴하는 것은 아니다. 멱급수의 합이 존재하는지의 여부와, 또 존재한다 하더라도 $f(x)$와 같은 것인가를 반드시 확인하여야 한다. 특히

$$f(x) = \sum_{n=0}^{\infty}\frac{f^{(n)}(c)}{n!}(x-c)^n \quad (|x-c|<R)$$

을 만족할 때 테일러 급수를 $x=c$에서의 f의 테일러 급수 전개식, 또는 간단히 테일러 전개식(Taylor's expansion)이라고 한다.

> [정리 24] 함수 f가 c에서 멱급수로 전개되면, 즉
>
> $$f(x) = \sum_{n=0}^{\infty}a_n(x-c)^n \quad (|x-c|<R)$$
>
> 이면 주어진 멱급수의 계수는 $a_n = \dfrac{f^{(n)}(c)}{n!}$로 주어진다.

참고 $x=c$ 근방에서 정의된 실가함수 $f(x)$에 대하여, $x=c$에서의 테일러 급수가 $x=c$ 근방의 모든 x에 대해서 f에 수렴하면, 즉 f가 테일러

급수로 전개될 수 있다면, 함수 $f(x)$를 $x=c$에서 해석적(analytic)이라 한다. $x=c$에서 해석적이면 무한번 미분가능하지만, 무한 번 미분가능한 함수일지라도 해석적이 아닌 함수가 있다.

[정리 25] 구간 I에서 정의된 함수 f가 무한 번 미분가능하고 $c \in I$일 때, 모든 $x \in I$에 대하여

$$f(x) = \sum_{n=0}^{\infty} \frac{f^{(n)}(c)}{n!}(x-c)^n$$

이 성립할 필요충분조건은 모든 $x \in I$에 대하여 $\lim_{n \to \infty} R_n(x) = 0$이 성립하는 것이다.

증명 T_n이 c에서 n번째 테일러 다항식일 때

$$T_n(x) = f(x) - R_n(x)$$

이므로, 모든 $x \in I$에 대하여 $\lim_{n \to \infty} T_n(x) = f(x)$일 필요충분조건은 모든 $x \in I$에 대하여 $\lim_{n \to \infty} R_n(x) = 0$이 성립하는 것이다. ▢

예제 14 함수 $f(x) = e^x$의 매클로린 급수 전개식을 구하시오. 이때 수렴반경도 구하시오.

(풀이) $f(x) = e^x$이므로 $f^{(n)}(x) = e^x$이고 모든 n에 대하여 $f^{(n)}(0) = 1$을 얻는다. 그러므로 f의 매클로린 급수를 구하면

$$1 + \frac{x}{1!} + \frac{x^2}{2!} + \frac{x^3}{3!} + \cdots = \sum_{n=0}^{\infty} \frac{x^n}{n!}$$

이 된다. 수렴반경을 구하기 위하여 $u_n = \dfrac{x^n}{n!}$이라 놓으면

$$\lim_{n \to \infty} \left| \frac{u_{n+1}}{u_n} \right| = 0 < 1$$

이므로 비판정법에 의하여 주어진 급수는 모든 x에 대하여 수렴하며 수렴반경은 $R = \infty$가 된다. 따라서 함수 $f(x) = e^x$의 매클로린 급수 전개식은 모든 x에 대하여

$$e^x = \sum_{n=0}^{\infty} \frac{x^n}{n!} = 1 + \frac{x}{1!} + \frac{x^2}{2!} + \frac{x^3}{3!} + \cdots$$ ▨

예제 15 함수 $f(x) = \sin x$의 매클로린 급수 전개식을 구하시오. 이때 수렴구간도 구하시오.

(풀이) $f(x) = \sin x$에서 $f(0) = 0$

$f'(x) = \cos x$에서 $f'(0) = 1$

$f''(x) = -\sin x$에서 $f''(0) = 0$

$f'''(x) = -\cos x$에서 $f'''(0) = -1$

$\vdots$

이므로 f의 매클로린 급수를 구하면

$$x - \frac{x^3}{3!} + \frac{x^5}{5!} - \frac{x^7}{7!} + \cdots = \sum_{n=0}^{\infty} (-1)^n \frac{x^{2n+1}}{(2n+1)!}$$

이 된다. $u_n = \dfrac{(-1)^n x^{2n+1}}{(2n+1)!}$이라 놓으면

$$\lim_{n\to\infty} \left| \frac{u_{n+1}}{u_n} \right| = 0 < 1$$

이므로 비판정법에 의하여 주어진 급수는 모든 x에 대하여 수렴하며 수렴구간은 $(-\infty, \infty)$가 된다. 따라서 함수 $f(x) = \sin x$의 매클로린 급수 전개식은 모든 x에 대하여

$$\sin x = \sum_{n=0}^{\infty} (-1)^n \frac{x^{2n+1}}{(2n+1)!} = x - \frac{x^3}{3!} + \frac{x^5}{5!} - \frac{x^7}{7!} + \cdots$$ ▨

기하급수를 이용하여 매클로린 급수 전개식을 구할 수 있다.

예제 16 함수 $f(x) = \dfrac{1}{1+x^2}$의 매클로린 급수 전개식을 구하시오.

(풀이) $|x| < 1$일 때 급수 $\sum_{n=0}^{\infty} x^n$은 수렴하고,

$$\sum_{n=0}^{\infty} x^n = \frac{1}{1-x}$$

이므로, x 대신 $-x^2$을 대입하면 $|-x|^2 < 1$, 즉 $|x| < 1$일 때

$f(x)=\dfrac{1}{1+x^2}$ 의 매클로린 급수 전개식은

$$\frac{1}{1+x^2}=\frac{1}{1-(-x^2)} = \sum_{n=0}^{\infty}(-x^2)^n$$
$$= \sum_{n=0}^{\infty}(-1)^n x^{2n}=1-x^2+x^4-x^6+x^8-\cdots \qquad \square$$

항별미분을 이용하여 매클로린 급수 전개식을 구할 수 있다.

예제 17 함수 $f(x)=\cos x$의 매클로린 급수 전개식을 구하시오.

(**풀이**) $\sin x$의 매클로린 급수는 모든 x에 대하여 수렴하므로 [정리 22]에 의하여 $\cos x$의 매클로린 급수 역시 모든 x에 대하여 수렴한다. 그러므로

$$\cos x=\frac{d}{dx}\sin x=\frac{d}{dx}\left(x-\frac{x^3}{3!}+\frac{x^5}{5!}-\frac{x^7}{7!}+\cdots\right)$$
$$=1-\frac{3x^2}{3!}+\frac{5x^4}{5!}-\frac{7x^6}{7!}+\cdots=1-\frac{x^2}{2!}+\frac{x^4}{4!}-\frac{x^6}{6!}+\cdots$$

을 얻는다. 따라서 모든 x에 대하여

$$\cos x = \sum_{n=0}^{\infty}(-1)^n\frac{x^{2n}}{(2n)!}=1-\frac{x^2}{2!}+\frac{x^4}{4!}-\frac{x^6}{6!}+\cdots \qquad \square$$

참고 (오일러 공식) 함수 $f(x)=e^x$의 매클로린 급수 전개식에서 x 대신에 $ix\,(i=\sqrt{-1})$를 대입하여 계산하면

$$e^{ix}=1+ix+\frac{(ix)^2}{2!}+\frac{(ix)^3}{3!}+\frac{(ix)^4}{4!}+\cdots$$
$$=(1-\frac{x^2}{2!}+\frac{x^4}{4!}+\cdots)+i(x-\frac{x^3}{3!}+\frac{x^5}{5!}+\cdots)$$
$$=\cos x+i\sin x$$

가 성립하고, 같은 방법으로 $e^{-ix}=\cos x-i\sin x$를 얻는다.

항별적분을 이용하여 매클로린 급수 전개식을 구할 수 있다.

예제 18 함수 $f(x)=\tan^{-1}x$의 매클로린 급수 전개식을 구하시오.

(풀이) $f'(x)=\dfrac{1}{1+x^2}$ 과 $\dfrac{1}{1+x^2}$ 의 매클로린 급수 전개식을 이용한다. [정리 22]에 의하여

$$\begin{aligned}\tan^{-1}x &= \int \frac{1}{1+x^2}\,dx = \int (1-x^2+x^4-x^6+\cdots)\,dx \\ &= C+x-\frac{x^3}{3}+\frac{x^5}{5}-\frac{x^7}{7}+\cdots\end{aligned}$$

를 얻는다. $\dfrac{1}{1+x^2}$ 의 매클로린 급수의 수렴반경이 1이므로 $\tan^{-1}x$의 매클로린 급수 수렴반경도 역시 1이 된다. C를 구하기 위하여 $x=0$을 대입하면, $C=\tan^{-1}(0)=0$이 된다. 따라서 $f(x)=\tan^{-1}x$의 매클로린 급수 전개식은

$$\tan^{-1}x = \sum_{n=0}^{\infty}(-1)^n\frac{x^{2n+1}}{2n+1} = x-\frac{x^3}{3}+\frac{x^5}{5}-\frac{x^7}{7}+\cdots$$

가 된다. 이때 수렴구간은 $[-1,1]$이다. □

[정리 26] (1) $e^x = \displaystyle\sum_{n=0}^{\infty}\frac{x^n}{n!} = 1+\frac{x}{1!}+\frac{x^2}{2!}+\frac{x^3}{3!}+\cdots \quad (x\in R)$

(2) $\sin x = \displaystyle\sum_{n=0}^{\infty}(-1)^n\frac{x^{2n+1}}{(2n+1)!} = x-\frac{x^3}{3!}+\frac{x^5}{5!}-\frac{x^7}{7!}+\cdots \quad (x\in R)$

(3) $\cos x = \displaystyle\sum_{n=0}^{\infty}(-1)^n\frac{x^{2n}}{(2n)!} = 1-\frac{x^2}{2!}+\frac{x^4}{4!}-\frac{x^6}{6!}+\cdots \quad (x\in R)$

(4) $\tan^{-1}x = \displaystyle\sum_{n=0}^{\infty}(-1)^n\frac{x^{2n+1}}{2n+1} = x-\frac{x^3}{3}+\frac{x^5}{5}-\frac{x^7}{7}+\cdots \quad (-1\leqq x\leqq 1)$

(5) $\ln(x+1) = \displaystyle\sum_{n=0}^{\infty}(-1)^n\frac{x^{n+1}}{n+1} = x-\frac{x^2}{2}+\frac{x^3}{3}-\frac{x^4}{4}+\cdots \quad (-1< x\leqq 1)$

(6) $\dfrac{1}{1+x^2} = \displaystyle\sum_{n=0}^{\infty}(-1)^n x^{2n} = 1-x^2+x^4-x^6+x^8-\cdots \quad (-1<x<1)$

참고 멱급수가 중요한 이유 중 하나는 적분할 수 없는 함수를 적분할 수 있게 하여 준다는 것이다. 실제로 뉴턴은 적분이 어려운 함수를 멱급수로 전개한 후 항별적분을 이용하여 적분하곤 했다. 예를 들면, 함수 $f(x)=e^{-x^2}$은 그 도함수가 초등함수가 아니기 때문에 보통의 방법으로는 적분할 수 없으므로, 뉴턴의 방법을 이용하여 적분을 구한다.

예제 19 $\int_0^1 e^{-x^2}dx$를 멱급수를 이용하여 구하시오.

(풀이) 모든 x에 대하여 $f(x)=e^{-x^2}$의 매클로린 급수 전개식이

$$e^{-x^2}=1-\frac{x^2}{1!}+\frac{x^4}{2!}-\frac{x^6}{3!}+\cdots+(-1)^n\frac{x^{2n}}{n!}+\cdots$$

이므로 항별적분([정리 22])을 이용하면,

$$\begin{aligned}\int e^{-x^2}dx&=\int\left(1-\frac{x^2}{1!}+\frac{x^4}{2!}-\frac{x^6}{3!}+\cdots+(-1)^n\frac{x^{2n}}{n!}+\cdots\right)dx\\&=C+x-\frac{x^3}{3\cdot1!}+\frac{x^5}{5\cdot2!}-\frac{x^7}{7\cdot3!}+\frac{x^9}{9\cdot4!}+\cdots\end{aligned}$$

가 된다. 따라서 미적분학의 기본정리에 의하여

$$\begin{aligned}\int_0^1 e^{-x^2}dx&=\left[x-\frac{x^3}{3\cdot1!}+\frac{x^5}{5\cdot2!}-\frac{x^7}{7\cdot3!}+\frac{x^9}{9\cdot4!}-\cdots\right]_0^1\\&=1-\frac{1}{3}+\frac{1}{10}-\frac{1}{42}+\frac{1}{216}-\cdots\approx0.7475\end{aligned}$$ □

멱급수의 곱 및 나눗셈도 다항식들의 곱 및 나눗셈과 마찬가지로 할 수 있다. 실제 계산에서는 멱급수의 처음 몇 개의 항만 계산해 본다.

예제 20 다음 함수의 매클로린 급수 전개식을 셋째 항까지 구하시오.

(1) $e^x\sin x$　　　　(2) $\tan x$

(풀이) (1) $$\begin{aligned}e^x\sin x&=\left(1+\frac{x}{1!}+\frac{x^2}{2!}+\frac{x^3}{3!}+\cdots\right)\left(x-\frac{x^3}{3!}+\cdots\right)\\&=x+x^2+\frac{1}{3}x^3+\cdots\end{aligned}$$

(2) $$\tan x=\frac{\sin x}{\cos x}=\frac{x-\frac{x^3}{3!}+\frac{x^5}{5!}-\cdots}{1-\frac{x^2}{2!}+\frac{x^4}{4!}-\cdots}=x+\frac{1}{3}x^3+\frac{2}{15}x^5+\cdots$$ □

참고 (함수열과 함수항 급수) 항들이 함수인 함수열은 실해석학에서 자연스럽게 발생하는데 그것은 특히 주어진 함수의 근사를 얻는데 유용하고, 또 새로운 함수를 정의하는데도 이용된다.

함수항 급수에 관한 문제는 함수열에 관하여 대응되는 문제들을 조사함으로써 해결된다. 함수항 급수의 특수한 경우가 멱급수인 것이다.

연습문제

1. 다음 수열의 수렴, 발산 여부를 판정하시오. 만일 수렴한다면, 그 극한값을 구하시오.

(1) $a_n = \dfrac{(-1)^n n^2}{1+n^3}$ (2) $a_n = \dfrac{3+(-1)^n}{n^2}$ (3) $a_n = \dfrac{\cos^2 n}{2^n}$

(4) $a_n = \cos\left(\dfrac{n\pi}{2}\right)$ (5) $a_n = \dfrac{n!}{2^n}$ (6) $a_n = \sqrt{n+2} - \sqrt{n}$

2. 다음 급수의 수렴, 발산 여부를 판정하시오.

(1) $\displaystyle\sum_{n=0}^{\infty} \frac{4^{n+1}}{5^n}$ (2) $\displaystyle\sum_{n=1}^{\infty} \frac{1}{n \cdot 5^n}$ (3) $\displaystyle\sum_{n=2}^{\infty} \left[\frac{1}{n(\ln n)^2} - \frac{1}{n^2}\right]$

(4) $\displaystyle\sum_{n=2}^{\infty} \frac{1}{n(\ln n)^2}$ (5) $\displaystyle\sum_{n=1}^{\infty} \frac{n^n}{(2n)!}$

3. 다음 급수의 수렴, 발산 여부를 판정하시오. 만일 수렴한다면, 그 값을 구하시오.

(1) $\displaystyle\sum_{n=1}^{\infty} \frac{3^n+2^n}{6^n}$ (2) $\displaystyle\sum_{n=1}^{\infty} \frac{1}{(3n-2)(3n+1)}$ (3) $\displaystyle\sum_{n=1}^{\infty} \frac{n}{(n+1)!}$

(4) $\displaystyle\sum_{n=1}^{\infty} \ln\left(\frac{n}{n+1}\right)$ (5) $\displaystyle\sum_{n=1}^{\infty} \frac{1}{n(n+1)(n+2)}$

4. 다음 급수가 조건부수렴, 절대수렴 또는 발산하는지를 결정하시오.

(1) $\displaystyle\sum_{n=1}^{\infty} (-1)^{n-1} n^{-1/3}$ (2) $\displaystyle\sum_{n=1}^{\infty} \frac{(-1)^{n+1} n!}{2^n}$ (3) $\displaystyle\sum_{n=1}^{\infty} \frac{(-1)^n}{\sqrt[n]{n}}$

(4) $\displaystyle\sum_{n=1}^{\infty} \frac{(-1)^n (n+1) 3^n}{2^{2n+1}}$ (5) $\displaystyle\sum_{n=1}^{\infty} \frac{(-1)^n \sqrt{n}}{\ln n}$

5. 다음 각 급수의 합을 구하시오.

(1) $\displaystyle\sum_{n=0}^{\infty} \frac{(-1)^n x^{4n}}{n!}$ (2) $\displaystyle\sum_{n=0}^{\infty} \frac{(-1)^n \pi^{2n+1}}{4^{2n+1}(2n+1)!}$ (3) $\displaystyle\sum_{n=0}^{\infty} \frac{x^{n+1}}{(n+1)!}$

6. 다음 급수의 수렴반경과 수렴구간을 구하시오.

(1) $\displaystyle\sum_{n=0}^{\infty} \frac{(-3)^n x^{2n}}{n+1}$ (2) $\displaystyle\sum_{n=1}^{\infty} \frac{(2n)!}{(n!)^2} x^n$ (3) $\displaystyle\sum_{n=2}^{\infty} \frac{n^n x^n}{(\ln n)^n}$

7. 다음 급수가 수렴하기 위한 p의 값을 구하시오.

(1) $\sum_{n=2}^{\infty} \frac{1}{n(\ln n)^p}$ (2) $\sum_{n=1}^{\infty} n(1+n^2)^p$

8. 다음을 증명하시오.

(1) $\sum_{k=2}^{\infty} \ln\left(1-\frac{1}{k^2}\right) = -\ln 2$ (2) $\sum_{k=1}^{\infty} \frac{\sqrt{k+1}-\sqrt{k}}{\sqrt{k^2+k}} = 1$

9. 고무공을 4 m 높이에서 떨어뜨리면 떨어진 높이의 $\frac{1}{2}$ 만큼 끝없이 계속 튀어 오른다고 가정할 때, 공이 움직인 거리를 구하시오.

10. $f(x)$의 2계 도함수 $f''(x)$가 연속일 때,

$$\lim_{h\to 0} \frac{1}{h^2}\{f(x+h)-2f(x)+f(x-h)\} = f''(x)$$

가 성립함을 증명하시오.

11. 급수를 이용하여 극한 $\lim_{n\to\infty} x^2(1-e^{-1/x^2})$을 구하시오.

10

해석기하와 벡터

벡터가 직선, 평면과 곡선 등을 간단하게 표현하도록 해 주기 때문에 해석기하는 주로 벡터를 이용한다. 이 장에서는 주로 3차원 공간에서 해석학적인 관점으로 벡터를 도입하고, 기하학적인 관점으로 벡터를 이해하도록 한다.

10.1 공간좌표계

공간 위에 점을 나타내는 방법 중 가장 널리 사용하는 것은 공간에 좌표축을 설정하고 주어진 점을 각 좌표축으로 정사영시킨 값을 각 성분으로 하여 순서쌍으로 표시하는 것이다.

2차원 평면에서 한 점은 두 실수의 순서쌍 (a, b)로 나타내고, 3차원 공간에서는 세 실수의 순서쌍 (a, b, c)로 나타낸다. 원점 O(origin)에서 서로 수직으로 만나는 세 좌표축(coordinate axes) x축, y축, z축을 댁하면(단, z축의 방향은 오른손법칙에 의하여 정한다.) 세 좌표축은 세 좌표평면 xy평면, yz평면과 xz평면을 결정하고, 이 세 좌표평면은 팔분공간이라 부르는 8개의 공간으로 나눈다.

카테시안 곱 $R\times R\times R=\{(x, y, z) \mid x, y, z\in R\}$은 R^3으로 표기한다. 일반적으로 n개의 성분을 갖는 순서쌍 전체의 집합을 n차원 공간이라 하고 R^n으로 표시한다. 이것을 n차원 직교좌표계라 한다. 2차원 해석기하에서, x와 y를 포함하는 식의 그래프는 R^2의 곡선이고, 3차원 해석기하에서는, x, y, z를 포함하는 식의 그래프는 R^3의 곡면을 나타낸다.

예 1 $y=2$는 R^3에서 xz 평면과 평행이면서 2만큼 xz 평면 위쪽에 있는 수평면을 나타내고, R^2 에서는 x 축에 평행이면서 2만큼 x 축 위쪽에 있는 직선을 나타낸다.

평면에서 두 점 사이의 거리공식은 3차원 공간으로 쉽게 확장된다.

[정리 1] (3차원 공간에서의 거리공식)

두 점 $P_1(x_1, y_1, z_1)$와 $P_2(x_2, y_2, z_2)$ 사이의 거리 $\overline{P_1P_2}$는

$$\overline{P_1P_2} = \sqrt{(x_2-x_1)^2+(y_2-y_1)^2+(z_2-z_1)^2}$$

10.2 공간벡터

크기와 방향을 가진 벡터(vector)는 동치인 유향선분(시점에 관계 없이 같은 크기와 같은 방향을 갖는 유향선분은 모두 동치라 함)의 집합이다. 일반적으로 2차원 벡터는 두 실수의 순서쌍 $\mathbf{a}=(a_1, a_2)$로 표기하고, 3차원 공간에서의 벡터는 세 실수의 순서쌍 $\mathbf{a}=(a_1, a_2, a_3)$로 표기한다. 이때 실수 a_i를 벡터의 성분이라 한다. 벡터는 인쇄체 굵은 글자 $\mathbf{v}$ 또는 $\vec{v}$로 표시한다.

시점(initial point) $A(x, y)$와 종점(terminal point) $B(x+a_1, y+a_2)$에서 유향선분 $\overrightarrow{AB}$는 벡터 $\mathbf{a}=(a_1, a_2)$의 한 표현이라고 한다. 특히 원점에서 점 $P(a_1, a_2)$에 이르는 유향선분 $\overrightarrow{OP}$는 벡터의 한 특별한 표현이고, 이때 벡터 (a_1, a_2)를 점 $P(a_1, a_2)$의 위치벡터라 한다. 마찬가지로 3차원에서, 벡터 (a_1, a_2, a_3)는 점 $P(a_1, a_2, a_3)$의 위치벡터이다.

예 2 두 점 $A(x_1, x_2, x_3)$, $B(x_2, y_2, z_3)$에 대하여, 유향선분 $\overrightarrow{AB}$에 의하여 표현되는 벡터는 $\mathbf{a}=(x_2-x_1, y_2-y_1, z_2-z_1)$이다.

벡터 $\mathbf{v}$의 크기 또는 길이는 노름(norm) $\|\mathbf{v}\|$로 나타낸다. 2차원 벡터 $\mathbf{a}=(a_1, a_2)$의 크기는 $\|\mathbf{a}\|=\sqrt{a_1^2+a_2^2}$이고, 3차원 벡터 $\mathbf{a}=(a_1, a_2, a_3)$의 크기는 $\|\mathbf{a}\|=\sqrt{a_1^2+a_2^2+a_3^3}$이다. 특히 크기가 1인 벡터를 단위벡터(unit vector)라 한다. 크기가 0인 벡터는 영벡터 $\mathbf{0}=(0, 0, 0)$ 뿐이고, 영벡터는 특정한 방향을 갖지 않는 유일한 벡터이다.

[정의 2] (벡터의 합과 스칼라 곱)

(1) $\mathbf{a}=(a_1, a_2, a_3)$, $\mathbf{b}=(b_1, b_2, b_3)$일 때, 두 벡터의 합을

$$\mathbf{a}+\mathbf{b}=(a_1+b_1, a_2+b_2, a_3+b_3)$$

라 하고, 두 벡터의 차는 $\mathbf{a}-\mathbf{b}=\mathbf{a}+(-\mathbf{b})$로 정의한다.

(2) c가 스칼라(실수 c를 벡터와 구별하기 위해 스칼라라고 함)이고, $\mathbf{a}=(a_1, a_2, a_3)$이면, 벡터 $c\mathbf{a}$를

$$c\mathbf{a}=(ca_1, ca_2, ca_3)$$

로 정의한다.

참고 벡터의 합의 정의를 기하학적으로 삼각형법칙 또는 평행사변형 법칙으로 표현하기도 한다.

벡터 $\mathbf{a}$의 스칼라 곱 $c\mathbf{a}$는 $\mathbf{a}$의 크기의 $|c|$배의 크기를 갖는 벡터로써, $c>0$이면 $\mathbf{a}$와 같은 방향을, $c<0$이면 $\mathbf{a}$와 반대방향을 가진다. 두 벡터 $\mathbf{a}$와 $\mathbf{b}$가 어떤 스칼라 c에 대하여 $\mathbf{b}=c\mathbf{a}$이면 $\mathbf{a}$와 $\mathbf{b}$는 평행이라 한다.

이제 2차원 벡터 전체의 집합을 V_2, 3차원 벡터 전체의 집합을 V_3로 나타내기로 한다. 일반적으로 n차원 벡터 $\mathbf{a}=(a_1, a_2, \cdots, a_n)$ 전체의 집합을 V_n으로 표기하기로 한다. 여기에서 $a_1, a_2, \cdots, a_n$은 실수

로서 $\mathbf{a}$의 성분이라고 한다. n차원 벡터의 합과 스칼라의 곱은 $n=2$ 또는 $n=3$의 경우와 마찬가지로 성분들의 항들로 정의한다.

벡터에 관한 다음 성질은 벡터에 관한 정의 2로부터 쉽게 확인된다.

> [정리 3] (벡터의 성질)
>
> $\mathbf{a}, \mathbf{b}, \mathbf{c}$가 V_n의 벡터이고, c, d가 스칼라일 때,
>
> (1) $\mathbf{a}+\mathbf{b}= \mathbf{b}+\mathbf{a}$ (2) $\mathbf{a}+(\mathbf{b}+\mathbf{c})= (\mathbf{a}+\mathbf{b})+\mathbf{c}$
>
> (3) $\mathbf{a}+\mathbf{0}= \mathbf{a}$ (4) $\mathbf{a}+(-\mathbf{a})= \mathbf{0}$
>
> (5) $c(\mathbf{a}+\mathbf{b})= c\mathbf{a}+c\mathbf{b}$ (6) $(c+d)\mathbf{a}= c\mathbf{a}+d\mathbf{a}$
>
> (7) $(cd)\mathbf{a}= c(d\mathbf{a})$ (8) $1\mathbf{a}= \mathbf{a}$

V_3에서 표준기저벡터로 정의되는 다음 세 벡터

$$\mathbf{i}=(1,0,0),\quad \mathbf{j}=(0,1,0),\quad \mathbf{k}=(0,0,1)$$

은 양의 x축, y축, z축 방향을 각각 나타내는 단위벡터이다. 마찬가지로 2차원에서는 $\mathbf{i}=(1,0)$, $\mathbf{j}=(0,1)$로 정의한다. 일반적으로 $\mathbf{a}\neq \mathbf{0}$이면, $\mathbf{a}$와 같은 방향을 가지는 단위벡터는 $\mathbf{u}=\dfrac{\mathbf{a}}{\|\mathbf{a}\|}$가 된다.
$\mathbf{a}=(a_1, a_2, \cdots, a_n)$이면

$$\begin{aligned}\mathbf{a}&=(a_1, a_2, a_n)=(a_1, 0, 0)+(0, a_2, 0)+(0, 0, a_3)\\&=a_1(1, 0, 0)+a_2(0, 1, 0)+a_3(0, 0, 1)=a_1\mathbf{i}+\mathrm{a}_2\mathbf{j}+\mathrm{a}_3\mathbf{k}\end{aligned}$$

이므로 V_3의 임의의 벡터는 $\mathbf{i}, \mathbf{j}, \mathbf{k}$의 항으로 나타낼 수 있다. 마찬가지로 2차원에서는 $\mathbf{a}=(a_1, a_2)=a_1\mathbf{i}+a_2\mathbf{j}$로 쓸 수 있다.

10.3 벡터의 내적

벡터의 기하학적 해석이나 응용에 다양성을 주는 벡터간의 곱을 정의한다.

1. 내적

[정의 4] (벡터의 내적)

두 벡터 $\mathbf{a}=(a_1, a_2, a_3)$, $\mathbf{b}=(b_1, b_2, b_3)$에 대하여 $\mathbf{a}$와 $\mathbf{b}$의 내적(dot product 또는 inner product) $\mathbf{a}\cdot\mathbf{b}$는 실수, 즉 스칼라

$$\mathbf{a}\cdot\mathbf{b}=a_1b_1+a_2b_2+a_3b_3$$

로 정의하고, ' $\mathbf{a}$ dot $\mathbf{b}$'로 읽는다. 내적을 **스칼라곱**(scalar product)이라고도 한다.

벡터의 내적은 같은 차원의 벡터에 적용되며 그 결과는 하나의 실수임에 유의한다. 내적에 관한 다음 성질은 정의로부터 쉽게 확인된다.

[정리 5] (내적의 성질)

$\mathbf{a},\mathbf{b},\mathbf{c}$가 V_3의 벡터이고, c가 스칼라일 때,

(1) $\mathbf{a}\cdot\mathbf{a}=\|\mathbf{a}\|^2$ (2) $\mathbf{a}\cdot\mathbf{b}=\mathbf{b}\cdot\mathbf{a}$

(3) $\mathbf{0}\cdot\mathbf{a}=0$ (4) $\mathbf{a}\cdot(\mathbf{b}+\mathbf{c})=\mathbf{a}\cdot\mathbf{b}+\mathbf{a}\cdot\mathbf{c}$

(5) $(c\mathbf{a})\cdot\mathbf{b}=c(\mathbf{a}\cdot\mathbf{b})=\mathbf{a}\cdot(c\mathbf{b})$

내적 $\mathbf{a}\cdot\mathbf{b}$는 $\mathbf{a}$와 $\mathbf{b}$사이의 각 $\theta\ (0\leqq\theta\leqq\pi)$를 이용하여 기하학적으로 표현할 수 있다. $\mathbf{a}$와 $\mathbf{b}$가 평행인 벡터이면, $\theta=0$ 또는 $\theta=\pi$이다.

물리학자들은 다음 정리에 나타나는 공식을 내적의 정의로 사용한다.

[정리 6] θ가 벡터 $\mathbf{a}$와 $\mathbf{b}$ 사이의 각이면

$$\mathbf{a}\cdot\mathbf{b}=\|\mathbf{a}\|\|\mathbf{b}\|\cos\theta$$

이다. 따라서 θ가 $\mathbf{0}$이 아닌 두 벡터 $\mathbf{a}$와 $\mathbf{b}$사이의 각이면,

$$\cos\theta=\frac{\mathbf{a}\cdot\mathbf{b}}{\|\mathbf{a}\|\|\mathbf{b}\|}$$

가 된다. 이때 $\cos\theta$를 두 벡터 $\mathbf{a}$와 $\mathbf{b}$의 여현이라 한다.

증명

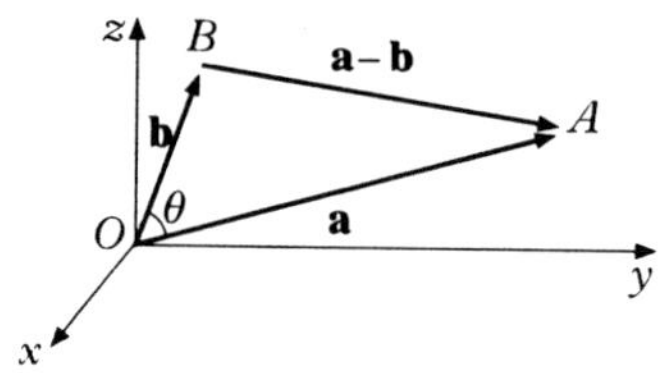

[그림 10.1]

[그림 10.1]에서 삼각형 $\triangle OAB$에 코사인 법칙을 적용하면

$$\overline{AB}^2 = \overline{OA}^2 + \overline{OB}^2 - 2\,\overline{OA} \cdot \overline{OB}\cos\theta$$

가 된다. 그런데 $\overline{OA} = \|\mathbf{a}\|$, $\overline{OB} = \|\mathbf{b}\|$, $\overline{AB} = \|\mathbf{a}-\mathbf{b}\|$ 이므로

$$\|\mathbf{a}-\mathbf{b}\|^2 = \|\mathbf{a}\|^2 + \|\mathbf{b}\|^2 - 2\|\mathbf{a}\|\,\|\mathbf{b}\|\cos\theta$$

가 성립한다. 내적의 성질을 이용하면

$$\|\mathbf{a}-\mathbf{b}\|^2 = (\mathbf{a}-\mathbf{b})\cdot(\mathbf{a}-\mathbf{b}) = \|\mathbf{a}\|^2 - 2\,\mathbf{a}\cdot\mathbf{b} + \|\mathbf{b}\|^2$$

으로 변형되므로,

$$\|\mathbf{a}\|^2 - 2\,\mathbf{a}\cdot\mathbf{b} + \|\mathbf{b}\|^2 = \|\mathbf{a}\|^2 + \|\mathbf{b}\|^2 - 2\|\mathbf{a}\|\,\|\mathbf{b}\|\cos\theta$$

를 얻는다. 따라서 $\mathbf{a}\cdot\mathbf{b} = \|\mathbf{a}\|\,\|\mathbf{b}\|\cos\theta$를 만족한다. □

0이 아닌 두 벡터 **a**와 **b** 사이의 각이 $\frac{\pi}{2}$일 때, 즉 $\mathbf{a}\cdot\mathbf{b}=0$일 때 **a**와 **b**는 수직(perpendicular) 또는 직교(orthogonal)한다고 한다. 역으로 $\mathbf{a}\cdot\mathbf{b}=0$이면 $\cos\theta=0$이므로 $\theta=\frac{\pi}{2}$가 된다. 그러므로 **a**와 **b**가 직교할 필요충분조건은 $\mathbf{a}\cdot\mathbf{b}=0$이다. 영벡터는 모든 벡터에 수직인 것으로 정의한다.

예제 1 $\mathbf{u}=(1, 2)$일 때, **u**와 수직인 단위벡터를 구하시오.

(풀이) **u**와 수직인 단위벡터를 $\mathbf{v}=(x, y)$라 하면, $\mathbf{u}\cdot\mathbf{v}=0$이고 $\|\mathbf{v}\|=1$이다. 따라서 $x+2y=0$이고 $x^2+y^2=1$이므로, 이 방정식을 풀면 $x=\pm\frac{2}{\sqrt{5}}$, $y=\mp\frac{1}{\sqrt{5}}$을 얻는다. □

벡터의 내적과 노름은 공간기하의 해석을 용이하게 한다. 노름에 대한 몇 가지 성질을 서술한다.

> [정리 7] $\mathbf{u}$와 $\mathbf{v}$가 V_n의 벡터이고, c가 스칼라일 때
>
> (1) $\|\mathbf{u}\| \geqq 0$이고 $\|\mathbf{u}\| = 0 \Leftrightarrow \mathbf{u} = \mathbf{0}$
>
> (2) $\|c\mathbf{u}\| = |c|\,\|\mathbf{u}\|$
>
> (3) $|\mathbf{u} \cdot \mathbf{v}| \leqq \|\mathbf{u}\|\,\|\mathbf{v}\|$ (코시-슈바르츠 부등식)
>
> (4) $\|\mathbf{u}+\mathbf{v}\| \leqq \|\mathbf{u}\| + \|\mathbf{v}\|$ (삼각부등식)

2. 방향각과 방향여현

$\mathbf{0}$이 아닌 벡터 $\mathbf{a}$의 방향각(direction angle)은 $\mathbf{a}$가 양의 x축, y축, z축과 각각 만드는 각 α, β, γ이다. 또 방향각의 여현 $\cos\alpha$, $\cos\beta$, $\cos\gamma$를 벡터 $\mathbf{a}$의 방향코사인(또는 방향여현)이라 하고,

$$\cos\alpha = \frac{\mathbf{a}\cdot\mathbf{i}}{\|\mathbf{a}\|\,\|\mathbf{i}\|} = \frac{a_1}{\|\mathbf{a}\|}, \quad \cos\beta = \frac{\mathbf{a}\cdot\mathbf{j}}{\|\mathbf{a}\|\,\|\mathbf{j}\|} = \frac{a_2}{\|\mathbf{a}\|}$$

$$\cos\gamma = \frac{\mathbf{a}\cdot\mathbf{k}}{\|\mathbf{a}\|\,\|\mathbf{k}\|} = \frac{a_3}{\|\mathbf{a}\|}$$

로 주어진다. 따라서 $\cos^2\alpha + \cos^2\beta + \cos^2\gamma = 1$이 성립한다. 또한

$$\begin{aligned}\mathbf{a} = (a_1,\ a_2,\ a_3) &= (\|\mathbf{a}\|\cos\alpha,\ \|\mathbf{a}\|\cos\beta,\ \|\mathbf{a}\|\cos\gamma) \\ &= \|\mathbf{a}\|\,(\cos\alpha,\ \cos\beta,\ \cos\gamma)\end{aligned}$$

이므로, $\dfrac{\mathbf{a}}{\|\mathbf{a}\|} = (\cos\alpha,\ \cos\beta,\ \cos\gamma)$가 된다. 이것은 방향코사인이 $\mathbf{a}$와 방향이 같은 단위벡터의 성분임을 의미하고 있다.

3. 사영

시점 P를 갖는 두 벡터 $\mathbf{a}$와 $\mathbf{b}$의 표현을 $\overrightarrow{PQ}$와 $\overrightarrow{PR}$이라고 하자. S를 R에서 $\overrightarrow{PQ}$를 포함하는 직선에 내린 수선의 발이라고 할 때, $\overrightarrow{PS}$인 벡터를 $\mathbf{a}$

위로의 $\mathbf{b}$의 벡터사영(vector projection)이라 한다. $\mathbf{a}$ 위로의 $\mathbf{b}$의 스칼라사영(또는 $\mathbf{a}$ 방향의 $\mathbf{b}$의 성분)은 θ가 $\mathbf{a}$와 $\mathbf{b}$ 사이의 각일 때, $\|\mathbf{b}\|\cos\theta$로 정의한다. $\frac{\pi}{2} < \theta \leq \pi$일 때는 음이 된다.

$$\|\mathbf{b}\|\cos\theta = \frac{\mathbf{a}\cdot\mathbf{b}}{\|\mathbf{a}\|} = \frac{\mathbf{a}}{\|\mathbf{a}\|}\cdot\mathbf{b}$$

이므로 $\mathbf{a}$ 위로의 $\mathbf{b}$의 스칼라사영은 $\mathbf{a}$와 방향이 같은 단위벡터와 $\mathbf{b}$와의 내적이고, $\mathbf{a}$ 위로의 $\mathbf{b}$의 벡터사영은

$$\left(\frac{\mathbf{a}\cdot\mathbf{b}}{\|\mathbf{a}\|}\right)\frac{\mathbf{a}}{\|\mathbf{a}\|} = \frac{\mathbf{a}\cdot\mathbf{b}}{\|\mathbf{a}\|^2}\mathbf{a}$$

가 된다. 또한

$$\mathbf{a}\cdot\mathbf{b} = \|\mathbf{a}\|\ \|\mathbf{b}\|\cos\theta = \|\mathbf{a}\|(\|\mathbf{b}\|\cos\theta)$$

이므로 $\mathbf{a}$와 $\mathbf{b}$의 내적은 $\mathbf{a}$의 크기에 $\mathbf{a}$ 위로의 $\mathbf{b}$의 스칼라사영을 곱한 것으로 설명될 수 있다.

예제 2 $\mathbf{a} = (-2, 3, 1)$ 위로의 $\mathbf{b} = (1, 1, 2)$의 스칼라사영과 벡터사영을 구하시오.

(풀이) $\|\mathbf{a}\| = \sqrt{14}$이고, $\mathbf{a}\cdot\mathbf{b} = 3$이므로 $\mathbf{a}$ 위로의 $\mathbf{b}$의 스칼라사영은

$$\|\mathbf{b}\|\cos\theta = \frac{\mathbf{a}\cdot\mathbf{b}}{\|\mathbf{a}\|} = \frac{3}{\sqrt{14}}$$

이고, 벡터사영은 이 스칼라사영을 $\mathbf{a}$ 방향의 단위벡터에 곱한 것이므로

$$\left(\frac{\mathbf{a}\cdot\mathbf{b}}{\|\mathbf{a}\|}\right)\frac{\mathbf{a}}{\|\mathbf{a}\|} = \frac{3}{\sqrt{14}}\frac{\mathbf{a}}{\|\mathbf{a}\|} = \left(-\frac{3}{7}, \frac{9}{14}, \frac{3}{14}\right)$$ □

물리학에서 일을 구할 때 사영이 응용된다. 일정한 힘 $\mathbf{F}$로 물체를 거리 d만큼 이동시켰을 때 한 일은 $W = \|\mathbf{F}\|\,d$이다. 그런데 이 경우는 힘이 물체가 움직인 방향으로 작용했을 때만 적용된다. 그러나 힘이 벡터 $\mathbf{F} = \overrightarrow{PR}$의 방향으로 작용하는 경우를 생각해 보자. 힘이 물체를 P에서 Q로 이동시킨다면 변위벡터는 $\mathbf{D} = \overrightarrow{PQ}$이다. 이 힘에 의하여 한 일은 $\mathbf{D}$ 방향의 힘의 성분과 움

직인 거리의 곱으로 정의된다. 즉 $W = (\|\mathbf{F}\| \cos\theta)\|\mathbf{D}\|$ 이다. 따라서 $\mathbf{D}$가 변위벡터일 때, 일정한 힘 $\mathbf{F}$에 의하여 한 일은 내적 $\mathbf{F}\cdot\mathbf{D}$가 된다.

10.4 벡터곱

두 벡터 $\mathbf{a}$와 $\mathbf{b}$의 벡터곱 $\mathbf{a}\times\mathbf{b}$는 벡터가 된다. 특히 $\mathbf{a}\times\mathbf{b}$는 $\mathbf{a}$와 $\mathbf{b}$가 3차원 벡터일 경우에만 정의됨에 유의한다.

> [정의 8] (벡터곱)
>
> 두 벡터 $\mathbf{a} = (a_1, a_2, a_3)$, $\mathbf{b} = (b_1, b_2, b_3)$의 외적(cross product) 또는 벡터곱(vector product) $\mathbf{a}\times\mathbf{b}$는
>
> $$\mathbf{a}\times\mathbf{b} = (a_2b_3 - a_3b_2,\ a_3b_1 - a_1b_3,\ a_1b_2 - a_2b_1)$$
>
> 으로 정의한다.

벡터곱은 행렬식의 표현법을 이용한다. 2차 행렬식과 표준기저벡터 $\mathbf{i}, \mathbf{j}, \mathbf{k}$를 이용하여 표현하면, $\mathbf{a} = a_1\mathbf{i} + a_2\mathbf{j} + a_3\mathbf{k}$와 $\mathbf{b} = b_1\mathbf{i} + b_2\mathbf{j} + b_3\mathbf{k}$일 때 벡터곱 $\mathbf{a}\times\mathbf{b}$는

$$\mathbf{a}\times\mathbf{b} = \begin{vmatrix} a_2 & a_3 \\ b_2 & b_3 \end{vmatrix}\mathbf{i} - \begin{vmatrix} a_1 & a_3 \\ b_1 & b_3 \end{vmatrix}\mathbf{j} + \begin{vmatrix} a_1 & a_2 \\ b_1 & b_2 \end{vmatrix}\mathbf{k}$$

가 된다. 따라서 행렬식의 표현법을 이용하면

$$\mathbf{a}\times\mathbf{b} = \begin{vmatrix} \mathbf{i} & \mathbf{j} & \mathbf{k} \\ a_1 & a_2 & a_3 \\ b_1 & b_2 & b_3 \end{vmatrix}$$

로 정의된다. 행렬식의 첫 번째 행이 벡터로 이루어져 있지만, 이것은 보통의 행렬식으로 생각하여 전개한다.

예제 3 $\mathbf{0}$이 아닌 두 벡터의 벡터곱 $\mathbf{a}\times\mathbf{b}$는 $\mathbf{a}$와 $\mathbf{b}$ 모두와 직교함을 보이시오.

증명 $(\mathbf{a}\times\mathbf{b})\cdot\mathbf{a} = \begin{vmatrix} a_2 & a_3 \\ b_2 & b_3 \end{vmatrix} a_1 - \begin{vmatrix} a_1 & a_3 \\ b_1 & b_3 \end{vmatrix} a_2 + \begin{vmatrix} a_1 & a_2 \\ b_1 & b_2 \end{vmatrix} a_3 = 0$

이므로 $\mathbf{a}\times\mathbf{b}$는 $\mathbf{a}$와 직교한다. 같은 방법으로 $(\mathbf{a}\times\mathbf{b})\cdot\mathbf{b}=0$이다. 따라서 벡터 $\mathbf{a}\times\mathbf{b}$는 $\mathbf{a}$와 $\mathbf{b}$ 모두와 직교한다. ▨

벡터곱 $\mathbf{a}\times\mathbf{b}$는 $\mathbf{a}$와 $\mathbf{b}$를 지나는 평면에 수직이고, 방향은 오른손법칙에 따라 주어진다. 한편 $\mathbf{a}\times\mathbf{b}$의 크기 $\|\mathbf{a}\times\mathbf{b}\|$는 다음 정리로 주어진다.

> [정리 9] $\theta(0 \leqq \theta \leqq \pi)$가 $\mathbf{a}$와 $\mathbf{b}$ 사이의 각이면
>
> $$\|\mathbf{a}\times\mathbf{b}\| = \|\mathbf{a}\|\,\|\mathbf{b}\|\sin\theta$$
>
> 가 된다. 따라서 $\|\mathbf{a}\times\mathbf{b}\|$는 $\mathbf{a}$와 $\mathbf{b}$에 의하여 결정되는 평행사변형의 넓이와 같다.

증명
$$\begin{aligned}\|\mathbf{a}\times\mathbf{b}\|^2 &= (a_2b_3-a_3b_2)^2+(a_3b_1-a_1b_3)^2+(a_1b_2-a_2b_1)^2 \\ &= (a_1^2+a_2^2+a_3^2)(b_1^2+b_2^2+b_3^2)-(a_1b_1+a_2b_2+a_3b_3)^2 \\ &= \|\mathbf{a}\|^2\|\mathbf{b}\|^2-(\mathbf{a}\cdot\mathbf{b})^2 \\ &= \|\mathbf{a}\|^2\|\mathbf{b}\|^2-\|\mathbf{a}\|^2\|\mathbf{b}\|^2\cos^2\theta \\ &= \|\mathbf{a}\|^2\|\mathbf{b}\|^2(1-\cos^2\theta)=\|\mathbf{a}\|^2\|\mathbf{b}\|^2\sin^2\theta\end{aligned}$$

이다. 그런데 $\sin\theta \geqq 0$이므로 $\|\mathbf{a}\times\mathbf{b}\| = \|\mathbf{a}\|\,\|\mathbf{b}\|\sin\theta$ ▨

참고 물리학자는 벡터곱 $\mathbf{a}\times\mathbf{b}$를 오른손법칙에 의하여 결정되는 방향에 따라 $\mathbf{a}$와 $\mathbf{b}$ 모두에 수직이 되고 크기가 $\|\mathbf{a}\|\,\|\mathbf{b}\|\sin\theta$인 벡터로 정의한다. 따라서 $\mathbf{0}$이 아닌 두 벡터 $\mathbf{a}$와 $\mathbf{b}$가 평행일 필요충분조건은 $\mathbf{a}\times\mathbf{b}=\mathbf{0}$이다.

벡터곱을 표준기저벡터에 적용하면

$$\mathbf{i}\times\mathbf{j}=\mathbf{k},\ \mathbf{j}\times\mathbf{k}=\mathbf{i},\ \mathbf{k}\times\mathbf{i}=\mathbf{j}$$
$$\mathbf{j}\times\mathbf{i}=-\mathbf{k},\ \mathbf{k}\times\mathbf{j}=-\mathbf{i},\ \mathbf{i}\times\mathbf{k}=-\mathbf{j}$$

를 얻는다. 따라서 벡터곱은 교환법칙이 성립하지 않는다. 또한

$$\mathbf{i}\times(\mathbf{i}\times\mathbf{j})=-\mathbf{j},\ (\mathbf{i}\times\mathbf{i})\times\mathbf{j}=\mathbf{0}$$

이므로 곱에 관한 결합법칙도 성립하지 않는다. 그러나 벡터곱에는 몇 가지 유용한 대수법칙이 성립한다.

다음 정리는 벡터곱의 정의를 이용하여 쉽게 유도할 수 있다.

> [정리 10] (벡터곱의 성질)
>
> $\mathbf{a},\mathbf{b},\mathbf{c}$가 V_3의 벡터이고, c가 스칼라일 때,
>
> (1) $\mathbf{a}\times\mathbf{b}=-\mathbf{b}\times\mathbf{a}$ (2) $(c\mathbf{a})\times\mathbf{b}=c(\mathbf{a}\times\mathbf{b})=\mathbf{a}\times(c\mathbf{b})$
>
> (3) $\mathbf{a}\times(\mathbf{b}+\mathbf{c})=\mathbf{a}\times\mathbf{b}+\mathbf{a}\times\mathbf{c}$
>
> (4) $(\mathbf{a}+\mathbf{b})\times\mathbf{c}=\mathbf{a}\times\mathbf{c}+\mathbf{b}\times\mathbf{c}$
>
> (5) $\mathbf{a}\cdot(\mathbf{b}\times\mathbf{c})=(\mathbf{a}\times\mathbf{b})\cdot\mathbf{c}$
>
> (6) $\mathbf{a}\times(\mathbf{b}\times\mathbf{c})=(\mathbf{a}\cdot\mathbf{c})\mathbf{b}-(\mathbf{a}\cdot\mathbf{b})\mathbf{c}$
>
> (7) $\mathbf{a}\times(\mathbf{b}\times\mathbf{c})+\mathbf{b}\times(\mathbf{c}\times\mathbf{a})+\mathbf{c}\times(\mathbf{a}\times\mathbf{b})=\mathbf{0}$

세 벡터의 곱 $\mathbf{a}\cdot(\mathbf{b}\times\mathbf{c})$를 벡터 $\mathbf{a},\mathbf{b},\mathbf{c}$의 스칼라삼중곱이라 한다. 스칼라삼중곱은 행렬식

$$\mathbf{a}\cdot(\mathbf{b}\times\mathbf{c})=\begin{vmatrix} a_1 & a_2 & a_3 \\ b_1 & b_2 & b_3 \\ c_1 & c_2 & c_3 \end{vmatrix}$$

으로 표현할 수 있다. 스칼라삼중곱의 기하학적 의미는 벡터 $\mathbf{a},\mathbf{b}$와 $\mathbf{c}$에 의하여 결정되는 평행육면체를 생각함으로 알 수 있다.

> [정리 11] 벡터 $\mathbf{a},\mathbf{b},\mathbf{c}$에 의하여 결정되는 평행육면체의 부피 V는 스칼라삼중곱의 크기, 즉
>
> $$V=|\mathbf{a}\cdot(\mathbf{b}\times\mathbf{c})|$$
>
> 로 주어진다.

증명

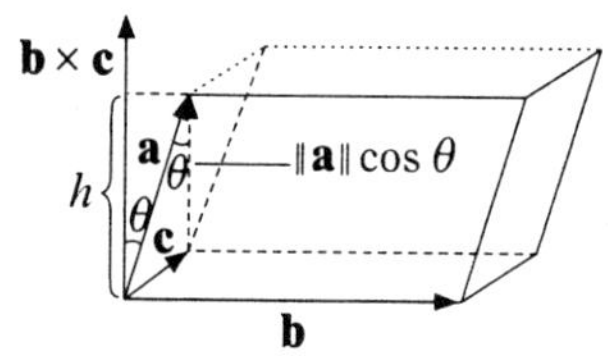

[그림 10.2]

평행사변형의 밑면의 면적 A는 $A = \| \mathbf{b} \times \mathbf{c} \|$ 이고, θ를 $\mathbf{a}$와 $\mathbf{b} \times \mathbf{c}$ 사이의 각이라 하면 평행육면체의 높이 h는 $h = \| \mathbf{a} \| \, |\cos\theta|$가 된다. 따라서 평행육면체의 부피 V는

$$V = Ah = \| \mathbf{b} \times \mathbf{c} \| \; \| \mathbf{a} \| \, |\cos\theta| = |\mathbf{a} \cdot (\mathbf{b} \times \mathbf{c})|$$

로 주어진다. □

참고 스칼라삼중곱을 이용하여 세 벡터 $\mathbf{a}, \mathbf{b}, \mathbf{c}$가 동일 평면 위에 놓여 있음을 보일 수 있다. 예를 들면 세 벡터

$$\mathbf{a} = (1, 4, -7), \quad \mathbf{b} = (2, -1, 4), \quad \mathbf{b} = (0, -9, 18)$$

는 $\mathbf{a} \cdot (\mathbf{b} \times \mathbf{c}) = 0$을 만족하므로 동일 평면 위에 놓여 있다.

10.5 직선과 평면의 방정식

공간에서 점은 위치벡터 또는 벡터라는 개념과 동일하게 사용된다. 이 절에서는 벡터의 내적을 이용하여 직선과 평면의 방정식을 구하고, 이들 사이의 관계를 살펴본다.

1. 직선의 방정식

3차원 공간에서 직선 L은 L 위의 한 점 $P_0(x_0, y_0, z_0)$와 L의 방향을 알면 구할 수 있다.

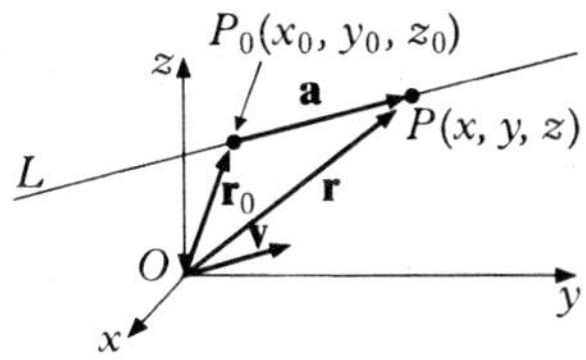

[그림 10.3]

L과 평행인 벡터를 $\mathbf{v}$, L 위의 임의의 점을 $P(x, y, z)$, $\mathbf{r}_0$와 $\mathbf{r}$을 P_0와 P의 위치벡터라 하자. $\mathbf{a}$를 $\overrightarrow{P_0P}$를 표현으로 갖는 벡터라 하면, $\mathbf{r}=\mathbf{r}_0+\mathbf{a}$를 얻는다. 그런데 $\mathbf{a}$와 $\mathbf{v}$가 평행이므로 $\mathbf{a}=t\mathbf{v}$를 만족하는 스칼라 t가 존재한다. 따라서 L의 벡터방정식은 $\mathbf{r}=\mathbf{r}_0+t\mathbf{v}$이다. 벡터 $\mathbf{v}$를 $\mathbf{v}=(a, b, c)$라 놓으면 $t\mathbf{v}=(ta, tb, tc)$이므로 $\mathbf{r}=(x, y, z)$와 $\mathbf{r}_0=(x_0, y_0, z_0)$라 할 때 벡터방정식은

$$(x, y, z)=(x_0+ta,\ y_0+tb,\ z_0+tc)$$

가 된다. 그러므로 $t\in R$일 때 세 방정식

$$x=x_0+ta,\quad y=y_0+tb,\quad z=z_0+tc$$

를 얻는다. 이 방정식을 점 $P_0(x_0, y_0, z_0)$를 지나고, 벡터 $\mathbf{v}=(a, b, c)$에 평행인 직선 L의 매개변수방정식이라 한다.

예제 4 점 $(5,1,3)$을 지나고 벡터 $\mathbf{i}+2\mathbf{j}-\mathbf{k}$에 평행인 직선의 벡터방정식과 매개변수방정식을 구하시오.

(풀이) $\mathbf{r}_0=(5,1,3)$이고 $\mathbf{v}=(1, 2, -1)$이므로 벡터방정식은

$$\mathbf{r}=(5\mathbf{i}+\mathbf{j}+3\mathbf{k})+t(\mathbf{i}+2\mathbf{j}-\mathbf{k})$$

또는

$$\mathbf{r}=(5+t)\mathbf{i}+(1+2t)\mathbf{j}+(3-t)\mathbf{k}$$

이고, 매개변수방정식은

$$x=5+t,\quad y=1+2t,\quad z=3-t$$

□

일반적으로 벡터 $\mathbf{v}=(a, b, c)$가 직선 L의 방향을 결정할 때, a, b, c를 L의 방향수(direction number)라 한다. 직선 L을 표현하는 다른 방법은 매개변수방정식에서 매개변수 t를 소거하는 것이다. a, b, c 중 어느 것도 0이 아니면, 각 방정식을 t에 관하여 풀어

$$\frac{x-x_0}{a}=\frac{y-y_0}{b}=\frac{z-z_0}{c}$$

를 얻는다. 이 방정식을 L의 대칭식(symmetric equation)이라 한다. a, b, c 중 어느 하나가 0인 경우에도 역시 t를 소거할 수 있다.

예제 5 점 $A(2, 4, -3)$과 $B(3, -1, 1)$을 지나는 직선의 매개변수방정식과 대칭식을 구하시오.

(**풀이**) $\overrightarrow{AB}$를 가지는 벡터는 $\mathbf{v}=(1, -5, 4)$이고, $\mathbf{v}$는 직선과 평행이며, 방향수는 $a=1$, $b=-5$, $c=4$이다. 따라서 점 $A(2, 4, -3)$을 P_0라 두면, 매개변수방정식은

$$x=2+t,\quad y=4-5t,\quad z=-3+4t$$

이고, 대칭식은

$$\frac{x-2}{1}=\frac{y-4}{-5}=\frac{z+3}{4}$$ □

일반적으로 점 $P_0(x_0, y_0, z_0)$와 $P_1(x_1, y_1, z_1)$을 지나는 직선 L의 방향수는 x_1-x_0, y_1-y_0, z_1-z_0이다. 따라서 직선 L의 대칭식은

$$\frac{x-x_0}{x_1-x_0}=\frac{y-y_0}{y_1-y_0}=\frac{z-z_0}{z_1-z_0}$$

로 주어진다.

2. 평면의 방정식

3차원 공간에서 평면은 평면 π 위의 한 점 $P_0(x_0, y_0, z_0)$와 이 평면에 수직인 벡터 $\mathbf{n}$에 의하여 유일하게 결정된다. 이때 평면 π에 수직인 직교벡터 $\mathbf{n}$을 법선벡터(normal vector)라 한다.

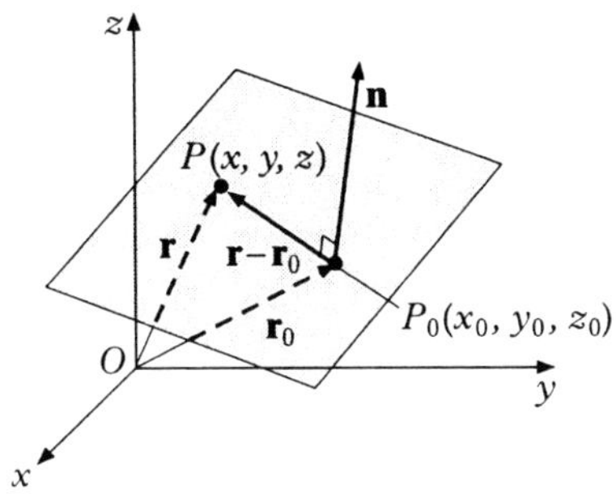

[그림 10.4]

$P(x, y, z)$를 평면 위의 임의의 점이라 하고, $\mathbf{r}_0$와 $\mathbf{r}$을 P_0와 P의 위치벡터라 하면 벡터 $\mathbf{r}-\mathbf{r}_0$는 $\overrightarrow{P_0P}$로 표현된다. 법선벡터 $\mathbf{n}$은 $\mathbf{r}-\mathbf{r}_0$와 직교하므로 $\mathbf{n}\cdot(\mathbf{r}-\mathbf{r}_0)=0$, 즉 $\mathbf{n}\cdot\mathbf{r}=\mathbf{n}\cdot\mathbf{r}_0$가 성립한다. 이 방정식을 평면의 벡터방정식이라 한다. 이제 $\mathbf{n}=(a, b, c)$, $\mathbf{r}=(x, y, z)$ 그리고 $\mathbf{r}_0=(x_0, y_0, z_0)$라 놓으면, 벡터방정식은

$$(a, b, c)\cdot(x-x_0, y-y_0, z-z_0)=0$$

또는

$$a(x-x_0)+b(y-y_0)+c(z-z_0)=0$$

으로 변형된다. 이것을 $P_0(x_0, y_0, z_0)$를 지나, 법선벡터가 $\mathbf{n}=(a, b, c)$인 평면의 스칼라방정식이라 한다. 여기서 $d=ax_0+by_0+cz_0$라 놓으면 평면의 방정식은 선형방정식이라 불리는 $ax+by+cz=d$로 고쳐쓸 수 있다. 역으로 a, b와 c가 모두는 0이 아닐 때, 선형방정식은 법선벡터가 $\mathbf{n}=(a, b, c)$인 평면을 나타낸다.

예제 6 세 점 $P(1, 0, 2)$, $Q(3, -1, 6)$과 $R(5, 2, 4)$를 지나는 평면의 방정식을 구하시오.

(풀이) $\overrightarrow{PQ}$와 $\overrightarrow{PR}$에 대응되는 벡터 $\mathbf{a}$와 $\mathbf{b}$는 각각

$$\mathbf{a}=(2, -1, 4),\ \mathbf{b}=(4, 2, 2)$$

이고, 벡터곱 $\mathbf{a}\times\mathbf{b}$를 법선벡터

$$\mathbf{n} = \mathbf{a} \times \mathbf{b} = \begin{vmatrix} \mathbf{i} & \mathbf{j} & \mathbf{k} \\ 2 & -1 & 4 \\ 4 & 2 & 2 \end{vmatrix} = -10\,\mathbf{i} + 12\,\mathbf{j} + 8\,\mathbf{k}$$

로 택할 수 있으므로, 평면의 방정식은

$$-10(x-1) + 12(y-0) + 8(z-2) = 0, \text{ 즉 } 5x - 6y - 4z + 3 = 0$$

이 된다. □

두 평면은 그들의 법선벡터가 평행일 때 평행이 된다. 두 평면이 평행이 아니면, 그들은 한 직선에서 만나고, 두 평면 사이의 각은 그들의 법선벡터 사이의 예각으로 정의한다.

[정리 12] 점 $P_1(x_1, y_1, z_1)$에서 평면 $ax + by + cz = d$까지의 거리 D는

$$D = \frac{|ax_1 + by_1 + cz_1 - d|}{\sqrt{a^2 + b^2 + c^2}}$$

로 주어진다.

증명 평면 위의 한 점을 $P_0(x_0, y_0, z_0)$라 하고, $\mathbf{b}$를 $\overrightarrow{P_0P_1}$에 대응하는 벡터라 하면 $\mathbf{b} = (x_1 - x_0, y_1 - y_0, z_1 - z_0)$이다. 그런데 P_1에서 평면까지의 거리 D는 법선벡터 $\mathbf{n} = (a, b, c)$ 위로의 $\mathbf{b}$의 스칼라사영의 절대값과 같으므로

$$\begin{aligned} D &= \|\mathbf{b}\|\,|\cos\theta| = \frac{|\mathbf{n}\cdot\mathbf{b}|}{\|\mathbf{n}\|} \\ &= \frac{|a(x_1 - x_0) + b(y_1 - y_0) + c(z_1 - z_0)|}{\sqrt{a^2 + b^2 + c^2}} \\ &= \frac{|(ax_1 + by_1 + cz_1) - (ax_0 + by_0 + cz_0)|}{\sqrt{a^2 + b^2 + c^2}} \end{aligned}$$

가 된다. 그런데 $ax_0 + by_0 + cz_0 = d$이므로 D는

$$D = \frac{|ax_1 + by_1 + cz_1 - d|}{\sqrt{a^2 + b^2 + c^2}}$$

로 주어진다. □

10.6 2차곡면

2차곡면은 세 변수 x, y와 z에 관한 2차방정식의 그래프이다. 일반적인 2차곡면은 상수 $A, B, \cdots, J$에 대하여

$$Ax^2+By^2+Cz^2+Dxy+Eyz+Fxz+Gx+Hy+Iz+J=0$$

으로 표현되지만, 평행이동과 회전에 의하여 두 가지 표준형

$$Ax^2+By^2+Cz^2+J=0 \text{ 또는 } Ax^2+By^2+Iz=0$$

중의 하나로 변형된다. 2차곡면의 그래프를 그리기 위해서는, 곡면이 좌표평면과 평행인 평면과 만나는 곡선을 결정하는 것이 유용하다. 이와 같은 곡선을 곡면의 자취(trace)라 한다.

(1) 타원면

2차곡면

$$\frac{x^2}{a^2}+\frac{y^2}{b^2}+\frac{z^2}{c^2}=1$$

은 그 자취가 타원이기 때문에 타원면(ellipsoid)이라 한다. 예를 들면, xy평면에서의 자취는 바로 타원 $\frac{x^2}{a^2}+\frac{y^2}{b^2}=1,\ z=0$이다.

타원면이 좌표축과 만나는 여섯 개의 점은 $(\pm a, 0, 0), (0, \pm b, 0), (0, 0, \pm c)$이고, 타원면은 직육면체

$$|x| \leqq a,\ |y| \leqq b,\ |z| \leqq c$$

안에 놓여 있다. 또한 타원면은 각 좌표평면에 대하여 대칭이다.

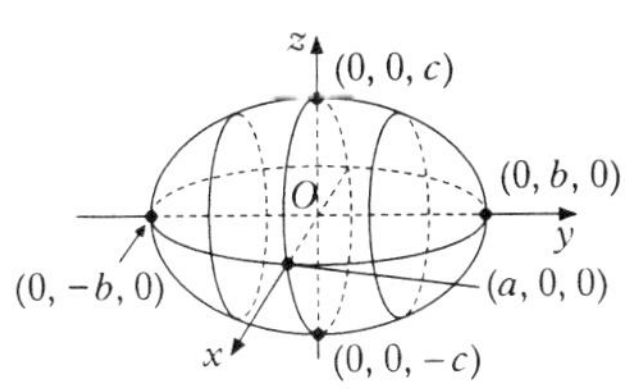

타원면 $\frac{x^2}{a^2}+\frac{y^2}{b^2}+\frac{z^2}{c^2}=1$

[그림 10.5]

a, b, c 중에서 두 개가 같으면, 타원면은 회전면이다. 특히 $a=b=c$일 때 타원면은 구가 된다.

(2) 쌍곡면

2차곡면

$$\frac{x^2}{a^2}+\frac{y^2}{b^2}-\frac{z^2}{c^2}=1$$

은 각 좌표평면에 대하여 대칭이다. 임의의 수평면 $z=k$ 위의 자취는 타원이지만, xz와 yz평면 위의 자취는 쌍곡선이다. 이때 이 곡면을 **일엽쌍곡면**(hyperboloid of one sheet)이라 하고, z축을 이 쌍곡면의 축이라고 한다. 특히 $a=b$이면, 곡면은 쌍곡선을 z축에 관하여 회전시킴으로써 얻어지는 회전쌍곡면이 된다.

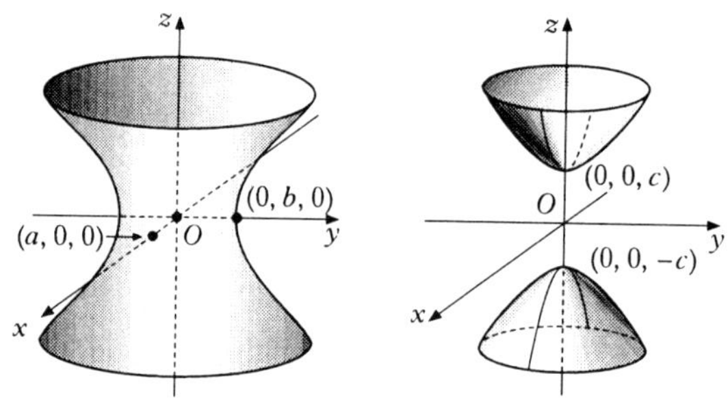

일엽쌍곡면 $\frac{x^2}{a^2}+\frac{y^2}{b^2}-\frac{z^2}{c^2}=1$

이엽쌍곡면 $-\frac{x^2}{a^2}-\frac{y^2}{b^2}+\frac{z^2}{c^2}=1$

[그림 10.6]

2차곡면

$$-\frac{x^2}{a^2}-\frac{y^2}{b^2}+\frac{z^2}{c^2}=1$$

의 xz와 yz평면 위의 자취는 쌍곡선

$$-\frac{x^2}{a^2}+\frac{z^2}{c^2}=1,\ \ y=0\text{와}\ \ -\frac{y^2}{b^2}+\frac{z^2}{c^2}=1,\ \ x=0$$

이다. $|k|>c$이면 수평면 $z=k$는 곡면과 타원

$$\frac{x^2}{a^2}+\frac{y^2}{b^2}=\frac{k^2}{c^2}-1,\ z=k$$

로 만나지만, $|k|<c$이면 평면 $z=k$는 곡면과 만나지 않고, 곡면은 평면 $z=c$ 위와 평면 $z=-c$ 아래의 두 부분으로 구성된다. 따라서 이 곡면을 축이 z축인 이엽쌍곡면이라 한다.

(3) 원추면

2차곡면

$$\frac{z^2}{c^2}=\frac{x^2}{a^2}+\frac{y^2}{b^2}$$

을 원추면(cone)이라 한다.

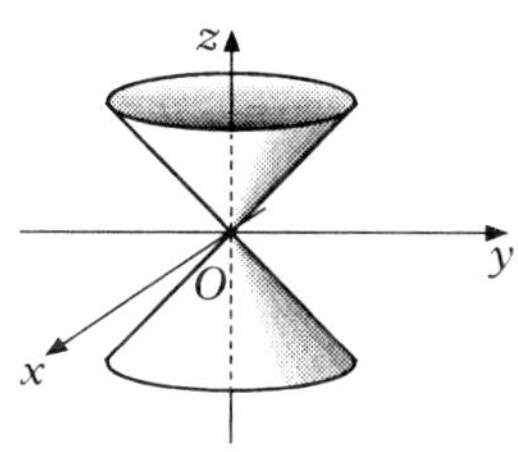

원추면

$$\frac{z^2}{c^2}=\frac{x^2}{a^2}+\frac{y^2}{b^2}$$

[그림 10.7]

수평면 $z=k$ 위의 자취는 타원이고, 수직면 $x=k$ 또는 $y=k$ 위의 자취는 $k\neq 0$일 때 쌍곡선, $k=0$일 때 한 쌍의 직선이 된다. 원추면은 각 좌표평면에 대하여 대칭이다.

(4) 포물면

2차곡면

$$\frac{z}{c}=\frac{x^2}{a^2}+\frac{y^2}{b^2}$$

을 타원포물면(elliptic paraboloid)이라 한다. 왜냐하면 수평면 $z=k$ 위의 자취는 타원이지만, 수직면 $x=k$ 또는 $y=k$ 위의 자취는 포물선이기 때문이다. 특히 $a=b$일 때, 곡면을 원형포물면(circular paraboloid) 또는 회전포물면이라 한다.

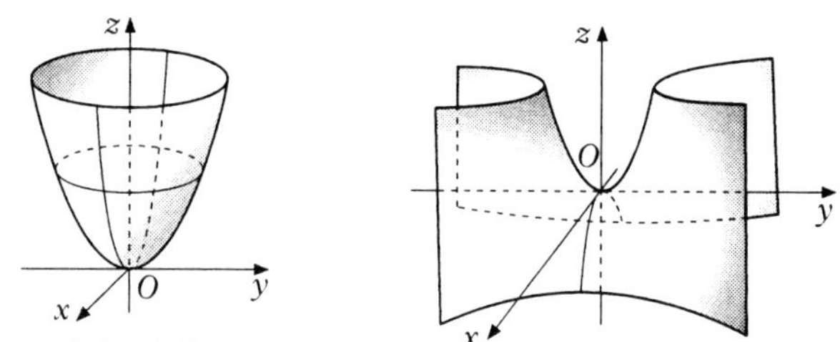

[그림 10.8]

쌍곡포물면(hyperbolic paraboloid)

$$\frac{z}{c}=\frac{x^2}{a^2}-\frac{y^2}{b^2}$$

은 포물선을 수직자취로, 쌍곡선을 수평자취로 갖는다. 특히 원점 가까이에서의 곡면의 모양은 말안장의 모양과 유사하다.

(5) 이차주면체

2차곡면의 방정식에서 변수 x, y와 z중의 하나가 나타나지 않으면, 곡면은 주면체가 된다. 예를 들면

$$\frac{x^2}{a^2}+\frac{y^2}{b^2}=1$$

은, 모든 수평자취는 합동인 타원이고 주면체의 모선은 수직선이 되는 타원주면체(elliptic cylinder)를 나타낸다. 또한 곡면 $y=ax^2$은 포물주물체(parabolic cylinder)를 나타낸다.

예제 7 2차곡면 $x^2+2z^2-6x-y+10=0$을 분류하시오.

(풀이) 주어진 방정식은

$$y-1=(x-3)^2+2z^2$$

으로 변형되므로, 타원포물면이 된다. 이때 포물면의 축은 y축과 평행이고, 그 꼭지점은 점 $(3,1,0)$이다.

또한 평면 $y=k$ $(k>1)$ 위의 자취는 타원 $(x-3)^2+2z^2=k-1$, $y=k$이고, xy평면 위의 자취는 $y=1+(x-3)^2$, $z=0$인 포물선이다. ▨

참고 2차곡면에서는 $x^2+y^2=1$과 같은 방정식이 원이 아니라 주면체를 나타낸다고 생각하는 것이 중요하다. 주면체 $x^2+y^2=1$의 xy평면 위의 자취는 $x^2+y^2=1$, $z=0$인 원이 된다.

10.7 벡터함수와 공간곡선

1. 벡터함수

이제 벡터를 값으로 갖는 벡터함수에 대하여 서술한다. 벡터함수는 정의역이 R이고 치역이 벡터의 집합인 함수이다. 이 절에서는 값이 3차원 벡터인 벡터함수 $\mathbf{r}$에 대하여 서술한다. 이것은 $\mathbf{r}$의 정의역에 있는 모든 수 t에 대하여 V_3의 벡터 $\mathbf{r}(t)$가 유일하게 대응하는 것을 의미한다. $f(t)$, $g(t)$와 $h(t)$가 벡터 $\mathbf{r}(t)$의 성분이라면 f, g와 h는 $\mathbf{r}$의 성분함수라 불리우는 실가함수이고 이것을

$$\mathbf{r}(t)=(f(t),\, g(t),\, h(t))=f(t)\,\mathbf{i}+g(t)\,\mathbf{j}+h(t)\,\mathbf{k}$$

로 표시한다. 벡터함수에서는 시간을 나타내는 문자 t를 주로 독립변수로 사용한다.

[정의 13] (벡터함수의 극한)

$\mathbf{r}(t)=(f(t),\ g(t),\ h(t))$일 때, 각 성분함수의 극한이 존재하면

$$\lim_{t\to a}\mathbf{r}(t)=\left(\lim_{t\to a}f(t),\ \lim_{t\to a}g(t),\ \lim_{t\to a}h(t)\right)$$

로 정의한다.

마찬가지로 $\varepsilon-\delta$ 논법을 사용할 수 있다. 벡터함수의 극한은 실가함수의 극한에서와 같은 성질을 갖는다.

벡터함수 $\mathbf{r}$이 $\lim_{t\to a}\mathbf{r}(t)=\mathbf{r}(a)$를 만족할 때, $\mathbf{r}$을 $t=a$에서 연속이라고 한다. 극한의 정의로부터 $\mathbf{r}$이 $t=a$에서 연속일 필요충분조건은 그의 성분함수 f, g와 h가 $t=a$에서 연속임을 알 수 있다.

f, g와 h가 구간 I에서 정의된 연속실가함수일 때

$$x=f(t),\ \ y=g(t),\ \ z=h(t)$$

로 주어진 모든 점 (x, y, z)의 집합 C를 **공간곡선**이라 한다. 이때 방정식을 C의 매개변수방정식, t를 매개변수라 한다.

벡터함수 $\mathbf{r}(t)=(f(t),\ g(t),\ h(t))$는 C 위의 점 $P(f(t),\ g(t),\ h(t))$의 위치벡터이므로 임의의 연속벡터함수 $\mathbf{r}$은 공간곡선 C를 정의한다.

예제 8 벡터함수 $\mathbf{r}(t)=2\cos t\,\mathbf{i}+\sin t\,\mathbf{j}+t\,\mathbf{k}$에 의하여 정의되는 곡선을 설명하시오.

(**풀이**) 이 곡선의 매개변수방정식이

$$x=2\cos t,\ \ y=\sin t,\ \ z=t$$

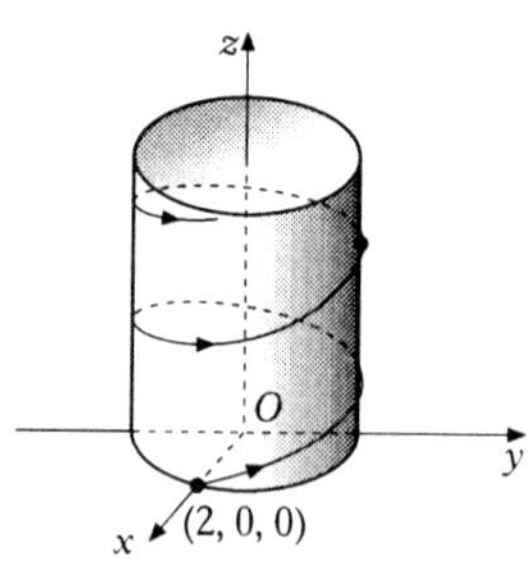

[그림 10.9]

이므로, 주어진 곡선은 타원주면체 $\left(\frac{x}{2}\right)^2+y^2=1$ 위에 놓여 있다.

$z=t$이므로 이 곡선은 t가 증가함에 따라 주면체를 따라 위쪽으로 선회한다. 이 곡선을 나선이라 한다. ▨

2. 도함수와 적분

벡터함수 $\mathbf{r}$의 도함수 $\mathbf{r}'$은, 실가함수에서와 같이 극한이 존재하는 경우에

$$\frac{d\mathbf{r}}{dt}=\mathbf{r}'(t)=\lim_{\Delta t\to 0}\frac{\mathbf{r}(t+\Delta t)-\mathbf{r}(t)}{\Delta t}$$

로 정의한다.

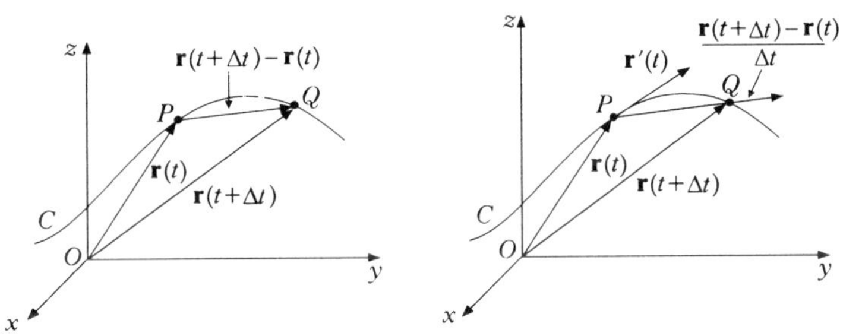

[그림 10.10]

P, Q가 위치벡터 $\mathbf{r}(t)$와 $\mathbf{r}(t+\Delta t)$를 가질 때, $\overrightarrow{PQ}$는 $\mathbf{r}(t+\Delta t)-\mathbf{r}(t)$를 나타내는 할선벡터가 된다. $\Delta t\to 0$이면 이 벡터는 접선 위에 놓여 있는 한 벡터에 접근하게 된다. 이 같은 이유로 $\mathbf{r}'(t)$가 존재하고, $\mathbf{r}'(t)\neq\mathbf{0}$이면 벡터 $\mathbf{r}'(t)$를 $\mathbf{r}$에 의해 정의된 곡선 C에 대한 점 P에서의 접선벡터(tangent vector)리 한디.

P에서 C에 대한 접선은 P를 지나고 접선벡터 $\mathbf{r}'(t)$에 평행인 직선으로 정의한다. 또 단위접선벡터 $\mathbf{T}$는 $\mathbf{T}(t)=\dfrac{\mathbf{r}'(t)}{\|\mathbf{r}'(t)\|}$로 주어진다.

[정리 14] 함수 f, g와 h가 미분가능하고

$$\mathbf{r}(t)=(f(t),\ g(t),\ h(t))=f(t)\mathbf{i}+g(t)\mathbf{j}+h(t)\mathbf{k}$$

일 때,

$$\mathbf{r}'(t)=(f'(t),\ g'(t),\ h'(t))=f'(t)\mathbf{i}+g'(t)\mathbf{j}+h'(t)\mathbf{k}$$

가 성립한다.

증명

$$\begin{aligned}\mathbf{r}'(t) &= \lim_{\Delta t\to 0}\frac{1}{\Delta t}[\,\mathbf{r}(t+\Delta t)-\mathbf{r}(t)]\\ &= \lim_{\Delta t\to 0}\frac{1}{\Delta t}(f(t+\Delta t)-f(t),\, g(t+\Delta t)-g(t),\, h(t+\Delta t)-h(t))\\ &= \lim_{\Delta t\to 0}\left(\frac{f(t+\Delta t)-f(t)}{\Delta t},\ \frac{g(t+\Delta t)-g(t)}{\Delta t},\ \frac{h(t+\Delta t)-h(t)}{\Delta t}\right)\\ &= (f'(t),\ g'(t),\ h'(t))\end{aligned}$$

□

예제 9 매개변수방정식이 $x=2\cos t$, $y=\sin t$, $z=t$인 나선에 대하여, 점 $(0, 1, \pi/2)$에서의 접선의 매개변수방정식을 구하시오.

(풀이) 나선의 벡터방정식이 $\mathbf{r}(t)=(2\cos t,\ \sin t,\ t)$이므로

$$\mathbf{r}'(t) = (-2\sin t,\ \cos t,\ 1)$$

이다. 점 $(0, 1, \pi/2)$에 대응되는 매개변수의 값은 $t=\pi/2$이므로 접선벡터는 $\mathbf{r}'(\pi/2)=(-2, 0, 1)$이다. 접선은 $(0, 1, \pi/2)$를 지나고 벡터 $(-2, 0, 1)$에 평행인 직선이므로, 매개변수방정식은

$$x=-2t,\ \ y=1,\ \ z=\frac{\pi}{2}+t$$

□

실가함수에 대한 미분공식들이 벡터함수에 대해서도 적용된다.

[정리 15] **u**, **v**가 미분가능한 벡터함수, c가 스칼라, f가 실가함수일 때, 다음이 성립한다.

(1) $\frac{d}{dt}[\mathbf{u}(t)+\mathbf{v}(t)]=\mathbf{u}'(t)+\mathbf{v}'(t)$

(2) $\frac{d}{dt}[c\mathbf{u}(t)]=c\mathbf{u}'(t)$

(3) $\frac{d}{dt}[f(t)\mathbf{u}(t)]=f'(t)\mathbf{u}(t)+f(t)\mathbf{u}'(t)$

(4) $\frac{d}{dt}[\mathbf{u}(t)\cdot\mathbf{v}(t)]=\mathbf{u}'(t)\cdot\mathbf{v}(t)+\mathbf{u}(t)\cdot\mathbf{v}'(t)$

(5) $\frac{d}{dt}[\mathbf{u}(t)\times\mathbf{v}(t)]=\mathbf{u}'(t)\times\mathbf{v}(t)+\mathbf{u}(t)\times\mathbf{v}'(t)$

(6) $\frac{d}{dt}[\mathbf{u}(f(t))]=f'(t)\mathbf{u}'(f(t))$

예제 10 $\|\mathbf{r}(t)\|=c$(상수)이면, $\mathbf{r}'(t)$는 모든 t에 대하여 $\mathbf{r}(t)$와 직교함을 보이시오.

증명

$$\mathbf{r}(t)\cdot\mathbf{r}(t)=\|\mathbf{r}(t)\|^2=c^2$$

이므로,

$$0=\frac{d}{dt}[\mathbf{r}(t)\cdot\mathbf{r}(t)]=2\mathbf{r}'(t)\cdot\mathbf{r}(t)$$

가 된다. 따라서 $\mathbf{r}'(t)$는 $\mathbf{r}(t)$와 직교한다. □

연속벡터함수 $\mathbf{r}(t)$의 정적분은 적분의 결과가 벡터라는 것을 제외하면, 실가함수에서와 같은 방법으로 정의된다. 그러나 이 경우에 $\mathbf{r}(t)$의 적분은 성분함수 f, g와 h의 적분의 항

$$\int_a^b \mathbf{r}(t)\,dt=\left(\int_a^b f(t)\,dt\right)\mathbf{i}+\left(\int_a^b g(t)\,dt\right)\mathbf{j}+\left(\int_a^b h(t)\,dt\right)\mathbf{k}$$

로 표시한다. 이것은 각 성분함수를 적분함으로써 벡터함수의 적분을 구할 수 있음을 의미한다.

연속벡터함수에 관한 미분적분학의 기본정리는 $\mathbf{R}$이 $\mathbf{r}$의 원시함수, 즉 $\mathbf{R}'(t)=\mathbf{r}(t)$일 때

$$\int_a^b \mathbf{r}(t)\,dt = [\,\mathbf{R}(t)]_a^b = \mathbf{R}(t) - \mathbf{R}(a)$$

임을 의미한다. 부정적분에 대하여 기호 $\int \mathbf{r}(t)\,dt$를 사용한다.

예 3 $\mathbf{r}(t) = 2\cos t\,\mathbf{i} + \sin t\,\mathbf{j} + 2t\,\mathbf{k}$일 때,

$$\int_0^{\pi/2} \mathbf{r}(t)\,dt = \left(\int_0^{\pi/2} 2\cos t\,dt\right)\mathbf{i} + \left(\int_0^{\pi/2} \sin t\,dt\right)\mathbf{j} + \left(\int_0^{\pi/2} 2t\,dt\right)\mathbf{k}$$

$$= [2\sin t\,\mathbf{i} - \cos t\,\mathbf{j} + t^2\,\mathbf{k}]_0^{\pi/2} = 2\,\mathbf{i} + \mathbf{j} + \frac{\pi^2}{4}\,\mathbf{k}$$

10.8 곡선의 길이와 곡률

1. 곡선의 길이

f', g'과 h'이 $a \leqq t \leqq b$에서 연속일 때, 벡터방정식

$$\mathbf{r}(t) = (f(t),\ g(t),\ h(t))$$

또는 매개변수방정식

$$x = f(t),\ \ y = g(t),\ \ z = h(t)$$

로 정의된 곡선 $\mathbf{r}(t)$를 생각하자. t가 a에서 b로 증가함에 따라, 곡선을 단 한 번 지나가게 된다면, 그 곡선의 길이 L은

$$L = \int_a^b \sqrt{[f'(t)]^2 + [g'(t)]^2 + [h'(t)]^2}\,dt$$

$$= \int_a^b \sqrt{\left(\frac{dx}{dt}\right)^2 + \left(\frac{dy}{dt}\right)^2 + \left(\frac{dz}{dt}\right)^2}\,dt$$

로 주어진다.

구간 I에서 정의된 벡터함수 $\mathbf{r}(t)$로 주어지는 곡선 C에 대하여, $\mathbf{r}'(t)$가 연속이고 $\mathbf{r}'(t) \neq \mathbf{0}$(가능한 한 I의 끝점은 제외)일 때, C를 매끄러운 곡선이라 한다. 곡선이 유한개의 매끄러운 부분으로 이루어져 있는 곡선을 '구분적으로 매끄럽다'고 한다.

벡터함수 $\mathbf{r}(t)=f(t)\mathbf{i}+g(t)\mathbf{j}+h(t)\mathbf{k}$로 주어진 공간곡선 C가 구분적으로 매끄러울 때,

$$\|\mathbf{r}'(t)\|=\sqrt{[f'(t)]^2+[g'(t)]^2+[h'(t)]^2}$$

이므로, 호의 길이 L은 $L=\int_a^b \|\mathbf{r}'(t)\|\,dt$로 주어진다.

예제 11 벡터방정식이 $\mathbf{r}(t)=\cos t\,\mathbf{i}+\sin t\,\mathbf{j}+t\mathbf{k}$인 원형나선 위의 점 $(1,0,0)$에서 점 $(1,0,2\pi)$까지의 길이를 구하시오.

(풀이) $\mathbf{r}'(t)=-\sin t\,\mathbf{i}+\cos t\,\mathbf{j}+\mathbf{k}$이므로

$$\|\mathbf{r}'(t)\|=\sqrt{(-\sin t)^2+\cos^2 t+1}=\sqrt{2}$$

가 된다. $(1,0,0)$에서 $(1,0,2\pi)$까지의 호는 $0\leq t\leq 2\pi$의 매개변수에 의해 결정되므로,

$$L=\int_0^{2\pi}\|\mathbf{r}'(t)\|\,dt=\int_0^{2\pi}\sqrt{2}\,dt=2\sqrt{2}\pi$$ ▨

이제 C가 벡터함수 $\mathbf{r}(t)=f(t)\mathbf{i}+g(t)\mathbf{j}+h(t)\mathbf{k}$ $(a\leq t\leq b)$로 주어진 구분적으로 매끄러운 곡선이고, f, g와 h 중 적어도 하나가 열린구간 (a, b) 위에서 일대일이라고 가정하자. 그러면 호의 길이 함수 s는

$$s(t)=\int_a^t\|\mathbf{r}'(u)\|\,du=\int_a^t\sqrt{\left(\frac{dx}{du}\right)^2+\left(\frac{dy}{du}\right)^2+\left(\frac{dz}{du}\right)^2}\,du$$

로 주어진다. 따라서 $s(t)$는 C의 $\mathbf{r}(a)$와 $\mathbf{r}(t)$ 사이의 길이가 된다. 미분적분학의 기본정리를 이용하여 양변을 미분하면

$$\frac{ds}{dt}=\|\mathbf{r}'(t)\|$$

를 얻는다.

2. 곡률

곡률은 곡선이 얼마나 빠르게 주어진 점에서 방향을 바꾸는가를 결정한다.

C가 벡터함수 $\mathbf{r}(t)$로 정의되는 매끄러운 곡선이면 단위접선벡터는

$$\mathbf{T}(t)=\frac{\mathbf{r}'(t)}{\|\mathbf{r}'(t)\|}$$

로 주어진다. 곡률은 호의 길이에 대한 단위접선벡터의 변화율의 크기로 정의되므로, 매끄러운 곡선 C의 곡률은, $\mathbf{T}$가 단위접선벡터일 때

$$\kappa=\left\|\frac{d\mathbf{T}}{ds}\right\|$$

로 주어진다. 곡률은 s보다는 매개변수 t의 항으로 표시되어 있으면 보다 쉽게 계산되므로,

$$\frac{d\mathbf{T}}{dt}=\frac{d\mathbf{T}}{ds}\frac{ds}{dt},\quad \frac{ds}{dt}=\|\mathbf{r}'(t)\|,\quad \kappa=\left\|\frac{d\mathbf{T}}{ds}\right\|$$

로부터 $\kappa=\left\|\dfrac{\mathbf{T}'(t)}{\mathbf{r}'(t)}\right\|$로 주어진다.

예제 12 반지름이 a인 원의 곡률이 $\dfrac{1}{a}$임을 보이시오.

증명 중심이 원점에 있는 원을 택하면

$$\mathbf{r}(t)=a\cos t\,\mathbf{i}+a\sin t\,\mathbf{j}$$

이다. 따라서 $\mathbf{r}'(t)=-a\sin t\,\mathbf{i}+a\cos t\,\mathbf{j}$이고 $\|\mathbf{r}'(t)\|=a$ 이므로

$$\mathbf{T}(t)=-\sin t\,\mathbf{i}+\cos t\,\mathbf{j},\quad \mathbf{T}'(t)=-\cos t\,\mathbf{i}-\sin t\,\mathbf{j}$$

가 된다. 따라서 $\|\mathbf{T}'(t)\|=1$이므로

$$\kappa=\left\|\frac{\mathbf{T}'(t)}{\mathbf{r}'(t)}\right\|=\frac{1}{a}$$

을 얻는다. □

곡률을 계산할 때, 다음 정리를 적용하는 것이 보다 편리하다.

> [정리 16] 벡터함수 $\mathbf{r}(t)$로 주어진 매끄러운 곡선의 곡률은,
>
> $$\kappa(t)=\frac{\|\mathbf{r}'(t)\times\mathbf{r}''(t)\|}{\|\mathbf{r}'(t)\|^3}$$

증명 $\mathbf{T} = \dfrac{\mathbf{r}'}{\|\mathbf{r}'\|}$이고, $\dfrac{ds}{dt} = \|\mathbf{r}'\|$이므로

$$\mathbf{r}' = \|\mathbf{r}'\|\,\mathbf{T} = \frac{ds}{dt}\mathbf{T},\quad \mathbf{r}'' = \frac{d^2s}{dt^2}\mathbf{T} + \frac{ds}{dt}\mathbf{T}'$$

이 성립한다. 또한 $\mathbf{T}\times\mathbf{T} = \mathbf{0}$이므로

$$\mathbf{r}'\times\mathbf{r}'' = \left(\frac{ds}{dt}\right)^2(\mathbf{T}\times\mathbf{T}')$$

이다. 모든 t에 대하여 $\|\mathbf{T}(t)\| = 1$이므로 $\mathbf{T}$와 $\mathbf{T}'$은 직교한다. 따라서

$$\|\mathbf{r}'\times\mathbf{r}''\| = \left(\frac{ds}{dt}\right)^2\|\mathbf{T}\|\,\|\mathbf{T}'\| = \left(\frac{ds}{dt}\right)^2\|\mathbf{T}'\|$$

이므로

$$\|\mathbf{T}'\| = \frac{\|\mathbf{r}'\times\mathbf{r}''\|}{\|\mathbf{r}'\|^2}$$

이고

$$\kappa(t) = \left\|\frac{\mathbf{T}'(t)}{\mathbf{r}'(t)}\right\| = \frac{\|\mathbf{r}'(t)\times\mathbf{r}''(t)\|}{\|\mathbf{r}'(t)\|^3}$$

가 된다. □

예제 13 원점 $(0,0,0)$에서 꼬인 3차곡선 $\mathbf{r}(t) = (t, t^2, t^3)$의 곡률을 구하시오.

(풀이) $\mathbf{r}'(t) = (1, 2t, 3t^2)$, $\mathbf{r}''(t) = (0, 2, 6t)$이므로

$$\|\mathbf{r}'(t)\| = \sqrt{1+4t^2+9t^4}$$

이고 $\mathbf{r}'(t)\times\mathbf{r}''(t) = 6t^2\mathbf{i} - 6t\mathbf{j} + 2\mathbf{k}$로부터

$$\|\mathbf{r}'(t)\times\mathbf{r}''(t)\| = 2\sqrt{9t^4+9t^2+1}$$

을 얻는다. 따라서

$$\kappa(t) = \frac{\|\mathbf{r}'(t)\times\mathbf{r}''(t)\|}{\|\mathbf{r}'(t)\|^3} = \frac{2\sqrt{9t^4+9t^2+1}}{(1+4t^2+9t^4)^{3/2}}$$

이므로, 원점에서의 곡률은 $\kappa(0) = 2$가 된다. □

방정식이 $y=f(x)$인 평면곡선의 특별한 경우에 x를 매개변수로 택하여, $\mathbf{r}(x)=x\mathbf{i}+f(x)\mathbf{j}$라 하면, 곡률은

$$\kappa(x)=\frac{|f''(x)|}{[1+\{f'(x)\}^2]^{3/2}}$$

로 주어진다.

3. 단위법선벡터

벡터함수 $\mathbf{r}(t)$로 주어진 매끄러운 곡선 C 위의 주어진 점에서 단위접선벡터 $\mathbf{T}(t)$와 직교하는 벡터는 많이 있다. 모든 t에 대하여 $\|\mathbf{T}(t)\|=1$이므로 $\mathbf{T}$와 $\mathbf{T}'$은 직교하지만, $\mathbf{T}'(t)$ 자체는 단위벡터가 아님에 유의한다. 이제 벡터함수 $\mathbf{r}(t)$로 주어진 곡선 C가 매끄러울 때, 단위법선벡터 $\mathbf{N}(t)$를

$$\mathbf{N}(t)=\frac{\mathbf{T}'(t)}{\|\mathbf{T}'(t)\|}$$

로 정의한다.

예제 14 원형나선 $\mathbf{r}(t)=\cos t\,\mathbf{i}+\sin t\,\mathbf{j}+t\,\mathbf{k}$에 대한 단위법선벡터를 구하시오.

(풀이) $\mathbf{r}'(t)=(-\sin t, \cos t, 1)$, $\|\mathbf{r}'(t)\|=\sqrt{2}$

이므로 단위접선벡터는

$$\mathbf{T}(t)=\frac{\mathbf{r}'(t)}{\|\mathbf{r}'(t)\|}=\frac{1}{\sqrt{2}}(-\sin t,\ \cos t,\ 1)$$

이 되고,

$$\mathbf{T}'(t)=\frac{1}{\sqrt{2}}(-\cos t,\ -\sin t,\ 0),\quad \|\mathbf{T}'(t)\|=\frac{1}{\sqrt{2}}$$

이므로, 단위법선벡터는

$$\mathbf{N}(t)=\frac{\mathbf{T}'(t)}{\|\mathbf{T}'(t)\|}=(-\cos t,\ -\sin t,\ 0)$$

으로 주어진다. ▨

10.9 공간에서의 속도와 가속도

이 절에서는 접선벡터, 법선벡터와 곡률의 개념이 물체의 속도와 가속도를 포함하는 운동을 연구하는 물리학에 어떻게 이용되는지 살펴본다.

1. 속도와 가속도

어떤 입자가 시각 t에서 그 위치벡터가 $\mathbf{r}(t)$가 되도록 공간에서 움직인다고 하자. 그러면 작은 값 t에 대하여 벡터

$$\frac{\mathbf{r}(t+\Delta t)-\mathbf{r}(t)}{\Delta t}$$

는 곡선 $\mathbf{r}(t)$를 따라 움직이는 입자의 방향에 접근한다. $\Delta t \to 0$일 때 시각 t에서의 속도벡터 $\mathbf{v}(t)$는

$$\mathbf{v}(t)=\lim_{\Delta t \to 0}\frac{\mathbf{r}(t+\Delta t)-\mathbf{r}(t)}{\Delta t}=\mathbf{r}'(t)$$

로 주어진다. 시각 t에서의 입자의 속력은 속도벡터의 크기, 즉

$$\|\mathbf{v}(t)\| = \|\mathbf{r}'(t)\| = \frac{ds}{dt}$$

이다. 입자의 가속도 $\mathbf{a}(t)$는 속도의 도함수

$$\mathbf{a}(t)=\mathbf{v}'(t)=\mathbf{r}''(t)$$

로 정의한다.

예제 15 평면 위를 움직이는 물체의 위치벡터가 $\mathbf{r}(t)=t^3\mathbf{i}+t^2\mathbf{j}$ $(t \geq 0)$로 주어질 때, $t=1$에서 속도, 속력 및 가속도를 구하시오.

(**풀이**) 시각 t에서 속도와 가속도는

$$\mathbf{v}(t)=3t^2\mathbf{i}+2t\mathbf{j}, \quad \mathbf{a}(t)=6t\mathbf{i}+2\mathbf{j}$$

이고, 속력은

$$\|\mathbf{v}(t)\| = \sqrt{(3t^2)^2+(2t)^2} = \sqrt{9t^4+4t^2}$$

이 된다. $t=1$일 때

$$\mathbf{v}(1)=3\mathbf{i}+2\mathbf{j}, \quad \mathbf{a}(1)=6\mathbf{i}+2\mathbf{j}, \quad \|\mathbf{v}(1)\|=\sqrt{13}$$

을 얻는다. ▢

속도 또는 가속도벡터를 알고 있을 때 위치벡터를 구하기 위하여, 벡터적분을 이용한다. 일반적으로 벡터적분은 가속도를 알 때는 속도를, 속도를 알 때는 위치를 찾을 수 있게 해 준다. 즉

$$\mathbf{v}(t)=\mathbf{v}(t_0)+\int_{t_0}^{t}\mathbf{a}(u)\,du, \quad \mathbf{r}(t)=\mathbf{r}(t_0)+\int_{t_0}^{t}\mathbf{v}(u)\,du$$

이다.

2. 가속도의 접선성분과 법선성분

입자의 운동을 연구할 때는, 가속도를 두 성분, 즉 하나는 접선방향으로 다른 하나는 법선방향으로, 분해하는 것이 유용하다. 입자의 속력을 $v=\|\mathbf{v}\|$로 나타내면 단위접선벡터는

$$\mathbf{T}(t)=\frac{\mathbf{r}'(t)}{\|\mathbf{r}'(t)\|}=\frac{\mathbf{v}(t)}{\|\mathbf{v}(t)\|}=\frac{\mathbf{v}}{v}$$

이므로, $\mathbf{v}=v\mathbf{T}$가 된다. 이 방정식의 양변을 t에 관하여 미분하면

$$\mathbf{a}=\mathbf{v}'=v'\mathbf{T}+v\mathbf{T}'$$

을 만족한다. 따라서

$$\kappa=\left\|\frac{\mathbf{T}'}{\mathbf{r}'}\right\|=\frac{\|\mathbf{T}'\|}{v}, \text{ 즉 } \|\mathbf{T}'\|=\kappa v$$

를 얻는다. 단위법선벡터가 $\mathbf{N}(t)=\dfrac{\mathbf{T}'}{\|\mathbf{T}'\|}$ 이므로 $\mathbf{T}'=\|\mathbf{T}'\|\,\mathbf{N}=\kappa v\mathbf{N}$ 이고 $\mathbf{a}=v'\mathbf{T}+\kappa v^2\mathbf{N}$이다. 따라서 가속도의 접선 및 법선 성분을 a_{T} 와 a_{N} 으로 나타내면

$$\mathbf{a}=a_{\mathrm{T}}\mathbf{T}+a_{\mathrm{N}}\mathbf{N}$$

이 된다. 한편

$$\begin{aligned}\mathbf{v}\cdot\mathbf{a} &= v\mathbf{T}\cdot(v'\mathbf{T}+\varkappa v^2\mathbf{N})\\ &= vv'\mathbf{T}\cdot\mathbf{T}+\varkappa v^3\mathbf{T}\cdot\mathbf{N}=vv'\end{aligned}$$

이므로

$$\begin{aligned}a_{\mathrm{T}} &= v' = \frac{\mathbf{r}'(t)\cdot\mathbf{r}''(t)}{\|\mathbf{r}'(t)\|}\\ a_{\mathrm{N}} &= \varkappa v^2 = \frac{\|\mathbf{r}'(t)\times\mathbf{r}''(t)\|}{\|\mathbf{r}'(t)\|}\end{aligned}$$

를 얻는다.

예제 16 입자가 위치함수 $\mathbf{r}(t)=(t^2,\ t^2,\ t^3)$으로 움직일 때, 가속도의 접선 및 법선 성분을 구하시오.

(풀이) $\mathbf{r}'(t)=(2t,\ 2t,\ 3t^2)$, $\mathbf{r}''(t)=(2,\ 2,\ 6t)$이므로

$$\|\mathbf{r}'(t)\|=\sqrt{8t^2+9t^4}$$

이고

$$\begin{aligned}\mathbf{r}'(t)\cdot\mathbf{r}''(t) &= 8t+18t^3,\\ \mathbf{r}'(t)\times\mathbf{r}''(t) &= (6t^2,\ -6t^2,\ 0)\end{aligned}$$

이 된다. 따라서 가속도의 접선성분은

$$a_{\mathrm{T}}=\frac{\mathbf{r}'(t)\cdot\mathbf{r}''(t)}{\|\mathbf{r}'(t)\|}=\frac{8t+18t^3}{\sqrt{8t^2+9t^4}}$$

이고, 법선성분은

$$a_{\mathrm{N}}=\frac{\|\mathbf{r}'(t)\times\mathbf{r}''(t)\|}{\|\mathbf{r}'(t)\|}=\frac{6\sqrt{2}t^2}{\sqrt{8t^2+9t^4}}$$

이 된다. ▨

10.10 원주좌표와 구면좌표

3차원 공간에서는 곡면과 입체를 편리하게 설명하면서 극좌표계와 유사한 두 개의 좌표계가 있다. 이것은 부피와 삼중적분을 구할 때 특히 유용하다.

1. 원주좌표계

원주좌표계(cylindrical coordinate system)에서는 3차원 공간의 점 P를 순서쌍 (r, θ, z)로 나타낸다. 이때 r과 θ는 xy평면 위의 점 P의 정사영의 극좌표이고 z는 xy평면에서 P까지의 방향이 주어진 거리이다.

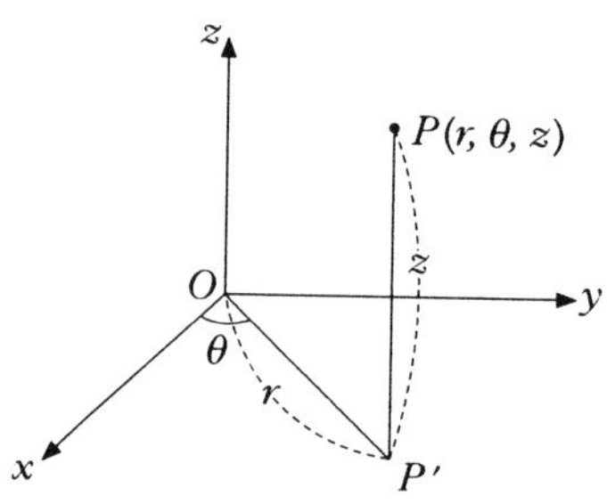

[그림 10.11]

원주좌표를 직교좌표로 변환하기 위해서는 방정식

$$x = r\cos\theta,\quad y = r\sin\theta,\quad z = z$$

를 이용하고, 직교좌표를 원주좌표로 변환하기 위해서는 방정식

$$r^2 = x^2 + y^2,\quad \tan\theta = \frac{y}{x},\quad z = z$$

를 이용한다.

예제 17 직교좌표가 $(3, -3, -7)$인 점의 원주좌표를 구하시오.

(풀이) $r = \sqrt{3^2 + (-3)^2} = 3\sqrt{2},\quad \tan\theta = \dfrac{(-3)}{3} = -1$

로부터 $\theta=\frac{7\pi}{4}+2n\pi$를 얻는다. $z=-7$이므로, 하나의 원주좌표는 $(3\sqrt{2},\ 7\pi/4,\ -7)$로 주어진다. 그러나 극좌표에서와 마찬가지로, 무수히 많은 선택의 여지가 있다. ▨

원주좌표계는 z축에 관하여 대칭을 포함하고 있는 문제에 유용하다. 예를 들면 방정식이 $x^2+y^2=c^2$인 원주는 아주 간단한 $r=c$를 가진다.

예제 18 타원면 $4x^2+4y^2+z^2=1$의 원주좌표 방정식을 구하시오.

(**풀이**) $r^2=x^2+y^2$이므로 $z^2=1-4(x^2+y^2)=1-4r^2$을 얻는다. 따라서 타원면의 원주좌표 방정식은 $z^2=1-4r^2$이 된다. ▨

2. 구면좌표계

구면좌표계(spherical coordinate system)에서는 3차원 공간의 임의의 점 P의 좌표를 (ρ,θ,ϕ)로 정의한다. 여기에서 $\rho=\overline{OP}$는 원점에서 P까지의 거리이고, θ는 원주좌표에서와 같은 각, 또 ϕ는 양의 z축과 선분 $\overline{OP}$ 사이의 각이다. 여기서 $\rho\geq 0$, $0\leq\phi\leq\pi$임에 유의한다.

구면좌표계는 원점에 관하여 대칭이 되는 문제에 유용하다. 예를 들면 중심이 원점이고, 반경이 c인 구는 간단한 $\rho=c$를 가진다.

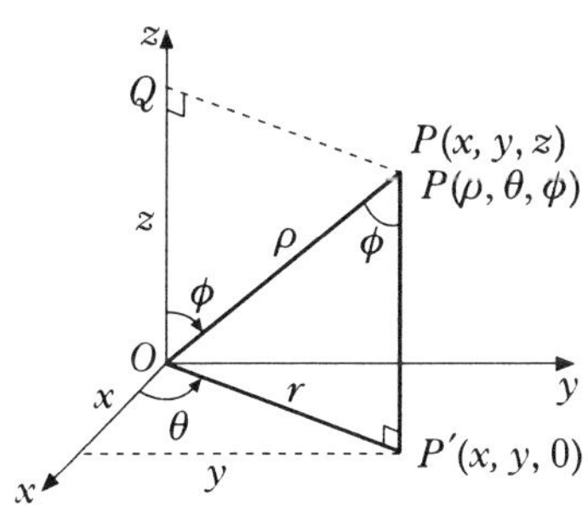

[그림 10.12]

삼각형 $\triangle OPQ$와 $\triangle OPP'$으로부터 $z=\rho\cos\phi$, $r=\rho\sin\phi$를 얻는다. 그런데 $x=r\cos\theta$, $y=r\sin\theta$이므로 직교좌표와 구면좌표 사이의 관계는

$$x=\rho\sin\phi\cos\theta,\quad y=\rho\sin\phi\sin\theta,\quad z=\rho\cos\phi$$

로 주어진다. 또한 거리공식으로부터

$$\rho^2=x^2+y^2+z^2$$

이 성립한다.

예제 19 직교좌표가 $(0, 2\sqrt{3}, -2)$인 점의 구면좌표를 구하시오.

(풀이)
$$\rho=\sqrt{x^2+y^2+z^2}=4$$

이므로,

$$\cos\phi=\frac{z}{\rho}=\frac{-2}{4}=-\frac{1}{2}\text{로부터}\quad \phi=\frac{2\pi}{3}$$

$$\cos\theta=\frac{x}{\rho\sin\phi}=0\text{로부터}\quad \theta=\frac{\pi}{2}$$

가 된다. 따라서 주어진 점의 구면좌표는 $(4, \frac{\pi}{2}, \frac{2\pi}{3})$이다. □

예제 20 구면방정식이 $\rho=\sin\phi\sin\theta$인 곡면의 직교방정식을 구하시오.

(풀이)
$$x^2+y^2+z^2=\rho^2=\rho\sin\phi\sin\theta=y$$

이므로, 직교방정식 $x^2+\left(\frac{y-1}{2}\right)^2+z^2=\frac{1}{4}$을 얻는다. □

연습문제

1. $\mathbf{a}$ 위로의 $\mathbf{b}$의 스칼라사영와 벡터사영을 구하시오.

   (1) $\mathbf{a}=(2, 3)$, $\mathbf{b}=(4, 1)$ (2) $\mathbf{a}=(4, 2, 0)$, $\mathbf{b}=(1, 1, 1)$

2. 꼭지점이 $P(1, 4, 6)$, $Q(-2, 5, -1)$과 $R(1, -1, 1)$인 삼각형의 면적을 구하시오.

3. 평면 $x+y+z=1$과 $x-2y+3z=1$ 사이의 각을 구하시오.

4. 주어진 조건을 만족하는 직선의 매개변수방정식을 구하시오.
   (1) 점 $(1, 2, 4)$를 지나고, $\mathbf{v}=2\mathbf{i}-\mathbf{j}+3\mathbf{k}$의 방향을 가진다.
   (2) 점 $(1, 0, 1)$을 지나고 매개변수방정식이 $x=4t$, $y=1-3t$, $z=2+5t$인 직선과 평행하다.

5. 주어진 점을 지나, 주어진 직선을 포함하는 평면의 방정식을 구하시오.
   (1) $(1, 6, -4)$; $x=1+2t$, $y=2-3t$, $z=3-t$
   (2) $(0, 1, 2)$; $x=y=z$

6. 주어진 조건을 만족하는 평면의 방정식을 구하시오.
   (1) 점 $(4, -1, -1)$을 지나고 평면 $x+2y+5z=3$과 평행하다.
   (2) 세 점 $(-1, 2, 0)$, $(2, 0, 1)$, $(-5, 3, 1)$을 지난다.

7. 주어진 곡선의 길이를 구하시오.
   (1) $\mathbf{r}(t)=(2t,\ 3\sin t,\ 3\cos t)$, $a \leqq t \leqq b$
   (2) $x=2t$, $y=t^2$, $z=t^2$, $0 \leqq t \leqq 1$

8. 다음 물음에 답하시오.
   (1) 원주좌표가 $(2, \pi/6, 2)$인 점의 직교좌표와 구면좌표를 구하시오.
   (2) 직교좌표가 $(2, 2, -1)$인 점의 원주좌표와 구면좌표를 구하시오.
   (3) 구면좌표가 $(4, \pi/3, \pi/6)$인 점의 직교좌표와 원주좌표를 구하시오.

9. 주어진 곡선의 곡률을 구하시오.
   (1) $\mathbf{r}(t)=(\sin 4t,\ 3t,\ \cos 4t)$ (2) $\mathbf{r}(t)=(\sqrt{2}t,\ e^t,\ e^{-t})$

10. 주어진 방정식을 원주좌표와 구면좌표로 나타내시오.

(1) $x^2+y^2=4$ (2) $x^2+y^2+z^2=4$ (3) $x^2+y^2+z^2=2x$

11. 다음 방정식을 표준형으로 변형시키고, 곡면을 구분하시오.

(1) $z^2=3x^2+4y^2-12$ (2) $x^2-y^2+4y+z=4$

12. $x=2+t^2$, $y=\sqrt{3+t}$, $z=\cos \pi t$로 주어진 곡선의 점 $(3, 2, -1)$에서 접선의 매개변수방정식을 구하시오.

11 다변수함수의 미분

이 장에서는 다변수함수, 특히 2변수함수의 극한과 연속의 의미를 살펴보고, 편도함수와 전미분을 이해한다. 또한 연쇄법칙을 알고 함수의 최대·최소값을 구한다.

11.1 다변수함수

n차원 공간 R^n의 부분집합을 D라 할 때, 함수 $f: D \to R$을 n변수함수라 한다. 통상 $n \geq 2$인 경우를 **다변수함수**라 한다.

1. 2변수함수

(1) 함수의 그래프

[정의 1] (2변수함수)

$D \subset R^2$이고, 각 $(x, y) \in D$에 유일한 실수 $f(x, y)$가 대응될 때, $f: D \to R$로 표기하고, f를 2변수함수라 한다. 이때 D를 f의 정의역, $\{f(x, y) \mid (x, y) \in D\}$를 f의 치역이라 한다.

> f가 정의역을 D로 갖는 2변수함수일 때, f의 그래프는
> $$S = \{(x, y, x) \in R^3 \mid z = f(x, y),\ (x, y) \in D\}$$
> 로 정의한다.

일반적으로 (x, y)에서 f에 의해 취해지는 값을 $z = f(x, y)$로 표기한다. 여기서 x와 y는 독립변수이고 z는 종속변수를 나타낸다.

함수를 표시할 때는 보통 화살표 표시법(arrow diagram), 그래프, 등위곡선을 이용한다. 2변수함수는 화살표 표시법과 그래프에 의하여 가시화할 수 있다. 1변수함수 f의 그래프가 $y = f(x)$인 곡선 C인 것처럼, 2변수함수 f의 그래프는 $z = f(x, y)$인 곡면 S가 된다.

예제 1 함수 $f(x, y) = \sqrt{9 - x^2 - y^2}$의 정의역과 치역을 구하시오.

(**풀이**) f의 정의역 D는

$$D = \{(x, y) \mid 9 - x^2 - y^2 \geqq 0\} = \{(x, y) \mid x^2 + y^2 \leqq 9\}$$

이다. 이것은 반지름 3, 원점이 중심인 원판이다.

f의 치역 R은 $z \geqq 0$과 $\sqrt{9 - x^2 - y^2} \leqq 3$으로부터

$$R = \{z \mid z = \sqrt{9 - x^2 - y^2},\ (x, y) \in D\} = \{z \mid 0 \leqq z \leqq 3\}$$ □

예제 2 함수 $h(x, y) = 4x^2 + y^2$의 그래프의 개형을 그리시오.

(**풀이**) 그래프는 타원형의 포물면인 $z = 4x^2 + y^2$을 가지고 있다. 만약 $k > 0$이면 수평면 $z = k$에서의 지취는 타원이고, 수직방형의 자취는 포물선이 된다.

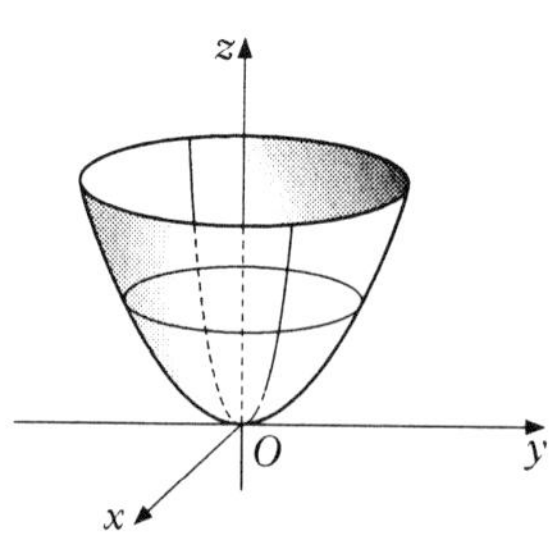

$h(x, y) = 4x^2 + y^2$의 그래프

[그림 11.1] □

참고 2변수함수의 그래프를 그리는 것이 컴퓨터 프로그램에 의해서 가능하다. 다음 함수의 그래프는 컴퓨터를 이용하여 그린 것이다.

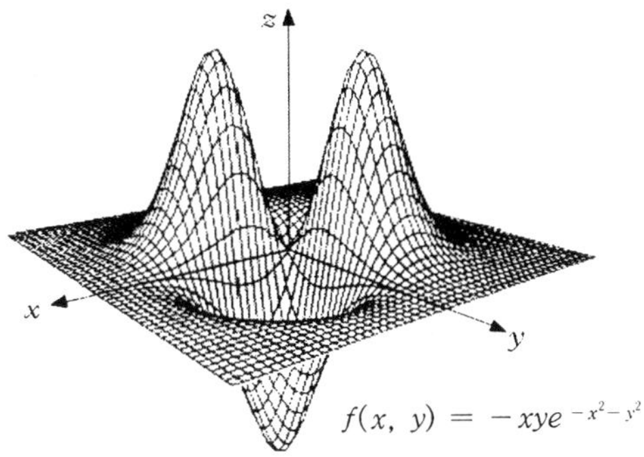

[그림 11.2]

(2) 등위곡선

$z=f(x, y)$와 평면 $z=k$(k는 상수)가 만나는 점 (x, y)를 xy 평면에 나타낸 곡선을 등위곡선(level curve)이라 한다. 즉 등위곡선 $f(x, y)=k$ 는 주어진 k를 갖는 f에서의 모든 점들의 궤적이다. 이것은 주로 지도제작에 사용되는 방법이다.

다음 그림은 등위곡선과 수평자취 사이의 관계를 보여주고 있다.

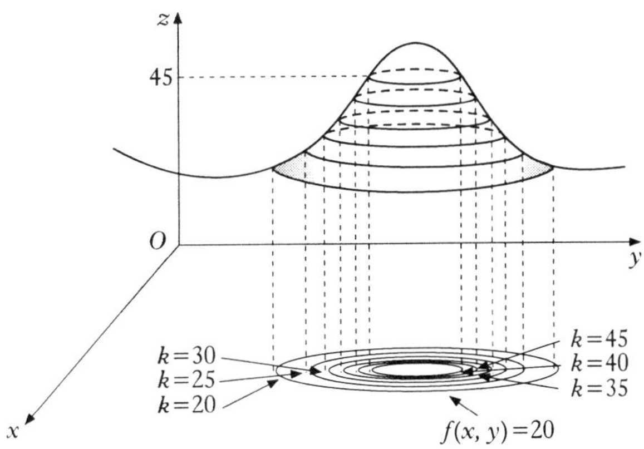

[그림 11.3]

$f(x, y)=k$는 수평면 $z=k$에서 xy 평면으로 사영된 f의 그래프의 자취이다. 그래서 만약 등위곡선을 그리고 어느 높이까지 표면을 올려서 그래프의 그림을 모을 수 있다.

예제 3 함수 $h(x, y)=4x^2+y^2$의 등위곡선을 그리시오.

(**풀이**) 등위곡선은

$$4x^2+y^2=k \quad \text{또는} \quad \frac{x^2}{k/4}+\frac{y^2}{k}=1 \quad (k>0)$$

이므로, 타원족으로 표현된다.

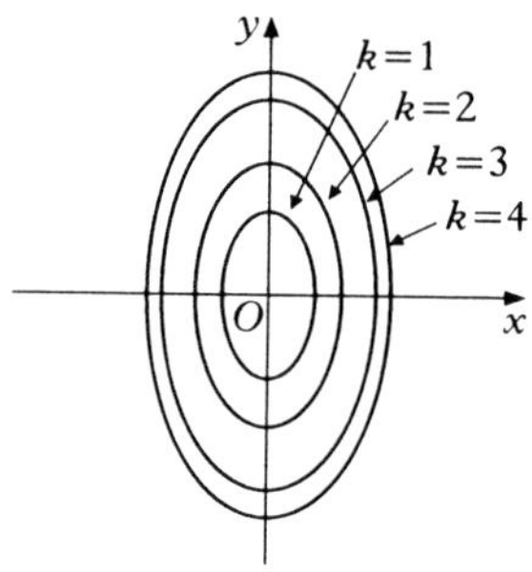

$h(x, y) = 4x^2 + y^2$ 의 등위곡선 지도

[그림 11.4]

2. 3변수 이상의 함수

3변수함수 f는 정의역 $D \subset R^3$에서 $f(x, y, z)$를 대응시킨다. 화살표 표시법에 의해 f를 가시화할 수 있지만, 4차원 공간에 있으므로 그래프로 가시화하는 것은 불가능하다. 그러나 $f(x, y, z)=k$에 의해서 만들어진 등위곡면(level surface)을 조사해 봄으로써, 그 구조를 살펴볼 수 있다. 만약 점 (x, y, z)가 등위곡면을 따라 움직이면 $f(x, y, z)$의 값은 일정하다.

n변수함수는 순서쌍 $(x_1, x_2, \cdots, x_n)$에 한 실수값 $z=f(x_1, x_2, \cdots, x_n)$을 대응시키는 것이다. 이때 기호 $f: D \rightarrow R$은 f가 실수값을 갖는 함수이고, 그 정의역 D는 R^n의 부분집합이란 뜻으로 사용되어진다. 때로는 간편하게 벡터표기법을 이용하기도 한다.

만일 $\mathbf{x}=(x_1, x_2, \cdots, x_n)$이면 $f(x_1, x_2, \cdots, x_n)$ 대신 $f(\mathbf{x})$로 쓴다. 일반적으로 $D \subset R^n$일 때 함수 $f: D \to R$을

① n개의 실변수 $x_1, x_2, \cdots, x_n$의 함수

② R^n 위의 한 점 $(x_1, x_2, \cdots, x_n)$의 함수

③ 단일벡터변수 $\mathbf{x}=(x_1, x_2, \cdots, x_n)$의 함수

라는 세 가지 관점에서 생각할 수 있다.

11.2 다변수함수의 극한과 연속

1. 2변수함수일 경우

(1) 2변수함수의 극한

> [정의 2] (2변수함수의 극한)
>
> 중심이 (a, b)인 원판 위에서 정의된 2변수함수를 f라 하자. 단, (a, b)에서는 정의되지 않아도 좋다. 만일 임의의 $\varepsilon > 0$에 대하여, 적당한 $\delta > 0$이 존재해서
>
> $$0 < \sqrt{(x-a)^2+(y-b)^2} < \delta$$
>
> 를 만족하는 모든 (x, y)에 대하여 $|f(x, y)-L| < \varepsilon$을 만족할 때, 함수 $z=f(x, y)$는 점 (a, b)에서 극한값 L을 갖는다고 하고,
>
> $$\lim_{(x, y) \to (a, b)} f(x, y) = L$$
>
> 로 나타낸다.

극한에 관한 다른 표기법은

$$\lim_{\substack{x \to a \\ y \to b}} f(x, y) = L \text{ 또는 } (x, y) \to (a, b) \text{일 때 } f(x, y) \to L$$

이다. 이때 " (x, y)가 (a, b)에 접근할 때 $f(x, y)$의 극한이 L이다."라고 읽는다.

1변수함수에서 x가 a에 접근할 때, 두 개의 가능한 접근방향이 있었다. 만

약 $\lim_{x\to a^-} f(x) \neq \lim_{x\to a^+} f(x)$이면 $\lim_{x\to a} f(x)$는 존재하지 않는다.

그러나 2변수함수에서는 결코 단순하지 않다. 왜냐하면 $(x, y)\to(a, b)$라는 개념은 평면 위의 모든 방향에서 점 (a, b)로 수렴하는 것을 의미하기 때문이다. 그래서 극한이 존재한다면, (x, y)를 (a, b)에 접근시키는 경로에는 상관없이 $f(x, y)$는 모두 같은 극한을 가져야 한다. 그러므로 접근하는 두 개의 다른 길 C_1, C_2를 찾아서 $f(x, y)$가 다른 극한을 가지면 $\lim_{(x, y)\to(a, b)} f(x, y)$는 존재하지 않는다.

예제 4 $f(x, y)=\dfrac{xy}{x^2+y^2}$일 때, $\lim_{(x, y)\to(0, 0)} \dfrac{xy}{x^2+y^2}$는 존재하는가?

(풀이) $y=0$일 때 $x\neq 0$인 모든 x에 대하여 $f(x, 0)=0$이므로, x축을 따라 $(x, y)\to(0, 0)$이면 $f(x, y)\to 0$이 된다.

$x=0$일 때 $y\neq 0$인 모든 y에 대하여 $f(0, y)=0$이므로, y축을 따라 $(x, y)\to(0, 0)$이면 $f(x, y)\to 0$이 된다.

비록 축을 따라 동일한 극한을 얻었지만, 주어진 극한이 0이라는 것은 아니다. 직선 $y=x$를 따라 $(0, 0)$에 접근해 보자. $f(x, x)=\dfrac{1}{2}$이므로 $y=x$를 따라 $(x, y)\to(0, 0)$이면 $f(x, y)\to\dfrac{1}{2}$이 된다. 따라서 다른 접근 경로에 따라, 극한값이 다르므로 $f(x, y)$는 $(0, 0)$에서 극한값을 갖지 않는다. □

예제 5 $f(x, y)=\dfrac{xy^2}{x^2+y^4}$일 때, $\lim_{(x, y)\to(0, 0)} \dfrac{xy^2}{x^2+y^4}$은 존재하는가?

(풀이) $y=mx$이고 $m\neq 0$이면

$$f(x, y)=f(x, mx)=\frac{x(mx)^2}{x^2+(mx)^4}=\frac{m^2x}{1+m^4x^2}$$

이므로 $y=mx$를 따라 $(x, y)\to(0, 0)$일 때 $f(x, y)\to 0$이 된다. 따라서 원점을 통과하는 모든 직선을 따라 극한을 취한 값은 모두 같다. 그러나 주어진 극한이 0은 아니다. $x=y^2$이면 $f(x, y)=f(y^2, y)=\dfrac{y^4}{2y^4}=\dfrac{1}{2}$이므로 $x=y^2$를 따라 $(x, y)\to(0, 0)$일 때 $f(x, y)\to\dfrac{1}{2}$이 된다. 다른 경로를 따라 다른 극한값을 취하므로 극한은 존재하지 않는다. □

예제 6 $\lim_{(x,y)\to(0,0)} \frac{3x^2y}{x^2+y^2} = 0$이 성립한다.

증명 임의의 $\varepsilon > 0$에 대하여, $\delta = \frac{\varepsilon}{3}$로 놓으면 $0 < \sqrt{x^2+y^2} < \delta$를 만족하는 모든 (x, y)에 대하여

$$\left| \frac{3x^2y}{x^2+y^2} - 0 \right| \leqq 3\sqrt{x^2+y^2} < 3\delta = 3\left(\frac{\varepsilon}{3}\right) = \varepsilon$$

이 성립한다. 따라서 $\lim_{(x,y)\to(0,0)} \frac{3x^2y}{x^2+y^2} = 0$이 된다. ▢

참고 $x = r\cos\theta$, $y = r\sin\theta$로 변환하면 $(x, y) \to (0, 0)$과 $r \to 0^+$는 동치이므로, $\lim_{(x,y)\to(0,0)} \frac{3x^2y}{x^2+y^2} = \lim_{r\to 0^+} \frac{3r^2\cos^2\theta\, r\sin\theta}{r^2} = \lim_{r\to 0^+} 3\cos^2\theta\, r\sin\theta$ $= 0$을 얻는다. 따라서 $\lim_{(x,y)\to(0,0)} \frac{3x^2y}{x^2+y^2} = 0$이 된다.

예제 7 $\lim_{(x,y)\to(0,0)} (x^2+y^2)\ln(x^2+y^2)$을 구하시오.

(**풀이**) $x = r\cos\theta$, $y = r\sin\theta$로 변환하면 $(x, y) \to (0, 0)$과 $r \to 0^+$는 동치이므로,

$$\begin{aligned}\lim_{(x,y)\to(0,0)} (x^2+y^2)\ln(x^2+y^2) &= \lim_{r\to 0^+} r^2 \ln r^2 \\ &= \lim_{r\to 0^+} \frac{2\ln r}{1/r^2} = \lim_{r\to 0^+} \frac{2/r}{-2/r^3} \\ &= \lim_{r\to 0^+} (-r^2) = 0\end{aligned}$$ ▢

1변수함수에서의 극한의 성질을 2변수함수로 확장할 수 있다. 또한 2변수의 연속함수 역시 1변수 연속함수의 확장이 된다.

참고 (2변수함수의 극한법칙) $\lim_{(x,y)\to(a,b)} f(x, y) = L$, $\lim_{(x,y)\to(a,b)} g(x, y) = M$이고 c가 임의의 상수일 때, 다음이 성립한다.

(1) $\lim_{(x,y)\to(a,b)} (cf)(x, y) = cL$ (2) $\lim_{(x,y)\to(a,b)} (f \pm g)(x, y) = L \pm M$

(3) $\lim_{(x,y)\to(a,b)} (fg)(x, y) = LM$

(4) $\lim_{(x,y)\to(a,b)} \left(\frac{f}{g}\right)(x, y) = \frac{L}{M}$ (단, $M \neq 0$)

(2) 2변수함수의 연속

> [정의 3] (2변수함수의 연속)
>
> 중심이 (a, b)인 원판 위에서 정의된 함수 $z=f(x, y)$가
>
> $$\lim_{(x, y) \to (a, b)} f(x, y)=f(a, b)$$
>
> 를 만족할 때, f는 점 (a, b)에서 연속이라 한다.

예 1 $f(x, y)=xy$는 $(1, 2)$에서 연속이다. 왜냐하면 $x=1+r\cos\theta$, $y=2+r\sin\theta$로 놓을때, $\lim_{(x, y)\to(1, 2)} xy = \lim_{r\to 0^+}(2+r\cos\theta)(1+r\sin\theta)=2$이고 $f(1,2)=2$이므로, $\lim_{(x, y)\to(1, 2)} f(x, y)=2=f(1, 2)$가 성립하기 때문이다.

만약 f의 정의역이 $D\subset R^2$이면 D의 내부점에서 f의 연속을 정의한다. 그러나 D는 경계점도 포함할 수 있다. 만약 (a, b)가 D의 경계점이면 [정의 3]은 (a, b)에서 f가 정의될 때 응용된다. D의 모든 점에서 f가 연속일 때 f는 D에서 연속이라 한다.

참고 $\lim_{(x, y)\to(a, b)} x=a$, $\lim_{(x, y)\to(a, b)} y=b$, $\lim_{(x, y)\to(a, b)} c=c$

이므로 함수 $f(x, y)=x$, $g(x, y)=y$, $h(x, y)=c$는 연속이다. 또한 임의의 다항식은 함수 f, g, h의 곱과 합으로 만들어 질 수 있기 때문에 모든 다항식은 R^2에서 연속이다. 마찬가지로 분모가 0이 되지 않는 점에서 모든 유리함수는 연속이 된다.

예제 8

$$f(x, y)=\begin{cases} \dfrac{3x^2y}{x^2+y^2} & ,(x, y)\neq(0,0) \\ 0 & ,(x, y)=(0,0) \end{cases}$$

으로 주어진 함수 f는 R^2에서 연속임을 보이시오.

증명 $(x, y)\neq(0,0)$일 때, f는 유리함수이기 때문에 연속이다. 또한

$$\lim_{(x, y)\to(0, 0)} \frac{3x^2y}{x^2+y^2}=0=f(0,0)$$

이므로 f는 $(0,0)$에서 연속이다. 따라서 f는 R^2에서 연속이다. □

함수의 합성으로 새로운 연속함수를 얻을 수 있다.

[정리 4] (합성함수의 연속성)

함수 $z=f(x,y)$가 연속이고 $x=\varphi(u,v)$, $y=\psi(u,v)$가 연속이면, 합성함수 $z=f(\varphi(u,v),\psi(u,v))$는 연속이다.

예제 9 $h(x,y)=\ln(x^2+y^2-1)$은 어떤 영역에서 연속이 되는가?

(풀이) $f(x,y)=x^2+y^2-1$이고 $g(t)=\ln t$일 때,

$$g(f(x,y))=\ln(x^2+y^2-1)=h(x,y)$$

이므로 $h=g\circ f$이다. 그런데 f는 다항식이기 때문에, 모든 점에서 연속이고, g는 이것의 정의역 $\{t \mid t>0\}$에서 연속이다. 따라서 h는

$$D=\{(x,y) \mid x^2+y^2>1\}$$

에서 연속이 된다. □

2. 3변수 이상의 함수일 경우

2변수함수에서 논의된 내용이, 변수가 셋 이상인 함수로 확장될 수 있다.

[정의 5] (3변수함수의 극한과 연속)

중심이 (a,b,c)인 구 안에서 정의된 3변수함수를 f라 하자. 만일 임의의 $\varepsilon>0$에 대하여, 적당한 $\delta>0$이 존재해서

$$0<\sqrt{(x-a)^2+(y-b)^2+(z-c)^2}<\delta$$

를 만족하는 모든 (x,y,z)에 대하여 $|f(x,y,z)-L|<\varepsilon$을 만족할 때, 함수 $f(x,y,z)$는 (a,b,c)에서 극한값 L을 갖는다고 하고,

$$\lim_{(x,y,z)\to(a,b,c)} f(x,y,z)=L$$

로 나타낸다. 특히

$$\lim_{(x,y,z)\to(a,b,c)} f(x,y,z)=f(a,b,c)$$

를 만족하면, f는 (a,b,c)에서 연속이라 한다.

벡터표기법을 이용하면, n변수 ($n \geq 2$) 함수의 극한과 연속의 정의는 다음과 같이 간단히 표시할 수 있다.

> $D \subset R^n$이고 $f: D \to R$일 때, 임의의 $\varepsilon > 0$에 대하여, $\delta > 0$이 존재해서
>
> $$0 < |\mathbf{x} - \mathbf{a}| < \delta \text{일 때 } |f(\mathbf{x}) - L| < \varepsilon$$
>
> 을 만족하면 $\lim_{\mathbf{x} \to \mathbf{a}} f(\mathbf{x}) = L$이라 한다. 특히 $\lim_{\mathbf{x} \to \mathbf{a}} f(\mathbf{x}) = f(\mathbf{a})$를 만족하면, f는 $\mathbf{a}$에서 연속이라 한다.

11.3 편도함수

편도함수란 다변수함수의 그래프를 특정한 한쪽 방향으로 절단했을 때 나타나는 곡선의 기울기를 의미한다.

1. 1계 편도함수

(1) 2변수함수일 경우

2변수함수 $z = f(x, y)$가 주어져 있을 때, y를 $y = b$로 고정하고 f는 단지 x만의 함수 $g(x) = f(x, b)$로 생각할 수 있다. 만일 g가 a에서 도함수 $g'(a)$를 가지면 그것을 (a, b)에서 x에 관한 f의 편미분계수(partial differential coefficient)라 하고, $f_x(a, b)$ 또는 $\frac{\partial f}{\partial x}(a, b)$로 표시한다. 따라서

$$f_x(a, b) = \lim_{\Delta x \to 0} \frac{f(a + \Delta x, b) - f(a, b)}{\Delta x}$$

가 된다. 마찬가지로 (a, b)에서 y에 관한 f의 편미분계수 $f_y(a, b)$는

$$f_y(a, b) = \lim_{\Delta y \to 0} \frac{f(a, b + \Delta y) - f(a, b)}{\Delta y}$$

로 정의한다. 특히 임의의 점 (x, y)에서 구한 편미분계수를 x(또는 y)에 관한 편도함수(partial derivative)라 하고, $f_x(x, y)$(또는 $f_y(x, y)$)로 나타낸다.

[정의 6] (편도함수)

2변수함수 $z=f(x, y)$의 편도함수 f_x와 f_y를

$$f_x(x, y) = \lim_{\Delta x \to 0} \frac{f(x+\Delta x, y)-f(x, y)}{\Delta x}$$

$$f_y(x, y) = \lim_{\Delta y \to 0} \frac{f(x, x+\Delta y)-f(x, y)}{\Delta y}$$

로 정의하고, f_x와 f_y를 구하는 것을 편미분한다(differentiate partially)고 한다.

참고 $z=f(x, y)$ 이면 편도함수를

$$f_x = \frac{\partial f}{\partial x} = \frac{\partial z}{\partial x} = z_x = D_x f, \quad f_y = \frac{\partial f}{\partial y} = \frac{\partial z}{\partial y} = z_y = D_y f$$

로 표기한다.

함수 $z=f(x, y)$ 에서 f_x를 구할 때는 y를 상수로 보고 x에 관하여 미분하고, f_y를 구하기 위해서는 y를 상수로 보고 x에 관하여 미분하면 된다.

예 2 $f(x, y)=x^3+x^2y-2y^2$ 일 때, $f_x(2, 1)$ 을 구해 보자. y를 상수로 생각하고, x에 관하여 미분하면 $f_x(x, y)=3x^2+2xy$이므로 $f_x(2, 1)=16$이 된다.

예제 10 $z=f(x^2+y^2)$의 1계 편도함수를 구하시오.

(**풀이**) $x^2+y^2=u$라 놓으면 $z=f(u)$가 된다. 따라서

$$\frac{\partial z}{\partial x} = f'(u)\frac{\partial u}{\partial x} = 2xf'(u) = 2xf'(x^2+y^2)$$

이 성립한다. 같은 방법으로 $\frac{\partial z}{\partial y} = 2yf'(x^2+y^2)$을 얻는다. □

참고 1변수함수에서는 미분가능하면 연속이지만, 2변수함수의 경우에는 편도함수 f_x와 f_y가 존재할 때 연속이 되지 않을 수도 있다. 예를 들면

$$f(x, y) = \begin{cases} \dfrac{xy}{x^2+y^2} & ,(x, y) \neq (0, 0) \\ 0 & ,(x, y) = (0, 0) \end{cases}$$

으로 정의된 함수는 $f_x(0, 0) = 0 = f_y(0, 0)$이지만 $(0, 0)$에서 연속이 아니다.

편도함수의 기하학적 해석을 위하여 $z = f(x, y)$가 곡면 S를 나타내고, $f(a, b) = c$ 이면, 점 $P(a, b, c)$는 S 위에 놓인다고 하자.

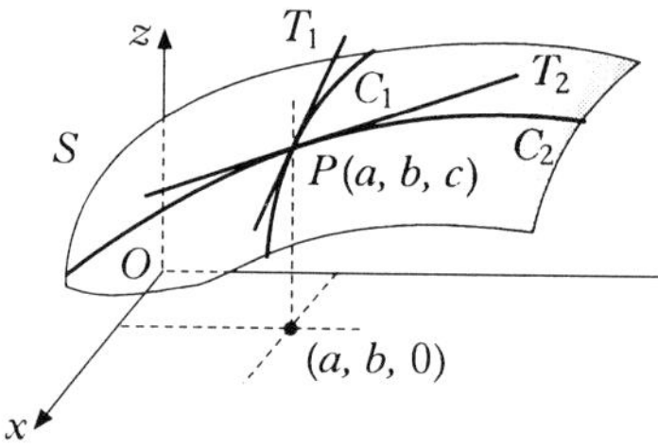

[그림 11.5]

C_1이 $y = b$에서 S의 자취이고, C_2가 $x = a$에서 S의 자취일 때, 편미분계수 $f_x(a, b)$와 $f_y(a, b)$는 기하학적으로 $x = a$와 $y = b$에서 S의 C_1과 C_2 자취에 대한 $P(a, b, c)$에서의 접선의 기울기로 각각 해석할 수 있다.

또한 $z = f(x, y)$에 대하여 $\dfrac{\partial f}{\partial x}$는 y가 일정할 때 x에 관한 z의 변화율로 해석되기도 한다.

예제 11 $x^3 + y^3 + z^3 + 6xyz - 3 = 0$ 일 때, $\dfrac{\partial z}{\partial x}$와 $\dfrac{\partial z}{\partial y}$를 구하시오.

(풀이) $\dfrac{\partial z}{\partial x}$를 구하기 위하여, y를 상수로 보고 x에 관하여 음함수 미분을 하면 $3x^2 + 3z^2\dfrac{\partial z}{\partial x} + 6yz + 6xy\dfrac{\partial z}{\partial x} = 0$ 이 된다. 따라서

$$\frac{\partial z}{\partial x} = -\frac{x^2 + 2yz}{z^2 + 2xy} \quad (\text{단, } z^2 + 2xy \neq 0)$$

을 얻는다. 마찬가지 방법으로 y에 관해 미분하면

$$\frac{\partial z}{\partial x} = -\frac{y^2+2xz}{z^2+2xy} \quad (\text{단, } z^2+2xy \neq 0)$$

를 얻는다. ▨

(2) 3변수 이상의 함수일 경우

편도함수는 3변수 이상의 변수에 대한 함수에 대해서도 정의된다. 예를 들면 f가 x, y, z의 3변수함수일 때 x에 관한 편도함수는

$$f_x(x, y, z) = \lim_{\Delta x \to 0} \frac{f(x+\Delta x, y, z) - f(x, y, z)}{\Delta x}$$

로 정의된다. 이것은 y와 z를 상수로 하고, $f(x, y, z)$를 x에 관해 미분함으로써 구해진다. 일반적으로 $u = f(x_1, x_2, \cdots, x_n)$일 때 i번째 변수 x_i에 관한 편도함수는

$$\frac{\partial u}{\partial x_i} = \lim_{\Delta x_i \to 0} \frac{f(x_1, \cdots, x_{i-1}, x_i+\Delta x_i, \cdots, x_n) - f(x_1, \cdots, x_i, \cdots, x_n)}{\Delta x_i}$$

으로 정의되고, 또한

$$\frac{\partial u}{\partial x_i} = \frac{\partial f}{\partial x_i} = f_{x_i} = D_{x_i} f$$

로 표기한다.

예제 12 $f(x, y, z) = e^{xy} \ln z$일 때, f_x, f_y와 f_z를 구하시오.

(**풀이**) y와 z를 상수로 생각하고, x에 관해 미분하면 $f_x = ye^{xy} \ln z$를 얻는다. 마찬가지 방법으로 $f_y = xe^{xy} \ln z$, $f_z = \dfrac{e^{xy}}{z}$이 된다. ▨

2. 고계 편도함수

f가 2변수함수이면, 그것의 편도함수 f_x와 f_y도 2변수함수가 된다. 이제 그들의 편도함수 $(f_x)_x$, $(f_x)_y$, $(f_y)_x$, $(f_y)_y$를 생각할 수 있고, 이것을 f의 2계 편도함수라 한다. 만약 $z = f(x, y)$이면,

$$
\begin{aligned}
(f_x)_x &= f_{xx} = \frac{\partial}{\partial x}\left(\frac{\partial f}{\partial x}\right) = \frac{\partial^2 f}{\partial x^2} = \frac{\partial^2 z}{\partial x^2} \\
(f_x)_y &= f_{xy} = \frac{\partial}{\partial y}\left(\frac{\partial f}{\partial x}\right) = \frac{\partial^2 f}{\partial y\,\partial x} = \frac{\partial^2 z}{\partial y\,\partial x} \\
(f_y)_x &= f_{yx} = \frac{\partial}{\partial x}\left(\frac{\partial f}{\partial y}\right) = \frac{\partial^2 f}{\partial x\,\partial y} = \frac{\partial^2 z}{\partial x\,\partial y} \\
(f_y)_y &= f_{yy} = \frac{\partial}{\partial y}\left(\frac{\partial f}{\partial y}\right) = \frac{\partial^2 f}{\partial y^2} = \frac{\partial^2 z}{\partial y^2}
\end{aligned}
$$

로 표기한다. 그러므로 f_{xy} 표기법은 우선 x에 관해 미분하고, 다음에 y에 관해 미분하는 것이고. 반면 f_{yx}는 반대 순서로 계산한다.

같은 방법으로 고계 편도함수를 정의할 수 있다.

예 3 2변수함수 $f(x, y) = x^3 + x^2y^3 - 2y^2$에 대하여,

$$f_x(x, y) = 3x^2 + 2xy^3, \quad f_y(x, y) = 3x^2y^2 - 4y$$

로부터, $f_{xy} = 6xy^2$와 $f_{yx} = 6xy^2$을 얻는다.

위 예에서 $f_{xy} = f_{yx}$가 성립하였다. 그러나 일반적으로 f_{xy}와 f_{yx}는 일치하지 않는다.

예제 13

$$f(x, y) = \begin{cases} \dfrac{xy(x^2 - y^2)}{x^2 + y^2} & ,(x, y) \neq (0, 0) \\ 0 & ,(x, y) = (0, 0) \end{cases}$$

일 때, $f_{xy}(0, 0) \neq f_{yx}(0, 0)$임을 보이시오.

증명

$$f_x(0, y) = \lim_{h \to 0} \frac{f(h, y) - f(0, y)}{h} = \lim_{h \to 0} \frac{y(h^2 - y^2)}{h^2 + y^2} = -y$$

이므로,

$$f_{xy}(0, 0) = \lim_{k \to 0} \frac{f_x(0, k) - f_x(0, 0)}{k} = \lim_{k \to 0} \frac{-k - 0}{k} = -1$$

이 된다. 또한

$$f_y(x, 0) = \lim_{h \to 0} \frac{f(x, h) - f(x, 0)}{h} = \lim_{h \to 0} \frac{x(x^2 - h^2)}{x^2 + h^2} = x$$

이므로,

$$f_{yx}(0,0)=\lim_{k\to 0}\frac{f_y(k,0)-f_y(0,0)}{k}=\lim_{k\to 0}\frac{k-0}{k}=1$$

을 얻는다. 따라서 $f_{xy}(0,0)\neq f_{yx}(0,0)$이 성립한다. ▩

다음 정리는 클레로에 의해 처음 제시되었으나, 슈바르츠 정리로 불리운다.

> [정리 7] (편미분의 순서변경)
>
> $z=f(x,y)$가 (a,b)를 포함하는 $D\subset R^2$에서 정의된 함수일 때, f_{xy}와 f_{yx}가 D 안에서 연속이면
>
> $$f_{xy}(a,b)=f_{yx}(a,b)$$
>
> 가 성립한다.

3계 이상의 편도함수도 정의될 수 있다. 예를 들면

$$f_{xyy}=(f_{xy})_y=\frac{\partial}{\partial y}\left(\frac{\partial^2 f}{\partial y\,\partial x}\right)=\frac{\partial^3 f}{\partial y^2\,\partial x}$$

이고, 이러한 함수들이 연속이면 $f_{xyy}=f_{yxy}=f_{yyx}$임을 알 수 있다.

참고 편도함수는 어떤 물리적 법칙을 표현하는 편미분방정식에 나타난다. 예를 들면 라플라스 방정식 $\frac{\partial^2 u}{\partial x^2}+\frac{\partial^2 u}{\partial y^2}=0$의 해는 조화함수라 불리우고, 열전도, 유체역학, 포텐셜 문제에 응용된다. 또한 $\frac{\partial^2 u}{\partial t^2}=a^2\frac{\partial^2 u}{\partial x^2}$는 파동 모양의 운동을 나타낸다.

11.4 접평면과 전미분

1. 2변수함수인 경우

(1) 접평면

연속인 1계 편도함수를 갖는 함수 $z=f(x,y)$에 의해 주어진 곡면 S에 대하여

$P(x_0, y_0, z_0)$가 S 위의 점이라 하고, C_1과 C_2는 곡면 S와 수직면 $y=y_0$, $x=x_0$가 교차함으로써 얻어지는 곡선이라 하자. 그러면 점 P는 C_1과 C_2 위에 놓인다. T_1과 T_2를 점 P에서 C_1과 C_2에 대한 접선이라 하면, P에서 S에 대한 접평면은 접선 T_1과 T_2를 포함하는 평면으로 정의되어진다. 즉 점 $P(x_0, y_0, z_0)$에서 곡면 $z=f(x, y)$에 대한 접평면의 식은

$$z-z_0=f_x(x_0, y_0)(x-x_0)+f_y(x_0, y_0)(y-y_0)$$

가 된다.

참고　접평면의 식은 접선의 식 $y=y_0+f'(x_0)(x-x_0)$과 유사하다.

(2) 전미분

x와 y의 증분을 각각 Δx와 Δy라고 할 때, 2변수함수 $z=f(x, y)$의 증분은

$$\Delta z=f(x+\Delta x, y+\Delta y)-f(x, y)$$

이고, 전미분(total differential) dz는

$$dz=f_x(x, y)\Delta x+f_y(x, y)\Delta y=\frac{\partial z}{\partial x}\Delta x+\frac{\partial z}{\partial y}\Delta y$$

로 정의된다. 특히 $z=f(x, y)=x$인 경우 $z_x=1, z_y=0$이 되어 $dx=\Delta x$가 성립하고, 또한 $z=f(x, y)=y$인 경우 $dy=\Delta y$가 성립한다. 따라서

$$dz=f_x(x, y)dx+f_y(x, y)dy=\frac{\partial z}{\partial x}dx+\frac{\partial z}{\partial y}dy$$

로 쓸 수 있다. 만약 $dx=x-a$, $dy=y-b$를 취하면 z의 전미분은

$$dz=f_x(a, b)(x-a)+f_y(a, b)(y-b)$$

가 된다. 한편 f_x와 f_y가 연속이면, 점 $(a, b, f(a, b))$에서 곡면 $z=f(x, y)$에 대한 접평면의 식은

$$z-f(a, b)=f_x(a, b)(x-a)+f_y(a, b)(y-b)$$

임을 알 수 있다. 따라서 dz는 접평면의 높이의 변화를 의미하고, Δz는 (a, b)에서 $(a+\Delta x, b+\Delta y)$까지 (x, y)가 변할 때 곡면 $z=f(x, y)$의 변화를 의미한다.

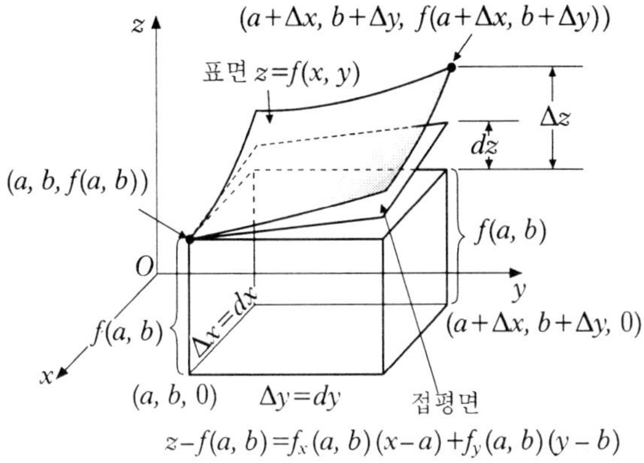

[그림 11.6]

z가 x만의 함수 $z=f(x)$일 때는 $\dfrac{\partial z}{\partial x}=\dfrac{dz}{dx}$, $\dfrac{\partial z}{\partial y}=0$이므로

$$dz=\frac{dz}{dx}dx=f'(x)dx$$

가 되어 1변수함수의 미분의 정의와 일치함을 알 수 있다.

예제 14 $z=xy^2+y\sin x$의 전미분을 구하시오.

(**풀이**) $f(x, y)=xy^2+y\sin x$라 놓으면

$$f_x(x, y)=y^2+y\cos x,\ f_y(x, y)=2xy+\sin x$$

이므로 $dz=(y^2+y\cos x)dx+(2xy+\sin x)dy$가 된다. □

참고 f, g가 2변수 x, y의 함수일 때, 다음 관계식이 성립한다. 이것은 3변수 이상의 함수에 대해서도 성립함을 알 수 있다.

(1) $d(f\pm g)=df\pm dg$ (2) $d(fg)=gdf+fdg$

(3) $d\left(\dfrac{g}{f}\right)=\dfrac{fdg-gdf}{f^2}$ $(f\neq 0)$

[정리 8] 1계 편도함수 f_x와 f_y가 x축과 y축에 각각 평행하고 점 (a, b)와 $(a+\Delta x, b+\Delta y)$를 포함하는 직사각형 영역 내부에서 존재하고 (a, b)에서 연속이면,

$$\begin{aligned}\Delta z &= f(a+\Delta x, b+\Delta y) - f(a, b) \\ &= f_x(a, b)\,\Delta x + f_y(a, b)\,\Delta y + \varepsilon_1 \Delta x + \varepsilon_2 \Delta y\end{aligned}$$

가 된다. 여기서 ε_1과 ε_2는 $(\Delta x, \Delta y) \to (0,0)$일 때 0에 수렴하는 Δx와 Δy의 함수이다.

$\Delta z = dz + \varepsilon_1 \Delta x + \varepsilon_2 \Delta y$이므로 $\Delta z \approx dz$가 성립한다. 이것은 1변수함수의 미분가능과 동치가 된다.

참고 R^2에서

(1) 반지름이 r이고 중심이 (x_0, y_0)인 열린원반(open disk)은

$$\{(x, y) \mid (x-x_0)^2 + (y-y_0)^2 < r^2\}$$

으로 주어진 R^2의 부분집합이고, 반지름이 r이고 중심이 (x_0, y_0)인 닫힌원반(closed disk)은

$$\{(x, y) \mid (x-x_0)^2 + (y-y_0)^2 \leqq r^2\}$$

으로 주어진 R^2의 부분집합이다.

(2) R^2 내의 점 (x_0, y_0)의 근방(neighborhood)은 (x_0, y_0)를 중심으로 하는 열린원반을 포함하는 임의의 집합이다.

(3) Ω가 R^2의 부분집합일 때, Ω의 모든 점 (x_0, y_0)에 대해서 (x_0, y_0)를 중심으로 하는 열린원반이 존재해서 완전히 Ω 내에 포함되면 Ω를 열린집합(open set)이라고 한다.

[정의 9] (미분가능)

점 (a, b)의 근방 D 내의 모든 점 $(a+\Delta x, b+\Delta y)$에 대하여

$$\begin{aligned}\Delta z &= f(a+\Delta x, b+\Delta y)-f(a, b)\\ &= f_x(a, b)\,\Delta x+f_y(a, b)\,\Delta y+\varepsilon_1\Delta x+\varepsilon_2\Delta y\end{aligned}$$

가 성립할 때, $z=f(x, y)$는 (a, b)에서 미분가능이라 한다. 여기서 ε_1과 ε_2는 $(\Delta x, \Delta y)\to(0, 0)$일 때 0에 수렴한다.

전미분 dz가 증분 Δz에 대한 근사값이면 한 점 (a, b)에서 2변수함수 f는 미분가능이라고 한다.

참고 f_x와 f_y가 (a, b)를 포함하는 열린원반에서 존재하고, (a, b)에서 연속이면 f는 (a, b)에서 미분가능이다. 또한 접평면은 (a, b)를 포함하는 열린원반에서 f의 그래프에 대한 근사값이 된다. 따라서 (x, y)가 (a, b)에 접근할 때 함수 $z=f(x, y)$에 대한 근사값으로 $P(a, b, f(a, b))$에서의 접평면을 사용한다. 한편 모든 미분가능한 함수는 연속이 된다.

예제 15 f가 점 (a, b)에서 미분가능이면, (a, b)에서 연속임을 보이시오.

증명 $\Delta f=f(a+\Delta x, b+\Delta y)-f(a, b)$일 때, $\lim_{(\Delta x, \Delta y)\to(0,0)}\Delta f=0$을 증명하면 된다. f가 (a, b)에서 미분가능이므로,

$$\Delta z=f_x(a, b)\,\Delta x+f_y(a, b)\,\Delta y+\varepsilon_1\Delta x+\varepsilon_2\Delta y$$

를 만족한다. 여기서 ε_1과 ε_2는 $(\Delta x, \Delta y)\to(0, 0)$일 때 0에 수렴한다. 따라서

$$\begin{aligned}&\lim_{(\Delta x, \Delta y)\to(0,0)}\Delta f\\ &=\lim_{(\Delta x, \Delta y)\to(0,0)}[f_x(a, b)\,\Delta x+f_y(a, b)\,\Delta y+\varepsilon_1\Delta x+\varepsilon_2\Delta y]=0\end{aligned}$$

이 성립한다. ▨

2. 3변수 이상의 함수일 경우

3변수함수의 전미분과 미분가능을 정의한다. $w=f(x,y,z)$일 때 w의 증분은 $\Delta w=f(x+\Delta x, y+\Delta y, z+\Delta z)-f(x,y,z)$이고, 전미분 dw는

$$dw=\frac{\partial w}{\partial x}dx+\frac{\partial w}{\partial y}dy+\frac{\partial w}{\partial z}dz$$

로 주어진다. 만약 $dx=\Delta x$, $dy=\Delta y$, $dz=\Delta z$가 모두 작고 f가 연속인 편도함수를 가지면, dw는 Δw의 근사값으로 사용되어진다. 또한 미분가능은 [정의 9]와 비슷한 표현으로 정의되어진다.

예제 16 최대오차가 0.1cm일 때, 어느 직육면체의 세 모서리가 각각 10 cm, 20 cm, 30 cm로 측정되었다. 이 측정으로부터 이 상자의 부피를 구할 때 최대오차를 구하시오.

(풀이) 직육면체의 세 모서리를 x, y, z라 하고, 구하는 부피를 $V=xyz$라 하면

$$dV=\frac{\partial V}{\partial x}dx+\frac{\partial V}{\partial y}dy=yzdx+xzdy+xydz$$

이다. $|\Delta x|\leqq 0.1$, $|\Delta y|\leqq 0.1$, $|\Delta z|\leqq 0.1$이므로 최대오차를 구하기 위해

$$dx=0.1,\ dy=0.1,\ dz=0.1,\ x=10,\ y=20,\ z=30$$

을 $dV=yzdx+xzdy+xydz$에 대입하면 $\Delta V\approx dV=110$을 얻는다. 따라서 부피계산의 각 모서리에서의 단지 0.1 cm의 착오는 110 cm^3이나 되는 착오를 가져 온다. ▨

n변수함수 $w=f(x_1, x_2, \cdots, x_n)$의 전미분은

$$dz=f_{x_1}dx_1+f_{x_2}dx_2+\cdots+f_{x_n}dx_n=\frac{\partial z}{\partial x_1}dx_1+\frac{\partial z}{\partial x_2}dx_2+\cdots+\frac{\partial z}{\partial x_n}dx_n$$

으로 정의한다.

11.5 합성함수의 편미분법

이 절에서는 2변수 이상의 함수에 대한 합성함수의 편미분법(연쇄법칙)과, 음함수의 미분에 대하여 설명한다. 연쇄법칙은 여러 변수들이 서로 종속적일 때 유용하게 사용된다.

1. 연쇄법칙

> [정리 10] (연쇄법칙 1)
>
> 함수 $z=f(x,y)$가 (x,y)에서 미분가능하고 x, y가 t에 관하여 미분가능할 때,
>
> $$\frac{dz}{dt}=\frac{\partial f}{\partial x}\frac{dx}{dt}+\frac{\partial f}{\partial y}\frac{dy}{dt}$$
>
> 가 성립한다.

증명 함수 $z=f(x,y)$가 (x,y)에서 미분가능하므로

$$\Delta z=f_x(x,y)\,\Delta x+f_y(x,y)\,\Delta y+\varepsilon_1\Delta x+\varepsilon_2\Delta y$$

가 성립한다. 여기서 ε_1과 ε_2는 $(\Delta x, \Delta y)\to(0,0)$일 때 0에 수렴한다. 양변을 Δt로 나누면

$$\frac{\Delta z}{\Delta t}=f_x(x,y)\frac{\Delta x}{\Delta t}+f_y(x,y)\frac{\Delta y}{\Delta t}+\varepsilon_1\frac{\Delta x}{\Delta t}+\varepsilon_2\frac{\Delta y}{\Delta t}$$

가 된다. 그런데 $\Delta t\to 0$이면 $\Delta x\to 0$, $\Delta y\to 0$이므로 $\varepsilon_1\to 0$과 $\varepsilon_2\to 0$이 성립한다. 그러므로

$$\begin{aligned}\frac{dz}{dt}&=\lim_{\Delta t\to 0}\frac{\Delta z}{\Delta t}\\&=\frac{\partial f}{\partial x}\lim_{\Delta t\to 0}\frac{\Delta x}{\Delta t}+\frac{\partial f}{\partial x}\lim_{\Delta t\to 0}\frac{\Delta y}{\Delta t}+\lim_{\Delta t\to 0}\varepsilon_1\lim_{\Delta t\to 0}\frac{\Delta x}{\Delta t}\\&\qquad+\lim_{\Delta t\to 0}\varepsilon_2\lim_{\Delta t\to 0}\frac{\Delta y}{\Delta t}\\&=\frac{\partial f}{\partial x}\frac{dx}{dt}+\frac{\partial f}{\partial y}\frac{dy}{dt}\end{aligned}$$

□

참고 $z=x^2y,\ x=t^2,\ y=t^3$일 때 $z=x^2y=(t^2)^2(t^3)=t^7$이므로 $\dfrac{dz}{dt}=7t^6$이 된다. 이처럼 연쇄법칙을 이용하지 않고 계산할 수도 있지만, 일반적으로 복잡한 함수에서는 연쇄법칙을 이용하여야 해결할 수 있다.

예제 17 $z=x^2y+3xy^4,\ x=e^t,\ y=\sin t$일 때 $\dfrac{dz}{dt}$를 구하시오.

(풀이) 연쇄법칙 1에 의해

$$\begin{aligned}\frac{dz}{dt}&=\frac{\partial z}{\partial x}\frac{dx}{dt}+\frac{\partial z}{\partial y}\frac{dy}{dt}\\&=(2xy+3y^4)e^t+(x^2+12xy^3)\cos t\\&=(2e^t\sin t+3\sin^4 t)e^t+(e^{2t}+12e^t\sin^3 t)\cos t\end{aligned}$$ □

> [정리 11] (연쇄법칙 2)
>
> $x=g(s,t),\ y=h(s,t)$가 1계 편도함수를 갖는 함수이고, 함수 $z=f(x,y)$가 미분가능할 때,
>
> $$\frac{\partial z}{\partial s}=\frac{\partial z}{\partial x}\frac{\partial x}{\partial s}+\frac{\partial z}{\partial y}\frac{\partial y}{\partial s},\quad \frac{\partial z}{\partial t}=\frac{\partial z}{\partial x}\frac{\partial x}{\partial t}+\frac{\partial z}{\partial y}\frac{\partial y}{\partial t}$$
>
> 가 성립한다.

증명 t를 고정시키면 $x=g(s,t),\ y=h(s,t)$는 s만의 함수가 된다. 연쇄법칙 1을 적용시키면

$$\frac{\partial z}{\partial s}=\frac{\partial z}{\partial x}\frac{\partial x}{\partial s}+\frac{\partial z}{\partial y}\frac{\partial y}{\partial s}$$

가 된다. $\dfrac{\partial z}{\partial t}$에 대하여도 똑같이 생각할 수 있다. □

예제 18 $z=e^x\sin y,\ x=st^2,\ y=s^2t$일 때 $\dfrac{\partial z}{\partial s}$와 $\dfrac{\partial z}{\partial t}$를 구하시오.

(풀이) 연쇄법칙 2에 의해

$$\begin{aligned}\frac{\partial z}{\partial s}&=\frac{\partial z}{\partial x}\frac{\partial x}{\partial s}+\frac{\partial z}{\partial y}\frac{\partial y}{\partial s}=(e^x\sin y)(t^2)+(e^x\cos y)(2st)\\&=t^2e^{st^2}\sin(s^2t)+2ste^{st^2}\cos(s^2t)\end{aligned}$$

$$\frac{\partial z}{\partial t} = \frac{\partial z}{\partial x}\frac{\partial x}{\partial t} + \frac{\partial z}{\partial y}\frac{\partial y}{\partial t} = (e^x \sin y)(2st) + (e^x \cos y)(s^2)$$
$$= 2ste^{st^2}\sin(s^2 t) + s^2 e^{st^2}\cos(s^2 t)$$ ▨

[정리 12] (연쇄법칙 3)

n개의 변수 $x_1, x_2, \cdots, x_n$을 갖는 함수 u가 미분가능하고, m개의 변수 $t_1, t_2, \cdots, t_m$의 함수 x_i가 1계 편도함수를 가질 때,

$$\frac{\partial u}{\partial t_i} = \frac{\partial u}{\partial x_1}\frac{\partial x_1}{\partial t_i} + \frac{\partial u}{\partial x_2}\frac{\partial x_2}{\partial t_i} + \cdots + \frac{\partial u}{\partial x_n}\frac{\partial x_n}{\partial t_i} \quad (i=1, \cdots, m)$$

이 성립한다.

2. 음함수의 미분

연쇄법칙은 음함수 미분법에 이용된다. 미분가능한 함수 $y=f(x)$에 대한 음함수 표시를 $F(x, y)=0$이라 하면, f의 정의역에 있는 모든 x에 대하여 F가 미분가능할 때, 연쇄법칙을 적용하여 $\frac{\partial F}{\partial x}\frac{dx}{dx} + \frac{\partial F}{\partial y}\frac{dy}{dx} = 0$을 얻는다. 따라서 $\frac{\partial F}{\partial y} \neq 0$이라면

$$\frac{dy}{dx} = -\frac{\partial F/\partial x}{\partial F/\partial y} = -\frac{F_x}{F_y}$$

가 성립한다.

[정리 13] 점 (a, b)를 포함하는 열린원반에서 정의된 함수 $F(x, y)$가 $F(a, b)=0$, $F_y(a, b) \neq 0$을 만족하고, F_x와 F_y가 열린원반에서 연속이면, 점 (a, b) 근방에서 $F(x, y)=0$은 x의 함수로써 y를 정의한다. 이때 이 함수의 도함수는

$$\frac{dy}{dx} = -\frac{\partial F/\partial x}{\partial F/\partial y} = -\frac{F_x}{F_y}$$

로 주어진다.

예제 19 $x^3+y^3-6xy=0$일 때 y'을 구하시오.

(풀이) $F(x,y)=x^3+y^3-6xy=0$이라 두고 $\dfrac{dy}{dx}$를 구하면

$$\frac{dy}{dx}=-\frac{F_x}{F_y}=-\frac{3x^2-6y}{3y^2-6x}=-\frac{x^2-2y}{y^2-2x} \quad (\text{단, } y^2-2x\neq 0)$$

이다. 한편 직접 미분에 의하여 구하면

$$3x^2+3y^2\frac{dy}{dx}-6y-6x\frac{dy}{dx}=0$$

이므로 $\dfrac{dy}{dx}=-\dfrac{x^2-2y}{y^2-2x}$ (단, $y^2-2x\neq 0$)가 된다. □

> [정리 14] 점 (a,b,c)를 포함하는 구 안에서 정의된 함수 $F(x,y,z)$가 $F(a,b,c)=0$, $F_z(a,b,c)\neq 0$을 만족하고, F_x, F_y, F_z가 구 안의 모든 점에서 연속이면, 점 (a,b,c) 근방에서 $F(x,y,z)=0$은 x,y의 함수로써 z를 정의한다. 이때 이 함수의 편도함수는
>
> $$\frac{\partial z}{\partial x}=-\frac{F_x}{F_z},\quad \frac{\partial z}{\partial y}=-\frac{F_y}{F_z}$$
>
> 로 주어진다.

증명 먼저 연쇄법칙을 적용하여

$$\frac{\partial F}{\partial x}\frac{\partial x}{\partial x}+\frac{\partial F}{\partial y}\frac{\partial y}{\partial x}+\frac{\partial F}{\partial z}\frac{\partial z}{\partial x}=0$$

을 얻는다. 한편 $\dfrac{\partial}{\partial x}(x)=1$, $\dfrac{\partial}{\partial x}(y)=0$이므로

$$\frac{\partial F}{\partial x}+\frac{\partial F}{\partial z}\frac{\partial z}{\partial x}=0$$

이 된다. 따라서 $\dfrac{\partial F}{\partial z}\neq 0$일 때 $\dfrac{\partial z}{\partial x}=-\dfrac{F_x}{F_z}$가 성립한다. $\dfrac{\partial z}{\partial y}=-\dfrac{F_y}{F_z}$도 비슷한 방식으로 증명할 수 있다. □

예제 20 $x^3+y^3+z^3+6xyz=2$일 때 $\dfrac{\partial z}{\partial x}$와 $\dfrac{\partial z}{\partial y}$를 구하시오.

(풀이) $F(x,y,z)=x^3+y^3+z^3+6xyz-2=0$으로 놓고, [정리 14]를 적용하면

$$\frac{\partial z}{\partial x} = -\frac{F_x}{F_z} = -\frac{3x^2+6yz}{z^2+2xy} = -\frac{x^2+2yz}{z^2+2xy}$$
$$\frac{\partial z}{\partial y} = -\frac{F_y}{F_z} = -\frac{3y^2+6xz}{3z^2+6xy} = -\frac{y^2+2xz}{z^2+2xy}$$

가 된다. 여기서 $z^2+2xy \neq 0$이다. □

11.6 방향도함수와 기울기벡터

함수 $z=f(x, y)$에서, 편도함수 $f_x(x_0, y_0)$와 $f_y(x_0, y_0)$는 점 (x_0, y_0)에서 x축과 y축 방향, 즉 단위벡터 **i**와 **j** 방향으로 z의 변화율을 나타낸다.

이제 임의의 단위벡터 $\mathbf{u}=(a, b)$ 방향으로 (x_0, y_0)에서 z의 변화율을 구해 보자. $z=f(x, y)$로 주어지는 곡면 S를 생각하고, $z_0=f(x_0, y_0)$라고 하자. 벡터 **u**와 평행하며 점 $P(x_0, y_0, z_0)$를 지나고 xy평면에 수직인 평면이 곡면 S와 만나서 이루는 곡선을 C라 할 때, P에서 C에 대한 접선 T의 기울기는 **u** 방향으로 z의 변화율이 된다.

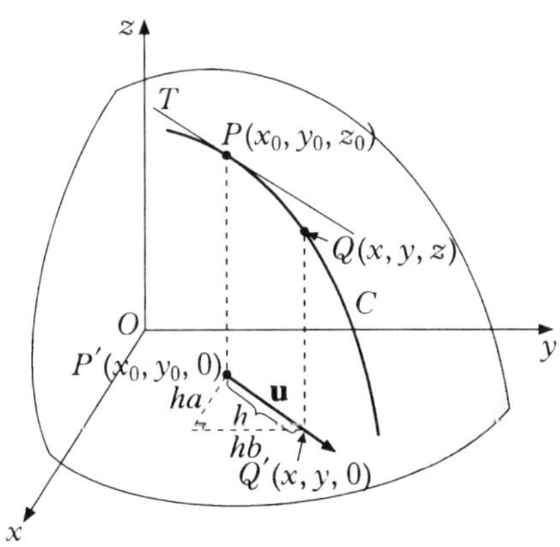

[그림 11.7]

만약 $Q(x, y, z)$가 C 위의 또다른 점이고, P'과 Q'이 xy 평면 위로 P와 Q를 사영한 것이라면, 벡터 $\overrightarrow{P'Q'}$은 **u**에 평행이고,

$$\overrightarrow{P'Q'} = h\mathbf{u} = (ha, hb) \text{ (단, } h\text{는 실수)}$$

이다. 따라서 $x - x_0 = ha$, $y - y_0 = hb$이므로

$$\frac{\Delta z}{h} = \frac{z - z_0}{h} = \frac{f(x_0 + ha, y_0 + hb) - f(x_0, y_0)}{h}$$

가 된다. 만약 $h \to 0$으로 극한을 취하면, $\mathbf{u}$ 방향으로 z의 변화율을 얻게 되는데, 이것을 $\mathbf{u}$ 방향으로 f의 방향도함수라 한다.

> [정의 15] (방향도함수)
>
> 어떤 단위벡터 $\mathbf{u} = (\mathrm{a}, \mathrm{b})$ 방향으로 (x_0, y_0)에서 f의 방향도함수(directional derivative)는
>
> $$D_{\mathbf{u}} f(x_0, y_0) = \lim_{h \to 0} \frac{f(x_0 + ha, y_0 + hb) - f(x_0, y_0)}{h}$$
>
> 로 정의된다.

같은 방법으로 3변수함수에 대하여 방향도함수를 정의할 수 있다. 즉 $D_{\mathbf{u}} f(x, y, z)$는 단위벡터 $\mathbf{u}$의 방향으로 함수의 변화율로 해석할 수 있다.

참고 $\mathbf{u} = \mathbf{i} = (1, 0)$이면 $D_{\mathbf{u}} f = f_x$이고, $\mathbf{u} = \mathbf{j} = (0, 1)$이면 $D_{\mathbf{u}} f = f_y$가 된다. 따라서 x와 y에 관한 f의 편도함수는 방향도함수의 특별한 경우이다.

> [정리 16] 연속인 편도함수를 갖는 함수 $z = f(x, y)$는 임의의 단위벡터 $\mathbf{u} = (a, b)$의 방향에서 도함수를 갖고
>
> $$D_{\mathbf{u}} f(x, y) = f_x(x, y)a + f_y(x, y)b$$
>
> 가 된다.

예제 21 $f(x, y) = x^3 - 3xy + 4y^2$이고 단위벡터 $\mathbf{u}$와 양의 x축과 이루는 각 θ가 $\theta = \pi/6$일 때 방향도함수 $D_{\mathbf{u}} f(1, 2)$ 값을 구하시오.

(풀이) $D_{\mathbf{u}} f(x, y) = f_x(x, y)\cos\frac{\pi}{6} + f_y(x, y)\sin\frac{\pi}{6}$

$$= \frac{1}{2}[\, 3\sqrt{3}x^2 - 3x + (8 - 3\sqrt{3}\,)y\,]$$

이므로, $D_{\mathbf{u}} f(1,2) = \dfrac{13 - 3\sqrt{3}}{2}$ 이다. ▨

[정리 16]으로부터 방향도함수는 두 벡터의 내적

$$D_{\mathbf{u}} f(x,\ y) = f_x(x,\ y)a + f_y(x,\ y)b = (f_x(x,\ y),\ f_y(x,\ y)) \cdot \mathbf{u}$$

로 변형된다. 이때 벡터 $(f_x(x,\ y),\ f_y(x,\ y))$를 f의 기울기벡터(gradiant)라 하고 grad$f$ 또는 ∇f로 표기하며 'del f'라고 읽는다. 따라서 벡터표시법을 이용하면 방향도함수 $D_{\mathbf{u}} f(x,\ y)$는

$$D_{\mathbf{u}} f(x, y) = \nabla f(x, y) \cdot \mathbf{u}$$

로 표기된다.

참고 벡터 $\mathbf{u}$에 따라 방향도함수 $D_{\mathbf{u}} f$는 다양한 값을 갖는다. 만약 $f_x = 0$이고, $f_y = 0$이면 $\nabla f = \mathbf{0}$이고 $D_{\mathbf{u}} f = 0$이 된다. 편도함수가 모두는 0이 아니라고 하면 $\nabla f \neq \mathbf{0}$이고

$$D_{\mathbf{u}} f = \mathbf{u} \cdot \nabla f = \| \nabla f \| \cos\theta \ (\theta\text{는 } \mathbf{u}\text{와 } \nabla f\text{의 사이각})$$

이다. 그러므로 $\theta = 0$일 때 $D_{\mathbf{u}} f$는 최대값 $\| \nabla f \|$를 갖고 $\theta = \pi$일 때 최소값 $-\| \nabla f \|$를 갖는다.

11.7 최대값과 최소값

이 절에서는 2변수함수의 최대 · 최소값을 구하는 방법을 알아본다.

1. 다변수함수의 전개

1변수함수와 같이 2변수함수에 대해서도 테일러 정리를 유도할 수 있다.

[정리 17] (2변수함수에 관한 테일러 정리)

$f(x, y)$가 (a, b)를 포함하는 영역에서 연속인 n계 편도함수를 갖는다면

$$\begin{aligned} f(a+h, b+k) &= f(a, b)+\left(h\frac{\partial}{\partial x}+k\frac{\partial}{\partial y}\right)f(a, b)+ \\ &+\frac{1}{2!}\left(h\frac{\partial}{\partial x}+k\frac{\partial}{\partial y}\right)^2 f(a, b)+\cdots \\ &+\frac{1}{(n-1)!}\left(h\frac{\partial}{\partial x}+k\frac{\partial}{\partial y}\right)^{n-1} f(a, b)+\cdots \\ &+\frac{1}{n!}\left(h\frac{\partial}{\partial x}+k\frac{\partial}{\partial y}\right)^n f(a+\theta h, b+\theta k) \end{aligned}$$

를 만족하는 $\theta(0 < \theta < 1)$가 존재한다.

증명 $x=a+ht$, $y=b+kt$ $(0 \leqq t \leqq 1)$라 놓고 함수

$$F(t)=f(x, y)=f(a+ht, b+kt)$$

를 생각하자. $F(t)$에 테일러 정리를 적용하면

$$\begin{aligned} F(1) &= F(0)+F'(0)+\frac{1}{2!}F''(0)+\cdots \\ &+\frac{1}{(n-1)!}F^{(n-1)}(0)+\frac{1}{n!}F^{(n)}(\theta) \quad (0 < \theta < 1) \qquad (*) \end{aligned}$$

가 성립한다. 그런데 연쇄법칙으로부터

$$F'(t)=\left(h\frac{\partial}{\partial x}+k\frac{\partial}{\partial y}\right)f(a+ht, b+kt)$$

$$F''(t)=\left(h\frac{\partial}{\partial x}+k\frac{\partial}{\partial y}\right)^2 f(a+ht, b+kt)$$

$$\vdots$$

를 얻는다. 수학적 귀납법을 이용하면

$$F^{(i)}(t)=\left(h\frac{\partial}{\partial x}+k\frac{\partial}{\partial y}\right)^i f(a+ht, b+kt)$$

이므로, 여기에 $t=0$을 대입하면

$$F^{(i)}(0)=\left(h\frac{\partial}{\partial x}+k\frac{\partial}{\partial y}\right)^i f(a,b)\ \ (i=1,2,\cdots,n)$$

가 된다. 따라서 (*)에 $F^{(i)}(0)$, $F^{(n)}(\theta)$를 대입하여 정리의 식을 얻는다. ▨

2. 2변수함수의 극값

중심을 (a,b)로 하는 어떤 열린원반 안의 모든 점 (x,y)에서

$$f(x,y)\leqq f(a,b)\ (\text{또는 } f(x,y)\geqq f(a,b))$$

를 만족할 때, 함수 $z=f(x,y)$는 극대값(또는 극소값) $f(a,b)$를 갖는다고 한다. 특히 f의 정의역의 모든 점 (x,y)에서

$$f(x,y)\leqq f(a,b)(\text{또는 } f(x,y)\geqq f(a,b))$$

가 성립할 때, f는 (a,b)에서 최대값(또는 최소값)을 갖는다고 한다.

> [정리 18] f가 (a,b)에서 극값을 가지며, (a,b)에서 연속인 1계 편도함수가 존재하면,
>
> $$f_x(a,b)=0,\ \ f_y(a,b)=0$$
>
> 이 성립한다.

증명 $g(x)=f(x,b)$라 하자. 만약 f가 (a,b)에서 극값을 가지면 g는 a에서 극값을 가지며, 따라서 페르마 정리에 의해 $g'(a)=0$이 된다. 그러나 $g'(a)=f_x(a,b)$이므로 $f_x(a,b)=0$이 된다. 같은 방법으로 페르마 정리를 함수 $G(y)=f(a,y)$에 적용하면 $f_y(a,b)=0$을 얻는다. ▨

참고 점 $P(x_0,y_0,z_0)$에서 곡면에 대한 접평면의 식

$$z-z_0=f_x(x_0,y_0)(x-x_0)+f_y(x_0,y_0)(y-y_0)$$

로부터 $f_x(x_0,y_0)=0$, $f_y(x_0,y_0)=0$이라 두면, $z=z_0$를 얻는다. 따라서

[정리 18]의 기하학적인 해석은 극값을 갖는 점에서 곡면 f가 접평면을 가지면 그 접평면은 수평이 된다는 것이다.

함수 $z=f(x,y)$에 대하여, $f_x(a,b)=0$, $f_y(a,b)=0$이거나 편도함수가 존재하지 않는 점 (a,b)를 f의 **임계점**(critical point)이라 한다. 따라서 f가 (a,b)에서 극값을 가지면, (a,b)는 임계점이 된다. 그러나 임계점에서 함수는 극대·극소값을 가지거나 또는 아무것도 가지지 않을 수도 있다.

예 4 $f(x,y)=x^2+y^2-2x-6y+14$이면

$$f_x(x,y)=2x-2,\ \ f_y(x,y)=2y-6$$

이므로 임계점은 $(1,3)$이다. 이제

$$f(x,y)=(x-1)^2+(y-3)^2+4$$

로 변형하면 $(x-1)^2 \geqq 0$이고 $(y-3)^2 \geqq 0$이므로 x와 y의 모든 값에 대하여 $f(x,y) \geqq 4$가 성립한다. 따라서 $f(1,3)=4$가 f의 극소값이다. 그리고 이것이 f의 최소값이 된다.

예제 22 $f(x,y)=y^2-x^2$의 극값을 구하시오.

(풀이) $f_x=-2x$, $f_y=2y$이므로, 유일한 임계점은 $(0,0)$이다. 그런데 x축 위의 모든 점에 대하여 $f(x,y)=-x^2<0$이 되고, y축 위의 모든 점에 대하여 $f(x,y)=y^2>0$이 된다. 즉 중심이 $(0,0)$인 열린원반 내의 모든 점들에 대하여, 함수 f는 양의 값과 음의 값을 갖는다. 따라서 $f(0,0)=0$은 f에 대한 극값이 될 수 없고, 그러므로 f는 극값을 가지지 않는다. ▨

참고 위 예제는 임계점에서 함수가 반드시 극값을 갖는 것이 아님을 보여 주고 있다. 쌍곡포물면 $f(x,y)=y^2-x^2$은 원점에서 수평의 접평면을 가지나, $f(0,0)=0$은 x축 방향에서는 최대이고, y축 방향에서는 최소가 된다. 특히 $f(x,y)=y^2-x^2$은 원점 근방에서 말안장 모양을 하므로, $(0,0)$을 f의 안장점(saddle point)이라고 한다.

이제 임계점에서 극값의 존재 여부를 결정하는 판정법을 생각해 보자.

[정리 19] (2계 편도함수 판정법)

중심을 (a, b)로 하는 열린원반에서 f의 2계 편도함수가 연속이고

$$f_x(a, b)=0, \quad f_y(a, b)=0$$

이라 하자. $D=[f_{xy}(a, b)]^2-f_{xx}(a, b)f_{yy}(a, b)$일 때

(1) (a, b)에서 $D<0$, $f_{xx}>0$이면 $f(a, b)$는 극소값이 된다.

(2) (a, b)에서 $D<0$, $f_{xx}<0$이면 $f(a, b)$는 극대값이 된다.

(3) $D>0$이면 $f(a, b)$는 극값이 아니다. 즉 (a, b)는 안장점이 된다.

(4) $D=0$이면, 이 판정법을 사용할 수 없다. 즉 f는 (a, b)에서 극대값 또는 극소값을 가지거나, (a, b)는 안장점이 된다.

예제 23 $f(x, y)=x^4+y^4-4xy+1$의 극값을 구하시오.

(**풀이**) $f_x=4x^3-4y=0$, $f_y=4y^3-4x=0$으로부터 임계점 $(0,0)$, $(1,1)$, $(-1,-1)$을 얻는다. 한편

$$f_{xx}=12x^2, \ f_{xy}=-4, \ f_{yy}=12y^2$$
$$D(x, y)=(f_{xy})^2-f_{xx}f_{yy}=16-144x^2y^2$$

이 된다. 따라서

(1) $D(0,0)=16>0$이므로, $(0,0)$에서 f는 극값을 갖지 않는다.

(2) $D(1,1)=-128<0$, $f_{xx}(1,1)=12>0$ 이므로 $f(1,1)=-1$은 극소값이 된다.

(3) $D(-1,-1)=-128<0$, $f_{xx}(-1,-1)=12>0$이므로 $f(-1,-1)=-1$은 극소값이 된다. ▢

R^2에서 폐집합은 모든 경계점을 포함한다. 또한 R^2에서 유계집합은 어떤 원판 안에 포함되어진 것이다.

> [정리 20] (최대 · 최소값의 정리)
>
> 유계인 폐집합 $D \subset R^2$에서 정의된 연속함수 $z=f(x,y)$는 D에서 최대값과 최소값를 갖는다.

함수 f가 (a,b)에서 극값을 가지면 (a,b)는 임계점 또는 경계점이 된다.

참고 유계인 폐집합 $D \subset R^2$에서 연속인 함수 f의 최대값 또는 최소값을 구하는 방법은 다음과 같다.

(1) D에서의 f의 임계값에서 f의 극대, 극소값을 구한다.

(2) D의 경계에서의 f의 값을 구한다.

(3) (1)과 (2)로부터 가장 큰 값이 최대값이고, 가장 작은 것이 최소값이다.

예제 24 $D=\{(x,y) \mid 0 \leqq x \leqq 1,\ 0 \leqq y \leqq 1\}$에서 정의된 $f(x,y)=xy-x^2$의 최대값과 최소값을 구하시오.

(풀이) $f_x(x,y)=y-2x=0$, $f_y(x,y)=x=0$으로부터 유일한 임계점 $(0,0)$을 얻는다. 이것은 또한 D의 경계점이 되므로 f의 최대값과 최소값은 D의 경계점에서 조사하면 된다.

(1) 선분 $x=0,\ 0 \leqq y \leqq 1$에서 $f(0,y)=0$이므로 최대값과 최소값은 모두 0이다.

(2) 선분 $y=0,\ 0 \leqq x \leqq 1$에서 $f(x,0)=-x^2$이므로 최대값은 0, 최소값은 -1이다.

(3) 선분 $x=1,\ 0 \leqq y \leqq 1$에서 $f(1,y)=y-1$이므로 최대값은 0, 최소값은 -1이다.

(4) 선분 $y=1,\ 0 \leqq x \leqq 1$에서 $f(x,1)=x-x^2$이므로 최대값은 $\frac{1}{4}$, 최소값은 0이다.

따라서 D에서 f의 최대값은 $\frac{1}{4}$이고, 최소값은 -1이 된다. □

연습문제

1. 다음 함수의 정의역을 구하시오.

(1) $f(x, y)=\ln(xy-1)$ (2) $f(x, y)=\ln x+\ln \sin y$

2. 다음 함수에 대하여 극한의 존재 여부를 결정하시오.

(1) $\lim_{(x, y)\to(-1, 2)} \dfrac{xy^3}{x+y}$ (2) $\lim_{(x, y)\to(0, 0)} \dfrac{\sin xy}{xy}$

(3) $\lim_{(x, y)\to(0, 0)} \dfrac{xy}{\sqrt{x^2+y^2}}$

3. $(0, 0)$에서 다음에 주어진 함수의 연속성을 조사하시오.

(1) $f(x, y)=\begin{cases} \dfrac{x^2y}{x^4+y^2} & , (x, y)\neq(0, 0) \\ 0 & , (x, y)=(0, 0) \end{cases}$

(2) $f(x, y)=\begin{cases} \dfrac{2x^2y^2}{x^2+y^2} & , (x, y)\neq(0, 0) \\ 0 & , (x, y)=(0, 0) \end{cases}$

4. 함수 $f(x, y)=\begin{cases} \dfrac{xy}{x^2+y^2} & , (x, y)\neq(0, 0) \\ 0 & , (x, y)=(0, 0) \end{cases}$ 에 대하여, $f_x(0, 0)$과 $f_y(0, 0)$은 존재하지만 f는 $(0, 0)$에서 불연속임을 보이시오.

5. 다음 함수의 지정된 편도함수를 구하시오.

(1) $w=x^2+y^2+z^2$, $x=st$, $y=s\cos t$, $z=s\sin t$에서, $s=1$, $t=0$일 때 $\dfrac{\partial w}{\partial s}$와 $\dfrac{\partial w}{\partial t}$를 구하시오.

(2) $z=y^2\tan x$, $x=t^2uv$, $y=u+tv^2$에서, $t=2$, $u=1$, $v=0$일 때 $\dfrac{\partial z}{\partial t}$, $\dfrac{\partial z}{\partial u}$와 $\dfrac{\partial z}{\partial v}$를 구하시오.

6. 다음 함수의 지정된 방향과 주어진 점에서 방향도함수를 구하시오.

(1) $f(x, y)=x^2y^3+4xy^5$, $(1,-1)$에서 벡터 $\mathbf{v}=(3,-4)$ 방향

(2) $f(x, y)=2\sqrt{x}-y^2$, $(1,5)$에서 점 $(4,1)$로 향하는 방향

7. 다음 곡면의 주어진 점에서의 접평면의 방정식을 구하시오.

(1) $z=2x^2+y^2$, $(1, 1, 3)$ (2) $z=\ln(2x+y)$, $(-1,3,0)$

8. $\frac{\partial z}{\partial x}$와 $\frac{\partial z}{\partial y}$를 구하시오.

(1) $x^2+z\sin xy=0$ (2) $z=(y^2\tan x)^{-1}$ (3) $yz^4+x^2z^3=e^{xyz}$

9. 다음 함수의 극값과, 안장점을 구하시오.

(1) $f(x, y)=x^3-3xy+y^3$ (2) $f(x, y)=x^2+y^2+4x-6y$

10. $w=\sqrt{x}+\frac{y^2}{z}$, $x=e^{2t}$, $y=t^3+4t$, $z=t^2-4$일 때, $\frac{dw}{dt}$를 구하시오.

11. 연속인 함수 $x=s^2-t^2$, $y=t^2-s^2$에 대하여 $z=f(x, y)$가 미분가능할 때, $t\frac{\partial f}{\partial s}+s\frac{\partial f}{\partial t}=0$이 성립함을 보이시오.

12. $z=f(y+cx)+g(y-cx)$ $(c\neq 0)$일 때, $\frac{\partial^2 z}{\partial x^2}=c^2\frac{\partial^2 z}{\partial y^2}$임을 보이시오.

13. 세 점 $(0,0)$, $(3,0)$, $(0,5)$를 꼭지점으로 하는 삼각형 영역 D 위에서 정의된 함수 $f(x, y)=3xy-6x-3y+7$의 최대값과 최소값을 구하시오.

12 중적분

이 장에서는 정적분의 개념을 2변수 또는 3변수함수의 이중적분과 삼중적분으로 확장한다.

12.1 이중적분

직사각형 영역 $D=\{(x, y)\in R^2 \mid a\leqq x\leqq b,\ c\leqq y\leqq d\}$에서 정의된 유계인 2변수함수 $z=f(x, y)$의 이중적분을 1변수함수의 정적분과 유사한 방법으로 정의한다. 먼저

$$a = x_0 < x_1 < x_2 < \cdots < x_{m-1} < x_m = b$$
$$c = y_0 < y_1 < y_2 < \cdots < y_{n-1} < y_n = d$$

라 하고, 이 분할점들을 지나는 좌표축과 평행한 선들로부터 mn개의 부분직사각형

$$D_{ij}= \{(x, y)\in R^2 \mid x_{i-1}\leqq x\leqq x_i,\ y_{j-1}\leqq y\leqq y_j\}$$

으로 구성되는 D의 분할 P를 택한다.

$$\Delta x_i = x_i - x_{i-1},\quad \Delta y_j = y_j - y_{j-1}$$

라 놓으면, 각 D_{ij}의 면적은 $\Delta A_{ij}=\Delta x_i \Delta y_j$가 된다. 다음에는 D_{ij}에서 임의

의 점 (x_{ij}^*, y_{ij}^*)를 택하여 이중리만 합

$$\sum_{i=1}^{m} \sum_{j=1}^{n} f(x_{ij}^*, y_{ij}^*)\Delta A_{ij}$$

를 생각한다. 이때 분할 P의 모든 부분직사각형의 대각선 중 최대 길이를 $\|P\|$이라 하면, $\|P\| \to 0$일 때 이중리만 합의 극한으로 이중적분을 정의할 수 있다.

[정의 1] (이중적분)

직사각형 영역 D에서 정의된 유계인 함수 $z=f(x, y)$에 대한 이중적분(double integral)은 $\lim_{\|P\| \to 0} \sum_{i=1}^{m} \sum_{j=1}^{n} f(x_{ij}^*, y_{ij}^*)\Delta A_{ij}$가 존재할 때

$$\iint_D f(x, y)\,dA = \lim_{\|P\| \to 0} \sum_{i=1}^{m} \sum_{j=1}^{n} f(x_{ij}^*, y_{ij}^*)\Delta A_{ij}$$

로 정의한다. 이때 f를 직사각형 영역 D에서 적분가능이라 한다.

이중적분 $\iint_D f(x, y)\,dA$을 $\iint_D f(x, y)\,dx\,dy$로 표현하기도 한다. 한편 정의로부터 직접 이중적분을 구하는 것은 어려우므로, 다음 절에서 효율적인 방법을 소개할 것이다.

예 1 직사각형 영역 D에서 정의된 연속함수 $z=f(x, y)$는 적분가능하다.

$f(x) \geq 0$인 연속함수의 정적분이 면적으로 해석된 것처럼, $f(x, y) \geq 0$인 2변수 연속함수의 이중적분은 체적으로 해석되어질 수 있다.

$f(x, y) \geq 0$인 연속함수 $z=f(x, y)$가 직사각형 영역 $D=[a, b]\times[c, d]$에서 정의되고,

$$S=\{(x, y, z)\in R^3 \mid 0 \leq z \leq f(x, y), (x, y)\in D\}$$

라 하자. 그리고 부분직사각형 D_{ij}로 D를 분할하고, $(x_{ij}^*, y_{ij}^*)\in D_{ij}$를 선택하자. 그러면 D_{ij}에서 S의 성분들은 밑변이 D_{ij}이고 높이가 $f(x_{ij}^*, y_{ij}^*)$인 직육면체에 근사되고, 이 직육면체의 체적은 $V_{ij}=f(x_{ij}^*, y_{ij}^*)\Delta A_{ij}$이다. 그러므

로 $\sum_{i=1}^{m} \sum_{j=1}^{n} f(x_{ij}^*, y_{ij}^*) \Delta A_{ij}$는 S의 체적 V에 근사되고,

$$V = \lim_{\| P \| \to 0} \sum_{i=1}^{m} \sum_{j=1}^{n} f(x_{ij}^*, y_{ij}^*) \Delta A_{ij} = \int\int_D f(x, y)\, dA$$

가 성립한다.

> [정리 2] $f(x, y) \geqq 0$인 2변수함수 $z=f(x, y)$가 직사각형 영역 D에서 연속일 때, $z=f(x, y)$ 아래에 있고 D 위에 놓인 도형의 체적은
>
> $$V=\int\int_D f(x, y)\, dA$$
>
> 로 주어진다.

12.2 반복적분

1변수함수의 적분(단적분)을 구할 때, 미분적분학의 기본정리는 훨씬 쉬운 방법을 제공한다. 이 절에서는 이중적분을 반복적분으로 표현하는 법을 제시하고, 반복적분을 이용하여 이중적분을 구할 수 있음을 보인다.

2변수함수 $z=f(x, y)$가 직사각형 영역 $D=[a, b]\times[c, d]$에서 적분가능하다고 하자. $\int_c^d f(x, y)\, dy$라는 표현은 $z=f(x, y)$에서 x를 고정하고 $y=c$에서 $y=d$ 까지의 y에 관한 편적분(partial integral)을 의미한다.

$A(x)=\int_c^d f(x, y)\, dy$라 놓으면

$$\int_a^b A(x)\, dx = \int_a^b \left[\int_c^d f(x, y)\, dy \right] dx$$

가 된다. 이때 오른쪽의 적분을 반복적분(iterated integral)이라 하고, 보통

$$\int_a^b \int_c^d f(x, y)\, dy\, dx = \int_a^b \left[\int_c^d f(x, y)\, dy \right] dx$$

로 표현한다. 또한

$$\int_c^d \int_a^b f(x, y)\, dx\, dy = \int_c^d \left[\int_a^b f(x, y)\, dx \right] dy$$

로 표현한다.

> [정리 3] (푸비니 정리)
>
> 2변수함수 $z = f(x, y)$가 $D = \{(x, y) \mid a \leqq x \leqq b,\ c \leqq y \leqq d\}$에서 적분 가능할 때,
>
> $$\iint_D f(x, y)\, dA = \int_a^b \int_c^d f(x, y)\, dy dx = \int_c^d \int_a^b f(x, y)\, dx dy$$
>
> 가 성립한다.

이중적분을 구할 때 유의해야 할 점은 보다 쉽게 적분을 구할 수 있도록 적분순서를 선택하는 것이다.

예제 1 타원포물면 $x^2 + 2y^2 + z = 16$과 평면 $x = 2$, $x = 0$, $y = 0$, $z = 0$, $y = 2$에 의해 둘러싸인 도형 S의 체적을 구하시오.

(**풀이**) S는 $D = [0, 2] \times [0, 2]$ 위와 곡면 $z = 16 - x^2 - 2y^2$ 아래 놓여 있는 도형이다. 푸비니 정리를 이용하여,

$$\begin{aligned} V = \iint_D (16 - x^2 - 2y^2)\, dA &= \int_0^2 \int_0^2 (16 - x^2 - 2y^2)\, dx\, dy \\ &= \int_0^2 \left[16x - \frac{x^3}{3} - 2y^2 x \right]_{x=0}^{x=2} dy \\ &= \int_0^2 \left(\frac{88}{3} - 4y^2 \right) dy = \left[\frac{88}{3} y - \frac{4}{3} y^3 \right]_0^2 = 48 \end{aligned}$$

□

참고 2변수함수 $f(x, y) = g(x) \cdot h(y)$가 $D = [a, b] \times [c, d]$에서 적분가능할 때, 푸비니 정리에 의하여 이중적분은

$$\iint_D f(x, y) dA = \int_a^b g(x)\, dx \int_c^d h(y)\, dy$$

로 표현된다.

12.3 일반 닫힌영역 위의 이중적분

1. 이중적분 구하기

이제 일반적인 닫힌영역 $\Omega \subset R^2$에서 이중적분을 정의한다. 2변수함수 $z=f(x,y)$가 닫힌영역 Ω에서 정의되었다고 하자. Ω가 어떤 직사각형 영역 D에 포함됨을 의미하는 닫힌영역이라 할 때 새로운 함수 F를

$$F(x,y)=\begin{cases} f(x,y) & ,\ (x,y)\in\Omega \\ 0 & ,\ (x,y)\in D-\Omega \end{cases}$$

로 정의한다.

참고 (연결집합과 영역)

Ω가 R^2의 부분집합일 때

(1) Ω에 속하는 임의의 두 점이 Ω에 포함되는 구분적으로 매끄러운 곡선으로 연결할 수 있을 때, Ω를 (경로적) 연결집합(arcwise connected)이라고 한다.

(2) 열린집합이고 연결집합인 Ω를 열린연결영역(또는 열린영역) 또는 간단히 영역(region)이라고 하고, 닫힌집합이고 연결집합일 때 Ω를 닫힌연결영역 또는 간단히 닫힌영역이라 한다.

> [정의 4] (일반 닫힌영역 위의 이중적분)
>
> 2변수함수 $z=f(x,y)$가 D에서 적분가능하면 f는 Ω에서 적분가능하다고 하고, Ω에서 f의 이중적분을
>
> $$\int\int_{\Omega} f(x,y)\,dA = \int\int_{D} F(x,y)\,dA$$
>
> 로 정의한다.

(1) Ω가 형태 I인 경우

함수 $g_1(x)$와 $g_2(x)$가 $[a,b]$에서 연속이라 하자. 닫힌영역 Ω가

$$\Omega = \{(x, y) \mid a \leqq x \leqq b,\ g_1(x) \leqq y \leqq g_2(x)\}$$

로 주어질 때, Ω를 형태 I인 닫힌영역이라 한다.

> [정리 5] 2변수함수 $z=f(x, y)$가 형태 I인 닫힌영역 Ω에서 연속이면
>
> $$\iint_\Omega f(x, y)dA = \int_a^b \int_{g_1(x)}^{g_2(x)} f(x, y)\, dy\, dx$$
>
> 가 성립한다.

증명 Ω가 형태 I인 경우 $\iint_\Omega f(x, y)dA$를 구하기 위하여 Ω를 포함하는 직사각형 영역 $D=[a, b]\times[c, d]$를 선택하면,

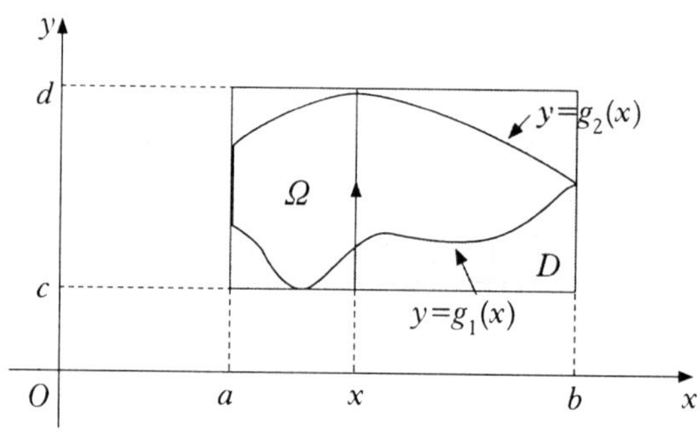

[그림 12.1]

$$\iint_\Omega f(x, y)dA = \iint_D F(x, y)dA = \int_a^b \int_c^d F(x, y)\, dy\, dx$$

가 된다. $y < g_1(x)$ 또는 $y > g_2(x)$인 (x, y)에 대하여 $F(x, y)=0$이고, $g_1(x) \leqq y \leqq g_2(x)$인 (x, y)에 대하여 $F(x, y)=f(x, y)$이므로

$$\int_c^d F(x, y)\, dy = \int_{g_1(x)}^{g_2(x)} F(x, y)\, dy = \int_{g_1(x)}^{g_2(x)} f(x, y)\, dy$$

가 된다. 따라서

$$\iint_\Omega f(x, y)dA = \int_a^b \int_{g_1(x)}^{g_2(x)} f(x, y)\, dy\, dx$$

가 성립한다. ▨

(2) Ω가 형태 II인 경우

함수 $h_1(y)$와 $h_2(y)$가 $[c, d]$에서 연속이라 하자. 닫힌영역 Ω가

$$\Omega = \{(x, y) \mid c \leqq y \leqq d,\ h_1(y) \leqq x \leqq h_2(y)\}$$

로 주어질 때, Ω를 형태 II인 닫힌영역이라 한다.

다음 정리는 (1)을 유도하기 위해 사용되었던 방법과 유사하게 증명할 수 있다.

> [정리 6] 2변수함수 $z = f(x, y)$가 형태 II인 닫힌영역 Ω에서 연속이면
>
> $$\int\int_\Omega f(x, y)\, dA = \int_c^d \int_{h_1(y)}^{h_2(y)} f(x, y)\, dx\, dy$$
>
> 가 성립한다.

예제 2 직선 $y = x - 1$과 쌍곡선 $y^2 = 2x + 6$에 의해 둘러싸인 닫힌영역 Ω에 대해 $\int\int_\Omega xy\, dA$를 구하시오.

(**풀이**) 닫힌영역 Ω는 형태 I과 형태 II 둘 다 선택할 수 있지만 형태 I은 복잡하므로 Ω를 형태 II로 생각하여 구한다.

$$\Omega = \left\{(x, y) \mid -2 \leqq y \leqq 4,\ \frac{y^2}{2} - 3 \leqq x \leqq y + 1\right\}$$

$$\int\int_\Omega xy\, dA = \int_{-2}^4 \int_{\frac{y^2}{2}-3}^{y+1} xy\, dx\, dy = \int_{-2}^4 \left[\frac{x^2}{2} y\right]_{x=\frac{y^2}{2}-3}^{x=y+1} dy$$

$$= \frac{1}{2} \int_{-2}^4 \left(-\frac{y^5}{4} + 4y^3 + 2y^2 - 8y\right) dy$$

$$= \frac{1}{2} \left[-\frac{y^6}{24} + y^4 + 2\frac{y^3}{3} - 4y^2\right]_{-2}^4 = 36$$

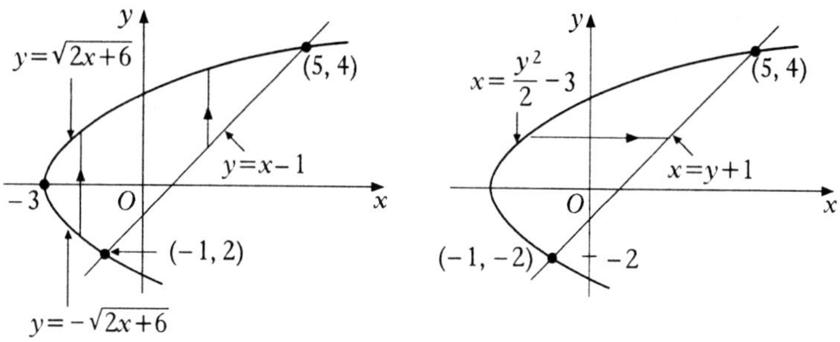

형태 I의 닫힌영역 Ω　　　　형태 II의 닫힌영역 Ω

[그림 12.2]

만약 Ω를 형태 I의 닫힌영역으로 표현하면

$$\int\int_{\Omega} xy\, dA = \int_{-3}^{-1}\int_{\sqrt{2x+6}}^{\sqrt{2x+6}} xy\, dy\, dx + \int_{-1}^{5}\int_{x-1}^{\sqrt{2x+6}} xy\, dy\, dx$$ □

2. 이중적분의 성질

이중적분의 정의로부터 1변수함수의 경우처럼 다음 성질을 얻는다.

> [정리 7] 2변수함수 $z=f(x, y)$와 $w=g(x, y)$가 닫힌영역 Ω에서 적분가능하고, c가 임의의 상수일 때
>
> (1) $\int\int_{\Omega} [f(x, y)+g(x, y)]\, dA = \int\int_{\Omega} f(x, y)\, dA + \int\int_{\Omega} g(x, y)\, dA$
>
> (2) $\int\int_{\Omega} cf(x, y)\, dA = c\int\int_{\Omega} f(x, y)\, dA$
>
> (3) 모든 $(x, y)\in\Omega$에 대하여 $g(x, y)\leqq f(x, y)$ 이면,
>
> $$\int\int_{\Omega} g(x, y)\, dA \leqq \int\int_{\Omega} f(x, y)\, dA$$
>
> (4) $\left|\int\int_{\Omega} f(x, y)\, dx\, dy\right| \leqq \int\int_{\Omega} |f(x, y)|\, dx\, dy$

이중적분에 대한 다음 성질은 $\int_a^b f = \int_a^c f + \int_c^b f$에 의해 주어지는 1변수함수에서의 적분의 성질과 유사하다. 이것은 형태 I과 형태 II가 아니면서 형태 I과 형태 II의 합집합으로 표시되는 닫힌영역 Ω 위의 이중적분을 구하는데 이용된다.

[정리 8] 2변수함수 $z=f(x,y)$가 $\Omega=\Omega_1 \cup \Omega_2$, $\Omega_1 \cap \Omega_2 = \varnothing$인 닫힌영역 Ω에서 적분가능하면

$$\int\int_{\Omega} f(x,y)\,dA = \int\int_{\Omega_1} f(x,y)\,dA + \int\int_{\Omega_2} f(x,y)\,dA$$

참고 닫힌영역 Ω에서 정의된 상수함수 $f(x,y)=1$을 적분하면 Ω의 면적 $A(\Omega)$를 얻는다. 즉 $\int\int_{\Omega} 1\,dA = A(\Omega)$가 성립한다. 예를 들면 형태 I인 닫힌영역의 경우

$$\int\int_{\Omega} 1\,dA = \int_a^b \int_{g_1(x)}^{g_2(x)} 1\,dy\,dx = \int_a^b [g_2(x) - g_1(x)]\,dx = A(\Omega)$$

가 된다.

[정리 9] 닫힌영역 Ω에서 $z=f(x,y)$가 연속이고, 모든 $(x,y) \in \Omega$에 대하여 $m \leqq f(x,y) \leqq M$일 때, Ω의 면적을 $A(\Omega)$라 하면,

$$\int\int_{\Omega} f(x,y)\,dA = \mu A(\Omega)$$

를 만족하는 $\mu\,(m \leqq \mu \leqq M)$가 존재한다.

12.4 극좌표에서의 이중적분

$D=\{(r,\theta) \mid a \leqq r \leqq b,\ \alpha \leqq \theta \leqq \beta\}$ 형태의 닫힌영역을 극장방형(polar rectangle)이라 한다. D가 극장방형 영역일 때는, 이중적분 $\int\int_D f(x,y)\,dA$를 구

하기 위하여 D를 극좌표로 표시하는 것이 보다 쉽다.

D가 극장방형 영역일 때

$$a = r_0 < r_1 < r_2 < \cdots < r_{i-1} < r_i < \cdots < r_m = b$$

로 주어진 $[a, b]$의 한 분할과,

$$\alpha = \theta_0 < \theta_1 < \theta_2 < \cdots < \theta_{j-1} < \theta_j < \cdots < \theta_n = \beta$$

로 주어진 $[\alpha, \beta]$의 한 분할을 선택한다. 그러면

$$D_{ij} = \{(r, \theta) \mid r_{i-1} \leqq r \leqq r_i,\ \theta_{j-1} \leqq \theta \leqq \theta_j\}$$

로 주어진 R의 어떤 극분할(polar partition) P가 결정된다. 이제 D_{ij}의 중심을 (r_i^*, θ_j^*), D_{ij}의 면적을 ΔA_{ij}라 하면

$$\begin{aligned}\Delta A_{ij} &= \frac{1}{2} r_i^2 \Delta\theta_j - \frac{1}{2} r_{i-1}^2 \Delta\theta_j = \frac{1}{2}(r_i^2 - r_{i-1}^2)\Delta\theta_j \\ &= \frac{1}{2}(r_i + r_{i-1})(r_i - r_{i-1})\Delta\theta_j = r_i^* \Delta r_i \Delta\theta_j\end{aligned}$$

가 성립한다. 그런데 D_{ij}의 중심에 대한 직교좌표가 $(r_i^* \cos\theta_j^*,\ r_i^* \sin\theta_j^*)$이므로 리만 합은

$$\begin{aligned}&\sum_{i=1}^{m} \sum_{j=1}^{n} f(r_i^* \cos\theta_j^*,\ r_i^* \sin\theta_j^*)\Delta A_{ij} \\ &\quad = \sum_{i=1}^{m} \sum_{j=1}^{n} f(r_i^* \cos\theta_j^*,\ r_i^* \sin\theta_j^*)\, r_i^* \Delta r_i \Delta\theta_j\end{aligned}$$

가 된다. 따라서 다음을 얻는다.

[정리 10] (중적분의 극좌표로의 변환)

2변수함수 $z = f(x, y)$가 극장방형 영역

$$D = \{(r, \theta) \mid 0 \leqq a \leqq r \leqq b,\ \alpha \leqq \theta \leqq \beta,\ 0 \leqq \beta - \alpha \leqq 2\pi\}$$

위에서 연속이면,

$$\iint_D f(x, y)\, dA = \int_\alpha^\beta \int_a^b f(r\cos\theta,\ r\sin\theta)\, r\, dr\, d\theta$$

가 성립한다.

예제 3 평면 $z=0$과 포물선 $z=1-x^2-y^2$에 의해 둘러싸인 도형의 체적을 구하시오.

(**풀이**) 포물선 방정식에 $z=0$이라 놓으면 $x^2+y^2=1$이므로, 극장방형 영역 $D=\{(r,\theta) \mid 0 \leqq r \leqq 1,\ 0 \leqq \theta \leqq 2\pi\}$를 갖는다. 따라서

$$V=\int\int_D (1-x^2-y^2)\,dA=\int_0^{2\pi}\int_0^{2\pi}(1-r^2)\,r\,dr\,d\theta$$
$$=\int_0^{2\pi} d\theta\int_0^1 (r-r^3)\,dr=2\pi\left[\frac{r^2}{2}-\frac{r^4}{4}\right]_0^1=\frac{\pi}{2}$$ □

[따름정리] 2변수함수 $z=f(x,y)$가 형태 I인 극영역

$$\Omega=\{(r,\theta) \mid a \leqq r \leqq b,\ g_1(r) \leqq \theta \leqq g_2(r)\}$$

위에서 연속이면

$$\int\int_\Omega f(x,y)\,dA=\int_a^b\int_{g_1(r)}^{g_2(r)} f(r\cos\theta,\ r\sin\theta)\,r\,dr\,d\theta$$

이 된다. 또한 $z=f(x,y)$가 형태 II인 극영역

$$\Omega=\{(r,\theta) \mid \alpha \leqq \theta \leqq \beta,\ h_1(\theta) \leqq r \leqq h_2(\theta)\}$$

위에서 연속이면,

$$\int\int_\Omega f(x,y)\,dA=\int_\alpha^\beta\int_{h_1(\theta)}^{h_2(\theta)} f(r\cos\theta,\ r\sin\theta)\,r\,dr\,d\theta$$

특히 $f(x,y)=1, h_1(\theta)=0, h_2(\theta)=h(\theta)$로 놓으면 $\theta=\alpha, \theta=\beta, r=h(\theta)$로 둘러싸인 닫힌영역의 면적 $A(\Omega)$는

$$A(\Omega)-\int\int_\Omega 1\,dA=\int_\alpha^\beta\int_0^{h(\theta)} r\,dr\,d\theta$$
$$=\int_\alpha^\beta\left[\frac{r^2}{2}\right]_0^{h(\theta)} d\theta=\int_\alpha^\beta \frac{1}{2}[h(\theta)]^2\,d\theta$$

로 주어진다.

예제 4 네잎 장미형 $r=\cos 2\theta$에 대하여 한 호로 둘러싸인 닫힌영역의 면적을 구하시오.

(풀이) 극영역 $\Omega=\left\{(r,\theta) \mid -\frac{\pi}{4} \leqq \theta \leqq \frac{\pi}{4},\ 0 \leqq r \leqq \cos 2\theta\right\}$의 면적 $A(\Omega)$는

$$\begin{aligned} A(\Omega) &= \int\int_{\Omega} dA = \int_{-\frac{\pi}{4}}^{\frac{\pi}{4}} \int_{0}^{\cos 2\theta} r\, dr\, d\theta \\ &= \frac{1}{2}\int_{-\frac{\pi}{4}}^{\frac{\pi}{4}} \cos^2 2\theta\, d\theta = \frac{1}{4}\int_{-\frac{\pi}{4}}^{\frac{\pi}{4}} (1+\cos 4\theta)\, d\theta \\ &= \frac{1}{4}\left[\theta + \frac{1}{4}\sin 4\theta\right]_{-\pi/4}^{\pi/4} = \frac{\pi}{8} \end{aligned}$$

□

12.5 이중적분의 응용

(1) 질량

얇은 막(lamina)이 xy평면의 어떤 닫힌영역 Ω를 차지하고, Ω의 점 (x, y)에서의 밀도가 연속함수 $\rho(x, y)$로 주어졌다고 하자. 얇은 막 전체질량 m을 구하기 위해 Ω를 포함하는 어떤 직사각형 영역 D를 작은 직사각형 영역 D_{ij}로 분할하고 $D-\Omega$에 있는 점 (x, y)에 대하여는 $\rho(x, y)=0$으로 놓는다. D_{ij}에서 점 (x_{ij}^*, y_{ij}^*)를 택하고 D_{ij}의 면적을 ΔA_{ij}라 하면 D_{ij}를 차지하는 얇은 막의 부분에 대한 질량은 근사적으로 $\rho(x_{ij}^*, y_{ij}^*)\,\Delta A_{ij}$가 된다. 따라서 근사값

$$m \approx \sum_{i=1}^{m} \sum_{j=1}^{n} \rho(x_{ij}^*, y_{ij}^*)\Delta A_{ij}$$

가 성립한다. 더 세밀히 분할함으로써 근사값의 극한으로 질량 m을 구한다.

$$m = \lim_{\|P\|\to 0} \sum_{i=1}^{m} \sum_{j=1}^{n} \rho(x_{ij}^*, y_{ij}^*)\Delta A_{ij} = \int\int_{\Omega} \rho(x, y)\, dA$$

(2) 질량중심

닫힌영역 Ω를 차지하는 밀도함수 $\rho(x, y)$를 갖는 얇은 막의 질량중심을 구해보자. 축에 대한 어떤 입자의 능률은 질량과 축까지의 유향거리의 곱으로

정의한다. Ω를 포함하는 어떤 직사각형 영역 D를 작은 직사각형 영역 D_{ij}로 분할하면 D_{ij}의 질량은 근사적으로 $\rho(x_{ij}^*, y_{ij}^*)\,\Delta A_{ij}$이므로, x축에 관한 D_{ij}의 능률은 근사적으로 $\rho(x_{ij}^*, y_{ij}^*)\,\Delta A_{ij}\, y_{ij}^*$가 된다. $\|P\| \to 0$일 경우

$$M_x = \lim_{\|P\| \to 0} \sum_{i=1}^{m} \sum_{j=1}^{n} y_{ij}^* \rho(x_{ij}^*, y_{ij}^*)\Delta A_{ij} = \iint_\Omega y\,\rho(x, y)\, dA$$

를 얻는데, 이것을 x축에 관한 얇은 막의 능률이라 한다.

또한 y축에 관한 능률을 구하면

$$M_y = \lim_{\|P\| \to 0} \sum_{i=1}^{m} \sum_{j=1}^{n} x_{ij}^* \rho(x_{ij}^*, y_{ij}^*)\Delta A_{ij} = \iint_\Omega x\,\rho(x, y)\, dA$$

가 된다. 질량중심 $(\bar{x}, \bar{y})$는 $m\bar{x} = M_y$, $m\bar{y} = M_x$로 정의한다.

예제 5 밀도함수가 $\rho(x, y) = 1 + 3x + y$이고 꼭지점 $(0,0)$, $(1,0)$, $(0,2)$를 갖는 얇은 삼각막의 질량과 질량중심을 구하시오.

(**풀이**) 질량 m은

$$m = \iint_\Omega \rho(x, y)\, dA = \int_0^1 \int_0^{2-2x} (1 + 3x + y)\, dy\, dx = \frac{8}{3}$$

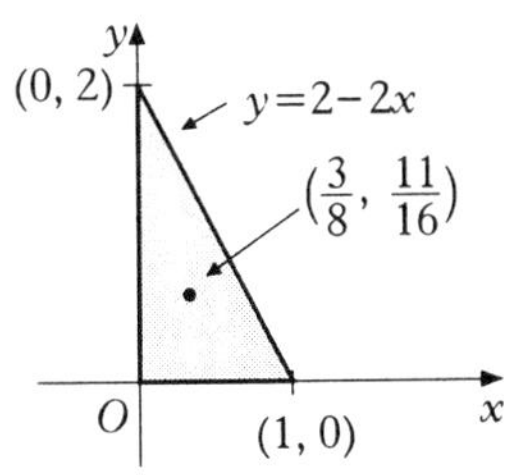

[그림 12.3]

로 주어지므로,

$$\bar{x} = \frac{1}{m} \iint_\Omega x\rho(x, y)\, dA = \frac{3}{8} \int_0^1 \int_0^{2-2x} (x + 3x^2 + xy)\, dy\, dx = \frac{3}{8}$$

$$\bar{y} = \frac{1}{m} \iint_\Omega y\rho(x, y)\, dA = \frac{3}{8} \int_0^1 \int_0^{2-2x} (y + 3xy + y^2)\, dy\, dx = \frac{11}{16}$$

을 얻는다. 따라서 질량중심은 $\left(\frac{3}{8}, \frac{11}{16}\right)$이 된다. □

(3) 관성능률

입자에서 축까지의 거리를 r이라 하면, 어떤 축에 대하여 질량 m인 입자의 관성능률은 mr^2으로 정의된다. 이 개념을 닫힌영역 Ω를 차지하는 밀도함수 $\rho(x, y)$를 갖는 얇은 막으로 확장한다. Ω를 포함하는 어떤 직사각형 영역 D를 작은 직사각형 영역 D_{ij}로 분할하고, x축에 관한 D_{ij}의 관성능률을 근사적으로 구하여, $\| P \| \to 0$일 경우

$$I_x = \lim_{\| P \| \to 0} \sum_{i=1}^{m} \sum_{j=1}^{n} (y_{ij}^*)^2 \rho(x_{ij}^*, y_{ij}^*) \Delta A_{ij} = \int\int_{\Omega} y^2 \rho(x, y)\, dA$$

를 얻는데, 이것을 x축에 관한 얇은 막의 관성능률이라 한다.

또한 y축에 관한 관성능률을 구하면

$$I_y = \lim_{\| P \| \to 0} \sum_{i=1}^{m} \sum_{j=1}^{n} (x_{ij}^*)^2 \rho(x_{ij}^*, y_{ij}^*) \Delta A_{ij} = \int\int_{\Omega} x^2 \rho(x, y)\, dA$$

가 된다.

(4) 표면적

2변수함수 $z = f(x, y)$로 주어지는 그래프의 표면적을 구할 때 이중적분을 이용한다.

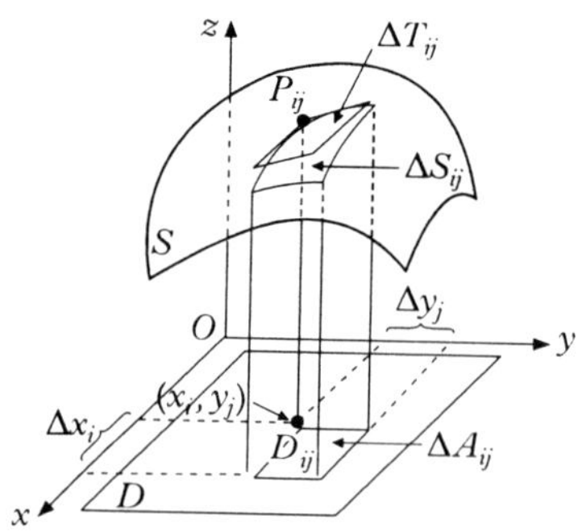

[그림 12.4]

$z = f(x, y)$가 연속인 편도함수를 가질 때, $z = f(x, y)$를 갖는 어떤 표면을 S라 하자. 이때 $f(x, y) \geq 0$이고 f의 정의역 D는 직사각형 영역이라 가정한

다. 그리고 D를 작은 직사각형 영역 D_{ij}로 세분화한 분할 P를 생각한다. 그러면 D_{ij}의 면적은 $\Delta A_{ij} = \Delta x_i \Delta y_j$이다. (x_i, y_j)가 원점에 가장 가까운 D_{ij}의 꼭지점이라 할 때, $P_{ij}(x_i, y_j, f(x_i, y_j))$는 (x_i, y_j) 위에 놓여 있는 S의 점이다.

점 P_{ij}에서의 S의 접평면은 P_{ij} 가까이에서 S에 근사된다. 그래서 P_{ij} 위에 놓인 이 접평면의 부분면적 ΔT_{ij}는 D_{ij} 위에 놓인 S의 부분면적 ΔS_{ij}와 비슷할 것이다. 그러므로 합 $\sum_{i=1}^{m} \sum_{j=1}^{n} \Delta T_{ij}$는 S의 표면적에 접근할 것이다. 따라서 S의 표면적 $A(S)$는

$$A(S) = \lim_{\|P\| \to 0} \sum_{i=1}^{m} \sum_{j=1}^{n} \Delta T_{ij}$$

로 정의된다.

이제 표면적을 보다 쉽게 구하기 위한 공식을 찾아 보자. 먼저 면적 ΔT_{ij}를 갖는 평행사변형의 변에 놓여 있는 시점 P_{ij}인 벡터를 $\mathbf{a}, \mathbf{b}$라 놓는다. 그러면 $\Delta T_{ij} = \| \mathbf{a} \times \mathbf{b} \|$가 된다. $f_x(x_i, y_j)$와 $f_y(x_i, y_j)$가 $\mathbf{a}, \mathbf{b}$ 방향의 P_{ij}를 지나는 접선의 기울기이므로

$$\mathbf{a} = \Delta x_i \mathbf{i} + f_x(x_i, y_j) \Delta x_i \mathbf{k}, \quad \mathbf{b} = \Delta y_j \mathbf{j} + f_y(x_i, y_j) \Delta y_j \mathbf{k}$$

이다. 따라서 $\mathbf{a} \times \mathbf{b} = [-f_x(x_i, y_j)\mathbf{i} - f_y(x_i, y_j)\mathbf{j} + \mathbf{k}]\Delta A_{ij}$가 된다. 그러므로

$$\Delta T_{ij} = \| \mathbf{a} \times \mathbf{b} \| = \sqrt{[f_x(x_i, y_j)]^2 + [f_y(x_i, y_j)]^2 + 1}\ \Delta A_{ij}$$

가 성립한다. 따라서

$$\begin{aligned} A(S) &= \lim_{\|P\| \to 0} \sum_{i=1}^{m} \sum_{j=1}^{n} \Delta T_{ij} \\ &= \lim_{\|P\| \to 0} \sum_{i=1}^{m} \sum_{j=1}^{n} \sqrt{[f_x(x_i, y_j)]^2 + [f_y(x_i, y_j)]^2 + 1}\ \Delta A_{ij} \end{aligned}$$

를 얻는다.

[정리 11] f_x와 f_y가 닫힌영역 Ω에서 연속일 때, Ω에서 정의된 2변수 함수 $z = f(x, y)$의 표면적 $A(S)$는

$$A(S) = \iint_{\Omega} \sqrt{[f_x(x, y)]^2 + [f_y(x, y)]^2 + 1}\ dA$$

예제 6 세 점 (0,0), (1,0), (1,1)을 꼭지점으로 갖는 xy평면에 놓인 삼각형 영역 Ω 위에서 곡면 $z=x^2+2y$의 부분표면적을 구하시오.

(풀이) $\Omega=\{(x,y) \mid 0 \leqq x \leqq 1,\ 0 \leqq y \leqq x\}$이므로, 표면적 A는

$$A = \int\int_{\Omega} \sqrt{(2x)^2+(2)^2+1}\ dA = \int_0^1 \int_0^x \sqrt{4x^2+5}\ dy\, dx$$

$$= \int_0^1 x\sqrt{4x^2+5}\ dx = \frac{1}{12}(27-5\sqrt{5})$$

■

12.6 삼중적분

1. 삼중적분 구하기

2변수함수에 대하여 이중적분을 정의한 것과 같이, 3변수함수에 대한 삼중적분(triple integral)을 정의할 수 있다.

먼저 어떤 직육면체 영역

$$B=\{(x, y, z) \in R^3 \mid a \leqq x \leqq b,\ c \leqq y \leqq d,\ r \leqq z \leqq s\}$$

에서 정의된 유계인 3변수함수 $w=f(x,y,z)$의 삼중적분을 정의한다.

우선

$$a=x_0 < x_1 < \cdots < x_{i-1} < x_i < \cdots < x_l = b$$
$$c=y_0 < y_1 < \cdots < y_{j-1} < y_j < \cdots < x_m = d$$
$$r=z_0 < z_1 < \cdots < z_{k-1} < x_k < \cdots < x_n = s$$

라 하고, 이 분할점들을 지나는 좌표축과 평행한 선들로부터 lmn개의 작은 직육면체

$$B_{ijk}=[x_{i-1}, x_i]\times[y_{j-1}, y_j]\times[z_{k-1}, y_k]$$

로 구성되는 B의 분할 P를 택한다.

$$\Delta x_i = x_i - x_{i-1},\quad \Delta y_j = y_j - y_{j-1},\quad \Delta z_k = z_k - y_{k-1}$$

라 놓으면, 각 B_{ijk}의 체적은 $\Delta V_{ijk} = \Delta x_i \Delta y_j \Delta z_k$가 된다.

다음에는 B_{ijk}에서 임의의 점 $(x^*_{ijk}, y^*_{ijk}, z^*_{ijk})$를 택하여 삼중리만 합

$$\sum_{i=1}^{l} \sum_{j=1}^{m} \sum_{k=1}^{n} f(x^*_{ijk},\ y^*_{ijk},\ z^*_{ijk}) \Delta V_{ijk}$$

를 생각한다. 이때 분할 P의 모든 작은 직육면체의 대각선 중 최대 길이를 $\| P \|$이라 할 때, $\| P \| \to 0$일 경우 **삼중리만 합**(triple Riemann sum)의 극한으로 삼중적분을 정의할 수 있다.

> [정의 12] (삼중적분)
>
> 직육면체 영역 B에서 정의된 유계함수 $w = f(x, y, z)$에 대한 삼중적분은 $\lim_{\| P \| \to 0} \sum_{i=1}^{l} \sum_{j=1}^{m} \sum_{k=1}^{n} f(x^*_{ijk},\ y^*_{ijk},\ z^*_{ijk}) \Delta V_{ijk}$가 존재할 때
>
> $$\int\int\int_B f(x, y, z) dV = \lim_{\| P \| \to 0} \sum_{i=1}^{l} \sum_{j=1}^{m} \sum_{k=1}^{n} f(x^*_{ijk}, y^*_{ijk}, z^*_{ijk}) \Delta V_{ijk}$$
>
> 로 정의한다. 이때 f를 직육면체 영역 B에서 적분가능이라 한다.

함수 f가 연속일 경우 삼중적분은 항상 존재한다. 일반적으로 삼중적분 $\int\int\int_B f(x, y, z) dV$를 $\int\int\int_B f(x, y, z)\, dx\, dy\, dz$로 표현하기도 한다. 이중적분에서와 같이, 삼중적분을 구하는 방법도 삼중적분을 반복적분으로 표현하는 것이다.

> [정리 13] (푸비니 정리)
>
> 3변수함수 $w = f(x, y, z)$가
>
> $$B = \{(x, y) \mid a \leqq x \leqq b,\ c \leqq y \leqq d,\ r \leqq z \leqq s\}$$
>
> 위에서 적분가능할 때,
>
> $$\int\int\int_B f(x, y, z) dV = \int_r^s \int_c^d \int_a^b f(x, y, z)\, dx\, dy\, dz$$
>
> 가 성립한다. 적분할 수 있는 다섯 가지 방법이 더 있다.

예제 7 $B=\{(x,y)\mid 0\leqq x\leqq 1,\ -1\leqq y\leqq 2,\ 0\leqq y\leqq 3\}$일 때,

$$\int\int\int_B xyz^2\,dV$$

를 구하시오.

(풀이) $$\int\int\int_B xyz^2 dV=\int_0^3\int_{-1}^2\int_0^1 xyz^2\,dx\,dy\,dz=\int_0^3\int_{-1}^2\left[\frac{x^2yz^2}{2}\right]_{x=0}^{x=1}dy\,dz$$

$$=\int_0^3\int_{-1}^2\frac{yz^2}{2}\,dy\,dz=\int_0^3\left[\frac{y^2z^2}{4}\right]_{y=-1}^{y=2}dz$$

$$=\int_0^3\frac{3z^2}{4}\,dz=\frac{z^3}{4}\Big]_0^3=\frac{27}{4}$$ □

이제 3차원 공간에 있는 일반적인 닫힌영역에서 삼중적분을 정의한다. 3변수 유계함수 $w=f(x,y,z)$가 닫힌영역 E에서 정의되었다고 하자. E가 어떤 직육면체 영역 B에 포함될 때 새로운 함수 F를

$$F(x,y,z)=\begin{cases} f(x,y,z) & ,(x,y,z)\in E \\ 0 & ,(x,y,z)\in B-E \end{cases}$$

로 놓는다. 이때 3변수함수 $w=f(x,y,z)$가 B에서 적분가능하면, f는 E에서 적분가능하다고 하고, E에서 f의 삼중적분을

$$\int\int\int_E f(x,y,z)\,dV=\int\int\int_B f(x,y,z)\,dV$$

로 정의한다. 이 삼중적분은 이중적분의 성질과 본질적으로 같다.

(1) E가 형태 I인 입체영역일 경우

E가 $E=\{(x,y,z)\mid (x,y)\in\Omega,\ \phi_1(x,y)\leqq z\leqq\phi_2(x,y)\}$로 주어지면(Ω는 E의 xy 평면으로의 정사영이고, 함수 $\phi_1(x,y)$와 $\phi_2(x,y)$가 Ω에서 연속), 3변수함수 $w=f(x,y,z)$가 E에서 연속일 때

$$\int\int\int_E f(x,y,z)\,dV=\int\int_\Omega\left[\int_{\phi_1(x,y)}^{\phi_2(x,y)}f(x,y,z)\,dz\right]dA$$

로 주어진다. 이때 E를 형태 I인 입체영역이라 한다.

① **정사영 Ω가 형태 I인 평면인 경우**

특히 $g_1(x)$와 $g_2(x)$가 $[a, b]$에서 연속이라 하자. 이때 3변수함수 $w=f(x, y, z)$가 입체영역

$$E=\{(x, y, z) \mid a \leqq x \leqq b,\ g_1(x) \leqq y \leqq g_2(x),\ \phi_1(x, y) \leqq z \leqq \phi_2(x, y)\}$$

위에서 연속이면

$$\iiint_E f(x, y, z)\,dV=\int_a^b \int_{g_1(x)}^{g_2(x)} \int_{\phi_1(x, y)}^{\phi_2(x, y)} f(x, y, z)\,dz\,dy\,dx$$

가 된다.

② **정사영 Ω가 형태 II인 평면인 경우**

특히 $h_1(y)$와 $h_2(y)$가 $[c, d]$에서 연속이라 하자. 이때 3변수함수 $w=f(x, y, z)$가 입체영역

$$E=\{(x, y, z) \mid c \leqq y \leqq d,\ h_1(y) \leqq x \leqq h_2(y),\ \phi_1(x, y) \leqq z \leqq \phi_2(x, y)\}$$

위에서 연속이면

$$\iiint_E f(x, y, z)\,dV=\int_c^d \int_{h_1(y)}^{h_2(y)} \int_{\phi_1(x, y)}^{\phi_2(x, y)} f(x, y, z)\,dz\,dx\,dy$$

가 된다.

예제 8 입체영역 E가 평면 $x=0$, $y=0$, $z=0$과 $x+y+z=1$에 의하여 유계된 사면체일 때, $\iiint_E z\,dV$를 구하시오.

(풀이) $E=\{(x, y, z) \mid 0 \leqq x \leqq 1, 0 \leqq y \leqq 1-x, 0 \leqq z \leqq 1-x-y\}$이므로

$$\begin{aligned}\iiint_E z\,dV &= \int_0^1 \int_0^{1-x} \int_0^{1-x-y} z\,dz\,dy\,dx \\ &= \int_0^1 \int_0^{1-x} \left[\frac{z^2}{2}\right]_{z=0}^{z=1-x-y} dy\,dx \\ &= \frac{1}{2}\int_0^1 \int_0^{1-x} (1-x-y)^2\,dy\,dx \\ &= \frac{1}{2}\int_0^1 \left[-\frac{(1-x-y)^3}{3}\right]_{y=0}^{y=1-x} dx \\ &= \frac{1}{6}\int_0^1 (1-x)^3\,dx = \frac{1}{6}\left[-\frac{(1-x)^4}{4}\right]_0^1 = \frac{1}{24}\end{aligned}$$

□

(2) E가 형태 II인 입체영역일 경우

E가 $E=\{(x, y, z) \mid (y, z) \in \Omega,\ \phi_1(y, z) \leqq x \leqq \phi_2(y, z)\}$로 주어지면(Ω는 E의 yz평면으로의 정사영이고, 함수 $\phi_1(y, z)$와 $\phi_2(y, z)$가 Ω에서 연속), 3변수함수 $w=f(x, y, z)$가 E에서 연속일 때

$$\iiint_E f(x, y, z)\, dV = \iint_\Omega \left[\int_{\phi_1(y, z)}^{\phi_2(y, z)} f(x, y, z)\, dx \right] dA$$

로 주어진다. 이때 E를 형태 II인 입체영역이라 한다.

(3) E가 형태 III인 입체영역일 경우

E가 $E=\{(x, y, z) \mid (x, z) \in \Omega,\ \phi_1(x, z) \leqq y \leqq \phi_2(x, z)\}$로 주어지면(Ω는 E의 xz평면으로의 정사영이고, 함수 $\phi_1(x, z)$와 $\phi_2(x, z)$가 Ω에서 연속), 3변수함수 $w=f(x, y, z)$가 E에서 연속일 때

$$\iiint_E f(x, y, z)\, dV = \iint_\Omega \left[\int_{\phi_1(x, z)}^{\phi_2(x, z)} f(x, y, z)\, dy \right] dA$$

로 주어진다. 이때 E를 형태 III인 입체영역이라 한다.

예제 9 포물면 $y=x^2+z^2$과 평면 $y=4$에 의하여 유계된 입체영역을 E라 할 때, $\iiint_E \sqrt{x^2+z^2}\, dV$를 구하시오.

(풀이) $E=\{(x, y, z) \mid -2 \leqq x \leqq 2,\ -\sqrt{4-x^2} \leqq z \leqq \sqrt{4-x^2},\ x^2+z^2 \leqq y \leqq 4\}$ 이고, E의 xz평면으로의 정사영 Ω는

$$\Omega=\{(x, z) \mid -2 \leqq x \leqq 2,\ -\sqrt{4-x^2} \leqq z \leqq \sqrt{4-x^2}\}$$

이므로,

$$\iiint_E \sqrt{x^2+z^2}\, dV = \iint_\Omega \left[\int_{x^2+z^2}^{4} \sqrt{x^2+z^2}\, dy \right] dA$$
$$= \iint_\Omega \left[\int_{x^2+z^2}^{4} (4-x^2-z^2)\sqrt{x^2+z^2}\, dy \right] dA$$

가 된다. 극좌표로 변환하면

$$\iiint_E \sqrt{x^2+z^2}\, dV = \int_0^{2\pi}\int_0^2 (4-r^2)\, r\, r\, dr\, d\theta$$
$$= \int_0^{2\pi} d\theta \int_0^2 (4r^2 - r^4)\, dr$$
$$= 2\pi\left[\frac{4r^3}{3} - \frac{r^5}{5}\right]_0^2 = \frac{128\pi}{15}$$ □

2. 삼중적분의 응용

(1) 체적

닫힌영역 E에서 정의된 상수함수 $f(x, y, z)=1$을 적분하면 E의 체적 $V(E)$를 얻는다. 즉 $\iiint_E 1\, dV = V(E)$가 성립한다.

예제 10 평면 $x+2y+z=2, x=2y, x=0$와 $z=0$으로 둘러싸인 사면체 영역 E의 체적을 삼중적분을 이용하여 구하시오.

(풀이) $E=\left\{(x, y, z) \mid 0 \leq x \leq 1,\ \frac{x}{2} \leq y \leq 1-\frac{x}{2},\ 0 \leq z \leq 2-x-2y\right\}$

이고, E의 xy평면으로의 정사영 Ω는

$$\Omega=\left\{(x, y) \mid 0 \leq x \leq 1,\ \frac{x}{2} \leq y \leq 1-\frac{x}{2}\right\}$$

이므로,

$$V(E) = \iiint_E dV = \int_0^1 \int_{\frac{x}{2}}^{1-\frac{x}{2}} \int_0^{2-x-2y} dz\, dy\, dx$$
$$= \int_0^1 \int_{\frac{x}{2}}^{1-\frac{x}{2}} (2-x-2y)\, dy\, dx = \frac{1}{3}$$ □

(2) 질량

닫힌영역 E에서 어떤 도형의 밀도함수가 $\rho(x, y, z)$로 주어질 때, 도형의 질량 m은

$$m = \iiint_E \rho(x, y, z)\, dV$$

로 주어진다.

(3) 질량중심

닫힌영역 E에서 어떤 도형의 밀도함수가 $\rho(x, y, z)$로 주어질 때, 세 좌표축에 대한 능률은

$$M_{yz} = \iiint_E x\,\rho(x, y, z)\,dV, \quad M_{xz} = \iint_E y\,\rho(x, y, z)\,dV$$
$$M_{xy} = \iiint_E z\,\rho(x, y, z)\,dV$$

이고, 질량중심 $(\bar{x}, \bar{y}, \bar{z})$는

$$\bar{x} = \frac{M_{yz}}{m}, \quad \bar{y} = \frac{M_{xz}}{m}, \quad \bar{z} = \frac{M_{xy}}{m}$$

가 된다. 밀도함수가 상수일 때, 질량중심을 E의 중심(centroid)이라 한다.

(4) 관성능률

닫힌영역 E에서 어떤 도형의 밀도함수가 $\rho(x, y, z)$로 주어질 때, 세 좌표축에 대한 관성능률은

$$I_x = \iiint_E (y^2 + z^2)\,\rho(x, y, z)\,dV, \quad I_y = \iiint_E (x^2 + z^2)\,\rho(x, y, z)\,dV$$
$$I_z = \iiint_E (x^2 + y^2)\,\rho(x, y, z)\,dV$$

로 주어진다.

예제 11 포물기둥 $x = y^2$, 평면 $x = z$, $z = 0$과 $x = 1$로 둘러싸인 상수밀도를 갖는 입체영역의 질량중심을 구하시오.

(풀이) $E = \{(x, y, z) \mid -1 \leqq y \leqq 1,\ y^2 \leqq x \leqq 1,\ 0 \leqq z \leqq x\}$라 하고, 밀도를 $\rho(x, y, z) = \rho$라 하면 질량 m은

$$m = \iiint_E \rho\,dV = \int_{-1}^{1}\int_{y^2}^{1}\int_0^x dz\,dx\,dy = \frac{4\rho}{5}$$

가 된다. 우선 xy평면에 관해 E와 ρ의 대칭성 때문에, $M_{xz} = 0$과 $\bar{y} = 0$을 얻는다.

$$M_{yz} = \iiint_E x\,\rho\,dV = \int_{-1}^{1}\int_{y^2}^{1}\int_0^x x\rho\,dz\,dx\,dy = \frac{4\rho}{7}$$

$$M_{xy} = \iiint_E z\,\rho\,dV = \int_{-1}^{1}\int_{y^2}^{1}\int_0^x z\,\rho\,dz\,dx\,dy = \frac{2\rho}{7}$$

이므로, 질량중심은 $(\bar{x}, \bar{y}, \bar{z}) = \left(\frac{5}{7}, 0, \frac{5}{14}\right)$가 된다. ▢

12.7 원주좌표와 구면좌표에 의한 삼중적분

어떤 삼중적분은 원주좌표 또는 구면좌표를 이용하면 보다 쉽게 값을 구할 수 있다.

1. 원주좌표에 의한 삼중적분

3변수함수 $w = f(x, y, z)$가 입체영역

$$E = \{(x, y, z) \mid (x, y) \in \Omega,\ \ \phi_1(x, y) \leqq z \leqq \phi_2(x, y)\}$$

$$\text{단, } \Omega = \{(r, \theta) \mid \alpha \leqq \theta \leqq \beta,\ \ h_1(\theta) \leqq z \leqq h_2(\theta)\}$$

에서 연속이면,

$$\iiint_E f(x, y, z)\,dV = \iint_\Omega \left[\int_{\phi_1(x,y)}^{\phi_2(x,y)} f(x, y, z)\,dz\right] dA$$

$$= \int_\alpha^\beta \int_{h_1(\theta)}^{h_2(\theta)} \int_{\phi_1(r\cos\theta,\, r\sin\theta)}^{\phi_1(r\cos\theta,\, r\sin\theta)} f(r\cos\theta, r\sin\theta, z)\, r\,dz\,dr\,d\theta$$

를 얻는다. 여기서 Ω는 E의 xy평면으로의 정사영을 극좌표로 표현한 것이고, 함수 $\phi_1(x, y)$와 $\phi_2(x, y)$는 Ω에서 연속임을 의미한다.

2. 구면좌표에 의한 삼중적분

직교좌표와 구면좌표 사이에는

$$x = \rho\sin\phi\cos\theta,\ \ y = \rho\sin\phi\sin\theta,\ \ z = \rho\cos\phi$$

인 관계가 있다. 구면좌표계에서

$$E = \{(\rho, \theta, \phi) \mid a \leqq \rho \leqq b,\ \alpha \leqq \theta \leqq \beta,\ c \leqq \phi \leqq d\}$$

형태의 입체영역을 생각한다. 여기서 $a \geqq 0$, $\beta - \alpha \leqq 2\pi$, 그리고 $d - c \leqq \pi$이다. 이제 입체영역 E 위에서 정의된 연속인 함수 $w = f(x, y, z)$의 적분을 구해보자. 먼저 부분입체영역 E_{ijk}로 주어진 E의 어떤 구면분할 P를 선택한다.

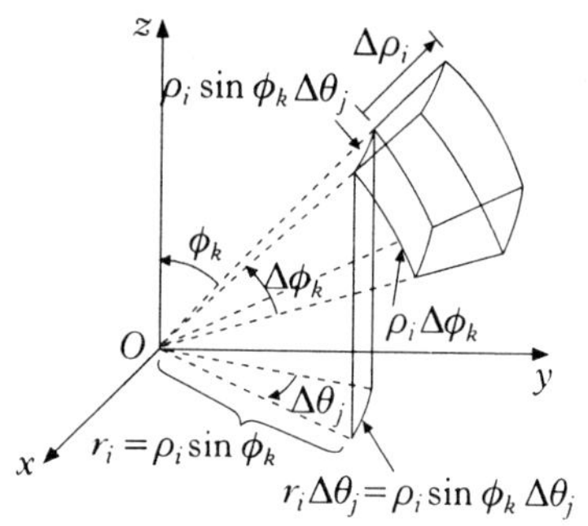

[그림 12.5]

그러면 E_{ijk}의 체적 ΔV_{ijk}는

$$\Delta V_{ijk} \approx \rho_i^2 \sin\phi_k \Delta\rho_i \Delta\theta_j \Delta\phi_k$$

가 된다. 평균값정리를 이용하면

$$\Delta V_{ijk} = \bar{\rho}_i^{\,2} \sin\bar{\phi}_k \Delta\rho_i \Delta\theta_j \Delta\phi_k$$

를 만족하는 적당한 E_{ijk}의 점 $(\bar{\rho}_i, \bar{\theta}_j, \bar{\phi}_k)$가 존재한다. 따라서 리만 합

$$\sum_{i=1}^{l} \sum_{j=1}^{m} \sum_{i=1}^{n} f(\bar{\rho}_i \sin\bar{\phi}_k \cos\bar{\theta}_j,\ \bar{\rho}_i \sin\bar{\phi}_k \sin\bar{\theta}_j,\ \bar{\rho}_i \cos\bar{\phi}_k)\ \bar{\rho}_i^{\,2} \sin\bar{\phi}_k \Delta\rho_i \Delta\theta_j \Delta\phi_k$$

를 얻는다. 분할 P의 모든 부분입체영역의 대각선 중 최대 길이를 $\| P \|$이라 할 때, $\| P \| \to 0$일 경우 삼중리만 합의 극한으로 삼중적분을 정의할 수 있다.

[정리 14] 3변수함수 $w=f(x,y,z)$가

$$E=\{(\rho,\theta,\phi)\mid a\leq\rho\leq b,\ \alpha\leq\theta\leq\beta,\ c\leq\phi\leq d\}$$

에서 연속이면,

$$\iiint_E f(x,y,z)\,dV$$
$$=\int_c^d\int_\alpha^\beta\int_a^b f(\rho\sin\phi\cos\theta,\ \rho\sin\phi\sin\theta,\ \rho\cos\phi)\,\rho^2\sin\phi\,d\rho\,d\theta\,d\phi$$

가 성립한다.

예제 12 원주면 $z=\sqrt{x^2+y^2}$ 위와 구면 $x^2+y^2+z^2=z$ 아래에 놓인 입체영역 E의 체적을 구면좌표를 이용하여 구하시오.

(**풀이**) 구면좌표를 이용하여 변환하면 구면의 방정식은 $\rho=\cos\phi$가 되고, 원주면은 $\phi=\frac{\pi}{4}$가 된다. 따라서 입체영역 E가

$$E=\{(\rho,\theta,\phi)\mid 0\leq\theta\leq 2\pi,\ 0\leq\phi\leq\frac{\pi}{4},\ 0\leq\rho\leq\cos\phi\}$$

로 표현되므로

$$V(E)=\iiint_E dV=\int_0^{2\pi}\int_0^{\frac{\pi}{4}}\int_0^{\cos\phi}\rho^2\sin\phi\,d\rho\,d\phi\,d\theta$$
$$=\int_0^{2\pi}d\theta\int_0^{\frac{\pi}{4}}\sin\phi\left[\frac{\rho^3}{3}\right]_{\rho=0}^{\rho=\cos\phi}d\phi$$
$$=\frac{2\pi}{3}\int_0^{\frac{\pi}{4}}\sin\phi\cos^3\phi\,d\phi=\frac{2\pi}{3}\left[-\frac{\cos^4\phi}{4}\right]_0^{\frac{\pi}{4}}=\frac{\pi}{8}$$

□

12.8 적분변수의 변환

단적분에서의 치환적분법처럼 이중적분에도 적분변수의 변환법은 매우 유용하다. 극좌표로의 변수변환이 그 한 예이다.

일반적으로 uv 평면에서 xy 평면으로의 변환(transformation)

$$T(u, v) = (x, y);\ x = g(u, v),\ \ y = h(u, v)$$

에 의해 주어진 변수변환을 생각하자. T가 일대일 변환일 경우 xy 평면에서 uv 평면으로의 역변환 T^{-1}를 갖고 u, v를 x와 y의 식으로 푸는 것이 가능하다.

이제는 변수변환이 중적분에서 어떤 영향을 미치는지 알아 보자.

uv 평면에 있는 작은 직사각형 영역 S를 가지고 시작한다. S의 상을 xy 평면의 닫힌영역 W라 하고, $T(u_0, v_0) = (x_0, y_0)$라 놓자.

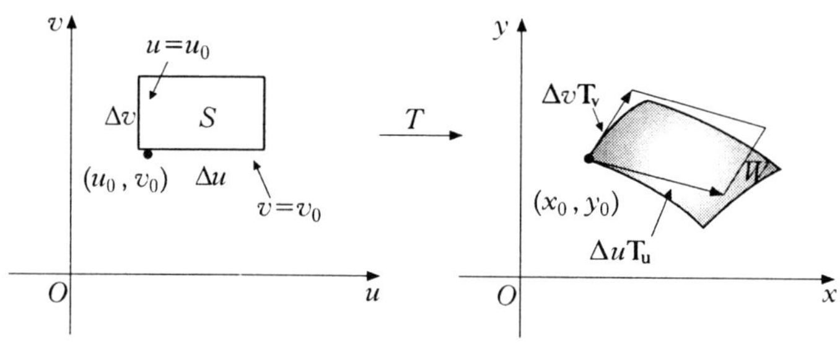

[그림 12.6]

S의 아래 변의 식 $v = v_0$의 상곡선(image curve)은

$$x = g(u, v_0),\ y = h(u, v_0)$$

이므로, 이 상곡선을 벡터로 표시하면 $g(u, v_0)\,\mathbf{i} + h(u, v_0)\,\mathbf{j}$가 된다. 이 상곡선 위의 점 (x_0, y_0)에서의 접선벡터는

$$\mathbf{T_u} = g_u(u_0, v_0)\,\mathbf{i} + h_u(u_0, v_0)\,\mathbf{j} = \frac{\partial x}{\partial u}\,\mathbf{i} + \frac{\partial y}{\partial u}\,\mathbf{j}$$

이다. 또한 S의 왼쪽 변의 식 $u = u_0$의 상곡선 위의 점 (x_0, y_0)에서의 접선벡터는

$$\mathbf{T_v} = g_v(u_0, v_0)\,\mathbf{i} + h_v(u_0, v_0)\,\mathbf{j} = \frac{\partial x}{\partial v}\,\mathbf{i} + \frac{\partial y}{\partial v}\,\mathbf{j}$$

이므로 상영역 $W = T(S)$는 $\Delta u\,\mathbf{T_u}$와 $\Delta v\,\mathbf{T_v}$에 의해 결정되는 평행사변형에 근사된다. 따라서 W의 면적은 근사적으로

$$\| \Delta u \mathbf{T_u} \times \Delta v \mathbf{T_v} \| = \| \mathbf{T_u} \times \mathbf{T_v} \| \Delta u \, \Delta v$$

이라는 사실을 알 수 있다. 이 외적을 구하면

$$\mathbf{T_u} \times \mathbf{T_v} = \begin{vmatrix} \dfrac{\partial x}{\partial u} & \dfrac{\partial x}{\partial v} \\ \dfrac{\partial y}{\partial u} & \dfrac{\partial y}{\partial v} \end{vmatrix} \mathbf{k}$$

가 된다.

> [정의 15] (야코비안)
>
> $x = g(u, v), y = h(u, v)$에 의한 변환 T의 야코비안(Jacobian)은
>
> $$\frac{\partial(x, y)}{\partial(u, v)} = \begin{vmatrix} \dfrac{\partial x}{\partial u} & \dfrac{\partial x}{\partial v} \\ \dfrac{\partial y}{\partial u} & \dfrac{\partial y}{\partial v} \end{vmatrix}$$
>
> 로 정의한다.

W의 면적 ΔA의 근사값이 $\| \mathbf{T_u} \times \mathbf{T_v} \| \Delta u \, \Delta v$이므로, 야코비안을 이용하면 $\Delta A \approx \left| \dfrac{\partial(x, y)}{\partial(u, v)} \right| \Delta u \Delta v$가 된다.

다음으로 uv 평면에 있는 어떤 닫힌영역 S를 작은 닫힌영역 S_{ij}로 분할하고, xy 평면 안의 S_{ij}의 상을 W_{ij}라 하자. 각각의 W_{ij}에 대하여 근사식

$$\Delta A \approx \left| \frac{\partial(x, y)}{\partial(u, v)} \right| \Delta u \Delta v$$

를 적용함으로써, W 위의 2변수함수 $z = f(x, y)$의 이중적분의 근사값

$$\begin{aligned} \int\int_W f(x, y)\, dA &\approx \sum_{i=1}^{m} \sum_{j=1}^{n} f(x_i, y_j) \Delta A_{ij} \\ &\approx \sum_{i=1}^{m} \sum_{j=1}^{n} f(g(u_i, v_j), h(u_i, v_j)) \left| \frac{\partial(x, y)}{\partial(u, v)} \right| \Delta u_i \Delta v_j \end{aligned}$$

를 얻는다. 여기서 야코비안 J는 (u_i, v_j)에서 구한다. 이 이중합은 적분

$$\int\int_S f(g(u, v), h(u, v)) \left| \frac{\partial(x, y)}{\partial(u, v)} \right| du\, dv$$

에 대한 리만 합이다.

[정리 16] (이중적분에서의 변수변환)

$x=g(u,v)$, $y=h(u,v)$에 의하여 xy 평면 위의 닫힌영역 W에서 uv 평면 위의 닫힌영역 S로의 일대일 대응이 주어져 있고, $z=f(x,y)$의 편도함수가 연속일 때 야코비안이 0이 아니면,

$$\int\int_W f(x,y)\,dx\,dy=\int\int_S f(g(u,v),h(u,v))\left|\frac{\partial(x,y)}{\partial(u,v)}\right|du\,dv$$

가 성립한다.

예제 13 $\int\int_W x\,dA$, $W=\{(x,y)\mid 0\leqq x+y\leqq 1, 0\leqq x-y\leqq 1\}$을 구하시오.

(풀이) 변수변환 $u=x+y$, $v=x-y$를 생각하면

$$x=\frac{1}{2}(u+v),\ \ y=\frac{1}{2}(u-v)$$

이므로, $\dfrac{\partial(x,y)}{\partial(u,v)}=\begin{vmatrix}\dfrac{\partial x}{\partial u} & \dfrac{\partial x}{\partial v}\\ \dfrac{\partial y}{\partial u} & \dfrac{\partial y}{\partial v}\end{vmatrix}=-\dfrac{1}{2}$ 이고, 닫힌영역 S는

$S=\{(u,v)\mid 0\leqq u\leqq 1,\ 0\leqq v\leqq 1\}$로 주어진다. 따라서

$$\begin{aligned}\int\int_W x\,dA&=\int\int_S \frac{1}{2}(u+v)\cdot\frac{1}{2}\,dA\\&=\frac{1}{4}\int_0^1\int_0^1(u+v)\,du\,dv\\&=\frac{1}{4}\int_0^1\left[\frac{u^2}{2}+uv\right]_0^1 dv=\frac{1}{4}\int_0^1\left(\frac{1}{2}+v\right)dv=\frac{1}{4}\end{aligned}$$ ▨

참고 [정리 16]을 이용하여, 극좌표에 의한 중적분의 공식을 유도해 보자.

$$x=g(r,\theta)=r\cos\theta,\ \ y=h(r,\theta)=r\sin\theta$$

라 놓으면

$$\frac{\partial(x,y)}{\partial(u,v)}=\begin{vmatrix}\dfrac{\partial x}{\partial u} & \dfrac{\partial x}{\partial v}\\ \dfrac{\partial y}{\partial u} & \dfrac{\partial y}{\partial v}\end{vmatrix}=\begin{vmatrix}\cos\theta & -r\sin\theta\\ \sin\theta & r\cos\theta\end{vmatrix}=r>0$$

이므로, [정리 16]을 적용하면

$$\iint_W f(x, y)\,dx\,dy = \iint_S f(r\cos\theta,\ r\sin\theta)\, r\,dr\,d\theta$$

를 얻는다.

예제 14 $I = \iint_W \sqrt{x}\,dA;\ W = \{(x, y) \mid x^2 + y^2 \leqq x\}$를 구하시오.

(**풀이**) 극변환 $x = r\cos\theta,\ y = r\sin\theta$에 의하여

$$\begin{aligned} I &= \iint_S \sqrt{r\cos\theta}\, r\,dr\,d\theta = 2\int_0^{\pi/2}\int_0^{\cos\theta} r^{3/2}\sqrt{\cos\theta}\,dr\,d\theta \\ &= 2\int_0^{\pi/2}\left[\frac{2}{5}r^{5/2}(\cos\theta)^{1/2}\right]_0^{\cos\theta} d\theta = 2\int_0^{\pi/2}\frac{2}{5}\cos^3\theta\,d\theta \\ &= \frac{4}{5}\int_0^{\pi/2}\cos^3\theta\,d\theta = \frac{4}{5}\cdot\frac{2}{3} = \frac{8}{15} \end{aligned}$$

□

함수 $z = f(x, y)$가 Ω에서 유계가 아니든지 연속이 아닌 경우 및 Ω가 유계가 아닌 경우까지 적분의 의미를 확장할 수 있다.

예제 15 $\iint_\Omega \frac{dxdy}{\sqrt{x^2+y^2}}\ ;\ \Omega = \{(x, y) \mid x^2 + y^2 \leqq 1\}$을 구하시오.

(**풀이**) 피적분함수는 Ω의 한 점 $(0, 0)$에서 불연속이지만

$$\Omega_n = \left\{(x, y) \mid \frac{1}{n} \leqq x^2 + y^2 \leqq 1\right\}$$

에서는 연속이고 $\Omega_n \to \Omega\,(n \to \infty)$이다. 따라서

$$\iint_\Omega \frac{dxdy}{\sqrt{x^2+y^2}} = \int_0^{2\pi}\int_{1/n}^{1}\frac{1}{r}\,r\,dr\,d\theta = 2\pi\left(1 - \frac{1}{n}\right)$$

이므로 $\iint_\Omega \frac{dxdy}{\sqrt{x^2+y^2}} = \lim_{n\to\infty} 2\pi\left(1 - \frac{1}{n}\right) = 2\pi$가 된다. □

삼중적분에 대해서도 비슷한 변수변환 공식이 있다. uvw공간의 어떤 닫힌영역 S를 변환

$$T(u, v, w) = (x, y, z)$$
$$x = g(u, v, w),\ \ y = h(u, v, w),\ \ z = k(u, v, w)$$

에 의해 xyz 공간의 어떤 닫힌영역 W로 변환한다고 하자. 이때 T의 야코비안은

$$\frac{\partial(x, y, z)}{\partial(u, v, w)} = \begin{vmatrix} \frac{\partial x}{\partial u} & \frac{\partial x}{\partial v} & \frac{\partial x}{\partial w} \\ \frac{\partial y}{\partial u} & \frac{\partial y}{\partial v} & \frac{\partial y}{\partial w} \\ \frac{\partial z}{\partial u} & \frac{\partial z}{\partial v} & \frac{\partial z}{\partial w} \end{vmatrix}$$

로 주어진다.

> [정리 17] (삼중적분에서의 변수변환)
>
> $x = g(u, v, w), y = h(u, v, w), z = k(u, v, w)$에 의하여 xyz 공간 위의 닫힌영역 W에서 uvw 공간 위의 닫힌영역 S로의 일대일 대응이 주어져 있고, 닫힌영역 내부에서 모든 2계 편도함수가 연속일 때 야코비안이 0이 아니면,
>
> $$\begin{aligned}&\iiint_W f(x, y, z)\,dx\,dy\,dz \\ &\quad = \iiint_S f(g(u, v, w), h(u, v, w), k(u, v, w)) \left| \frac{\partial(x, y, z)}{\partial(u, v, w)} \right| du\,dv\,dw\end{aligned}$$
>
> 가 성립한다.

원주좌표로의 변환 $x = r\cos\theta,\ y = r\sin\theta,\ z = z$ 에 의하여 $\frac{\partial(x, y, z)}{\partial(r, \theta, z)} = r$ 이므로 $\iiint_W f(x, y, z)\ dV = \iiint_S f(r\cos\theta,\ r\sin\theta,\ z) r\,dr\,d\theta\,dz$가 된다.

참고 [정리 17]로부터, 구면좌표에 의한 삼중적분의 공식이 유도된다.

$$x = g(\rho, \theta, \phi) = \rho\sin\phi\cos\theta, \quad y = h(\rho, \theta, \phi) = \rho\sin\phi\sin\theta$$
$$z = k(\rho, \theta, \phi) = \rho\cos\phi$$

라 놓으면

$$\frac{\partial(x,y,z)}{\partial(u,v,w)} = \begin{vmatrix} \frac{\partial x}{\partial u} & \frac{\partial x}{\partial v} & \frac{\partial x}{\partial w} \\ \frac{\partial y}{\partial u} & \frac{\partial y}{\partial v} & \frac{\partial y}{\partial w} \\ \frac{\partial z}{\partial u} & \frac{\partial z}{\partial v} & \frac{\partial z}{\partial w} \end{vmatrix}$$

$$= -\rho^2 \sin\phi \cos^2\phi - \rho^2 \sin\phi \sin^2\phi = -\rho^2 \sin\phi$$

이므로 $\left|\frac{\partial(x,y,z)}{\partial(u,v,w)}\right| = \rho^2 \sin\phi$가 된다. 따라서

$$\iiint_W f(x,y,z)\,dV$$

$$= \iiint_S f(\rho\sin\phi\cos\theta,\ \rho\sin\phi\sin\theta,\ \rho\cos\phi)\,\rho^2\sin\phi\,d\rho\,d\theta\,d\phi$$

를 얻는다.

연습문제

1. 다음 반복적분을 구하시오.

(1) $\int_0^4 \int_0^2 x\sqrt{y}\,dx\,dy$ (2) $\int_0^{\pi/4} \int_0^3 \sin x\,dy\,dx$ (3) $\int_0^1 \int_0^y x\,dx\,dy$

(4) $\int_0^{\ln 2} \int_0^{\ln 5} e^{2x-5}\,dx\,dy$ (5) $\int_0^{\pi} \int_0^2 \int_0^{\sqrt{4-z^2}} z\sin y\,dx\,dz\,dy$

2. 다음 중적분의 값을 구하시오.

(1) $D = \{(x,y) \mid 0 \leqq x \leqq 1,\ 2 \leqq y \leqq 4\}$일 때, $\iint_D \frac{1}{(x-y)^2}\,dA$

(2) $\Omega = \{(x,y) \mid x^2 + (y-1)^2 \leqq 1\}$일 때, $\iint_\Omega \sqrt{x^2+y^2}\,dA$

3. 주어진 반복적분을 극좌표로 바꾸어 구하시오.

(1) $\int_0^1 \int_0^{\sqrt{1-x^2}} e^{x^2+y^2}\,dy\,dx$ (2) $\int_0^2 \int_{-\sqrt{4-y^2}}^{\sqrt{4-y^2}} x^2y^2\,dx\,dy$

4. 다음 곡면의 넓이를 구하시오.

(1) 원통 $x^2+y^2=4$의 내부에 있는 평면 $x+2y+z=4$의 부분.

(2) 원통 $x^2+y^2=1$의 내부에 있는 곡면 $z=xy$의 부분.

5. 원주좌표를 이용하여 다음 삼중적분을 구하시오.

(1) E가 원통 $x^2+y^2=4$와 평면 $z=-1$, $z=2$로 둘러싸인 입체영역일 때,
$\int\int\int_E (x^2+y^2)\,dV$

(2) E가 xy 평면 위에서 원통 $x^2+y^2=1$과 $x^2+y^2=4$ 사이에 있고, 평면 $z=x+2$ 아래에 있는 입체영역일 때, $\int\int\int_E y\,dV$

6. 주어진 입체영역의 체적을 구하시오.

(1) 포물선 $z=x^2+4y^2$ 아래와 $R=[0,2]\times[1,4]$ 위.

(2) $(0,0,0)$, $(0,0,1)$, $(0,2,0)$와 $(2,2,0)$을 꼭지점으로 갖는 사면체.

7. 구면좌표를 이용하여 다음 삼중적분을 구하시오.

(1) E가 제1 팔분공간에 있는 단위구 $x^2+y^2+z^2\leq 1$의 부분일 때,
$\int\int\int_E y^2\,dV$

(2) E가 구 $\rho=2$와 원뿔 $\phi=\frac{\pi}{6}$ 사이에 있는 입체영역일 때,
$\int\int\int_E \sqrt{x^2+y^2+z^2}\,dV$

8. 주어진 영역 Ω와 밀도함수 ρ에 대하여 박막의 질량중심을 구하시오.

(1) Ω는 제1사분면에 놓여있는 닫힌영역 $x^2+y^2\leq a^2$; $\rho(x,y)=xy^2$

(2) Ω는 포물선 $y=x^2$과 직선 $y=1$로 둘러싸인 제1사분면의 닫힌영역 ;
$\rho(x,y)=xy$

9. $x+y=u$, $y=uv$로 변환하여 다음을 증명하시오.

$$\int_0^a\int_0^{a-x} f(x,y)\,dydx=\int_0^1\int_0^a f(u-uv,\ uv)\,ududv$$

10. Ω가 중심이 원점이고 반지름이 2인 닫힌원반일 때

$$\frac{4\pi}{e} \leqq \int\int_D e^{\sin x \sin y} dA \leqq 4\pi e$$

임을 보이시오.

11. 주어진 변환을 이용하여 다음 적분을 구하시오.

(1) $\int\int_\Omega (3x+4y)\,dA$, Ω는 직선 $y=x$, $y=x-2$, $y=-2x$와 $y=3-2x$로 둘러싸인 닫힌영역 ; $x=\frac{1}{3}(u+v)$, $y=\frac{1}{3}(v-2u)$.

(2) $\int\int_\Omega y\,dA$, Ω는 x축과 포물면 $y^2=4-4x$, $y^2=4+4x$로 둘러싸인 닫힌영역 ; $x=u^2-v^2$, $y=2uv$

12. $x+y=u$, $x-y=v$로 변환하여 다음 적분을 구하시오.

(1) $\int\int_\Omega (x^2+y^2)e^{-(x+y)}dA$; $\Omega=\{(x,y) \mid -1 \leqq x+y \leqq 1,\ -1 \leqq x-y \leqq 1\}$

(2) $\int\int_\Omega (x+y)\sin(x-y)\,dA$; $\Omega=\{(x,y) \mid 0 \leqq x+y \leqq \pi,\ 0 \leqq x-y \leqq \pi\}$

13

상미분방정식

13.1 미분방정식의 기초개념

1. 미분방정식

도함수(derivative) 또는 미분(differential)을 포함하고 있는 방정식을 미분방정식(differential equation)이라 한다.

미분방정식이 하나의 독립변수에 대한 상도함수 또는 상미분을 포함할 때 상미분방정식(ordinary diffential equation)이라 하고, 두 개 이상의 독립변수에 대한 편도함수(partial derivative) 또는 편미분(partial differential)을 포함할 때 편미분방정식(partial differential equation)이라 한다.

상미분방정식에서는 라이프니츠 표기법 $\frac{dy}{dx}$, $\frac{d^2y}{dx^2}$, …나 프라임 표기법 y', y'', …를 주로 사용하지만, 시간에 대한 도함수를 표시하는 데는 뉴턴의 점 표시법을 사용하기도 한다.

이 장에서는 상미분방정식만을 대상으로 하므로 특별한 언급이 없는 한 이후부터는 상미분방정식을 간단히 미분방정식으로 서술하기로 한다.

미분방정식의 계수(order)는 주어진 미분방정식에 포함되어 있는 최고계의 도함수의 계수로 정의한다.

예 1 미분방정식 $\left(\frac{dy}{dx}\right)^2 + \frac{d^3y}{dx^3} = e^x$는 도함수의 최대 계수가 3이므로 3계 미분방정식이 된다.

미분방정식이 독립변수 x, x의 함수 y와 그 도함수에 관하여 다항식일 때, 최고계 도함수의 멱(power)을 주어진 미분방정식의 차수(degree)라 한다.

예 2 2계 미분방정식 $y'' + (y')^2 - 2y = x^2$은 1차 미분방정식이다. 그러나 모든 미분방정식이 차수를 갖는 것은 아니다. 2계 미분방정식 $y'' + e^y(y')^2 - y = 1$은 차수를 갖지 않는다.

미지함수와 그 도함수들에 관해 1차식인 미분방정식을 선형미분방정식(linear differential equation)이라 하고, 선형이 아닐 때 비선형미분방정식이라 한다.

$$a_n(x)\frac{d^ny}{dx^n} + a_{n-1}(x)\frac{d^{n-1}y}{dx^{n-1}} + \cdots + a_1(x)\frac{dy}{dx} + a_0(x) = f(x)$$

형태의 미분방정식을 n계 선형미분방정식이라 한다.

예 3 2계 미분방정식 $\frac{d^2y}{dx^2} + y = \ln x$는 선형이고, 2계 미분방정식 $\frac{d^2x}{dt^2} + \cos x = 0$은 비선형미분방정식이다.

2. 미분방정식의 해

주어진 미분방정식을 만족하고, 미지함수의 도함수를 포함하지 않는 관계식 $F(x, y) = 0$ 또는 $y = f(x)$를 주어진 미분방정식의 해(solution)라 한다.

예 4 $y(x) = e^{3x}$는 1계 선형미분방정식 $\frac{dy}{dx} = 3y$의 해가 된다.

n계 미분방정식의 해로서 n개의 임의상수를 포함하는 해를 주어진 미분방정식의 일반해(general solution)라 하고, 일반해에 포함되어 있는 임의상수 대신 특정한 값을 대입하여 얻어지는 해를 **특수해**(particular solution)라 한다.

예 5 $x^2+y^2=c$ (c는 임의상수)에서 c를 소거하면 1계 미분방정식 $x+yy'=0$을 얻는다. 따라서 $x+yy'=0$의 일반해는 $x^2+y^2=c$로 주어진다. 한편 $x^2+y^2=13$은 $x=2$, $y=3$을 만족하는 하나의 특수해가 된다.

일반해에 포함되어 있는 임의상수에 어떤 값을 주어도 얻어지지 않는 해가 존재할 때 그 해를 주어진 미분방정식의 **특이해**(singular solution)라 한다.

주어진 미분방정식의 일반해와 특이해를 모두 구하는 것을 미분방정식을 푼다고 한다.

예 6 1계 미분방정식 $y'^3=27y^2$의 일반해는

$$y=(x-c)^2 \ (c\text{는 임의상수})$$

으로 주어진다. 그런데 $y=0$이 $y'^3=27y^2$의 해라는 것은 분명하나 특수해가 아니므로 $y=0$은 주어진 미분방정식의 특이해가 된다.

일반적으로 주어진 미분방정식의 해가 존재한다는 것을 알아도 그 해를 구하는 방법을 찾는 것은 어려운 일이다. 그래서 미분방정식의 해를 구하기 위해서는 적절한 방법을 익혀야만 한다. 미분방정식의 해를 구하는 방법에는 **구적법** 이외에 여러 가지 방법이 있다. 뉴턴이래 많은 수학자들이 미분방정식의 해를 구하는 방법을 찾았지만 지금까지 알려진 미분방정식의 해법은 구적법, **급수해법**, **연산자법**(라플라스 변환 등)과, **행렬법** 등 기껏해야 10여 종류 밖에 되지 않는다.

3. 미분방정식과 곡선족

변수 x, y와 상수를 포함하는 방정식이 주어졌을 때, 상수 값에 따라 대응되는 곡선이 얻어지고, 이들이 모여서 평면 위에 곡선의 모임인 **곡선족**을 형성한다.

곡선족에 속하는 모든 곡선의 공통된 성질을 나타내는 방정식을 구하기 위하여 x로 미분해서 임의상수를 소거하면 어떤 미분방정식이 구하여 진다. 이 미분방정식을 곡선족에서 유도된 미분방정식 또는 곡선족의 미분방정식이라 한다.

예 7 $(x-a)^2+(y-b)^2=1$ (a, b는 임의상수)로 주어진 원의 방정식에서 임의상수 a와 b를 소거하기 위하여 x로 미분하면

$$x-a+(y-b)y'=0, \quad 1+y'^2+(y-b)y''=0$$

이므로

$$x-a=-\frac{y'(1+y'^2)}{y''}, \quad y-b=-\frac{1+y'^2}{y''}$$

이 된다. 이 결과를 주어진 원의 방정식에 대입하여 정리하면 2계 미분방정식

$$\frac{(1+y'^2)^3}{y''^2}=1, \text{ 즉 } y''^2=(1+y'^2)^3$$

을 얻는다. 이것은 원족의 모든 원이 공통으로 가지는 성질을 나타내는 하나의 미분방정식이 된다.

일반적으로 n개의 임의상수를 포함하는 곡선족으로부터는 n계 미분방정식이 유도된다.

4. 초기값과 경계값 문제

미분방정식의 특수해를 구하는 데는 두 종류, 즉 초기값 문제와 경계값 문제가 있다.

1계 미분방정식의 일반해가 $f(x, y, c)=0$으로 주어질 때, 조건 $y(x_0)=y_0$를 만족하는 특수해를 구한다. 조건은 종속변수의 초기값을 나타내므로 초기조건(initial condition)이라 하고, 초기조건을 포함하는 미분방정식을 초기값문제(initial value problem)라고 한다. 또한 이렇게 특수해를 구하는 것을 초기조건 $y(x_0)=y_0$에서 미분방정식을 푼다고 한다.

일반적으로 n계 미분방정식을 초기조건

$$y(x_0)=y_0,\ y'(x_0)=p_0,\ y''(x_0)=q_0,\ \cdots,\ y^{(n-1)}(x_0)=w_0$$

에서 풀면 한 개의 특수해가 결정된다.

어떤 미분방정식의 해가 두 개 이상의 점에서 지정된 함수값 또는 도함수값을 갖도록 조건이 주어지면 한 개의 특수해가 결정된다. 이와 같은 조건을 경계조건(boundary condition)이라 하고, 경계조건을 만족하는 해를 구하는 문제를 경계값 문제(boundary value problem)라고 한다.

참고 비선형미분방정식과 3계 이상 선형미분방정식의 경계값 문제는 그 해법이 알려져 있지 않고, 특히 경계값 문제에서는 초기값 문제에서와 같은 해의 유일존재정리가 없음에 유의한다.

5. 해의 존재성과 유일성

미분방정식 이론의 기초로써, 가장 기본적인 문제는

(1) 주어진 미분방정식을 만족하는 해가 존재하는가 하는 문제
(2) 존재하는 해의 유일성과, 직접 해를 구하는 문제
(3) 해가 존재한다면 어떤 구간에서 존재하는가 하는 문제

이다. 초기값 문제와 경계값 문제에서 1계 미분방정식의 해는 많을 수도 있고, 전혀 없을 수도 있으며 유일하게 존재할 수도 있다. 이 장을 서술함에 있어서 특별한 언급이 없는 한 주어진 미분방정식의 해가 실제로 유일하게 존재하는 경우만을 취급하기로 한다.

초기값 문제의 형태에 대하여 해의 존재성과 유일성을 증명 없이 소개한다.

> [정리 1] (해의 유일존재정리)
>
> 1계 미분방정식 $y'=f(x,y)$에 대하여 점 (x_0, y_0)를 포함하는 직사각형 영역
>
> $$D=\{(x,y) \mid |x-x_0| \leqq A,\ |y-y_0| \leqq B\}$$
>
> 에서 f와 f_y가 연속일 때, 초기조건 $y(x_0)=y_0$를 만족하는 해 $y=y(x)$는 닫힌영역
>
> $$|x-x_0| \leqq \min\{A, \frac{B}{M}\}$$
>
> 에서 유일하게 존재한다. 여기서 M은 직사각형 영역 D에 있어서 $|f(x,y)|$의 최대값이다.

예 8 $\frac{dy}{dx}=y;\ y(0)=1$로 주어진 초기값 문제는, 점 $(0,1)$을 포함하는 모든 직사각형 영역에서 $f(x,y)$와 f_y가 연속이므로 유일한 해를 갖는다. 이때 유일한 해는 $y=e^x$로 주어진다.

점 (x_0, y_0)를 포함하는 직사각형 영역에서 $f(x,y)$와 f_y가 연속이라는 조건이 정리에 포함되지 않으면 주어진 초기값 문제가 비록 해를 갖는다 하더라도 유일성을 보장하지는 못한다. 예를 들면

$$\frac{dy}{dx}=\frac{x}{y};\ y(0)=0$$

으로 주어진 초기값 문제는 두 개의 해 $y=x$와 $y=-x$를 갖는다.

참고 [정리 1]은 초기값 문제가 유일한 해를 갖기 위한 충분조건을 제공할 뿐이며 필요조건은 아니다. 정리의 가정을 만족하지 못할 때 초기값 문제는 유일한 해를 가질 수도 있고 없을 수도 있으며 무한히 많은 해를 가질 수도 있다.

예제 1 박테리아 배양기에서 세포의 수가 3일 후에 2배로 늘어났다면 초기 세포수의 3배로 증가하기 위해서는 몇 일이 걸리겠는가?

(풀이) 모집단의 크기 $y(t)$는 1계 미분방정식의 초기값 문제

$$\frac{dy}{dt} = ky; \quad y(0) = y_0$$

로 주어지고, 이때 해는 $y(t) = y_0 e^{kt}$이 된다. 그런데 $y(3) = 2y_0$이므로 이것을 $y(t) = y_0 e^{kt}$에 대입하면 $e^k = 2^{\frac{1}{3}}$을 얻게 되고, $y(t) = y_0 2^{\frac{1}{3}t}$가 성립한다. 따라서 $y(t) = y_0 2^{\frac{1}{3}t} = 3y_0$를 t에 대하여 풀면

$$2^{\frac{1}{3}t} = 3, \text{ 즉 } t = \frac{3\ln 3}{\ln 2} \approx 4.76$$

일 후에 모집단의 크기는 3배가 된다. □

13.2 1계 미분방정식

1. 변수분리형 미분방정식

1계 미분방정식 $P(x, y)\,dx + Q(x, y)\,dy = 0$에서 $P(x, y)$, $Q(x, y)$가 각각 x, y만의 함수 $A(x)$, $B(x)$로 주어질 때 이러한 미분방정식을 변수분리형 미분방정식(separable differential equation)이라 한다. 이 경우에 일반해는

$$\int A(x)dx + \int B(y)dy = c \quad (c\text{는 임의상수})$$

로 주어진다. 1계 미분방정식을 변형하여 변수분리형으로 고치는 것을 변수를 분리한다고 한다.

예제 2 1계 미분방정식 $(1+x^2)\dfrac{dy}{dx} + xy = 0$의 일반해를 구하시오.

(풀이) 양변을 $y(1+x^2)$으로 나누어 변수를 분리하면

$$\frac{1}{y}\,dy + \frac{x}{1+x^2}\,dx = 0$$

이므로, 양변을 적분하면

$$\ln|y| + \frac{1}{2}\ln(1+x^2) = c_1, \text{ 즉 } \ln|y|\sqrt{1+x^2} = c_1$$

이 된다. 따라서 $c = \pm e^{c_1}$로 놓으면, 일반해는

$$y\sqrt{1+x^2} = c \ (c\text{는 임의상수})$$

로 주어진다. ▢

참고 정확한 계산으로 얻은 일반해와 로그기호 내의 절대값 기호를 생략하는 간략한 방법으로 계산하여 얻은 일반해는 서로 같음에 유의한다. 또한 임의상수는 마지막 결과가 가장 간단한 형태가 되도록 선택하는 것이 필요하다.

> [정리 2] 초기조건 $y(x_0) = y_0$를 만족하는 1계 변수분리형 미분방정식 $\dfrac{dy}{dx} = \dfrac{f(x)}{g(y)}$의 해는
>
> $$\int_{y_0}^{y} g(y)\,dy = \int_{x_0}^{x} f(x)\,dx$$
>
> 로 주어진다.

2. 동차미분방정식

두 변수 x, y의 함수 $F(x, y)$가 임의의 실수 $t(\neq 0)$에 대하여

$$F(tx, ty) = t^n F(x, y)$$

를 만족할 때, $F(x, y)$를 x, y의 n차 동차함수(homogeneous fuction)라고 한다.

1계 미분방정식 $P(x, y)dx + Q(x, y)dy = 0$에서 $P(x, y)$, $Q(x, y)$가

$$P(tx, ty) = t^n P(x, y), \quad Q(tx, ty) = t^n Q(x, y)$$

를 만족할 때, 주어진 미분방정식을 n차(degree) 동차미분방정식(homogeneous differential equation)이라 하고, 이 경우에 $P(x, y)dx + Q(x, y)dy = 0$은

$$\frac{dy}{dx}=-\frac{P(x,y)}{Q(x,y)}=f\left(\frac{y}{x}\right)$$

형태로 변형된다. 예를 들면 1계 미분방정식 $(x-y)dx+xdy=0$은

$$\frac{dy}{dx}=\frac{y-x}{x}=\frac{y}{x}-1$$

로 나타낼 수 있으므로 동차미분방정식이 된다.

예 9 1계 미분방정식 $(x^2+xy)dx-y^2dy=0$은 2차 동차미분방정식이다. 왜냐하면

$$P(x,y)=x^2+xy,\ \ Q(x,y)=-y^2$$

으로 놓으면

$$P(tx,ty)=(tx)^2+(tx)(ty)=t^2(x^2+xy)=t^2P(x,y)$$
$$Q(tx,ty)=-t^2y^2=t^2Q(x,y)$$

로 주어지기 때문이다.

1계 동차미분방정식의 표준형 $\frac{dy}{dx}=f\left(\frac{y}{x}\right)$는 변환 $\frac{y}{x}=u$에 의해서 변수분리형 미분방정식으로 전환된다. 실제로

$$\frac{y}{x}=u,\ \text{즉}\ \ y=ux$$

라 두면 $\frac{dy}{dx}=u+x\frac{du}{dx}$ 이므로 $\frac{dy}{dx}=f\left(\frac{y}{x}\right)$는

$$u+x\frac{du}{dx}=f(u),\ \text{즉}\ \ \frac{du}{f(u)-u}=\frac{dx}{x}$$

가 되어 변수분리형 미분방정식이 된다. 따라서

$$\int\frac{du}{f(u)-u}-\ln x=c\quad (c\text{는 임의상수})$$

이고, 여기에 $u=\frac{y}{x}$를 대입함으로써 일반해를 얻을 수 있다.

예제 3 1계 미분방정식 $(y^2-xy)dx+x^2dy=0$의 일반해를 구하시오.

(**풀이**) 주어진 미분방정식은

$$\frac{dy}{dx}=\frac{xy-y^2}{x^2}=\frac{y}{x}-\left(\frac{y}{x}\right)^2$$

으로 변형되므로 동차미분방정식이다. 이제 $\frac{y}{x}=u$로 변환하면, 주어진 미분방정식은 변수분리형 미분방정식

$$\frac{1}{x}\,dx+\frac{1}{u^2}\,du=0$$

으로 고쳐진다. 양변을 적분하면

$$\ln|x|-\frac{1}{u}=c_1\ (c_1\text{은 임의상수}),\ \text{즉}\ \ x=ce^{\frac{1}{u}}\ (\text{단, }\ c=\pm e^{c_1})$$

이 되고, u를 $\frac{y}{x}$로 치환하여 y를 구하면 일반해

$$x=ce^{\frac{x}{y}}\ (\text{단, }\ c=\pm e^{c_1})$$

을 얻는다. □

$\frac{dy}{dx}=f\left(\frac{ax+by+c}{a'x+b'y+c'}\right)$인 형태의 1계 미분방정식의 해법을 알아보자. 여기서 a, b, c, a', b', c'은 상수이다.

(1) $ab'-a'b\neq 0$인 경우

$x=X+p,\ y=Y+q$라 두면 p, q는

$$ap+bq+c=0,\ a'p+b'q+c'=0$$

인 연립방정식의 해로써 정해지고, X, Y에 관한 동차미분방정식

$$\frac{dY}{dX}=f\left(\frac{aX+bY}{a'X+b'Y}\right)$$

으로 변형된다. 한편 $u=a'x+b'y+c',\ v=ax+by+c$라 두어도 동차미분방정식

$$\frac{dv}{du}=\frac{a+bf(v/u)}{a'+b'f(v/u)}$$

를 얻는다.

(2) $ab' - a'b = 0$인 경우

$\dfrac{a}{a'} = \dfrac{b}{b'} = k \neq 0$이면 $u = a'x + b'y$라고 놓는다. 그러면 x와 u에 관한 변수분리형 미분방정식

$$\frac{du}{dx} = a' + b'f\left(\frac{ku + c}{u + c'}\right)$$

로 변형된다.

예제 4 1계 미분방정식 $(x+y)\dfrac{dy}{dx} = 2x + 2y + 1$의 일반해를 구하시오.

(**풀이**) $Y = x + y$로 놓으면, $\dfrac{dY}{dx} = 1 + \dfrac{dy}{dx}$이므로 주어진 미분방정식은

$$Y\left(\frac{dY}{dx} - 1\right) = 2Y + 1, \text{ 즉 } Y\frac{dY}{dx} = 3Y + 1$$

로 변형된다. 이것은 변수분리형 미분방정식이므로

$$\frac{Y}{3Y+1}\, dY = dx$$

를 적분하여

$$\frac{1}{3}Y - \frac{1}{9}\ln|3Y+1| = x + c \;(c\text{는 임의상수})$$

즉, $3Y + 1 = ae^{3Y-9x}$ (단, $a = \pm e^{-9c}$)을 얻는다. 따라서 $Y = x + y$를 대입하면 구하는 일반해는

$$3x + 3y + 1 = ae^{-6x+3y} \quad (\text{단, } a = e^{-9c})$$

으로 주어진다. ▨

3. 완전미분방정식

(1) 완전미분방정식

직사각형 영역 D에서 정의된 함수 $u(x, y)$의 전미분(total differential)이

$$du(x, y) = P(x, y)dx + Q(x, y)dy$$

즉,

$$\frac{\partial u}{\partial x} = P(x, y), \quad \frac{\partial u}{\partial y} = Q(x, y)$$

를 만족할 때 $P(x, y)dx + Q(x, y)dy$를 D에서의 완전미분(exact differential)이라 한다. 또한 $P(x, y)dx + Q(x, y)dy$가 완전미분일 때, 1계 미분방정식 $P(x, y)dx + Q(x, y)dy = 0$을 완전미분방정식(exact differential equation)이라 하며, 일반해는

$$u(x, y) = c \ (c\text{는 임의상수})$$

로 주어진다.

(예 10) 1계 미분방정식 $(2x+y)\,dx + x\,dy = 0$은

$$du = u_x\,dx + u_y\,dy = (2x+y)\,dx + x\,dy$$

를 만족하는 $u(x, y) = x^2 + xy$를 가지므로, 완전미분방정식이 되고 일반해는

$$x^2 + xy = c \ (c\text{는 임의상수})$$

로 주어진다.

미분가능한 식 중에 몇 가지 간단한 예를 들면 다음과 같다.

(1) $xdy + ydx = d(xy)$

(2) $\dfrac{xdy - ydx}{x^2} = d\left(\dfrac{y}{x}\right)$

(3) $\dfrac{xdy - ydx}{x^2 + y^2} = d\left(\tan^{-1}\dfrac{y}{x}\right)$

(4) $\dfrac{xdy - ydx}{x^2 - y^2} = d\left(\dfrac{1}{2}\ln\dfrac{x+y}{x-y}\right)$

(예 11) 1계 미분방정식 $(2xy^2 + y)\,dx - x\,dy = 0$은 $ydx - xdy$를 포함하므로 y^2으로 나누면 $2xdx + \dfrac{ydx - xdy}{y^2} = 0$이 된다. 따라서 일반해는

$$x^2 + \frac{x}{y} = c, \text{ 즉 } y = \frac{x}{c - x^2} \ (c\text{는 임의상수})$$

로 주어진다.

> [정리 3] $P(x, y)$와 $Q(x, y)$가 직사각형 영역 D에서 두 변수 x, y에 관해서 연속인 1계 편도함수를 가질 때, $P(x, y)dx + Q(x, y)dy = 0$이 완전미분방정식이 되기 위한 필요충분조건은 모든 $(x, y) \in D$에 대하여
>
> $$\frac{\partial P}{\partial y} = \frac{\partial Q}{\partial x}$$
>
> 를 만족하는 것이다. 이때 일반해는
>
> $$\int P dx + \int [Q - \frac{\partial}{\partial y} \int P dx] dy = c \text{ (}c\text{는 임의상수)}$$
>
> 로 주어진다.

예제 5 1계 미분방정식 $(2x + y - 3)dx + (x - 4y + 1)dy = 0$의 일반해를 구하시오.

(풀이) $P(x, y) = 2x + y - 3$, $Q(x, y) = x - 4y + 1$로 놓으면

$$\frac{\partial P}{\partial y} = \frac{\partial Q}{\partial x}$$

이므로 주어진 미분방정식은 완전미분방정식이다.

$$\frac{\partial u}{\partial x} = 2x + y - 3$$

이므로 이것을 적분하면 $u = x^2 + xy - 3x + f(y)$를 얻는다. 한편

$$\frac{\partial u}{\partial y} = x - 4y + 1$$

이므로 $x + f'(y) = x - 4y + 1$이 성립한다. 이것을 다시 y에 관하여 적분하면 $f(y) = -2y^2 + y$이므로, 일반해는

$$x^2 + xy - 3x - 2y^2 + y = c \text{ (}c\text{는 임의상수)}$$

로 주어진다. □

예제 6 다음 1계 미분방정식의 일반해를 구하시오.

$$(x^3 + 2xy + y)dx + (y^3 + x^2 + x)dy = 0$$

(풀이) $P(x, y)=x^3+2xy+y$, $Q(x, y)=y^3+x^2+x$라 놓으면

$$\frac{\partial P}{\partial y}=\frac{\partial Q}{\partial x}$$

이므로 주어진 미분방정식은 완전미분방정식이고,

$$\int(x^3+2xy+y)\,dx+\int[(y^3+x^2+x)-\frac{\partial}{\partial y}\int(x^3+2xy+y)dx]dy$$
$$=\frac{x^4}{4}+x^2y+xy+\frac{y^4}{4}=c$$

를 얻는다. 따라서 구하는 일반해는

$$\frac{x^4}{4}+x^2y+xy+\frac{y^4}{4}=c \quad (c\text{는 임의상수})$$

로 주어진다. □

참고 일반적으로 1계 미분방정식 $P(x, y)dx+Q(x, y)dy=0$이 완전미분방정식이면 그 일반해는 $\int P(x, y)\,dx+\int Q(x, y)dy=c$로 하여 구하되, 좌변의 제1항과 제2항에 공통인 항이 나오면 그 중 하나는 제외한다.

1계 완전미분방정식의 초기값 문제

$$P(x, y)dx+Q(x, y)dy=0;\ y(x_0)=y_0$$

의 해는

$$\int_{x_0}^{x}P(x, y)dx+\int_{y_0}^{y}Q(x_0, y)dy=0$$

으로 주어진다.

예 12 1계 완전미분방정식의 초기값 문제

$$(x^3+2xy+y)dx+(y^3+x^2+x)dy=0;\ y(0)=1$$

의 해는

$$\int_0^x(x^3+2xy+y)\,dx+\int_1^y y^3dy=0$$

으로부터 $\frac{x^4}{4}+x^2y+xy+\frac{1}{4}y^4=\frac{1}{4}$로 주어진다.

(2) 적분인자

완전미분방정식이 아닌 1계 미분방정식

$$P(x, y)dx + Q(x, y)dy = 0$$

에 대하여, 0이 아닌 적당한 함수 $\lambda(x, y)$를 양변에 곱하여

$$\lambda(x, y)P(x, y)dx + \lambda(x, y)Q(x, y)dy = 0$$

이 완전미분방정식이 되면, 즉

$$\frac{\partial}{\partial y}\lambda P = \frac{\partial}{\partial x}\lambda Q$$

를 만족할 때 $\lambda(x, y)$를 적분인자(integrating factor)라 한다. 따라서 적분인자를 구하기 위해서는

$$P\frac{\partial \lambda}{\partial y} - Q\frac{\partial \lambda}{\partial x} = \lambda\left(\frac{\partial Q}{\partial x} - \frac{\partial P}{\partial y}\right)$$

를 만족하는 $\lambda(x, y)$를 찾으면 된다.

적분인자를 구할 수 있는 몇 가지 경우를 다음 정리로 남긴다.

[정리 4] (적분인자)

완전미분방정식이 아닌 1계 미분방정식

$$P(x, y)dx + Q(x, y)dy = 0$$

의 적분인자 $\lambda(x, y)$는 다음으로 주어진다.

(1) $\frac{1}{Q}\left(\frac{\partial Q}{\partial x} - \frac{\partial P}{\partial y}\right)$가 x만의 함수일 경우, 이것을 $\phi(x)$로 놓으면,

$$\lambda = e^{-\int \phi(x)dx}$$

는 적분인자가 된다.

(2) $\frac{1}{P}\left(\frac{\partial Q}{\partial x} - \frac{\partial P}{\partial y}\right)$가 y만의 함수일 경우, 이것을 $\psi(y)$로 놓으면,

$$\lambda = e^{\int \psi(y)dy}$$

는 적분인자가 된다.

예 13 1계 미분방정식 $(2x^2+3xy)dx+3x^2dy=0$에서

$$P(x, y)=2x^2+3xy,\ Q(x, y)=3x^2$$

으로 놓으면

$$\frac{\dfrac{\partial Q}{\partial x}-\dfrac{\partial P}{\partial y}}{Q}=\frac{6x-3x}{3x^2}=\frac{1}{x}$$

이므로 $\lambda=e^{-\int \frac{1}{x}dx}=e^{-\ln x}=\dfrac{1}{x}$은 적분인자가 된다. 이 적분인자를 주어진 미분방정식의 양변에 곱하면

$$(2x+3y)dx+3xdy=0,\ \text{즉}\ \ d(x^2+3xy)=0$$

이므로 일반해는

$$x^2+3xy=c\ (c\text{는 임의상수})$$

로 주어진다.

참고 1계 미분방정식 $P(x, y)dx+Q(x, y)dy=0$에서

$$\lambda(x, y)=x^m y^n (\ m, n\text{은 상수})$$

이 적분인자가 되도록 m, n을 정할 수 있다. $P(x, y)$, $Q(x, y)$가 n차 동차함수이면 적분인자는

$$\lambda(x, y)=\frac{1}{xP+yQ}\ (\text{단, }\ xP+yQ\neq 0)$$

로 주어진다. 한편 $P(x, y)=yf(xy)$이고 $Q(x, y)=xg(xy)$이면 적분인자는

$$\lambda(x, y)=\frac{1}{xP-yQ}$$

이 된다.

예 14 1계 미분방정식 $ydx-xdy=0$의 적분인자를

$$\lambda(x, y)=x^m x^n$$

이라 가정하면, $P(x, y)=y,\ Q(x, y)=-x$이므로

$$P\frac{\partial\lambda}{\partial y} - Q\frac{\partial\lambda}{\partial x} = \lambda\left(\frac{\partial Q}{\partial x} - \frac{\partial P}{\partial y}\right)$$

에서 관계식 $m+n=-2$를 얻는다. 따라서 이것을 만족하는 m, n을 정하여 적분인자

$$\frac{1}{x^2},\ \frac{1}{xy},\ \frac{1}{y^2},\ \frac{x}{y^3},\ \cdots$$

를 구한다.

4. 선형미분방정식

$a_i(x)$ $(i=1,2)$와 $f(x)$가 구간 I에서 연속일 때,

$$a_1(x)\frac{dy}{dx} + a_0(x)y = f(x)$$

형태를 1계 선형미분방정식이라 하고, 표준형은

$$\frac{dy}{dx} + P(x)y = Q(x)$$

형태로 표기된다. 이때 $Q(x)=0$이면 동차, $Q(x)\neq 0$이면 비동차 선형미분방정식이라 한다.

1계 선형미분방정식 $\frac{dy}{dx} + P(x)y = Q(x)$가 완전미분방정식이 아닐 때, 미분 형태

$$dy + (P(x)y - Q(x))dx = 0$$

으로 변형하여 적분인자 $\lambda(x)$를 곱한다. 그러면

$$\lambda(x)\,dy + \lambda(x)(P(x)y - Q(x))dx = 0$$

은 완전미분방정식이므로

$$\frac{\partial\lambda}{\partial x} = \frac{\partial}{\partial y}[\lambda(x)(P(x)y - Q(x))],\ \text{즉}\ \frac{d\lambda(x)}{dx} = \lambda(x)P(x)$$

가 성립한다. 이 변수분리형 미분방정식을 λ에 대해서 풀면

$$\lambda(x) = e^{\int P(x)dx}$$

를 얻는다.

[정리 5] 1계 선형미분방정식 $\frac{dy}{dx}+P(x)y=Q(x)$의 일반해는

$$y=e^{-\int P(x)dx}[\int Q(x)e^{\int P(x)dx}dx+c]\ (\text{단, } c\text{는 임의상수})$$

로 주어진다.

예제 7 1계 선형미분방정식 $\frac{dy}{dx}+y=xe^{-x}$의 일반해를 구하시오.

(풀이) $P(x)=1$, $Q(x)=xe^{-x}$으로 놓으면

$$y=e^{-\int dx}[\int xe^{-x}e^{\int dx}dx+c]=e^{-x}[\int xdx+c]$$
$$=e^{-x}[\frac{1}{2}x^2+c]$$

이므로, 일반해는

$$y=\frac{1}{2}x^2e^{-x}+ce^{-x}(\ c\text{는 임의상수})$$

으로 주어진다. □

일반적으로 비동차형 선형미분방정식의 일반해는 동차형의 일반해와 비동차형의 하나의 특수해와의 합으로 표시된다.

참고 1계 선형미분방정식 $\frac{dy}{dx}+P(x)y=Q(x)$에서 $Q(x)=0$인 경우, 즉 $y'+P(x)y=0$은 변수분리형 미분방정식이므로 일반해

$$y=ce^{-\int P(x)dx}\quad (c\text{는 임의상수})$$

을 얻는다. $Q(x)\neq 0$의 경우는 $y=ze^{-\int P(x)dx}$라 두어 x, z를 변수로 취하면 $z'=Q(x)e^{\int P(x)dx}$가 된다. 이것을 적분하면

$$z=\int Q(x)e^{\int P(x)dx}dx+c$$

가 되므로 $\frac{dy}{dx}+P(x)y=Q(x)$의 일반해는

$$y = e^{-\int P(x)dx}\left[\int Q(x)e^{\int P(x)dx}dx + c\right] \ (c\text{는 임의상수})$$

로 주어진다.

증명 도중에 이용된 $y = ze^{-\int P(x)dx}$는 $Q(x) = 0$이면 상수인 것을 미지함수라고 간주하여 일반해

$$y = e^{-\int P(x)dx}\left[\int Q(x)e^{\int P(x)dx}dx + c\right] (c\text{는 임의상수})$$

를 구하였다. 이와 같은 변환으로 해를 구하는 방법을 매개변수변화법(variation of parameters)이라 한다.

주어진 1계 미분방정식이

$$\frac{dy}{dx} + P(x)y = Q(x)y^n \quad (n \neq 0, 1)$$

과 같은 형태일 때, 이것을 베르누이 미분방정식이라 한다.

라이프니츠는 $z = y^{1-n}$으로 변환하여 베르누이 미분방정식이 선형미분방정식으로 전환할 수 있음을 보여 주었다. 즉 $z = y^{1-n}$이라 놓으면 $\frac{dz}{dx} = (1-n)y^{-n}\frac{dy}{dx}$가 되므로 $y^{-n}\frac{dy}{dx} = \frac{1}{1-n}\frac{dz}{dx}$가 성립한다. 따라서

$$\frac{dz}{dx} + P(x)(1-n)z = (1-n)Q(x)$$

인 선형미분방정식이 된다.

예제 8 다음 1계 미분방정식

$$x^2y' = xy + y^2$$

의 일반해를 구하시오.

(**풀이**) 주어진 미분방정식은 베르누이 미분방정식이므로 $z = \frac{1}{y}$이라 두면 선형미분방정식

$$x^2z' = -xz - 1$$

로 변형된다. 따라서

$$z=\frac{1}{x}\left(c-\int\frac{1}{x}\,dx\right)=\frac{1}{x}(c-\ln x)\quad (c\text{는 임의상수})$$

이므로 일반해는

$$y=\frac{x}{c-\ln x}$$

로 주어진다. ▨

참고 위 예제의 미분방정식은 동차미분방정식이므로 $u=\frac{y}{x}$의 변환을 이용하여 일반해를 구할 수도 있다.

비선형 1계 미분방정식은 특이해를 가질 수 있으나, 선형미분방정식은 특이해를 갖지 않음에 유의한다.

13.3 고차미분방정식

1계 1차 미분방정식일지라도 앞에서 언급한 형태 이외에는 그 해법을 알 수 없는데, 하물며 1계 고차미분방정식에 대해서는 더 말할 나위도 없다. 이 절에서는 1계 고차미분방정식에 대하여 해를 구할 수 있는 몇 경우에 대하여 서술한다.

[정의 6] (1계 n차 미분방정식)

미지함수 y의 1계 도함수 y'에 대해서 n차의 미분방정식

$$y^{(n)}+P_1(x,y)y^{(n-1)}+\cdots+P_{n-1}(x,y)y'+P_n(x,y)=0$$

을 1계 n차 미분방정식이라고 한다.

1. 인수분해되는 미분방정식

1계 n차 미분방정식은 $p=y'$으로 놓으면 p에 관한 n차식

$$p^n+P_1(x,y)p^{n-1}+\cdots+P_{n-1}(x,y)p+P_n(x,y)=0$$

이 된다. p에 관하여 일차식으로 인수분해하여

$$\{p-f_1(x,y)\}\{p-f_2(x,y)\}\cdots\{p-f_n(x,y)\}=0$$

이 되었다면, 주어진 미분방정식은

$$p-f_1(x,y)=0,\ \ p-f_1(x,y)=0,\ \ \cdots,\ \ p-f_1(x,y)=0$$

으로 분해된다. 이들의 일반해를 각각

$$\varphi_1(x,y,c)=0,\ \ \varphi_2(x,y,c)=0,\ \ \cdots,\ \ \varphi_n(x,y,c)=0$$

이라 하면, 주어진 미분방정식의 일반해는

$$\varphi_1(x,y,c)\varphi_2(x,y,c)\cdots\varphi_n(x,y,c)=0 \quad (c\text{는 임의상수})$$

으로 주어진다.

예제 9 1계 2차 미분방정식 $(y')^2-(2x+3y)y'+6xy=0$의 일반해를 구하시오.

(**풀이**) 주어진 미분방정식을 인수분해하여

$$(y'-2x)(y'-3y)=0$$

을 얻는다. 각 인수를 0으로 놓아서

$$\frac{dy}{dx}-2x=0,\ \ \frac{dy}{dx}-3y=0$$

의 해를 구하면 각각 $y-x^2+c=0$, $y-ce^{3x}=0$이므로 구하는 일반해는

$$(y-x^2+c)(y-ce^{3x})=0 \quad (c\text{는 임의상수})$$

으로 주어진다. □

2. 미분법에 의한 해법

(1) x를 포함하지 않는 미분방정식

x를 포함하지 않는 1계 미분방정식 $f(y, y')=0$이 $y=g(y')$으로 변형되었다고 하자. 지금 $y'=p$라 놓고 $y=g(y')$을 x로 미분하면 $p=g'(p)\dfrac{dp}{dx}$인 변수분리형 미분방정식이 되므로 이것을 적분하면

$$x=\int g'(p)\frac{dp}{p}+c \quad (c\text{는 임의상수})$$

를 얻는다. 여기서 p를 x의 함수로써 풀어 $y=g(p)$에 대입함으로써 $y=g(y')$의 일반해를 얻는다.

(2) y를 포함하지 않는 미분방정식

y를 포함하지 않는 1계 미분방정식 $f(x, y')=0$의 경우에는 x를 y의 함수로 생각하면 앞의 경우에 귀착된다.

(3) $y=f(x, p)$인 형태

양변을 x에 관하여 미분하면 $p=\dfrac{\partial f}{\partial x}+\dfrac{\partial f}{\partial p}\dfrac{dp}{dx}$를 얻는다. 이것의 일반해를 $g(x, p, c)=0$이라 하면 주어진 미분방정식의 일반해는 $y=f(x, p)$와 $g(x, p, c)=0$에서 p를 소거하여 얻을 수 있다. p를 소거하기 어려우면, p를 매개변수로 하여 $x=\varphi(p, c), y=\psi(p, c)$인 매개변수 표시를 일반해로 하면 된다.

예제 10 다음 1계 2차 미분방정식의 일반해를 구하시오.

$$xp^2-2yp-x=0$$

(**풀이**) $y=x\dfrac{p^2-1}{2p}$인 형태이므로 x에 관하여 미분하면

$$\frac{p^2+1}{p}=x\frac{p^2+1}{p^2}\frac{dp}{dx}$$

가 된다. 이 양변을 $\dfrac{p^2+1}{p}\neq 0$으로 나누면 $\dfrac{dx}{x}=\dfrac{dp}{p}$로 되므로

$$p = cx \ (\ c\text{는 임의상수})$$

를 얻는다. 이것을 주어진 미분방정식에 대입하여 p를 소거하면 일반해

$$c^2x^2 - 2cy - 1 = 0$$

이 주어진다. ▩

(4) $x = f(y, p)$인 형태

양변을 y로 미분하면 $\frac{1}{p} = \frac{\partial f}{\partial y} + \frac{\partial f}{\partial p}\frac{dp}{dy}$ 를 얻는다. 이것의 일반해를 $g(y, p, c) = 0$이라 하면 주어진 미분방정식의 일반해는 $x = f(y, p)$와 $g(x, p, c) = 0$에서 p를 소거하여 얻을 수 있다.

예제 11 1계 2차 미분방정식 $9yp^2 - 2xp + y = 0$의 해를 구하시오.

(풀이) $x = y\frac{9p^2+1}{2p}$ 인 형태이므로 y에 관하여 미분하면

$$\frac{1-9p^2}{p} = y\frac{9p^2-1}{p^2}\frac{dp}{dy}$$

가 된다.

$1-9p^2 \neq 0$일 경우는 $\frac{1-9p^2}{p}$ 으로 나누면 $1 = -\frac{y}{p}\frac{dp}{dy}$ 로 되므로

$$yp = c(\ c\text{는 임의상수})$$

를 얻는다. 이것을 주어진 미분방정식에 대입하여 p를 소거함으로써 $9c^2 - 2cx + y^2 = 0$이 구하는 일반해가 된다.

$1-9p^2 = 0$일 경우는 $p = \pm\frac{1}{3}$이므로 이것을 주어진 미분방정식에 대입하면 특이해 $y = \pm\frac{1}{3}x$를 얻는다. ▩

13.4 2계 미분방정식

2계 미분방정식 중에서 계수가 상수인 선형미분방정식의 해는 모두 구할 수 있다. 그러나 비선형인 2계 이상의 미분방정식은 아예 그 해법을 생각할

수조차 없다. 여기에서는 간단한 변환에 의하여 해를 구할 수 있는 특수한 형태의 2계 미분방정식에 대해서만 해법을 알아본다.

1. 종속변수 y가 없는 경우

y를 포함하지 않는 2계 미분방정식은 $y'=p$를 미지의 함수로 택함으로서 1계 미분방정식으로 변형시킬 수 있다. 이와 같이 변형된 1계 미분방정식을 p에 관하여 풀어 x의 함수로 표시할 수 있으면, 이것을 다시 한번 적분하여 해를 구한다.

예제 12 2계 미분방정식 $xy''+y'=0$의 일반해를 구하시오.

(풀이) $p=y'$으로 놓으면, 주어진 미분방정식은

$$xp'+p=0 \text{ 또는 } \frac{dp}{p}+\frac{dx}{x}=0$$

이 되므로 적분하여 $p=\frac{c}{x}$를 얻는다. 따라서 일반해는

$$y=c\ln x+b \ (\ b, c\text{는 임의상수})$$

로 주어진다. □

참고 y''과 x만을 포함하는 2계 미분방정식 $\frac{d^2y}{dx^2}=f(x)$의 일반해는 양변을 차례로 2회 적분하여 구한다.

2. 독립변수 x가 없는 경우

x를 포함하지 않는 2계 미분방정식은 다음과 같은 치환

$$\frac{dy}{dx}=p, \quad \frac{d^2y}{dx^2}=\frac{dp}{dy}\frac{dy}{dx}=p\frac{dp}{dy}$$

에 의하여 1계 미분방정식으로 변환할 수 있다.

예제 13 2계 미분방정식 $y''=yy'$의 일반해를 구하시오.

(풀이) $y'=p,\ y''=p\dfrac{dp}{dy}$로 두면 주어진 미분방정식은

$$p\frac{dp}{dy}=yp,\ \text{즉}\ p=\frac{1}{2}y^2+c$$

이므로 변수를 분리하면 $dx=\dfrac{dy}{\frac{1}{2}y^2+c}$가 된다. 적분하여 일반해를 구하면

$$x=2c_1\tan^{-1}c_1y+c_2\ (c_1,\ c_2\text{는 임의상수})$$

가 된다. 단, $c_1=(2c)^{-\frac{1}{2}}\ (c>0)$이다. □

참고 y''과 y만을 포함한 2계 미분방정식 $y''=f(y)$의 일반해는 먼저 양변에 $2y'$을 곱하여

$$2y'y''=2f(y)y' \quad \text{즉,}\ (y'^2)'y''=2f(y)y'$$

을 구한 후, 양변을 적분하면 변수분리형 미분방정식

$$y'^2=2\int f(y)y'dx+c=2\int f(y)dy+c$$

으로 변형되므로, 이것을 풀어서 구한다.

13.5 상수계수를 가진 2계 선형미분방정식

1. 동차선형미분방정식

계수가 상수인 2계 동차선형미분방성식

$$y''+ay'+by=0$$

이 $y=e^{mx}$ 형태의 특수해를 가졌다고 가정하면

$$m^2e^{mx}+ame^{mx}+be^{mx}=e^{mx}(m^2+ax+b)=0$$

을 만족하여야 한다. 따라서 $y=e^{mx}$이 주어진 미분방정식의 해가 되기 위

한 필요충분조건은 m이

$$m^2 + am + b = 0$$

을 만족하는 것이다. 이것을 주어진 미분방정식의 **보조방정식**이라 한다. 따라서 보조방정식의 근은 $y'' + ay' + by = 0$의 일반해를 결정한다.

(1) 실근 $\alpha, \beta(\alpha \neq \beta)$일 경우, 일반해는

$$y = c_1 e^{\alpha x} + c_2 e^{\beta x} \ (c_1, c_2\text{는 임의상수})$$

으로 주어진다.

예 15 2계 미분방정식 $y'' - y' - 2y = 0$의 보조방정식 $m^2 - m - 2 = 0$의 근이 $2, -1$이므로 일반해는

$$y = c_1 e^{2x} + c_2 e^{-x} \ (c_1, c_2\text{는 임의상수})$$

으로 주어진다.

(2) 실근 α (중근)일 경우, 일반해는

$$y = (c_1 + c_2 x) e^{\alpha x} \ (c_1, c_2\text{는 임의상수})$$

으로 주어진다.

예 16 2계 미분방정식 $y'' + 4y' + 4y = 0$의 보조방정식 $m^2 + 4m + 4 = 0$의 근은 중근으로 -2이므로 일반해는

$$y = c_1 e^{-2x} + c_2 x e^{-2x} \ (c_1, c_2\text{는 임의상수})$$

으로 주어진다.

(3) 복소근 $\lambda \pm i\mu$일 경우, 일반해는

$$y = e^{\lambda x}(c_1 \cos \mu x + c_2 \sin \mu x) \ \ (c_1, c_2\text{는 임의상수})$$

로 주어진다.

예제 14 초기값 문제 $y''-4y'+13y=0$; $y(0)=-1$, $y'(0)=2$의 해를 구하시오.

(**풀이**) 보조방정식 $m^2-4m+13=0$의 두 근이 $2\pm 3i$이므로 일반해는

$$y=e^{2x}(c_1\cos 3x+c_2\sin 3x)\ (c_1,\ c_2\text{는 임의상수})$$

가 된다. 초기조건 $y(0)=-1$, $y'(0)=2$를 사용하면 $c_1=-1$이고, $c_2=\frac{4}{3}$이므로 초기값 문제의 해는

$$y=e^{2x}\left(-\cos 3x+\frac{4}{3}\sin 3x\right)$$

으로 주어진다. □

2. 비동차선형미분방정식

$y_p(x)$를 열린구간 I에서 계수가 상수인 2계 선형미분방정식

$$y''+ay'+by=g(x)$$

의 특수해라 하고, $y''+ay'+by=0$의 일반해를 $y_h=u(x,\ c_1,\ c_2)$라 할 때, $y''+ay'+by=g(x)$의 일반해는

$$y=u(x,c_1,c_2)+y_p(x)\ (c_1,\ c_2\text{는 임의상수})$$

형태로 주어진다. 계수가 상수인 2계 선형미분방정식에서 동차미분방정식의 일반해를 구하는 방법은 이미 알고 있으므로, 이제 비동차항이 특정한 형태의 함수의 합일 때 특수해 y_p를 구하는 방법을 서술하기로 한다.

계수가 상수인 2계 선형미분방정식 $y''+ay'+by=g(x)$에서 비동차항 $g(x)$가 어떤 특별한 형태의 함수일 때, 미정계수법을 사용해서 특수해 y_p를 구한다.

(1) $g(x)$가 다항식인 경우

$y''+ay'+by=g(x)$에서 $m=0$이 보조방정식 $m^2+am+b=0$의 p중근이고, 함수 $g(x)$가 n차의 다항식이면 특수해의 형태를

$$y_p(x) = x^p(A_n x^n + \cdots + A_1(x) + A_0)$$

로 추측하고, 계수 $A_0, A_1, \cdots, A_n$를 결정하여 특수해 $y_p(x)$를 구한다.

예 17 미분방정식 $(D^2 - 2D)y = x^2$은 보조방정식 $m^2 - 2m = 0$의 근이 $m = 0, 2$이므로 $y_p = x(px^2 + qx + r)$ 형태의 특수해를 가진다.

(2) $g(x) = ke^{\alpha x}$의 경우

$y'' + ay' + by = g(x)$에서 $m = \alpha$가 보조방정식 $m^2 + am + b = 0$의 p중근이고 $g(x) = ke^{\alpha x}$이면 특수해의 형태를 $y_p = Ax^p e^{\alpha x}$로 추측하고, 계수 A를 결정하여 특수해 $y_p(x)$를 구한다.

예 18 미분방정식 $(D^2 - D)y = e^x$은 보조방정식 $m^2 - m = 0$의 근이 $m = 0, 1$이므로 $y_p = Axe^{\alpha x}$ 형태의 특수해를 가진다.

(3) $g(x) = k\cos(ax + b)$ 또는 $k\sin(ax + b)$의 경우

$y'' + ay' + by = g(x)$에서 $g(x) = a\cos(\alpha x + \beta) + b\sin(\alpha x + \beta)$의 형태이면 특수해의 형태를

$$y_p(x) = A\cos(\alpha x + \beta) + B\sin(\alpha x + \beta)$$

로 추측하고, 계수 A, B를 결정하여 특수해 $y_p(x)$를 구한다.

예 19 미분방정식 $(D^2 - 1)y = \cos 2x$은 $y_p = A\cos 2x + B\sin 2x$ 형태의 특수해를 가진다.

참고 특수해의 모양을 추측하여 미정계수법을 사용할 경우에는 다음에 유의한다. 특수해 y_p를 구할 때 추측한 y_p가 주어진 비동차미분방정식에 상응하는 동차미분방정식의 해가 되면 y_p 대신에 $x^k y_p$를 특수해의

형태로 놓아야 한다는 것이다. 여기서 k는 $x^k y_p$에서의 어떤 항도 비동차에 상응하는 동차방정식의 해가 되지 않는 최소의 음이 아닌 정수이다.

예 20 2계 미분방정식 $y'' + y' - 3y = x^2 \cos x$에서 특수해는

$$y_p = (A_2 x^2 + A_1 x + A_0)\cos x + (B_2 x^2 + B_1 x + B_0)\sin x$$

형태를 갖는다.

예제 15 다음 2계 미분방정식

$$y'' - y' - 12y = e^{4x}$$

에서 특수해의 형태를 구하시오.

(풀이) 보조방정식 $m^2 - m - 12 = 0$의 두 근이 $-3, 4$이므로 동차미분방정식 $y'' - y' - 12y = 0$의 일반해는

$$y_h = c_1 e^{4x} + c_2 e^{-3x} \ (c_1,\ c_2\text{는 임의상수})$$

이고, 주어진 미분방정식의 비동차항이 e^{4x}이고 $y_p = x^k A e^{4x}$이나, e^{4x}이 동차미분방정식의 해이므로 주어진 미분방정식은

$$y_p = Axe^{4x}$$

형태의 특수해를 갖는다. □

예제 16 $y'' - y = 5 + 10\cos 2x$의 일반해를 구하시오.

(풀이) $y'' - y = 0$의 일반해는 $y_h = c_1 e^x + c_2 e^{-x}$ (c_1, c_2는 임의상수)이다. 비동차항이 두 가지 형태의 합으로 되어 있으므로

$$y'' - y = 5, \quad y'' - y = 10\cos 2x$$

로부터 $y'' - y = 5 + 10\cos 2x$의 특수해 y_p를 구한다. $y'' - y = 5$의 특수해는

$$y_{p_1} = A$$

의 형태이고 $y'' - y = 5$에 대입하면 $A = -5$이므로 $y_{p_1} = -5$가 된다.

또한 $y''-y=10\cos 2x$의 특수해는

$$y_{p_2}=A\cos 2x+B\sin 2x$$

의 형태이고 $A=-2,\ B=0$이므로 $y_{p_2}=-2\cos 2x$가 된다. 따라서 특수해 $y_p=-5-2\cos 2x$를 얻는다. 그러므로 일반해는

$$y=c_1e^x+c_2e^{-x}-5-2\cos 2x \ (c_1,\ c_2\text{는 임의상수})$$

로 주어진다. □

13.6 계수가 상수인 연립미분방정식

n개의 미지함수에 대한 n개의 미분방정식을 한 조로 한 방정식을 연립미분방정식이라 한다. 특히 각 미분방정식이 미지함수와 그 도함수에 관해 1차식이면 선형연립미분방정식이라 한다.

두 개 이상의 1계 미분방정식으로 구성된 연립미분방정식은 한 개의 미지함수에 관한 미분방정식으로 고치면 2계 이상이 되기 때문에 계수가 상수인 선형일 경우를 제외하고는 일반적으로 해를 구할 수 없다. 계수가 상수인 선형연립미분방정식을 푸는 방법으로는 소거법을 이용하여 한 개의 미지함수에 관한 상수계수 선형미분방정식으로 고쳐 푸는 방법, 동력계 형태로 고쳐 행렬을 이용하여 푸는 방법, 라플라스 변환을 이용하여 푸는 방법 등이 있다. 여기서는 소거법을 이용하여 해를 구하는 방법을 예를 들어 설명한다.

예제 17 다음 연립미분방정식의 해를 구하시오.(단, $D=\dfrac{d}{dt}$)

$$\begin{cases}(D-3)x+y=0\\ x-(D-1)y=0\end{cases}$$

(풀이) 주어진 연립미분방정식으로부터 y를 소거하여, x만의 미분방정식을 만든다. 제1식에 $(D-1)$을 곱하여 제2식과 변변끼리 합하면 $(D^2-4D+4)x=0$이 된다. 이 미분방정식의 보조방정식이 $(m-2)^2=0$이므로 일반해는

$$x=(c_1+c_2t)e^{2t}$$

이다. 이것을 제1식에 대입하여

$$y=-(D-3)x=-(D-3)[(c_1+c_2t)e^{2t}]$$

으로부터

$$y=(c_1-c_2+c_3t)e^{2t}$$

을 얻는다. 따라서 구하는 일반해는

$$x=(c_1+c_2t)e^{2t},\quad y=(c_1-c_2+c_3t)e^{2t}\ (c_1, c_2, c_3\text{는 임의상수})$$

으로 주어진다. □

예제 18 다음 연립미분방정식의 해를 구하시오.(여기서 $D=\frac{d}{dt}$)

$$\begin{cases}(D^2+4)x-3Dy=0\\3Dx+(D^2+4)y=0\end{cases}$$

(**풀이**) 제1식에 (D^2+4)를, 제2식에 $3D$를 각각 곱하여 변변끼리 합하면 y가 소거되어 $(D^2+16)(D^2+1)x=0$이 된다. 이 미분방정식의 보조방정식 $(m^2+16)(m^2+1)=0$의 근이 $m=\pm4i, \pm i$이므로

$$x=c_1\cos4t+c_2\sin4t+c_3\cos t+c_4\sin t$$

를 얻는다. 이제 제1식에 $3D$를, 제2식에 (D^2+4)를 곱하여 변변끼리 빼면 x가 소거되어 $(D^2+16)(D^2+1)y=0$이 얻어진다. 이것은 위에서 구한 x만의 미분방정식과 같으므로

$$y=b_1\cos4t+b_2\sin4t+b_3\cos t+b_4\sin t$$

가 얻어진다. x와 y를 주어진 연립미분방정식의 제1식에 대입하면 $b_1=c_2$, $b_2=-c_1$, $b_3=-c_4$, $b_4=c_3$가 된다. 따라서 구하는 일반해는

$$x=c_1\cos4t+c_2\sin4t+c_3\cos t+c_4\sin t$$
$$y=c_2\cos4t-c_1\sin4t-c_4\cos t+c_3\sin t$$

로 주어진다. 여기서 c_1, c_2, c_3, c_4는 임의의 상수이다. □

연습문제

1. 다음 미분방정식에 대하여 계수, 차수, 선형여부를 판별하시오.

(1) $\dfrac{dy}{dx}=x^2+y$ (2) $y\dfrac{dy}{dx}+y^4=5\sin x$

(3) $x\left(\dfrac{d^2y}{dx^2}\right)^3+y=x$ (4) $\dfrac{d^2y}{dx^2}+\dfrac{dy}{dx}-y=0$

2. $y=x^m$이 2계 미분방정식 $x^2y''-2xy'+2y=0$의 해가 되기 위한 m의 값을 구하시오.

3. 다음 곡선족으로부터 만들어지는 미분방정식을 구하시오. 여기서 a, b, c는 임의상수이다.

(1) $y=(x-a)^2$ (2) $y=cx+c^3$ (3) $y=ax+\dfrac{b}{x}+c$

4. 주어진 일반해를 사용하여 초기값 문제 또는 경계값 문제의 해를 구하시오.

(1) $y''+9y=0$; $y(0)=0$, $y'(0)=1$,
$y=a\cos 3x+b\sin 3x$ (a와 b는 임의상수)

(2) $y''+y'=0$; $y(0)=2$, $y(-1)=1+e$,
$y=a+be^{-x}$ (a와 b는 임의상수)

5. 다음 초기값 문제에 대한 해의 존재성과 유일성을 조사하시오.

$$\frac{dy}{dx}+x^2=y^2\ ;\ y(0)=0$$

6. 1계 2차 미분방정식 $y=xy'-(y')^2$의 일반해는

$$y=cx-c^2\ (c\text{는 임의상수})$$

으로 주어짐을 보이시오. 또한 특이해는 $y=\dfrac{x^2}{4}$임을 보이시오.

7. 다음 미분방정식의 해를 구하시오.

(1) $x^2y' + y = 0$　　(2) $y' = (x+y+1)^2$

(3) $(x-y)y' + (x+y) = 0$　　(4) $(x^3+y^3)dx - xy^2dy = 0$

(5) $(x^2 - 4xy - 2y^2)dx + (y^2 - 4xy - 2x^2)dy = 0$

(6) $y' + y = \sin x$

8. 1계 미분방정식 $yf(xy)dx + xg(xy)dy = 0$은, 변수변환 $u = xy$에 의하여 변수분리형이 되는 것을 보이고, 미분방정식

$$(3x^2y^3 - 6xy^2 + 5y)dx + (2x^3y^2 - 3x^2y)dy = 0$$

의 해를 구하시오.

9. 다음 초기값 문제의 해를 구하시오.

(1) $\dfrac{dy}{dx} = e^{2x+y}$; $y(0) = 0$

(2) $(e^y - 2xy)dx + (xe^y - x^2)dy = 0$; $y(0) = 0$

10. 다음 1계 미분방정식의 적분인자를 구하고, 일반해를 구하시오.

(1) $(x^2+y^2)dx - 2xydy = 0$　　(2) $(2x+y)dx - (x-2y)dy = 0$

11. 주어진 변수치환을 이용하여, 1계 미분방정식

$$(2x + 3y^3)dx + 9xy^2dy = 0;\ y^3 = z$$

의 일반해를 구하시오.

12. 변수분리형 미분방정식은 완전미분방정식임을 보이시오. 또한 완전미분방정식 중에서 변수분리형이 아닌 것의 예를 드시오.

13. $P(x, y) = yf(xy)$, $Q(x, y) = xg(xy)$이면 $P(x, y)dx + Q(x, y)dy = 0$의 적분인자는 $\dfrac{1}{xP - yQ}$ (단, $xP - yQ \neq 0$)로 주어짐을 보이시오. 또한 $xP - yQ = 0$이면 미분방정식 $P(x, y)dx + Q(x, y)dy = 0$은 완전미분방정식임을 보이시오.

14. 다음 2계 미분방정식의 일반해를 구하시오.

(1) $xy'' - y' = 0$　　　　(2) $xy'' + y' = 4x$

15. 다음 미분방정식에서 주어진 조건을 만족하는 특수해를 구하시오.

(1) $y'' + y = 0$; $x = 0$과 $x = \frac{1}{2}\pi$일 때 $y = 1$

(2) $yy'' + y'^2 = 1$; $x = 0$과 $x = 1$일 때 $y = 2$

16. 다음 2계 미분방정식의 일반해를 구하시오.

(1) $y'' - y = 5 + e^x$　　　　(2) $y'' - 4y = x^3 + x$

17. 다음 미분방정식에서 주어진 조건을 만족하는 특수해를 구하시오.

(1) $y'' + y = -2\sin x$; $x = 0$과 $x = \frac{1}{2}\pi$일 때 $y = 0$

(2) $y'' - 2y' + y = 2e^x$; $x = 1$과 $x = -1$ 일 때 $y = 0$

18. 다음 연립미분방정식의 일반해를 구하시오.

(1) $\begin{cases} y' - 3z' + 2z = 0 \\ y' + 4y - 5z = 0 \end{cases}$　　　　(2) $\begin{cases} x' - 4x + y'' = t^2 \\ x' + x + y' = 0 \end{cases}$

19. 다음 연립미분방정식의 일반해를 구하시오.

(1) $\begin{cases} (D+2)x - 2y = 1 \\ x + (D+5)y = 2 \end{cases}$　　　　(2) $\begin{cases} Dx + 2y = \cos t \\ -x + Dy = -\sin t \end{cases}$

20. $x(0) = y(0) = 0$, $x'(0) = y'(0) = 1$일 때 연립미분방정식

$$\begin{cases} (D^2+4)x - 3Dy = 0 \\ 3Dx + (D^2+4)y = 0 \end{cases} \quad \left(D = \frac{d}{dt}\right)$$

의 해를 구하시오.

참고문헌

미분적분학의 이해와 응용

1. 계승역 외 공저, 기초미적분학, 교우사, 2004
2. 고정미 외 공저, 미분적분과 벡터해석, 경문사, 2004
3. 김원석 외 공저, 미분적분학, 경문사, 2004
4. 대학수학 교재연구회 편, 대학수학, 광림사, 2003
5. 수학교재편찬위원회 역, 미분적분학, 교우사, 2004
6. 수학교재편찬위원회 역, 미분적분학, 청문각, 2004
7. 송영무 외 공저, 미적분학, 경문사, 2004
8. 이병무, 해석학의 이해, 경문사, 2003
9. 이병무, 대학기초수학의 이해, 경문사, 2005
10. Robert Ellis and Denny Gulick, Calculus with Analytic Geometry, 5th ed., Saunders college publishing, 1996.
11. Frank Ayres, Jr and Elliott Mendelson, Differential and integral Calculas, 3rd ed., McGraw-Hill, Inc. 1990

부 록

미분적분학의 이해와 응용

I 적분표

기본형

1. $\int du = u + C$

2. $\int c\,du = c\int du$

3. $\int (f+g+\cdots)du = \int f\,du + \int g\,du + \cdots$

4. $\int u\,dv = uv - \int v\,du$

5. $\int u^n du = \dfrac{u^{n+1}}{n+1} + C \ (n \neq -1)$

6. $\int \dfrac{du}{u} = \ln|u| + C$

$a+bu$를 포함하는 형

7. $\int (a+bu)^n du = \dfrac{(a+bu)^{n+1}}{b(n+1)} + C \ (n \neq -1)$

8. $\int \dfrac{du}{a+bu} = \dfrac{1}{b}\ln|a+bu| + C$

9. $\int \dfrac{u\,du}{a+bu} = \dfrac{1}{b^2}[(a+bu) - a\ln|a+bu|] + C$

10. $\int \dfrac{u^2\,du}{a+bu} = \dfrac{1}{b^3}\left[\dfrac{1}{2}(a+bu)^2 - 2a(a+bu) + a^2\ln|a+bu|\right] + C$

11. $\int \dfrac{du}{u(a+bu)} = \dfrac{1}{a}\ln\left|\dfrac{u}{a+bu}\right| + C$

12. $\int \dfrac{du}{u^2(a+bu)} = -\dfrac{1}{au} + \dfrac{b}{a^2}\ln\left|\dfrac{a+bu}{u}\right| + C$

13. $\int \dfrac{u\,du}{(a+bu)^2} = \dfrac{1}{b^2}\left[\dfrac{a}{a+bu} + \ln|a+bu|\right] + C$

14. $\int \dfrac{u^2\,du}{(a+bu)^2} = \dfrac{1}{b^3}\left[(a+bu) - \dfrac{a^2}{a+bu} - 2a\ln|a+bu|\right] + C$

15. $\int \frac{du}{u(a+bu)^2} = \frac{1}{a(a+bu)} + \frac{1}{a^2} \ln \left| \frac{u}{a+bu} \right| + C$

16. $\int \frac{du}{u^2(a+bu)^2} = -\frac{a+2bu}{a^2u(a+bu)} + \frac{2b}{a^3} \ln \left| \frac{a+bu}{u} \right| + C$

$\sqrt{a+bu}$ 를 포함하는 형

17. $\int u\sqrt{a+bu}\, du = -\frac{2(2a-3bu)(a+bu)^{3/2}}{15b^2} + C$

18. $\int u^n\sqrt{a+bu}\, du = \frac{2u^n(a+bu)^{3/2}}{b(2n+3)} - \frac{2an}{b(2n+3)} \int u^{n-1}\sqrt{a+bu}\, du$

19. $\int \frac{udu}{\sqrt{a+bu}} = -\frac{2(2a-bu)}{3b^2}\sqrt{a+bu} + C$

20. $\int \frac{u^n du}{\sqrt{a+bu}} = \frac{2u^n}{b(2n+1)}\sqrt{a+bu} - \frac{2an}{b(2n+1)} \int \frac{u^{n-1}}{\sqrt{a+bu}}\, du$

21. $\int \frac{du}{u\sqrt{a+bu}} = \begin{cases} \frac{1}{\sqrt{a}} \ln \left| \frac{\sqrt{a+bu}-\sqrt{a}}{\sqrt{a+bu}+\sqrt{a}} \right| + C & (a>0) \\ \frac{2}{\sqrt{-a}} \tan^{-1}\sqrt{\frac{a+bu}{-a}} + C & (a<0) \end{cases}$

22. $\int \frac{du}{u^n\sqrt{a+bu}} = -\frac{\sqrt{a+bu}}{a(n-1)u^{n-1}} - \frac{b(2n-3)}{2a(n-1)} \int \frac{du}{u^{n-1}\sqrt{a+bu}}$

23. $\int \frac{\sqrt{a+bu}}{u}\, du = 2\sqrt{a+bu} + a \int \frac{du}{u\sqrt{a+bu}}$

24. $\int \frac{\sqrt{a+bu}}{u^n}\, du = -\frac{(a+bu)^{3/2}}{a(n-1)u^{n-1}} - \frac{b(2n-5)}{2a(n-1)} \int \frac{\sqrt{a+bu}}{u^{n-1}}\, du$

$a^2 \pm u^2$ 과 $u^2 - a^2$ 을 포함하는 형

25. $\int \frac{du}{a^2+u^2} = \frac{1}{a}\tan^{-1}\frac{u}{a} + C = \frac{1}{a}\sin^{-1}\frac{u}{\sqrt{a^2+u^2}} + C \quad (a>0)$

26. $\int \frac{du}{a^2-u^2} = \frac{1}{2a}\ln\left|\frac{a+u}{a-u}\right| + C = \frac{1}{a}\tanh^{-1}\frac{u}{a} + C \quad (u^2 < a^2)$

27. $\int \frac{du}{u^2-a^2} = \frac{1}{2a}\ln\left|\frac{u-a}{u+a}\right| + C = -\frac{1}{a}\coth^{-1}\frac{u}{a} + C \quad (u^2 > a^2)$

$\sqrt{a^2-u^2}$ 을 포함하는 형

28. $\int \sqrt{a^2-u^2}\, du = \frac{u}{2}\sqrt{a^2-u^2} + \frac{a^2}{2}\sin^{-1}\frac{u}{a} + C$

29. $\int (a^2-u^2)^{3/2}\,du = -\frac{u}{8}(2u^2-5a^2)\sqrt{a^2-u^2}+\frac{3a^4}{8}\sin^{-1}\frac{u}{a}+C$

30. $\int u\sqrt{a^2-u^2}\,du = -\frac{1}{3}(a^2-u^2)^{3/2}+C$

31. $\int u^2\sqrt{a^2-u^2}\,du = -\frac{u}{4}(a^2-u^2)^{3/2}+\frac{a^2u}{8}\sqrt{a^2-u^2}+\frac{a^4}{8}\sin^{-1}\frac{u}{a}+C$

32. $\int \frac{\sqrt{a^2-u^2}}{u}\,du = \sqrt{a^2-u^2}-a\ln\left|\frac{a+\sqrt{a^2-u^2}}{u}\right|+C$

33. $\int \frac{\sqrt{a^2-u^2}}{u^2}\,du = -\frac{\sqrt{a^2-u^2}}{u}-\sin^{-1}\frac{u}{a}+C$

34. $\int \frac{du}{\sqrt{a^2-u^2}} = \sin^{-1}\frac{u}{a}+C \quad (u^2 < a^2,\ a > 0)$

35. $\int \frac{u^2du}{\sqrt{a^2-u^2}} = -\frac{u}{2}\sqrt{a^2-u^2}+\frac{a^2}{2}\sin^{-1}\frac{u}{a}+C$

36. $\int \frac{du}{u\sqrt{a^2-u^2}} = -\frac{1}{a}\ln\left|\frac{a+\sqrt{a^2-u^2}}{u}\right|+C$

37. $\int \frac{du}{u^2\sqrt{a^2-u^2}} = -\frac{\sqrt{a^2-u^2}}{a^2u}+C$

38. $\int \frac{du}{(a^2-u^2)^{3/2}} = \frac{u}{a^2\sqrt{a^2-u^2}}+C$

39. $\int \frac{u^2\,du}{(a^2-u^2)^{3/2}} = \frac{u}{\sqrt{a^2-u^2}}-\sin^{-1}\frac{u}{a}+C$

40. $\int \frac{du}{u(a^2-u^2)^{3/2}} = \frac{1}{a^2\sqrt{a^2-u^2}}-\frac{1}{a^3}\ln\left|\frac{a+\sqrt{a^2-u^2}}{u}\right|+C$

41. $\int \frac{du}{u^2(a^2-u^2)^{3/2}} = -\frac{\sqrt{a^2-u^2}}{a^4u}+\frac{u}{a^4\sqrt{a^2-u^2}}+C$

$\sqrt{a^2+u^2}$ 을 포함하는 형

42. $\int \frac{du}{\sqrt{a^2+u^2}} = \ln|u+\sqrt{a^2+u^2}|+C = \sinh^{-1}\frac{u}{a}+C$

43. $\int \sqrt{a^2+u^2}\,du = \frac{u}{2}\sqrt{a^2+u^2}+\frac{a^2}{2}\ln|u+\sqrt{a^2+u^2}|+C$

44. $\int u^2\sqrt{a^2+u^2\,du} = \frac{u}{8}(2u^2+a^2)\sqrt{a^2+u^2}-\frac{a^4}{8}\ln|u+\sqrt{a^2+u^2}|+C$

45. $\displaystyle\int \frac{\sqrt{a^2+u^2}}{u}\,du = \sqrt{a^2+u^2} - a\ln\left|\frac{a+\sqrt{a^2+u^2}}{u}\right| + C$

46. $\displaystyle\int \frac{\sqrt{a^2+u^2}}{u^2}\,du = -\frac{\sqrt{a^2+u^2}}{u} + \ln|u+\sqrt{a^2+u^2}| + C$

47. $\displaystyle\int \frac{u^2du}{\sqrt{a^2+u^2}} = \frac{u}{2}\sqrt{a^2+u^2} - \frac{a^2}{2}\ln|u+\sqrt{a^2+u^2}| + C$

48. $\displaystyle\int \frac{du}{u\sqrt{a^2+u^2}} = -\frac{1}{a}\ln\left|\frac{a+\sqrt{a^2+u^2}}{u}\right| + C$

49. $\displaystyle\int \frac{du}{u^2\sqrt{a^2+u^2}} = -\frac{\sqrt{a^2+u^2}}{a^2u} + C$

50. $\displaystyle\int (a^2+u^2)^{3/2}du = \frac{u}{8}(2u^2+5a^2)\sqrt{a^2+u^2} + \frac{3a^4}{8}\ln|u+\sqrt{a^2+u^2}| + C$

51. $\displaystyle\int \frac{du}{(a^2+u^2)^{3/2}} = \frac{u}{a^2\sqrt{a^2+u^2}} + C$

$\sqrt{u^2-a^2}$ 을 포함하는 형

52. $\displaystyle\int \frac{du}{\sqrt{u^2-a^2}} = \ln|u+\sqrt{u^2-a^2}| + C = \cosh^{-1}\frac{u}{a} + C$

53. $\displaystyle\int \sqrt{u^2-a^2}\,du = \frac{u}{2}\sqrt{u^2-a^2} - \frac{a^2}{2}\ln|u+\sqrt{u^2-a^2}| + C$

54. $\displaystyle\int u^2\sqrt{u^2-a^2}\,du = \frac{u}{8}(2u^2-a^2)\sqrt{u^2-a^2} - \frac{a^4}{8}\ln|u+\sqrt{u^2-a^2}| + C$

55. $\displaystyle\int \frac{\sqrt{u^2-a^2}}{u}\,du = \sqrt{u^2-a^2} - a\cos^{-1}\left|\frac{a}{u}\right| + C$

56. $\displaystyle\int \frac{\sqrt{u^2-a^2}}{u^2}\,du = -\frac{\sqrt{u^2-a^2}}{u} + \ln|u+\sqrt{u^2-a^2}| + C$

57. $\displaystyle\int \frac{u^2du}{\sqrt{u^2-a^2}} = \frac{u}{2}\sqrt{u^2-a^2} + \frac{a^2}{2}\ln|u+\sqrt{u^2-a^2}| + C$

58. $\displaystyle\int \frac{du}{u\sqrt{u^2-a^2}} = \frac{1}{a}\cos^{-1}\left|\frac{a}{u}\right| + C = \frac{1}{a}\sec^{-1}\left|\frac{u}{a}\right| + C$

59. $\displaystyle\int \frac{du}{u^2\sqrt{u^2-a^2}} = \frac{\sqrt{u^2-a^2}}{a^2u} + C$

60. $\displaystyle\int (u^2-a^2)^{3/2}du = \frac{u}{8}(2u^2-5a^2)\sqrt{u^2-a^2} + \frac{3a^4}{8}\ln|u+\sqrt{u^2-a^2}| + C$

61. $\displaystyle\int \frac{du}{(u^2-a^2)^{3/2}} = -\frac{u}{a^2\sqrt{u^2-a^2}} + C$

$\sqrt{2au-u^2}$ 을 포함하는 형

62. $\int \sqrt{2au-u^2}\,du = \frac{u-a}{2}\sqrt{2au-u^2} + \frac{a^2}{2}\cos^{-1}\left(1-\frac{u}{a}\right)+C$

63. $\int u\sqrt{2au-u^2}\,du = \frac{2u^2-au-3a^2}{6}\sqrt{2au-u^3} + \frac{a^3}{2}\cos^{-1}\left(1-\frac{u}{a}\right)+C$

64. $\int \frac{\sqrt{2au-u^2}}{u}\,du = \sqrt{2au-u^2} + a\cos^{-1}\left(1-\frac{u}{a}\right)+C$

65. $\int \frac{\sqrt{2au-u^2}}{u^2}\,du = -\frac{2\sqrt{2au-u^2}}{u} - \cos^{-1}\left(1-\frac{u}{a}\right)+C$

66. $\int \frac{du}{\sqrt{2au-u^2}} = 2\sin^{-1}\sqrt{\frac{u}{2a}}+C = \cos^{-1}\left(1-\frac{u}{a}\right)+C$

67. $\int \frac{du}{(2au-u^2)^{3/2}} = \frac{u-a}{a^2\sqrt{2au-u^2}}+C$

68. $\int \frac{u\,du}{\sqrt{2au-u^2}} = -\sqrt{2au-u^2} + a\cos^{-1}\left(1-\frac{u}{a}\right)+C$

69. $\int \frac{u^2du}{\sqrt{2au-u^2}} = -\frac{u+3a}{2}\sqrt{2au-u^2} + \frac{3a^2}{2}\cos^{-1}\left(1-\frac{u}{a}\right)+C$

70. $\int \frac{du}{u\sqrt{2au-u^2}} = -\frac{\sqrt{2au-u^2}}{au}+C$

삼각함수형

71. $\int \sin u\,du = -\cos u + C$

72. $\int \cos u\,du = \sin u + C$

73. $\int \tan u\,du = \ln|\sec u| + C$

74. $\int \cot u\,du = \ln|\sin u| + C$

75. $\int \sec u\,du = \ln|\sec u + \tan u| + C$

76. $\int \csc u\,du = \ln|\csc u - \cot u| + C$

77. $\int \sec^2 u\,du = \tan u + C$

78. $\int \csc^2 u\,du = -\cot u + C$

79. $\int \sec u \tan u\,du = \sec u + C$

80. $\int \csc u \cot u\,du = -\csc u + C$

81. $\int \sin^2 u\,du = \frac{u}{2} - \frac{1}{4}\sin 2u + C$

82. $\int \cos^2 u\,du = \frac{u}{2} + \frac{1}{4}\sin 2u + C$

83. $\int \tan^2 u\,du = \tan u - u + C$

84. $\int \sec^3 u\,du = \frac{1}{2}\sec u \tan u + \frac{1}{2}\ln|\sec u + \tan u| + C$

85. $\int \sin^n u\,du = -\frac{1}{n}\sin^{n-1} u \cos u + \frac{n-1}{n}\int \sin^{n-2} u\,du + C$

86. $\int \cos^n u\,du = \frac{1}{n}\cos^{n-1} u \sin u + \frac{n-1}{n}\int \cos^{n-2} u\,du + C$

87. $\int \tan^n u\,du = \frac{\tan^{n-1} u}{n-1} - \int \tan^{n-2} u\,du + C \quad (n \neq 1)$

88. $\int \cot^n u\,du = -\frac{\cot^{n-1} u}{n-1} - \int \cot^{n-2} u\,du + C \quad (n \neq 1)$

89. $\int \sec^n u\,du = \frac{\sec^{n-2} u \tan u}{n-1} + \frac{n-2}{n-1}\int \sec^{n-2} u\,du + C \quad (n \neq 1)$

90. $\int \csc^n u\,du = -\frac{\csc^{n-2} u \cot u}{n-1} + \frac{n-2}{n-1}\int \csc^{n-2} u\,du + C \quad (n \neq 1)$

91. $\int \sin mu \sin nu\,du = \frac{\sin(m-n)u}{2(m-n)} - \frac{\sin(m+n)u}{2(m+n)} + C \quad (m^2 \neq n^2)$

92. $\int \sin mu \cos nu\,du = -\frac{\cos(m-n)u}{2(m-n)} - \frac{\cos(m+n)u}{2(m+n)} + C \quad (m^2 \neq n^2)$

93. $\int \cos mu \cos nu\,du = \frac{\sin(m-n)u}{2(m-n)} + \frac{\sin(m+n)u}{2(m+n)} + C \quad (m^2 \neq n^2)$

94. $\int u \sin u\,du = \sin u - u \cos u + C$

95. $\int u \cos u\,du = \cos u + u \sin u + C$

96. $\int u^2 \sin u\,du = (2 - u^2)\cos u + 2u \sin u + C$

97. $\int u^2 \cos u\,du = (u^2 - 2)\sin u + 2u \cos u + C$

98. $\int u^n \sin u\,du = -u^n \cos u + n\int u^{n-1} \cos u\,du$

99. $\int u^n \cos u\,du = u^n \sin u - n\int u^{n-1} \sin u\,du$

100. $\int \sin^m u \cos^n u\,du = -\dfrac{\sin^{m-1} u \cos^{n+1} u}{m+n} + \dfrac{m-1}{m+n} \int \sin^{m-2} u \cos^n u\,du$

$= \dfrac{\sin^{m+1} u \cos^{n-1} u}{m+n} + \dfrac{n-1}{m+n} \int \sin^m u \cos^{n-2} u\,du \ (m \neq -n)$

역삼각함수형

101. $\int \sin^{-1} u\,du = u \sin^{-1} u + \sqrt{1-u^2} + C$

102. $\int \cos^{-1} u\,du = u \cos^{-1} u - \sqrt{1-u^2} + C$

103. $\int \tan^{-1} u\,du = u \tan^{-1} u - \dfrac{1}{2} \ln(1+u^2) + C$

104. $\int \cot^{-1} u\,du = u \cot^{-1} u + \dfrac{1}{2} \ln(1+u^2) + C$

105. $\int \sec^{-1} u\,du = u \sec^{-1} u - \ln|u+\sqrt{u^2-1}| + C$

106. $\int \csc^{-1} u\,du = u \csc^{-1} u + \ln|u+\sqrt{u^2-1}| + C$

지수와 로그함수형

107. $\int e^u du = e^u + C$

108. $\int a^u du = \dfrac{a^u}{\ln a} + C \ (a \neq 1,\ a > 0)$

109. $\int u e^u du = e^u(u-1) + C$

110. $\int u^n e^u du = u^n e^u - n \int u^{n-1} e^u du$

111. $\int u^n a^u du = \dfrac{u^n a^u}{\ln a} - \dfrac{n}{\ln a} \int u^{n-1} a^u du + C \quad (a \neq 1,\ a > 0)$

112. $\int \dfrac{e^u}{u^n} du = -\dfrac{e^u}{(n-1)u^{n-1}} + \dfrac{1}{n-1} \int \dfrac{e^u du}{u^{n-1}} \quad (n \neq 1)$

113. $\int \ln u\,du = u \ln u - u + C$

114. $\int (\ln u)^n du = u(\ln u)^n - n \int (\ln u)^{n-1} du$

115. $\int u^n \ln u\,du = u^{n+1}\left[\dfrac{\ln u}{n+1} - \dfrac{1}{(n+1)^2}\right] + C \quad (n \neq -1)$

116. $\int \dfrac{du}{u \ln u} = \ln|\ln u| + C$

117. $\int e^{au}\sin nu\,du = \dfrac{e^{au}(a\sin nu - n\cos nu)}{a^2+n^2} + C$

118. $\int e^{au}\cos nu\,du = \dfrac{e^{au}(a\cos nu + n\sin nu)}{a^2+n^2} + C$

쌍곡선 함수형

119. $\int \sinh u\,du = \cosh u + C$

120. $\int \cosh u\,du = \sinh u + C$

121. $\int \tanh u\,du = \ln\cosh u + C$

122. $\int \coth u\,du = \ln|\sinh u| + C$

123. $\int \operatorname{sech} u\,du = \tan^{-1}(\sinh u) + C$

124. $\int \operatorname{csch} u\,du = \ln\left|\tanh\dfrac{u}{2}\right| + C$

125. $\int \operatorname{sech}^2 u\,du = \tanh u + C$

126. $\int \operatorname{csch}^2 u\,du = -\coth u + C$

127. $\int \operatorname{sech} u\tanh u\,du = -\operatorname{sech} u + C$

128. $\int \operatorname{csch} u\coth u\,du = -\operatorname{csch} u + C$

129. $\int \sinh^2 u\,du = \dfrac{1}{4}\sinh 2u - \dfrac{u}{2} + C$

130. $\int \cosh^2 u\,du = \dfrac{1}{4}\sinh 2u + \dfrac{u}{2} + C$

131. $\int u\sinh u\,du = u\cosh u - \sinh u + C$

132. $\int u\cosh u\,du = u\sinh u - \cosh u + C$

133. $\int e^{au}\sinh nu\,du = \dfrac{e^{au}(a\sinh nu - n\cosh nu)}{a^2-n^2} + C \quad (a^2 \neq n^2)$

134. $\int e^{au}\cosh nu\,du = \dfrac{e^{au}(a\cosh nu - n\sinh nu)}{a^2-n^2} + C \quad (a^2 \neq n^2)$

왈리스(Wallis)의 공식

135. $$\int_0^{\frac{\pi}{2}} \sin^n u\,du = \int_0^{\frac{\pi}{2}} \cos^n u\,du = \begin{cases} \dfrac{(n-1)\cdot(n-3)\cdot\cdots\cdot 4\cdot 2}{n\cdot(n-2)\cdot\cdots\cdot 5\cdot 3\cdot 1} & (n\text{은 양의 홀수}) \\ \dfrac{(n-1)\cdot(n-3)\cdot\cdots\cdot 3\cdot 1}{n\cdot(n-2)\cdot\cdots\cdot 4\cdot 2}\cdot\dfrac{\pi}{2} & (n\text{은 양의 짝수}) \end{cases}$$

136. $\int_0^{\frac{\pi}{2}} \sin^m u \cos^n u\, du$

$$= \begin{cases} \dfrac{(n-1)\cdot(n-3)\cdot\cdots\cdot 4\cdot 2}{(m+n)\cdot(m+n-2)\cdot\cdots\cdot(m+5)\cdot(m+3)\cdot(m+1)} & (n\text{은 양의 홀수}) \\ \dfrac{(m-1)\cdot(m-3)\cdot\cdots\cdot 4\cdot 2}{(m+n)\cdot(m+n-2)\cdot\cdots\cdot(n+5)\cdot(n+3)\cdot(n+1)} & (m\text{은 양의 홀수}) \\ \dfrac{(m-1)\cdot(m-3)\cdot\cdots\cdot 3\cdot 1\cdot(n-1)\cdot(n-3)\cdot\cdots\cdot 3\cdot 1}{(m+n)\cdot(m+n-2)\cdot\cdots\cdot 4\cdot 2}\cdot\dfrac{\pi}{2} & (m\text{과 } n\text{은 양의 짝수}) \end{cases}$$

II 그리스 문자

A	α	Alpha (알파)	E	ε	Epsilon (입실론)	I	ι	Iota (이오타)
B	β	Beta (베타)	Z	ζ	Zeta (제타)	K	κ	Kappa (카파)
Γ	γ	Gamma (감마)	H	η	Eta (에타)	Λ	λ	Lambda (람다)
Δ	δ	Delta (델타)	Θ	θ	Theta (씨타)	M	μ	Mu (뮤)
N	ν	Nu (뉴)	P	ρ	Rho (로)	Φ	ϕ	Phi (화이)
Ξ	ξ	Xi (크사이)	Σ	σ	Sigma (시그마)	X	χ	Chi (카이)
O	o	Omicron(오미크론)	T	τ	Tau (타우)	Ψ	ψ	Psi (프사이)
Π	π	Pi (파이)	Y	υ	Upsilon (웁실론)	Ω	ω	Omega (오메가)

연습문제 해답

미분적분학의 이해와 응용

제2장

1. (1) 3 (2) $\frac{1}{2}$ (3) 1 (4) 8

3. 3

5. $\frac{1}{3}$

제3장

1. (1) $\frac{2\sqrt{2}}{3\pi}$ (2) 0 (3) 0 (4) 9 (5) $\frac{1}{2}$ (6) 1

2. (1) 192 (2) $-\frac{\sqrt{3}}{2}$

3. (1) $f'(x) = 1 + \frac{1}{x^2}$, $\{x \mid x \neq 0\}$, $\{x \mid x \neq 0\}$

   (2) $f'(x) = \frac{1}{2\sqrt{x-5}}$, $\{x \mid x \geq 5\}$, $\{x \mid x > 5\}$

   (3) $f'(x) = 2x(\sec^2 3x)(1 + 3x\tan 3x)$,

   $\left\{x \mid x \neq \frac{(2n-1)\pi}{6},\ n\text{은 임의의 정수}\right\}$,

   $\left\{x \mid x \neq \frac{(2n-1)\pi}{6},\ n\text{은 임의의 정수}\right\}$

4. (1) $y' = -\frac{y}{x}$ (2) $y' = \frac{\sin(x-y) + y\cos x}{\sin(x-y) - \sin x}$

   (3) $y' = \frac{\left(\sqrt[3]{x-5} + \frac{1}{3}x(x-5)^{-\frac{2}{3}}\right)(1+\sin^3 x) - (x\sqrt[3]{x-5})(3\sin^2 x\cos x)}{(1+\sin^3 x)^2}$

   (4) $y' = a^{\tan x}(\tan x)^x\left(\sec^2 x \ln a + \ln(\tan x) + x \cdot \frac{\sec^2 x}{\tan x}\right)$

5. $-\frac{1}{6}$

7. (1) c (2) $f''(x) = 6xg'(x^2) + 4x^3g''(x^2)$

9. 2, $(-2\pm\sqrt{3},\ \frac{1\mp\sqrt{3}}{2})$

10. 1

11. 10

15. 2.2079

16. 2.64943

제4장

1. (1) 0 (2) ∞ (3) 2

2. (1) 1 (2) 0 (3) 1 (4) 0 (5) 0 (6) $-\infty$

3. (1) 3 (2) $\frac{\pi}{2}$

4. (1) 0.9 (2) $\sqrt{2}$

5. (1) 극대값, 최대값 $f(\frac{3}{4}) = \frac{5}{4}$. 최소값 $f(0) = f(1) = 1$.
극소값은 존재하지 않는다.
(2) 극대값, 최대값 $f(1) = \frac{1}{2}$. 극소값, 최소값 $f(-1) = -\frac{1}{2}$.

7. (1) 증가구간 $\left(-\infty, \frac{-2-\sqrt{7}}{3}\right], \left[\frac{-2+\sqrt{7}}{3}, \infty\right)$.
감소구간 $\left[\frac{-2-\sqrt{7}}{3}, \frac{-2+\sqrt{7}}{3}\right]$.
(2) 증가구간 $(-\infty, -2]$. 감소구간 $[-2, \infty)$

10. No

11. 4

15. $\frac{4\sqrt{3}}{9}\pi r^3$

제5장

1. (1) $\int_0^1 x^4\,dx$ (2) $\int_1^3 (3x^5-6)\,dx$

3. (1) $\frac{1}{2}\tan^{-1}(x^2)+C$ (2) $\frac{(\ln x)^3}{3}+C$ (3) $\ln|\ln x|+C$

4. (1) $\ln 2$ (2) $\frac{\pi}{4}$

5. (1) $-\frac{1}{3}\left(2^3-7^{\frac{3}{2}}\right)$ (2) 0 (3) $\frac{2}{3}$
   (4) $\frac{2\pi}{3\sqrt{3}}$ (5) $\frac{1}{12}(\pi-2+2\ln 2)$ (6) $\frac{1}{2}$

9. $\frac{1}{4}$

10. $a=0$

15. πr^2

제6장

1. (1) $-\frac{1}{3}\sqrt{1-x^2}\,(x^2+2)$ (2) $x(\ln x)^2-2x\ln x+2x+C$
   (3) $\frac{1}{2}x[\cos(\ln x)+\sin(\ln x)]+C$ (4) $2\sqrt{1+e^x}+\ln\left|\frac{\sqrt{1+e^x}-1}{\sqrt{1+e^x}+1}\right|+C$
   (5) $\frac{4}{\sqrt{3}}\tan^{-1}\left(\sqrt{3}\tan\frac{x}{2}\right)-x+C$
   (6) $\frac{1}{2}[\sin^{-1}(x-1)+(x-1)\sqrt{2x-x^2}+C$

3. (1) $\frac{1}{5}$ (2) $\sqrt{3}-\frac{\pi}{3}$ (3) $\frac{1}{2}(\sqrt{3}-\sqrt{2})$ (4) 0 (5) 1 (6) $\frac{\pi}{8}$

5. (1) 발산 (2) 1 (3) 0 (4) 발산 (5) $\frac{5}{3}$ (6) $\frac{1}{2}$

7. (1) $T_n=4.661488$, $M_n=4.669245$, $S_n=4.666563$
   (2) $T_n=0.746211$, $M_n=0.747131$, $S_n=0.746825$

11. (1) 수렴 (2) 수렴 (3) 발산

제7장

1. (1) $\frac{4}{3}$ (2) $\ln(\sqrt{2}+1)$ (3) $\frac{17}{12}$ (4) π

2. $\frac{50}{3}$ J

3. (1) $\frac{49}{192}$ (2) $\sqrt{2}$ (3) $\frac{9}{2}$ (4) $\frac{1}{3}$

5. (1) $\frac{2\pi}{35}$ (2) $\frac{9}{2}\pi$ (3) $2\pi e$

7. (1) $(1.5, 1.2)$ (2) $\left(\frac{1}{e-1}, \frac{e+1}{4}\right)$

제8장

1. (1) $y=1-x^2, x \geq 0$ (2) $x=1-y^2, -1 \leq y \leq 1$ (3) $x^2-y^2=1, x \geq 1$

3. (1) $y=2$ (2) $y^2=2x+1$ (3) $(x^2+y^2)^2=2xy$

5. (1) $x-36y+52=0$ (2) $3x+2y=6\sqrt{2}$

7. (1) $\frac{\pi}{6}+\frac{\sqrt{3}}{4}$ (2) $\frac{\pi-2}{8}$

9. (1) $r=\frac{6}{3+2\cos\theta}$ (2) $r=\frac{20}{1+4\cos\theta}$

제9장

1. (1) 0 (2) 0 (3) 0 (4) 발산 (5) 발산 (6) 0

3. (1) $\frac{3}{2}$ (2) $\frac{1}{3}$ (3) 1 (4) 발산 (5) $\frac{1}{4}$

5. (1) e^{-x^4} (2) $\frac{1}{\sqrt{2}}$ (3) e^x-1

7. (1) $p>1$ (2) $p<-1$

9. 12 m

제10장

1. (1) $\frac{11}{\sqrt{13}}, \left(\frac{22}{13}, \frac{33}{13}\right)$ (2) $\frac{3}{\sqrt{5}}, \left(\frac{6}{5}, \frac{3}{5}, 0\right)$

2. $\frac{5\sqrt{82}}{2}$

3. $\theta = \cos^{-1}\left(\frac{2}{\sqrt{42}}\right) \approx 72°$

5. (1) $25x + 14y + 8z = 77$ (2) $x - 2y + z = 0$

7. (1) $\sqrt{13}(b-a)$ (2) $\sqrt{3} + \frac{1}{\sqrt{2}} \ln(\sqrt{2} + \sqrt{3})$

9. (1) $\frac{16}{25}$ (2) $\frac{\sqrt{2}e^{2t}}{(e^{2t}+1)^2}$

11. (1) $\frac{x^2}{4} + \frac{y^2}{3} - \frac{z^2}{12} = 1$, 쌍곡면 (2) $z = (y-2)^2 - x^2$, 쌍곡포물면

제11장

1. (1) $\{(x, y) \mid xy > 1\}$ (2) $\{(x, y) \mid x > 0, 2n\pi < y < (2n+1)\pi\}$

3. (1) No (2) Yes

5. (1) 2, 0 (2) 0, 0, 4

7. (1) $4x + 2y - z = 3$ (2) $2x + y - z = 1$

9. (1) 극소값 $f(1,1) = -1$, 안장점 $(0,0)$ (2) 극소값 $f(-2,3) = -13$

13. $(0,0)$에서 최대값 7, $(3,0)$에서 최소값 -11

제12장

1. (1) $\frac{32}{3}$ (2) $\frac{3}{4}$ (3) $\frac{1}{6}$ (4) 6 (5) $\frac{16}{3}$

3. (1) $\frac{\pi}{4}(e-1)$ (2) $\frac{4\pi}{3}$

5. (1) 24π (2) 0

7. (1) $\frac{\pi}{30}$ (2) $4\pi(2-\sqrt{3})$

11. (1) $\frac{11}{3}$ (2) 2

제13장

1. (1) 1계 1차 선형 (2) 1계 1차 비선형
   (3) 2계 3차 비선형 (4) 2계 1차 선형

3. (1) $(y')^2 = 4y$ (2) $y = xy' + (y')^3$ (3) $xy''' + 3y'' = 0$

5. 유일한 해를 가짐

7. (1) $y = ce^{\frac{1}{x}}$ (2) $x + y + 1 = \tan(x + c)$
   (3) $x^2 + 2xy - y^2 = c$ (4) $y^3 = 3x^3 \ln|x| + cx^3$
   (5) $\frac{1}{3}x^3 - 2x^2y - 2xy^2 + \frac{1}{3}y^3 = c$ (6) $y = \frac{1}{2}(\sin x - \cos x) + ce^{-x}$
   단, (1)~(6)에서 c는 임의상수

9. (1) $y = -\ln\left(-\frac{e^{2x}}{2} + \frac{3}{2}\right)$ (2) $xe^y - x^2y = 0$

11. $x^2 + 3xy^3 = c$ (c는 임의상수)

15. (1) $y = \sin x + \cos x$ (2) $y^2 = x^2 - x + 4$

17. (1) $y = x\cos x$ (2) $y = (x^2 - 1)e^x$

19. (1) $x = \frac{3}{4} - 2c_1e^{-3t} - c_2e^{-4t}$, $y = \frac{1}{4} + c_1e^{-3t} + c_2e^{-4t}$
    (2) $x = \sqrt{2}\,c_1\cos\sqrt{2}t - \sqrt{2}\,c_2\sin\sqrt{2}t - \sin t$
    $y = c_2\cos\sqrt{2}t + c_1\sin\sqrt{2}t$
    단, (1)~(2)에서 c_1, c_2는 임의상수

찾아보기

미분적분학의 이해와 응용

ㄱ

ㄴ

ㄷ

n

이병무(李柄武)

대구가톨릭대학교 자연과학대학 수학전공 교수

미분적분학의 이해와 응용 - 기초에서 응용까지 -

2005년 3월 2일 초 판 발행
2007년 9월 1일 개정판 발행

저 자 / 이병무
발행자 / 오판근
발행처 / 교우사

주 소 / 서울 동대문구 제기2동 148-19
전 화 / 925-2861, 929-4865
팩 스 / 925-2860
E-mail / kw2861 @ chollian. net
http: // www. kyowoo. co. kr
등록 / 1994. 3. 24 제6-0256호

ISBN 978-89-8172-519-8 (93410)

값 **20,000**원